高等学校电子信息类专业
应用创新型人才培养精品系列

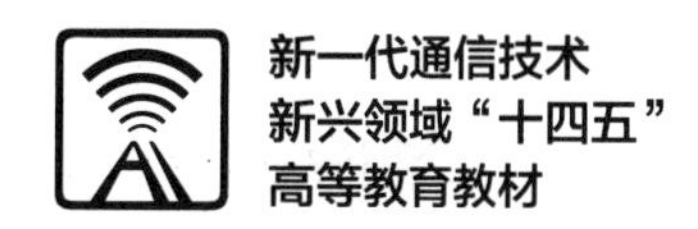

空间信息网络

彭木根 / 主编

闫实 郭凤仙 杨闯 吕铁军 / 副主编

Space
Information
Networks

人民邮电出版社
北京

图书在版编目（CIP）数据

空间信息网络 / 彭木根主编. -- 北京 : 人民邮电出版社, 2024. -- (高等学校电子信息类专业应用创新型人才培养精品系列). -- ISBN 978-7-115-65205-8

Ⅰ. TN927

中国国家版本馆 CIP 数据核字第 2024TH0982 号

内 容 提 要

空间信息网络既是信息化、智能化和现代化社会的战略性基础设施，又是推动科学技术发展、转变经济发展方式、实现技术创新驱动的重要手段和保障国家安全的重要支撑。为了培养更多空间信息网络方向的应用创新人才，助力我国实现通信链路互联互通，并使信息能够在空间范围内高效、可靠、低成本传输，编者基于多年来积累的教学经验与成果编成本书。

本书共 14 章，内容包括空间信息网络概述，通信网基本原理，排队论基本概念与基本定理，通信网呼损及时延性能分析，通信网图论，通信网图论算法，多址接入技术及性能分析，路由技术及性能分析，基于随机几何的网络性能分析，软件定义网络与网络功能虚拟化，卫星通信网络，卫星导航网络，卫星遥感网络，卫星通信、导航、遥感融合。本书理论翔实，图文并茂，例题丰富，可以扎实培养读者的空间信息网络创新能力与实践能力。

本书可作为通信工程、电子信息工程、空间信息与数字技术等专业的教材，也可供相关领域的科技人员参考使用。

◆ 主　　编　彭木根
　副 主 编　闫　实　郭凤仙　杨　闯　吕铁军
　责任编辑　王　宣
　责任印制　陈　犇

◆ 人民邮电出版社出版发行　　北京市丰台区成寿寺路 11 号
　邮编　100164　　电子邮件　315@ptpress.com.cn
　网址　https://www.ptpress.com.cn
　三河市君旺印务有限公司印刷

◆ 开本：787×1092　1/16
　印张：19　　　　　　2024 年 9 月第 1 版
　字数：499 千字　　　2024 年 9 月河北第 1 次印刷

定价：79.80 元

读者服务热线：(010)81055256　印装质量热线：(010)81055316
反盗版热线：(010)81055315
广告经营许可证：京东市监广登字 20170147 号

序

伴随着社会需求的不断提高和技术的飞速发展，通信技术实现了跨越式发展，为信息通信网络基础设施的建设提供了有力支撑。同时，目前通信技术已经接近香农信息论所预言的理论极限，面对可持续发展的巨大挑战，我国对未来通信人才的培养提出了更高要求。

坚持以习近平新时代中国特色社会主义思想为指导，立足于“新一代通信技术”这一战略性新兴领域对人才的需求，结合国际进展和中国特色，发挥我国在前沿通信技术领域的引领性作用，打造启智增慧的“新一代通信技术”高质量教材体系，是通信人的使命和责任。为此，北京邮电大学张平院士组织了来自七所知名高校和四大领先企业的学者和专家，成立了编写团队，共同编写了“新一代通信技术新兴领域‘十四五’高等教育教材”系列教材。编写团队入选了教育部“战略性新兴领域‘十四五’高等教育教材体系建设团队”。

“新一代通信技术新兴领域‘十四五’高等教育教材”系列教材共20本，该系列教材注重守正创新，致力于推动思教融合、科教融合和产教融合，其主要特色如下。

（1）“分层递进、纵向贯通”的教材体系。根据通信技术的知识结构和特点，结合学生的认知规律，构建了“基础电路、综合信号、前沿通信、智能网络”四个层次逐级递进、“校内实验–校外实践”纵向贯通的教材体系。首先在以《电子电路基础》为代表的电路教材基础上，设计编写包含各类信号处理的教材；然后以《通信原理》教材为基础，打造移动通信、光通信、微波通信和空间通信等核心专业教材；最后编著以《智能无线网络》为代表的多种新兴网络技术教材；同时，《通信与网络综合实验教程》教材以综合性、挑战性实验的形式实现四个层次教材的纵向贯通。这些教材充分体现出这一教材体系的完备性、系统性和科学性。

（2）“四位一体、协同融合”的专业内容。从通信技术的基础理论出发，结合我国在该领域的科技前沿成果和产业创新实践，打造出以“坚实基础理论、前沿通信技术、智能组网应用、唯真唯实实践”四位一体为特色的新一代通信技术专业内容；同时，注重基础内容和前沿技术的协同融合，理论知识和工程实践的融会贯通。教材内容的科学性、启发性和先进性突出，有助于培养学生的创新精神和实践能力。

（3）“数智赋能、多态并举”的建设方法。面向教育数字化和人工智能应用加速的未来趋势，该系列教材的建设依托教育部的虚拟教研室信息平台展开，构建了“新一代通信技术”核心专业全域知识图谱，建设了慕课、微课、智慧学习和在线实训等一系列数字资源，打造了多本具有富媒体呈现和智能化互动等特征的新形态教材，为推动人工智能赋能高等教育创造了良好条件，有助于激发学生的学习兴趣和创新潜力。

尺寸教材，国之大者。教材是立德树人的重要载体，希望以“新一代通信技术新兴领域‘十四五’高等教育教材”系列教材以及相关核心课程和实践项目的建设为着力点，推动“新工科”本科教学和人才培养的质效提升，为增强我国在新一代通信技术领域的竞争力提供高素质人才支撑。

费爱国

中国工程院院士

2024年6月

技术背景

信息网络是信息资源开发和信息技术应用的基础，是现代信息传输、交换和共享的必要载体。信息网络包括传统的陆地信息网络和面向空、天、海等领域的空间信息网络。空间信息网络由空间上不同高度、不同种类、不同性能的信息系统组成。按照信息资源的最大有效综合利用原则，由空地、星地、海上海下、星间、星空、星海等构成的空、天、地、海一体化综合网络系统，能够集信息获取、信息分发、信息处理、信息对抗于一体，以最小的代价获取尽可能广泛、实时的信息，并快捷地发送到各个应用端口。

空间信息网络将拓展应用空间，催生“智赋万物、智慧内生”的信息技术新时代，满足全球时空大数据呈爆发式增长的需求。空间信息网络可支持对地观测的高动态、宽带宽实时传输，以及深空探测的超远程、大时延可靠传输，从而将人类文化、生产活动拓展至空间、远洋乃至深空，是全球范围的研究热点。

6G在5G基础上由万物互联向万物智联跃迁，成为连接真实物理世界与虚拟数字世界的纽带。6G业务将呈现出沉浸化、智慧化、全域化等新发展趋势，形成沉浸式云XR（extended reality，扩展现实）、全息通信、感官互联、智慧交互、通信感知、普惠智能、数字孪生、全域覆盖等业务应用，带来更加丰富多彩的社会生活场景。为满足这些业务应用，6G仍将以地面蜂窝网络为基础，通过卫星、无人机、空中平台等多种非地面通信在实现空、天、地一体化无缝覆盖方面发挥重要作用。因此，空间信息网络是6G的核心特征和重要组成。

本书内容

针对空间信息网络异构、时变的特点，为满足非对称海量空间信息有效、可靠的传输要求，专业领域的学生和工程师必须掌握空间信息网络的基础理论与关键技术。本书应时代需求，系统梳理空间信息网络的现状、挑战、基础理论与技术，以促进我国高水平空间信息网络人才的培养，进而为空间信息网络的发展作出贡献。

全书共14章。第1章概述了空间信息网络，梳理了其发展历史及发展现状，为读者提供了一个全面的认识框架。第2～6章依次系统阐述了通信网基本原理、排队论基本概念与基本定理、通信网呼损及时延性能分析、通信网图论、通信网图论算法。在探讨了通信网的基础理论和方法之后，第7～8章转向介绍空间信息网络的两个关键技术，即多址接入技术和路由技术。第9章面向空间信息网络节点的动态变化特征，介绍了基于随机几何的网络性能分析方法。第10章面向空间信息网络的业务需求，介绍了软件定义网络与网络功能虚拟化的基础知识，并向读者讲解了空间信息网络的基本概念和基础原理。第11～13章分别介绍了卫星通信网络、卫星导航网络、卫星遥感网络。第14章融合了卫星通信、导航与遥感，介绍了新兴网络架构，引导读者构建系统性网络的思维。

本书的目标是帮助读者建立空间信息网络的知识体系架构，让读者掌握空间信息网络的基本原理、体系架构和关键技术，为读者以后从事空间信息网络方面的科研、开发及应用等工作打下坚实的理论基础。

本书特色

本书的主要特色如下。

1 以前沿为引领，拓展读者的科技认知边界

本书以时代需求为牵引，展示前沿技术及未来展望，知识体系的设计包含对领域内关键技术发展现状的深入分析和对最新技术发展趋势的预测评估，以确保知识体系的时效性和前沿性；鼓励读者将理论知识应用于实践，采用“边学边做”的学习方法，以加深对知识体系的理解，提高实践能力，并促进知识的内化与创新；同时，通过精心设计的学习材料和活动来引导并激发读者的学习兴趣。

2 以通信网的基本原理为引导，突出人才综合素质教育

本书围绕通信网技术引入实际案例，案例不仅体现了严谨、求实的科学精神，融合了经典文化和社会主义主流意识形态，还展现了社会主义在推动科技发展进步方面的优势，增强了读者对国家的认同感和自豪感。通过这种多维度的内容整合，本书不仅能够提供专业的技术知识，还能够传递更广泛的社会文化价值，使其不仅成为知识教学与专业技能训练的重要补充，还可以对培养具有专业技能、社会责任感和文化素养的综合型人才起到积极的促进作用。

3 注重理论联系实际，扎实提升读者的工程实践能力

本书的编写旨在满足工程教育对于培养学生工程实践能力的要求，特别是发现问题、评估问题和解决问题的能力。为了满足这一要求，书中精心设计了大量例题和课后习题，这些题目不仅覆盖了理论知识的深度和广度，而且与实际工程应用紧密相连。

编者团队

本书由北京邮电大学信息与通信工程学院空间信息与数字技术专业的多位教学经验丰富的授课教师共同撰写，主要面向我国高校本科生课程——“空间信息网络”。由于编者水平有限，书中难免会有不严谨、不妥当之处，敬请读者朋友批评指正，欢迎来信交流！

编　者

2024年夏于北京邮电大学

目　录

第 1 章

空间信息网络概述

第 2 章

通信网基本原理

第 3 章

排队论基本概念与基本定理

第 4 章 通信网呼损及时延性能分析

第 5 章 通信网图论

第 6 章 通信网图论算法

第 7 章 多址接入技术及性能分析

第 8 章

路由技术及性能分析

第 9 章

基于随机几何的网络性能分析

第 10 章

软件定义网络与网络功能虚拟化

第 11 章

卫星通信网络

第12章

卫星导航网络

第13章

卫星遥感网络

第14章

卫星通信、导航、遥感融合

第1章 空间信息网络概述

空间信息网络是以空间平台（如空间站、高/中/低轨卫星、平流层气球、航天器、无人机、飞机、舰艇、水下智能体等）为载体，结合陆地网络节点，完成空间信息的获取、预处理、传输、再处理任务的网络化系统。空间信息网络涉及信息采集、传输、处理、存储、管理和服务等领域，其专业范畴涉及多个一级学科，包括数学、物理学、天文学、系统科学、电子科学与技术、信息与通信工程、光学工程、仪器科学与技术、测绘科学与技术、控制科学与工程、计算机科学与技术、航空宇航科学与技术等，是涵盖体系架构、协议标准、运维管控、应用服务等的综合性系统。

空间信息网络在气候预测、防灾减灾、应急救援、远洋航行、导航定位、航空运输、航天测控等重大应用领域发挥着越来越重要的作用，特别在针对大空间尺度时空关联数据的获取方面，有着不可替代的重要作用。随着空间技术和信息技术的交叉式快速发展，星上信息处理能力大大提高，各空间节点互联并构成一体化网络，已成为空间信息发展的内在要求与必然趋势。

1.1 空间信息网络的组成和发展历史

空间信息网络与传统陆地信息网络的差别就是所处位置有显著差异。“空间”是区别于陆地而言的，一般包括外层空间（又称为太空）和大气层空间。外层空间又分为太阳系以内的空间和太阳系以外的空间，太阳系以内的空间可分为行星空间和行星际空间，太阳系以外的空间可分为恒星际空间、恒星系空间和星系际空间等。一般认为外层空间的下界距地面100km。此下界至陆地的空间为大气层空间。此外，空间还包括海洋空间，海洋空间又分为海上空间和海下空间。

1.1.1 空间分类

地球形状不规则，赤道半径约为6 378.16km，极半径约为6 356.755km（数据来源于中国大百科全书）。空间主要是针对地球而言的，一般分为深空间、近地空间、临近空间和航空空间。从航天器或空间飞行器活动范围的角度出发，一般将外层空间分为近地空间和深空间。目前主要有两种定义：一是按照《中国大百科全书·航空航天》的定义，近地空间是指地球静止轨道高度（约3.58×10^4km）以下的空域，深空间是指等于或大于地月平均距离（约3.84×10^5km）的空域；二是1988年以后，国际电信联盟（international telecommunication union，ITU）为了促进技术的进步，保证更高的使用频率，将深空间定义延伸为距离地球等于或大于2×10^6km的空域。

以通信为例，近地空间通信是指地球上的通信实体与距离地球小于2×10^6km的空间中的飞行器之间的通信。这些飞行器包括各种人造卫星、载人飞船、航天飞机等，飞行器飞行的高度从几百公里到几万公里不等。

近地空间下面是临近空间和航空空间，其高度一般为100～1.6×10^4km。大气层的最高限度可达1.6×10^4km，但由于100km是航天器绕地球运动的最低轨道高度，所以一般以距离地球表面100km高度的界面作为“空”与“天”的分界面。

飞机一般都有一个最高飞行高度，即静升限。对于普通军用和民用飞机来说，静升限一般为14～20km，通常将20km高度以下的空间称为航空空间。在飞机最高飞行高度与航天器绕地球运动的最低轨道高度之间有一层空域，对应高度为20～100km，这层空域称为临近空间，或称为近空间。该空间自下而上主要包括平流层区域、中间层区域和部分电离层区域，如图1-1所示。近期，业界又将传统的航空空间向上扩展，将临近空间定义为航空空间的超高空部分。

1.1.2 空间信息网络的组成

空间可分为深空间、近地空间、临近空间和航空空间，因此空间信息网络可以分为深空间信息网络（也称深空信息网络）、近地空间信息网络、临近空间信息网络和航空空间信息网络。一般把近地空间信息网络称为天基信息网络，将临近空间信息网络+航空空间信息网络称为空基信息网络。因此，按照离地球从远到近，空间信息网络包括深空信息网络、天基信息网络和空基信息网络，它们都由空间段和地面段组成。地面段的信息网络可以统称为地基信息网络，如图1-2所示，它包括传统的陆地移动通信网络、光纤网络等，也包括各种信息网络的地面段系统。此外，空间信息网络也包括海基信息网络，海基信息网络分为水上和水下两部分。

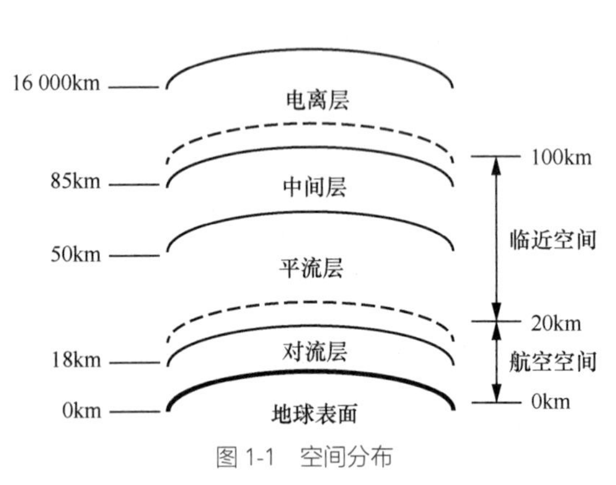

图1-1 空间分布

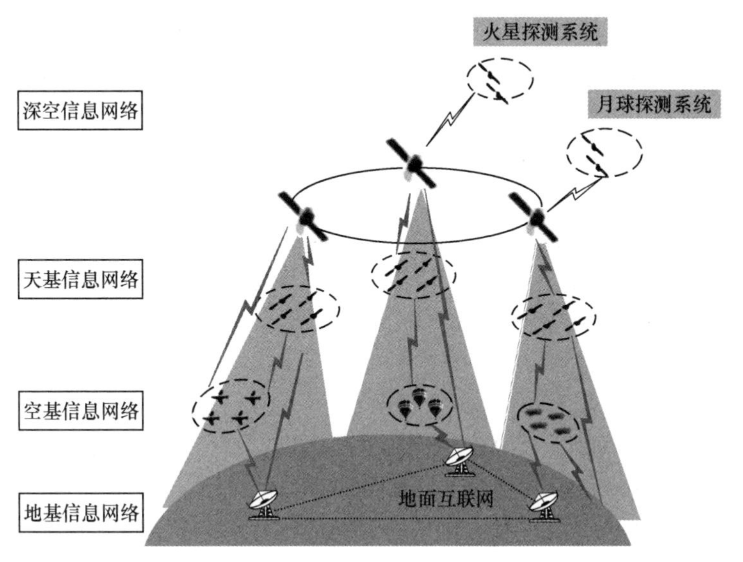

图 1-2　空间信息网络的组成

1．深空信息网络

深空信息网络主要用于对月球和月球以外的天体或空间环境进行探测，所以一般称为深空探测网络。深空探测网络的空间段一般由执行各种探测任务的航天器或探测器（含传感器）等组成，地面段由测控通信系统、地面应用系统和回收系统组成。

2．天基信息网络

天基信息网络是彼此独立或互联的卫星通信系统、卫星导航系统、卫星遥感系统、空间物理探测系统、空间天文观测系统等（各系统也可称为各网络）的总称。天基信息网络中的卫星通信系统、卫星导航系统和卫星遥感系统称为卫星应用系统。它们的空间段是给定用途的航天器（如卫星通信系统中的通信卫星），地面段包括测控通信系统、地面应用系统（包括各种用户终端）和其他相关系统。空间段中的卫星是按照轨道高度进行分类的，划分依据为范艾伦辐射带。范艾伦辐射带由高能电子、质子和重离子组成，这些高能粒子能够对航天器、宇航服、宇航员以及各种卫星设备造成破坏性辐射，具有极强的穿透性。因此卫星的运行轨道需要尽可能绕开范艾伦辐射带。范艾伦辐射带分为内辐射带和外辐射带两层。实际运行的低地球轨道卫星的高度通常低于内辐射带，中地球轨道和地球同步轨道卫星也会尽量避过辐射带区域，如图1-3所示。不同轨道高度的卫星具有相应的特点，因此各轨道卫星可以根据实际需求提供不同的通信业务服务。

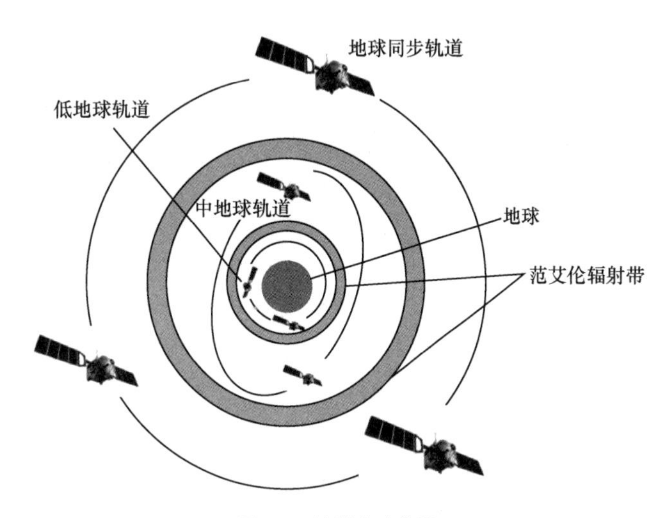

图 1-3　轨道高度分类

3．空基信息网络

空基信息网络由临近空间信息网络和航空空间信息网络组成，临近空间信息网络的空间段包括各种临近空间飞行器，地面段包括各种业务（通信、遥感等）地球站、飞行控制地球站以及固定/移动用户终端。

4．地基信息网络

地基信息网络也称为地面信息网络，主要由布设在陆地的有线（同轴电缆、光纤等）、无线和移动信息网络及布设在海底的有线信息网络组成。根据这些网络提供的业务，地基信息网络可分为电信业务网络、广播电视业务网络和互联网业务网络三大网络。这些网络主要为陆、海、空各种用户终端提供语音、数据和广播电视等多种服务。

5．海基信息网络

海基信息网络是指在海面上部署的、由通信基站或者信息感知探测平台组成的网络，主要用途包括以下几个。①航运跟踪。船只可以通过海基信息网络实现位置跟踪、航线规划、货物监控等。②科研采集。海洋科研设备通过连接海基信息网络，可以上传海洋生物、海洋化学、海底地质等数据。③海洋开发。海上风电、海底矿产开发等活动需要实时数据交流，确保操作的安全和效率。④环境监测。收集海洋污染、渔业资源、海洋生态变化的数据，用于环境保护和灾害预警。

海基信息网络主要包括海基通信网络和感知探测网络两种。海基通信网络又可以划分为：①有线网络，包括海底电缆网络、舰船及港口光纤网络；②水面无线电通信网络，包括水面上方各种通信平台构成的网络，用于连接水面舰船、浮标、无人水面航行器、空中飞行器、沿海基站和通信卫星等；③水下非声通信网络，包括激光和电磁波远程通信；④水声通信网络，采用自组网技术，可以在海洋里实现全方位、立体化通信。感知探测网络基于空、天、岸、海以及临近空间等平台，综合运用光、电、磁、声等传感器，获取海洋目标的多维度信息，利用信息处理技术进行融合，形成准确的海洋态势信息。

1.1.3 空间信息网络的发展历史

1996年，美国国家航空航天局（national aeronautics and space administration，NASA）在整合其原有主要测控通信网的基础上，建立了NASA综合业务网（NASA integrated services network，NISN）。1998年，NASA喷气推进实验室（jet propulsion laboratory，JPL）启动了星际互联网（interplanetary internet，IPN）项目计划，希望将成熟的地面网络技术应用到卫星通信中，根据深空探索的需求提出来的网络概念研究地球以外使用互联网实现端到端通信的方案，通过深空行星网络、过渡轨道器网络、地球网络等之间的互联，旨在为深空任务提供数据传递通信服务及探测器和深空轨道器的导航服务，核心成果是提出了新的卫星网络架构——容延网（delay tolerant network，DTN），通过增加捆绑（bundle）层的方式使路由方式由“存储—转发”过渡到“存储—携带—转发”，解决了卫星网络不能在任意时刻保持端到端通信的问题。

2000年，JPL开展下一代空间互联网（next generation space internet，NGSI）的项目研究，下设4个工作组，分别研究动态利用空间链路、多协议标签交换协议、移动互联网协议（internet protocol，IP）和安全问题。2002年，美国国防部与NASA等共同启动了转型通信体系结构（transformational communications architecture，TCA）研究，旨在改进其全球军事卫星通信系统的体系结构，实现美军各卫星系统的有效协同，以达到“网络化”联合作战的目标。

2004年，美国国防部提出了转型卫星通信系统（transformational satellite communications system，TSAT）计划，计划采用“天网地网”的架构，在太空建立类似地面的互联网，打造可以连接多个系统的空间骨干网络，其中天基信息网络由5颗部署了IPv6（internet protocol version 6，互联网协议第6版）、星载路由等互联网技术的同步轨道卫星通过星间链路构成，地面接入美军的全球信息栅格（global information grid，GIG），把太空、空中、陆地、海洋的网络进行整合，为地面用户、空中及太空武器平台的信息传输提供太空路由，从根本上改善美军的通信能力。

2006年，NASA决定由空间通信导航项目组（space communication and navigation，SCaN）实施“集成空间通信架构”计划，希望将现有的近地、空间、深空等（3个）网络整合成一个完整网络，建立详细、完整的高水平空间通信和导航系统网络架构，采用统一的测控服务、业务计划、业务调度、服务责任和报告、网络调度、网络监测、网络资源管理，形成一个统一的有机整体，为太空飞行任务的通信和导航需求提供一体化的服务支持。

2007年，欧盟欧洲技术平台一体化卫星通信计划（integrated satellite initiative，ISI）提出了一体化全球通信空间基础设施（integrated space infrastructure for global communication，ISICOM）的概念，旨在通过整合微波和激光链路提供大容量的空间信息传输服务，并建立一个基于IP的独立卫星通信网络。2011年，美国Viasat公司发射了ViaSat-1高通量卫星，容量达到140Gbit/s；2017年发射的ViaSat-2容量则达到了300Gbit/s。

1.2 天基和深空信息网络

空间信息网络作为信息时代的国家公共基础设施，是保障“海洋远边疆、太空高边疆、网络新边疆”的重要支撑，也是各国竞相争夺的战略制高点。早期的空间信息网络主要是指由天基信息网络中的通信、导航、遥感三大应用系统组成的空间信息网络，即近地空间域内的空间信息网络。

1.2.1 天基信息通信网络

天基信息通信网络也可以称为卫星互联网，简单来说就是通过卫星之间相互联网组成的无线互联网。它是一种新型通信方式，通过发射一定数量的卫星形成规模组网，从而辐射全球，构建具备实时信息处理能力的大卫星系统，为地面、海上和空中用户提供宽带互联网接入等通信服务。具体来说，它是将传统的地面基站搬到空间中，每颗卫星都是天上的移动基站，具备广覆盖、低延时、宽带化、低成本等特点。从系统架构组成来看，卫星互联网可以划分为空间段、地面段和用户段3部分。空间段由卫星星座组成，包括通信卫星和导航卫星等；地面段包括地面测控站和地面网络等；用户段则包括用户终端和终端设备等。

1945年5月，英国科幻小说家亚瑟·查理斯·克拉克（Arthur Charles Clarke）首先提出了关于静止卫星的设想；1954—1964年，苏联在大量卫星通信试验的基础上，于1957年10月4日发射了第1颗人造卫星；1958年，美国发射了世界上第1颗通信卫星“斯科尔号”；1963年7月，美国发射了第1颗地球同步卫星；1965年4月，美国主导国际通信卫星组织发射了第1代“国际通信卫星”（INTELSAT-1），正式承担国际通信业务，这同时也标志着卫星通信时代的到来。

低轨卫星经历了20世纪90年代末的挫折后，近年来再次迎来新一轮发展高潮。20世纪90年代初，低轨星座系统就开始研发部署。摩托罗拉设计的“铱”卫星于1997年首次发射，1998年正式提供移动通信业务，成为世界上第1个投入使用的大型低轨移动卫星系统。然而由于过高的造星、发射和运营成本以及不充足的市场需求，铱星于2000年破产，但随后被美国政府收购并持续运营。随着同步轨道卫星的发展进入平缓期，2010年前后，OneWeb、SpaceX、Google等企业纷纷提出打造包括数百乃至数万颗小卫星的低轨星座，开启新一轮空间信息系统的建设热潮。大规模低轨星座能够填补现有系统在通信速率、接入、覆盖能力等方面的不足，为空、天、地、海用户提供广覆盖、低时延、大容量、低成本服务，成为当前的发展主流。

我国于1970年4月24日发射了第1颗卫星“东方红一号”，自1972年开始运行卫星通信业务；1984年4月，我国发射了第1颗同步通信卫星“东方红二号”；1997年5月，我国发射了第1颗三轴稳定的同步通信卫星“东方红三号”，标志着我国卫星通信进入商业运营时代；2016年，我国发射了第1颗移动通信卫星“天通一号01星”；2017年，我国发射了第1颗Ka频段的高通量卫星“实践十三号”。

截至2024年1月，美国SpaceX公司已经向太空中发射了5 800多颗星链卫星，每月发送约60颗，每批卫星都携带有4 000多台精简版的Linux计算机，大量的Linux计算机也为空间信息网络带来了充沛的算力资源。OneWeb公司计划通过发射720颗小卫星到低地球轨道，创建覆盖全球的高速电信网络，第一代星座36颗卫星在2023年3月已交由印度新航天公司发射成功，实际组网卫星数量达到618颗，基本具备全球服务能力，终极目标是在1 200km高度的近地轨道上部署6 372颗卫星。

1.2.2 天基信息导航网络

1957年，苏联成功发射了世界上第1颗人造地球卫星。远在美国霍普金斯大学应用物理实验室的两个年轻学者接收该卫星信号时，发现卫星与接收机之间形成了多普勒频移效应，并预言可以用来进行导航定位。为此，美国在1964年建成了国际上第1个卫星导航系统——子午仪，由6颗卫星构成，用于海上军用舰艇船舶的定位导航。

从20世纪70年代后期开始，全球卫星导航系统（global navigation satellite system，GNSS）开始快速发展，它是能在地球表面或近地空间的任何地点为用户提供全天候的三维坐标、速度以及时间信息的空基无线电导航定位系统，主要包括美国的GPS（global positioning system，全球定位系统）、俄罗斯的格洛纳斯卫星导航系统（global navigation satellite system，GLONASS）、中国的北斗卫星导航系统（BeiDou navigation satellite system，BDS）和欧洲的伽利略卫星导航系统（Galileo navigation satellite system，Galileo）等。

GPS是世界上第一个建立并用于导航定位的全球系统，建设历经20年，由空间段、运控段、用户段三大部分组成，整个系统额定有24颗卫星，分置在6个中地球轨道面内，其因优良性能被誉为是一场导航领域的革命。GPS提供标准定位服务（standard positioning service，SPS）和精密定位服务（precise positioning service，PPS），在考虑选择可用性技术（selective availability，SA）影响时，SPS的定位精度水平为100m（95%的概率），不考虑SA影响为20～30m，定时精度为340ns；PPS定位精度可在10m以内。

GLONASS是全球第二大卫星导航系统。1976年，苏联政府颁布建立GLONASS的政府令；1982年10月，苏联成功发射了第1颗GLONASS卫星；1996年1月，24颗卫星全球组网，宣布进入完全工作状态。之后，苏联解体，该系统仅有7颗卫星正常工作，几近崩溃边缘。直到2012年，该系统回归到24颗卫星完全服务状态。GLONASS系统是由3个轨道面上的24颗卫星构成的，其传统的信号使用频分多址（frequency division multiple access，FDMA），包括2个伪随机噪声码（pseudo random noise code，PRN）测距码：标准精度（standard accuracy，ST）码及高精度（visokaya tochnost，VT）码。GLONASS-K1星的空间信号测距误差约为1m，GLONASS-K2星则为0.3m。

欧盟于1999年首次公布了伽利略卫星导航系统计划，它是第一个专为民用目的设计的卫星导航系统，计划由分布在轨道高度为23 616km的3个独立圆形轨道的30颗卫星组成，其中27颗为工作星，3颗为备用星。卫星轨道位于3个倾角为56° 的轨道平面内。由28颗卫星组成的伽利略全球卫星导航系统，其高精度定位服务已启用，水平和垂直导航精度分别可达到20cm和40cm。

BDS是中国自主建设运行的全球卫星导航系统，分“三步走”发展规划：从1994年开始发展的试验系统（第一代系统：北斗一号）为第一步；2004年开始发展的正式系统（第二代系统）又分为两个阶段，即第二步（北斗二号）与第三步（北斗三号）。2020年7月，北斗三号全球卫星导航系统建成暨开通仪式在人民大会堂举行，这标志着北斗三号全球卫星导航系统正式开通。它由空间段、地面段和用户段3部分组成，可在全球范围内全天候、全天时为各类用户提供高精度、高可靠的定位、导航、授时服务，具备短报文通信、区域导航、定位和授时能力，定位精度（服务承诺）优于10m，测速精度为0.2m/s，授时精度为10ns。

1.2.3　天基信息遥感网络

天基信息遥感网络主要是针对遥感卫星系统而言的，而遥感卫星是指利用遥感科技和遥感设备对地球进行同步观测的卫星。遥感卫星能在规定的时间内覆盖整个地球或指定的任何区域，当沿地球同步轨道运行时，它能连续地对地球表面某指定地域进行遥感。遥感卫星都需要配备遥感卫星地面站，从遥感集市平台获得的卫星数据可用于监测农业、林业、海洋、国土、环保、气象等情况。遥感卫星主要有气象卫星、陆地卫星和海洋卫星3种类型，国产遥感系列卫星包括遥感系列、中巴系列、资源系列、环境系列、高分系列等。

从1961年的第1颗气象卫星到1972年的第1颗陆地观测卫星，再到1978年的第1颗海洋卫星，以及随后的“地球观测系统”，美国的遥感卫星技术一直世界领先。1975年11月26日，中国首次发射返回式遥感卫星。2023年底我国在轨运行的遥感卫星已超过440颗。

遥感卫星数据处理全流程涉及多个步骤，包括数据获取、数据预处理、影像校正、特征提取、分类与解译、精度评价、后期处理与分析等。

1．数据获取

数据获取是遥感卫星数据处理流程的第一步。遥感数据可以通过多种方式获取，包括直接接收卫星数据、从数据提供商处购买数据、从开放数据平台下载数据等。数据的选择应根据研究目的和区域来确定。

2．数据预处理

数据预处理是为了减少数据中的噪声，纠正图像几何畸变，并使数据能够适应后续处理。常见的数据预处理如下。

①大气校正：对图像进行校正，以消除大气散射和吸收对地物光谱的影响。

②数据校正：利用卫星的辐射传感器参数，将数字计数值转换为辐射或反射率，以消除照明条件对数据的影响。数据校正可以消除图像中由于不同光照条件、大气散射和吸收等因素引起的亮度变化，从而实现不同图像之间的比较和分析。

③几何校正：校正图像的几何畸变，包括平移、旋转、尺度调整等，以使图像与地理坐标系统对齐。

3．影像校正

影像校正是为了纠正图像中的地理坐标和辐射坐标之间的差异。根据遥感数据的特点，常见的影像校正方法包括以下几个。

①地理校正：将图像的像素坐标转换为地理坐标，通常使用地面控制点（ground control point，GCP）或地形图配准进行校正。

②辐射校正：将图像的辐射值转换为地表反射率或辐射亮度，以消除图像之间的辐射差异。

4．特征提取

特征提取是从遥感图像中提取有用的地物信息或特定属性的过程。常见的特征提取方法包括以下几个。

①目标检测：使用像素级或对象级的方法检测图像中的特定目标，如建筑物、道路、水体等。

②植被指数计算：通过植被指数（如归一化植被指数）来评估植被的健康状况和分布。

③物体分割：将图像中的地物分割为不同的区域或对象，以便进一步分析和分类。

5．分类与解译

分类与解译是将遥感图像中的像素或对象分配给不同的地物类别的过程，这一步可以通过监督分类或非监督分类方法来实现。

①监督分类：使用已知类别的训练样本来训练分类器，然后将分类器应用于整个图像进行地物分类。

②非监督分类：基于图像中的统计特征和相似性，将图像像素或对象聚类成不同的类别，然后根据类别进行分类。

6．精度评价

精度评价是验证遥感分类结果的准确性和可靠性的过程。通常采用地面调查数据或高分辨率图像作为参考数据，与遥感分类结果进行对比、分析，计算分类精度指标，如生产者精度、用户精度和Kappa系数等。

7．后处理与分析

在分类和解译完成后，可以进行进一步的后处理和分析，这样可能涉及空间分析、变化检测、地理数据库构建、地图制图等。根据具体的研究目的和应用需求，进一步分析和利用遥感数据。

1.2.4 太阳系空间信息网络

为了实现深空探测任务中科学探测数据的有效传输和可靠的测控通信支持，美国NASA提出了星际互联网，其体系架构如图1-4所示。

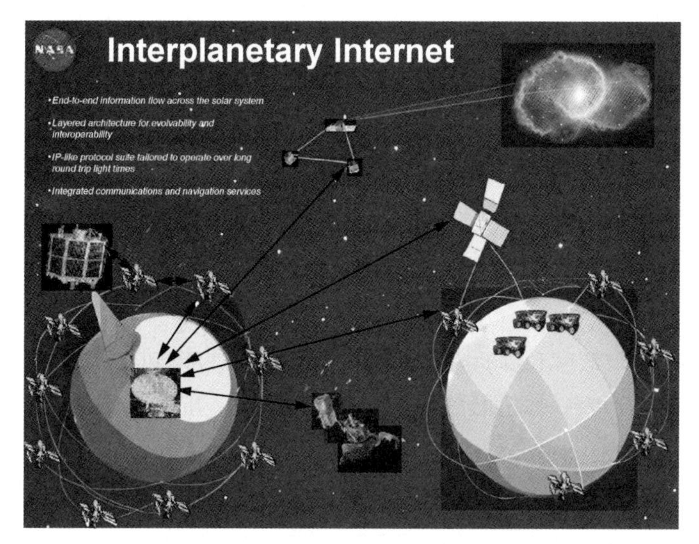

图 1-4　星际互联网的体系架构

星际互联网是美国在外太空建立信息网络的长期构想。该网络的任务是为深空探测任务提供地面支持，具体为：①确定探测器的运行轨道；②接收、处理探测器的探测信息及工程遥测信息；③向探测器发送上行指令和数据，控制探测器的工作状态。

星际互联网是由一些稳定、高效、大容量的中继卫星节点构成的深空网络。深空网络是NASA用来跟踪数据和控制星际航天器导航系统的国际天线网络。该网络支持与航天器进行不间断的无线电通信，负责向空间探测器、宇宙空间站、太空飞船以及行星轨道器等提供导航定位信息、遥测遥控信息以及对科学数据进行存储、转发。美国的深空网络由位于加利福尼亚、澳大利亚和西班牙的3处全球基地共同组成。每个基地都配备有一副直径为34m的高能天线、一副直径为34m的波束波导天线（加利福尼亚有3座）、一副直径为26m的天线、一副直径为70m的天线和一副直径为11m的天线。

星际互联网的基本构想是：在低时延的深空环境中可以应用互联网技术，在长时延的深空环境中需要建立合适的星际骨干网来连接那些可以应用互联网技术的分布式行星网络，并建立低延时与高时延环境的中继网关。星际互联网的目标在于帮助地球与火星建立网络连接，并在此后几十年内引入其他行星。由图1-4可知，它主要包括骨干网、航天器间网络、接入网、临近网4部分。

①骨干网：包括NASA的地面网、空间网、内部网、虚拟私人网络（virtual private network，VPN）、互联网以及租用的商业和国外通信系统。

②航天器间网络：航天器以编队、星座、集群方式飞行时它们之间的网络。

③接入网：用于在航天器和骨干网之间建立连接和交换信息所需的网络。

④临近网：由空间航行器、着陆器和一些分布式传感器组成的自组织（ad hoc）网络。

1.3 空间信息网络的体系结构

空间信息网络是以地基信息网络为基础，以天基信息网络为主体，深空信息网络可互联，由不同轨道、不同类型、不同性能的星座组成互联的骨干网/接入网并覆盖全球，通过星间链路和星地链路连接对应的海、陆、空及近地空间的各种地球站（如通信导航遥感业务应用站、测控站和网管站等）、各种用户终端（如业务收发终端、飞行器、航天器、编队小卫星等），以IP为信息承载方式，采用智能高速星上处理、交换和路由等技术，按照空间信息资源的最大有效综合利用原则，实施各种信息的实时获取、存储、传输、处理、融合和分发的一体化综合信息网络。

空间信息网络可以根据不同需求构建不同的信息网络架构。一种典型的空间信息网络架构如图1-5所示，天基部分可分为天基骨干网、天基接入网和地基节点网，其中近地空间和临近空间段分别针对天基骨干网和天基接入网。地基节点网主要是针对地面段（含航空空间）而言的，最常见的是图1-5中的地面互联网和移动通信网，分别由有线互联网和移动互联网组成。天基综合信息网通过各地信关站与全球各种地面公用通信网互连互通，构成空、天、地一体化全球综合信息网络。

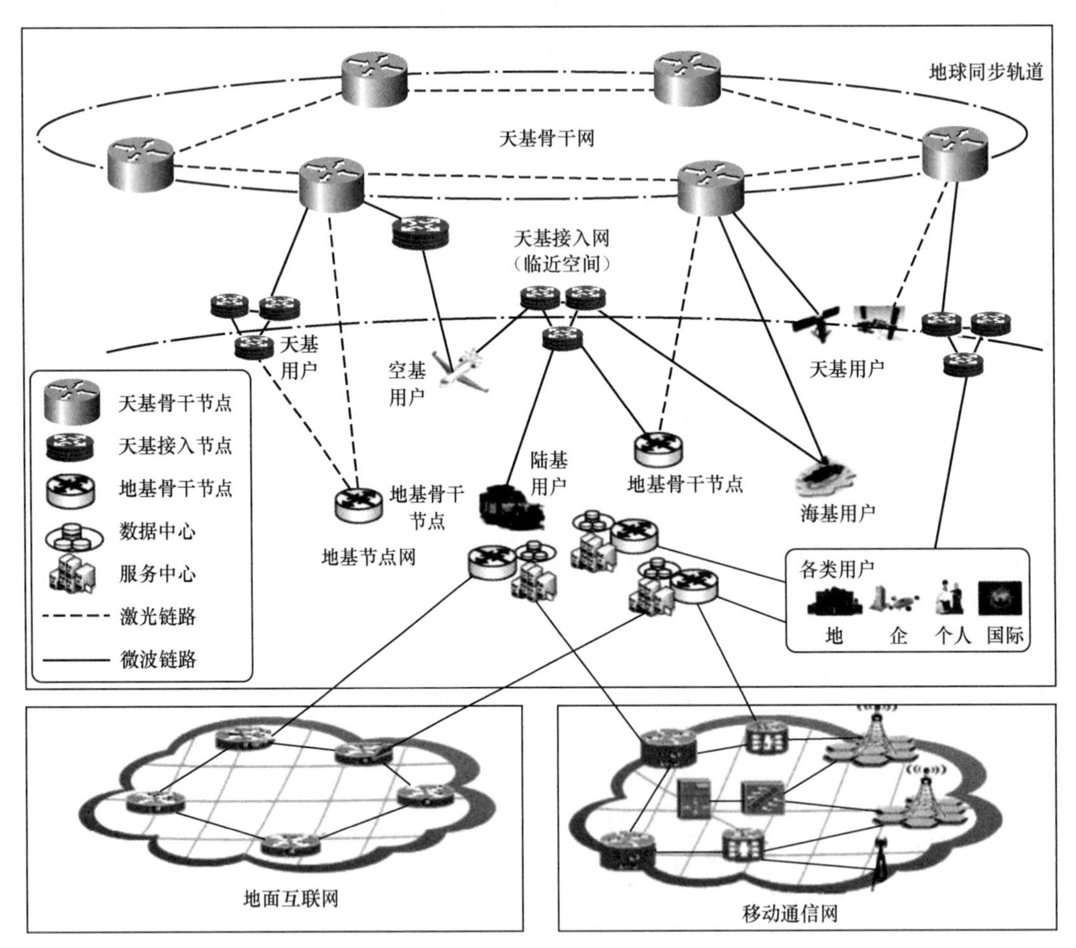

图1-5　空间信息网络架构

1.3.1　空间信息网络架构空间段

（1）近地空间层的骨干网和接入网

近地空间层的骨干网和接入网是由静止轨道和非静止轨道的通信卫星（含中继卫星）星座组

成的全球全天时覆盖的通信网。其中，静止轨道通信卫星星座主要用作骨干网，也可兼作接入网，还可向上延伸支持深空网络传输；非静止轨道通信卫星星座用作接入网，也可兼作骨干网。此外，非静止轨道通信卫星星座可以是中地球轨道（medium earth orbit，MEO）和低地球轨道（low earth orbit，LEO）双层星座，也可以是单层中地球轨道星座或低地球轨道星座。该网络负责对来自近地空间层的各种用户航天器、临近空间层的各种用户飞行器和分布在全球不同地区的各种海陆空用户终端的各种信息进行传输、处理和分发，还负责对来自地面的各种测控与数传网站的各种信息进行传输、处理和分发，并拥有天基综合信息网网管系统相关的管理职能。它是天基综合信息网的核心基础结构。

（2）近地空间层的用户航天器

近地空间层的用户航天器包括不同轨道、不同业务应用的卫星、飞船、空间站、探测器和小卫星群等。其中，各种对地观测卫星（也称为遥感卫星）在获取相关观测数据（可以是原始数据，也可以是经其处理后的有用信息）后直接向其视区内的地球站发送（原始数据发送给遥感信息综合与管理中心处理，有用信息发送给用户站使用）或当其视区内无地球站时通过中继卫星转发，载人飞船和空间站可直接（或通过中继卫星中转）与其地球站进行双向通信和数据传输。其他航天器的工作方式与其类似。

（3）临近空间层的用户飞行器

临近空间层的用户飞行器包括平流层飞艇、浮空气球、高空无人机、高超声速飞行器等各种飞行器。当它作为对地观测任务飞行器使用时，可将获取的观测数据直接向其地面用户站发送或通过中继卫星转发给地面相关用户站；作为通信中继任务飞行器使用时，可使其覆盖区内的各用户站间进行双向通信和数据传递，也可通过中继卫星中转与其覆盖区外的用户站进行双向通信和数据传递。此外，临近空间层的用户飞行器群还可组成接入网，为地面层用户终端提供信息中继服务。

（4）近地空间层的时空基准导航卫星星座

近地空间层的时空基准导航卫星星座组成了时空基准系统，为天基综合信息网提供时间和空间坐标基准。该基准可为各类航天器、临近空间层飞行器、导弹等飞行器提供精确的时间、位置和速度信息，为各类地球站（如遥感信息综合与管理中心、地面测控与数据管理网站、信关站、固定与便携用户站等）提供精确的时间和位置信息，也可为机载终端、船载终端、车载终端、手持终端等移动终端提供导航定位信息。

（5）防卫卫星群

防卫卫星群由防卫卫星组成，负责天基信息网络的安全，必要时可采取攻击手段进行自卫。防卫卫星包括地面和太空环境识别与预报卫星、诱饵卫星、电子干扰卫星、动能拦截卫星等。

1.3.2　空间信息网络架构地面段

（1）航天器用户站和飞行器用户站

对于以对地观测飞行器（包含航天器）为服务对象的用户站来说，航天器用户站和飞行器用户站的功能基本相同。各用户站可以根据需要直接接收有关飞行器发回的遥感原始数据，并将其发送给遥感信息综合与管理中心进行处理，也可直接接收有关飞行器发回的处理后的有用信息。若有必要，可控制飞行器向用户站直接发送原始数据，并在用户站设置自己部门所需的遥感信息处理设备，从而将直接接收到的原始数据在本地生成有用信息。用户站也可通过地面网络或从数据中继卫星转播的来自遥感信息综合与管理中心的信息中获得自己所需要的综合信息及知识。

（2）通信卫星用户站

通信卫星用户站即本书所说的地面层用户站，包括航空空间的各种机载用户站。整个地面层用户站（也称为用户终端）包括机载终端、船载终端、车载终端、手持终端、便携终端、固定终端等。各终端通过由通信卫星星座组成的全球全时覆盖网络使网内任何用户在任何地点、任何时间与任何用户互通任何类型的信息。另外，供物联网使用的数据采集终端，根据不同的应用场景，可分为微小终端、固定终端、移动终端、手持终端、抛撒终端等。

（3）导航卫星用户站

导航卫星用户站包括天、空、地各种导航终端，如应用于航空、航天、船舶、气象、减灾、林业等行业的各类机载、弹载、车载、船载及手持卫星接收机。

（4）各种航天器测控与数传网站

各种航天器测控与数传网站包括通信卫星使用的测控通信与数据中继网站、近地空间层用户航天器使用的各种航天器测控与数传网站以及临近空间层用户飞行器使用的各种飞行器测控与数传网站。它们的任务是对在轨运行的飞行器实施测控、数据传输和管理，其基本功能相同：一是直接或通过中继卫星对飞行器进行遥测、遥控、跟踪测轨（或定位）和管理；二是通过飞行器与相关地球站进行双向数据传输。此外，其还包括导航卫星星座的测控管理站和防卫卫星群的测控管理站，主要用于对它们管辖的卫星进行测控和管理。

（5）各地信关站

信关站提供卫星通信网络与地面互联网、公用电话交换网、公共陆地移动网等网络之间的接口，使其用户能够呼叫全球各地的地面网络用户。信关站的数量及其设置地点的选择取决于需设置地区的地面公用通信网用户与卫星通信网用户彼此通信的业务量。

（6）遥感信息综合与管理中心

遥感信息综合与管理中心可接收近地空间层、临近空间层各遥感飞行器直接发送或通过中继卫星转发的原始数据以及来自各用户站传送来的原始数据，并将这些原始数据进行处理、融合和解译，生成各级各类产品、综合信息和知识，通过地面网络传输给用户和决策部门。此外，该中心还可将处理和融合后的综合信息和知识上行发射到中继卫星后再转发广播给各用户站使用。遥感信息综合与管理中心还负责对相关卫星和地面设备进行统一协调管理，包括飞行器的测控管理、业务管理、运行管理及用户的服务管理等。

（7）测控管理中心

测控管理中心负责对分布在各地的所有测控通信与数据中继网站进行测控指挥、协调和管理，这些网站包括但不限于通信卫星、近地空间层用户航天器和临近空间层用户飞行器。

（8）网络管控中心

网络管控中心与空间段骨干网卫星的相关管理功能结合，负责整个网络的运行、管理和控制，具有配置管理、性能管理、资源管理、用户管理、故障管理、计费管理等功能。

（9）天基综合信息网管理中心

天基综合信息网管理中心是天基综合信息网的核心指挥和协调机构，负责天基综合信息网的规划、建设、运行与管理等。

1.4 空间信息网络关键技术

空间信息网络从协议层来看，可以分为物理层、网络层和应用层。物理层是无线传输系统的基础结构，是提供数据传输的物理介质。为实现星地融合，简化终端，实现星地频谱部署，空间信息网络需要先解决物理层的空口设计问题，包括多址接入、信道编解码、调制解调、同步、信道估计与检测、波束赋形等，核心是提升系统的频谱资源利用率，应对功率受限、信道高动态等特性。网络层的目标是保证系统间路由和数据传输的简单、高效，包括层次型协议体系和非层次型模块化协议体系，能够支持IP、国际空间数据系统咨询委员会（the consultative committee for space data systems，CCSDS）的空间通信协议等不同的网络架构，实现空间不同终端的实时接入与不同服务质量的信息传输。应用层是体系结构中最高的一层，直接为用户的通信过程提供服务。空间信息网络中存在大量多方协作的场景且多方协作服务与资源共享朝着去中心化、智能化的方向发展，典型的应用场景主要涵盖互联网应用、物联网应用、车联网应用以及国家战略应用，具体包括基于卫星的泛在网络连接、移动多媒体广播、卫星高清视频，全球范围内的全天候万物互联，机载、车载定位终端的位置服务等。

1.4.1 技术特征

从组网、传输和路由等方面看，空间信息网络具有典型的大时空尺度属性，具有以下几个鲜明特征。

（1）网络结构高度异构，动态复杂

空间信息网络中的节点类型众多，在天、空、地、海运行的不同节点的功能、轨迹、接入和传输能力等差异显著，使网络成为高度异构、动态复杂的巨型系统。

（2）传输时延大

空间信息网络的时延受多种因素影响。骨干节点距离较远是影响信息传输时延的重要因素。此外，由于网络负载较大，传输业务量多，因此信息在节点的排队等候也会产生一定的时延。链路中丢包会造成数据重传，产生的时延也不可忽视。

（3）网络资源有限

对无线链路来说，带宽资源十分珍贵。一般空间节点的计算能力和存储能力有限，对组网过程中协议或算法的复杂度要求应尽可能低；同时，网络带宽资源差异性大，高带宽链路（星地、星间等）和窄带链路（星地、空地等）共存，需要有差异性地、有针对性地利用网络的带宽资源。

（4）支撑业务多样

在空间信息网络中，传输的业务类型多样，不同类型的业务对服务质量（quality of service，QoS）与传输效率的要求不同，网络需要有应对不同应用需求的保障能力。

（5）网络存在物理环路

空间信息网络的结构复杂，接入随意性比较大，在网络节点密集的环境中存在天然的物理环路。网络物理环路的危害很大，当进行网内信息广播时，有可能不断恶性循环产生广播，严重的会导致区域网络中断。

（6）通信链路易受干扰

空天通信网络属于无线通信。与有线通信相比，其通信链路容易受到外界的干扰。例如，宇宙射线、大气层的电磁信号等都会增加信号传输的误码率。

（7）应具有较强的可扩展性

空间信息网络对系统的可扩展性提出了更高的要求。空间信息网络的建设是一个逐步完善的过程，中间需要不断地扩展、补充，如几大全球卫星导航系统的建立都是耗时二三十年才完成的。此外，各种新型的航天器、新型的用户、新型的业务需求都会不断出现。对于现有的成熟网络体系，空间信息网络要有能力与其进行互联互通，有时甚至将其作为异构的通信子网接入，这就要求空间信息网络应有较强的可扩展性。

（8）异构网络互联互通

空间信息网络应能与多个系统兼容，与多种平台互通，与多种网络互联。通过异构网络互联互通，空间信息网络可以实现数据的无缝传输与资源的共享，增强网络的覆盖范围和服务能力。此外，这种互联互通使不同网络可以协同工作，提高网络的可靠性和冗余性。例如，多一个网络系统出现故障时，数据可以通过其他可用网络路由，从而确保信息的连续性和稳定性。这对于应对复杂多变的应用场景，如灾难救援、军事通信和全球定位系统等，具有重要意义。

（9）多元信息传输共享

空间信息网络结构复杂，网内传输的信息呈现多元化，信息表示的多样性、信息数量的巨大性、信息关系的复杂性以及要求信息处理的及时性、准确性和可靠性都是前所未有的。在空间信息网络中，针对多元化信息需要制定对应的信息传输标准，需要对不同的网络资源信息按照权限实现共享。

（10）面临蓄意攻击与破坏等安全威胁

空间信息网络的无线传输特性、复杂的组网结构、软硬件的设计和实现缺陷、有限的节点处理和存储能力、恶劣的空间环境等特点，使得它更易受到敌方的窃听、假冒、信息重放、破坏和攻击，这些都是空间信息网络的主要弱点。

（11）上天设备维修困难

任何飞行器一旦发射升空就难以检测维修。任何一个空间节点的失效不应影响整个网络的正常运行。

1.4.2 应用特征

从空间信息网络的应用角度看，空间信息网络具有以下鲜明的特征。

1．泛在性

综合空、天、地多种网络，实现泛在覆盖和多重覆盖。

2．机动性

能够依据任务要求对系统进行动态调整。

3．协作性

空、天、地网络之间协同工作，融合为统一的一体化网络系统，系统各模块之间能够进行协同工作，实现对事件更快、更好地处理。

4．智能性

能够智能产生事件激励和任务，无论是应对突发事件还是应对正常执行的任务，均能进行智能控制和处理。

5．高效性

空间信息网络综合信息系统对事件和任务具有快速反应能力与高效处理能力。

1.4.3 关键技术

空间信息网络区别于地面静态拓扑，以动态大时空跨度拓扑为本质特征。作为一个大容量、多层次的异构网络，空间信息网络承载着海量、多维、多节点协同信息，要求适应实时、高动态的通信环境；空间信息网络体系结构中包含多个异构异质子网络，每个子网络具有相对自治性，网络节点具有高动态性，网络行为表现方式复杂。为建设好空间信息网络，需要关键技术支撑，具体如下。

1．组网体系架构

空间信息网络是以人造地球卫星为核心，利用现代通信和网络技术，将位于地面和空间中的多种移动节点连接在一起的一种新型信息网络，具有网络尺度大、时延大、拓扑动态、节点间关系复杂及网络业务种类繁多等特点。这些特点使得空间信息网络的组网结构设计不同于地面网络，需要针对星座特点及应用需求，开展面向空间信息网络星座组网结构设计的研究，其重点是需要考虑面向卫星节点的星座设计和星间链路设计。

2．网络协议技术

地面互联网技术已成为地面公用通信网的发展方向，其技术已向空间通信延伸，CCSDS空间通信协议和容迟网络（delay tolerant network，DTN）深空间通信协议中已融合了相关协议。下一步是使空间信息网络的网络协议成为CCSDS空间通信协议、DTN深空间通信协议与地面互联网协议高度融合的空、天、地一体化协议。

3．QoS路由技术

空间信息网络以空间飞行器作为转发路由平台，可以大大提高网络传输效率，从而为用户提供具有一定QoS的应用业务。为了保障这类业务在网络中传输，需要设计和研制具有QoS保障能力的空间通信路由协议和算法。空间信息网络中卫星节点的持续运动使得现有的网络路由技术难以直接用于卫星网络，需要建立专门针对空间信息网络的新的动态路由协议体系。

4．网络安全防护技术

空间信息网络是一个庞大的系统。系统越庞大，接入越方便、越开放，也越容易被攻击。加之空间信息网络的空间段及天地间通信链路暴露，很容易被攻击。因此，在系统建设时，必须重视保密与防护工作，研究安全方案和安全协议；必须采取安全抗毁措施，提高系统和网络的生存能力。

5．网络管理技术

要使空间信息网络这样一个高度复杂、动态和异构的网络能够高效、可靠地运行，必须对其进行有效的管理。空间信息独有的网络特性使其不能依靠完全集中式或完全分布式的管理，也不能依靠标准的分层体系进行管理。为此，需要建立一种新型的网络管理模型，实现网络的空、天、地一体化及可靠和有效运行，并使网络具备一定的自主运行、网络重构和抗毁自愈能力。

6．卫星光通信技术

卫星光通信具有通信带宽大、数据传输速率高、天线口径小、终端功耗低、体积小、质量轻等显著优势，同时具有良好的抗干扰和抗截获性，能显著提高通信系统的信息安全性。它是空间信息网络星间传输链路的发展方向。低功耗、长寿命的高功率激光源技术以及波束宽度极窄的光波束瞄准、捕获和跟踪技术等都是卫星光通信传输的关键技术。

7．星载处理和路由交换技术

星载处理和路由交换系统的任务是自主地实施信息获取、存储、处理及分发，它是空间信息网络中骨干网组网卫星的关键组成部分。目前，地面网络中的多协议标签交换（multi-protocol label switching，MPLS）技术及各种多用户接入技术已经很成熟，但卫星具有多波束天线收发、移动无线接入、星上处理资源受限及网络拓扑动态等特点，使得地面成熟的IP/MPLS交换技术和多用户接入技术无法有效应用于卫星网络。此外，空间信息网络星地链路的时延大，误码率比地面高，数据传输有实时性要求，且星载设备必须满足一定的空间环境使用要求，这些因素加大了星载设备的研制难度。因此，星载处理和路由交换技术是空间通信网络的关键技术。

1.4.4 核心科学挑战

依据2013年国家自然科学基金委所发布的“空间信息网络基础理论与关键技术”重大研究计划的指导文件，当前空间信息网络建设工作应重点解决的核心科学问题有以下3项。

1．空间信息网络模型设计与高效组网理论

空间中网络节点众多，业务类型复杂，且具有高动态性与异构性，这使得传统网络分析模型与优化理论无法直接用于空间信息网络，因而需要对其网络模型与高效组网机理展开研究。要实现空间信息网络的高效组网，需要重点突破的关键技术有：①大时空尺度下空间网络模型与体系架构的构建；②异质异构网络兼容技术；③空间信息网络路由与传输协议；④高动态空间信息网络容量的理论研究。

2．空间时变网络高速传输理论与方法

空间中各网络节点具有高度动态性，导致网络拓扑呈现频繁变化规律，不同节点之间的通信链路处于间断连通的状态，例如星-星、星-空、星-地以及空-地之间，这样就导致网络中存在大量链路切换现象。要实现各类业务在网络中无缝接入，稳定传输，需要构建空间信息网络接入模型，提出适应性的接入切换控制机制。此方面的关键技术有：①空间时变网络数据高速传输理论；②空间信息网络动态接入与高效切换技术；③海量空间信息分布式协作传输方法。

3．空间信息表征提取与融合处理方法

空间信息网络具有时空尺度大、信息维度高的特点，导致网络中有海量的空间信息需要传输与处理。除了信息高速传输理论的研究，对空间信息实现高效的特征提取与融合处理也是需要重点研究的基础课题。在此方面需要重点研究的关键技术有：①空间信息高效稀疏表征理论；②空间信息高效特征提取与过滤技术；③空间信息的实时在轨处理方法。

1.5 空间信息网络的意义与需求

空间信息网络既是信息化、智能化和现代化社会的战略性基础设施，也是推进科学发展、转变经济发展方式、实现创新驱动的重要手段和保障国家安全的重要支撑。它是包含诸多高新技术的大型工程，它的建立和应用必将对我国综合国力的增强产生深远影响。

1.5.1 典型应用

空间信息网络在军事和民用领域已经有了相当广泛的应用。随着信息技术和航空航天技术的发展，空间信息网络的应用也会更加多元化，惠及更多领域。目前，空间信息网络的主要应用场景如下。

1．空间探测

空间探测主要是指深空探测，这是人类了解太阳系和宇宙进而考察勘探和定居太阳系其他天体的第一步。深空探测将是21世纪人类进行空间资源开发与利用、空间科学与技术创新的重要途径。深空探测的6个重点需求为月球探测、火星探测、小行星与彗星探测、太阳探测、水星与金星探测、巨行星及其卫星探测。

深空探测是人类基于成熟的航天技术，脱离地心引力场，向除地球以外的其他天体进行的空间探测活动。一般来说，深空探测的过程为先探测相对比较近的天体，例如月球，然后探测相对比较远的天体，例如火星和金星。从月球探测到火星探测，我国探索浩瀚宇宙的征程永无止境。人类探索太空的能力不断提升，各国综合实力空前发展，已经将星球探测作为探索太空的重点领域。

由于地球轨道与其他天体的轨道相差较大，可通信的链路无法长时间存在，而空间信息网络中的相关技术可以很好地迁移到深空探测环境中，用来处理时延长、连通性差的问题。因此，空间信息网络的深入研究将对宇宙空间其他天体的探索产生深远影响。

2．导航定位

随着城市化进程的加快，导航定位在我们的日常生活中应用越来越广泛。日常出行需要到达不熟悉的地点时，各种卫星导航系统可以提供定位导航服务，根据步行、公交等不同的出行方式，生成一条具体的路线。中国的北斗卫星导航系统也越发成熟，全球卫星导航定位的国际格局呈现竞争与合作的态势，产业融合不断发展，极大地促进了导航技术在更广泛领域的深度应用。

3．气象预报

气象预报就是通过人造气象卫星观测到的卫星云图，结合大量经验数据和大气变化规律来识别不同的天气形势和发展趋势，从而预测某地区的未来天气状况。其中，卫星云图为天气的分析和预报提供了重要依据。我国中央气象台的卫星云图经历了从“风云二号”到“风云四号”的转变，见证了我国气象卫星技术的不断发展，也为我们提供了更加准确的天气预报。

4．卫星通信

卫星通信主要是指将人造地球卫星作为中继站对无线电波进行转发，从而为在地球两端的用户提供实时通信服务。卫星通信不受两个通信用户间复杂地理条件的限制，在偏远地区、战时报道中担任着重要作用，可以解决当地因无法搭建网络而导致通信受限的问题。

1.5.2 价值意义

建设空间信息网络对于我国空间技术的创新和发展具有重要意义。

（1）解决天地互操作过程中协议频繁转换的问题，提高互操作效率

传统的星上、星地和地面3部分传输协议未进行一体化设计，其格式有很大的差异，导致在接入过程中要进行多次协议转换。建设空间信息网络，从顶层设计上就考虑了网络协议的统一，

减少了天地互操作中不必要的协议转换，显著提高了系统效费比、可靠性和传输效率等。

（2）改变天地专用传输协议过多的局面，促进协议的规范化发展

在天地传输协议方面，不同的卫星往往采用不同的传输协议，如固定帧方式、分包方式、简化分包方式、固定帧与分包相结合的方式等。实现协议的规范化可以减少很多协议转换的开销，从而有效解决系统可靠性差和兼容性差的问题。

（3）促进各类信息的共享，充分发挥空间应用效益

我国民用空间遥感和军用空间信息获取两大体系已经初步形成，但由于不同种类的卫星系统分属不同部门，这些卫星系统获取的大量遥感信息不能很好地共享。空间信息网络可以提供统一的航天信息获取、存储和分发平台，从而有效解决信息不能共享的问题，充分发挥我国空间工程的应用效益。

（4）避免重复建设，促进空间资源的整合优化

以往，不同用户会分别建立各自的业务数据接收站或测控站，这些地球站在地理布局、设备配置及主要技术状态方面有很大的相似性，相当一部分可以相互兼容，实现资源共享。建立空间信息网络将有效地促进已建和在建航天资源的互联互通与综合利用，为未来空间资源的统筹规划、优化设计、综合建设奠定技术基础，促进空间事业协调、有序、健康发展。

（5）发展空间信息网络是空间活动的必然要求

当前及未来的空间活动将越来越复杂，例如，飞船交会对接、中继卫星系统出现了星间链路；海洋监视卫星等分布式卫星编队和星座出现了群控、数据插入与融合技术；空间站等复杂航天器内部各系统需要采用网络方式，以更好地解决数据传输问题；深空探测器、各种着陆器呈现空间无线局域网的形态。

随着航天技术的快速发展，特别是星间链路的出现，以往点对点传输方式独存的局面将不复存在，航天器与航天器互联成为空间活动的发展趋势和必然要求，建设包括天基信息网络和地基信息网络在内的空间信息网络势在必行。

1.5.3 军事需求

军事需求对空间信息网络的发展提出了新的挑战。随着战争环境与军队建设任务的不断变化，军队现代化建设对空间信息网络系统发展的总体要求不断提高，军队作战任务对空间信息网络也提出了新的目标。下面从军事指挥控制、情报侦察和预警探测、军事通信和信息融合及综合军事应用等方面分析它们对空间信息网络的军事需求。

1．军事指挥控制方面的需求

以往，作战信息大多采用点对点的形式直接向指挥员提供，而现代化的高科技信息战争要求不仅要面向指挥员提供作战信息，还要面向战斗员和作战支持人员提供所需的作战信息、作战知识和作战能力，实现决策优势由指挥员向战斗员和作战支持人员转变。

空间信息网络的动态拓扑结构可以减少纵向指挥层次，增强横向联系，使得任何一级指挥中心直至总部指挥中心的正确信息能在正确的时间提供给指挥员、战斗员，从而有利于联合作战、扁平指挥。此外，空间信息网络可实时获取战场空间态势信息并兼容陆、海、空各武器平台和指挥系统，以便在最佳的武器平台和最佳的时机对威胁目标实施软硬一体的攻击，从而实现真正意义上的系统综合集成和一体化联合作战。

2．情报侦察和预警探测方面的需求

未来可能的信息化战争和庞大军事机器的正常运行都必须建立在各种可靠、及时、准确的情报侦察信息与预警探测信息的基础上。单一的情报侦察探测手段曾在过去的战争中发挥了重要作用。但是，在信息化战争中，各军种联合作战，形成了立体的作战战场，战场态势瞬息万变，仅靠单一的侦察探测手段已无法获得信息优势。因此，建立能有机运用多种侦察探测手段、具有信息融合功能的综合情报侦察预警网络，才能满足未来信息化战争对情报的需求。

空间信息网络将全球所有地理位置分散的侦察、预警、探测监视系统连接到一起，充分集成综合导向系统的情报信息，消除“烟囱式”屏障，准确获取实时直观的全方位战场三维空间信息，处理后形成完整的作战信息和情报图并提供给指挥员、战斗员，以便指挥员准确、实时地了解不断变化的敌我作战环境信息，选择最佳方案，实现与通信人员、指挥控制人员、精确打击人员等的一体化联合作战。

3．军事通信和信息融合方面的需求

高技术条件下的局部战争对军事通信网络提出了很高的要求，要求军事通信网络具有一体化保障和安全保密能力、快速且高效的信息传输和信息对抗能力以及自动化处理能力。空间信息网络在军事通信中将实现大容量的传输交换、广域的系统覆盖和实时的系统响应，可实现无缝的互联、互通、互操作，具备高强度的安全防护保密能力，这是军事通信系统安全、可靠、高效运行的重要保障。

从发展的角度来看，为了增强一体化的战场态势感知能力和信息传输能力，通常需要将性能更为卓越的侦察、预警、通信、导航及气象等方面的卫星技术与各种无人机、侦察机、预警机和指挥控制飞机等航空装备有机融合，建立功能完备、种类齐全的军用卫星体系，实现卫星间信息的互联和星上处理，从而实现空、天、地信息之间的互联互通，提高一体化的空天战场感知能力。这正是空间信息网络融合技术应用的重要场景。

4．综合军事应用方面的需求

随着信息时代战争形态和战争环境的变化，现代化军事建设任务已经步入了机械化和信息化建设的双重发展轨道。空间信息网络作为国家安全的重要保障，能够支持现代信息化作战，为多军种联合攻防提供信息集成与共享，实现快速反应和精确打击，是将现代化作战的战略级、战役级和战术级连接在一起的重要“桥梁”。为此，空间信息网络建设必须以满足、遏制和打赢可能面临的高技术局部战争为目标，加快一体化发展，为军队信息化作战体系建设提供全面的支持。

现有的单一任务导向的空间信息系统越来越难以满足快速发展的综合军事应用需求，而空间信息网络在作战准备和决策、作战行动实施、作战效果评估、作战行动调整等不同阶段，可为多军种联合作战提供信息的高效共享和处理分发支持。

1.5.4 民用需求

随着我国经济社会的快速发展和航天技术的不断进步，各领域、各部门对构建空间信息网络提出了迫切需求。

1．单项应用需求

①卫星通信需求。广电、教育、文化、医疗、通信、交通、外交、应急救灾等领域对卫星通信、广播电视应用提出了广覆盖、大容量、高安全性的需求。

②卫星导航需求。公共安全、交通运输、防灾减灾、农林水利、气象、国土资源、环境保护、公安警务、测绘勘探、应急救援等领域对卫星导航应用提出了高精度、多融合的创新服务需求。

③卫星遥感需求。国土、海洋、测绘、环境保护、民政、气象、农业、林业、水利、地震监测、交通、统计、公安、能源、住房城乡建设等领域对卫星遥感应用提出了多样化、精细化、高时效性观测的需求。

2．综合应用需求

①资源、环境与生态保护综合应用：针对资源开发、粮食安全、环境安全、生态保护、气候变化、海洋战略和全球战略等重大需求，在国土、测绘、能源、交通、海洋、环境保护、气象、农业、减灾、统计、水利、林业等领域开展卫星综合应用示范。

②防灾减灾与应急反应综合应用：面向防灾减灾与应急需求，围绕重特大自然灾害监测预警、应急反应、综合评估和灾后重建等重大任务，结合民政、气象、海洋、能源、交通运输、城市市政基础设施、水利、农业、统计、国土、林业、环境保护等领域的需求，开展地震灾害频发区、西南多云多雨山区地质灾害区、西北华北干旱和寒潮区、森林草原灾害区、洪涝灾害频发区、城市灾害区、东南沿海台风暴雨区、赤潮区、巨浪区等典型灾害区域开展卫星综合应用示范。

③社会管理、公共服务与安全生产综合应用：面向经济社会中安全生产、稳定运行的重大需求，围绕社会精细化管理，特别是市政公用、交通、能源、通信、民政、农业、林业、水利等基础设施安全运行和公共卫生突发事件响应等，开展卫星综合应用示范。

④新型城镇化与区域可持续发展、跨领域综合应用：针对住房城乡建设、能源、交通、民政、环境保护等部门的业务管理和社会服务需求，开展新型城镇化布局、智慧城市、智慧能源、智慧交通及数字减灾卫星综合应用示范。

⑤大众信息消费与产业化综合应用：为推动我国空间信息大众化服务与消费，以及产业化、商业化发展，面向大众对空间信息的多层次需求，充分利用卫星遥感、卫星通信广播、卫星导航技术和资源，创新商业模式，挖掘、培育和发展大众旅游、位置服务、通信、文化、医疗、教育、减灾、统计等信息消费应用服务。

⑥全球观测与地球系统科学综合应用：为了适应全球化发展需要，应加强国际合作，充分利用相关国际合作机制，推动虚拟星座应用和全球性探索计划，开展全球变化、防灾减灾、人与自然、地球物理、空间环境、碳循环等地球系统前沿领域的先导性研究、监测和应用，提升自主创新能力和国际影响力，为人类可持续发展做贡献。

⑦国际化服务与应用：围绕我国“走出去”战略和“一带一路”倡议，构建融卫星遥感、卫星通信广播、卫星导航与地理信息技术于一体的全球综合信息服务平台，为全球测绘、全球海洋观测、全球资产管理、粮食安全与主要农产品生产监测、环境监测、林业与矿产资源监测、水资源监测、物流管理、安全与应急管理等提供服务。

第2章

通信网基本原理

对通信网的性能分析应从全局和整体出发，进而规划设计和优化网络。进行网络性能分析时不但要具备通信网的基础知识，还应该掌握较深入的数学理论。对通信网建立数学模型并进行分析和设计是本书要讨论学习的内容之一，与之相关的数学理论主要是图论和排队论。分析网络的拓扑结构和网络的路由选择时需要用到图论，对交换网进行性能分析时将用到排队论。

2.1 通信网的交换方式

要将多个点对点的通信链路按照一定规则构成通信网，在链路间必须配备相应的交换和接入设备。常见的交换方式包括电路交换（circuit switching，CS）和分组交换（packet switching，PS）。

2.1.1 电路交换

电路交换是通信网中最先出现的一种交换方式，也是应用最普遍的一种交换方式。它起源于电话交换系统，现已有一百多年的历史，目前主要被应用于电话网，也可被应用于数据通信。

电路交换是在两个用户之间搭建一条临时但专用的通信链路，该链路由于要占用传输资源，因此称为电路。在通信期间，它将一直保持连接状态，直到通信结束为止。电路交换的过程基本可分为电路建立、信息传输和电路释放3个阶段。

（1）电路建立

通信双方需先建立一条专用的物理通信链路，且一直维持到通信结束。电路交换是一种面向连接的交换方式。

（2）信息传输

通信链路建立后，双方可进行实时的、透明的、连续的信息传输。

（3）电路释放

当信息传输完成后，一方或双方可请求拆除此电路，即执行释放电路的操作。被释放的信道空闲后，可被其他通信用户使用。

下面以一个实例来说明电路交换的核心原理。对于图2-1所示的网络拓扑结构，其中1～7为通信网的传输节点，A～F为通信网的接入站点。若接入站点A期望传输信息到接入站点D，则需在A和D之间建立一条物理连接线路。

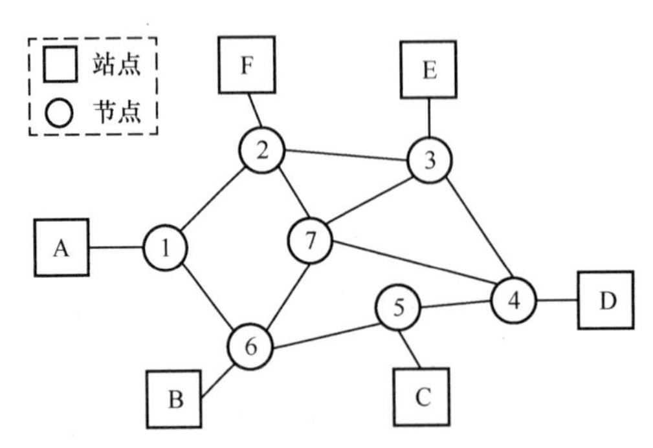

图2-1　电路交换的网络拓扑结构

①接入站点A向相连的传输节点1发出与接入站点D连接的请求。由于A与节点1存在直接连接，因此不必再创建连接，但须在节点1和节点4之间建立一条专用线路。

②节点1和节点4之间存在多条线路，比如1—2—3—4、1—6—5—4、1—2—7—3—4等。此时，需要采用一些路径选择策略或算法，从中选择一条较优的线路，如1—6—5—4。

③节点4利用直接连接与接入站点D连通，于是A和D之间的线路建立完成。

④源站点（A）和目标站点（D）可以通过建立的线路进行信号传输，即通过线路1—6—5—4，可以将信息从站点A成功传输给站点D。同时，在整个过程中，所建立的线路必须始终保持连接状态。

⑤信息传输结束后，由源站点或目标站点发出拆除线路的请求，然后逐节点拆除，释放该线路所占用的节点及信道资源。

电路交换的主要特点是通信双方在通信过程中占用固定带宽的链路，因此能够保障通信的时延特性，对语音和其他实时性业务比较适合。但面对各种类型的突发信源时，线路的利用率低。

2.1.2　分组交换

随着通信技术的发展，电路交换资源利用率低的不足越来越凸显。当通信链路资源被全部占用时，电路交换能采取的措施只能是拒绝用户的呼叫请求，即呼损。实际上，在占用的电路数相对较多时，只须稍等片刻，就会有线路被释放，从而可有效避免呼损，即用时延换取低呼损。此外，在通话过程中，通常有一半以上的时间，被占用的线路实际上处于空闲状态，完全可以利用这些空隙进行更多用户的语音通信。

然而，数据业务通常具有突发性，即以短时间的脉冲串方式传输信息，导致存在空闲状态的线路将更多，且对实时性要求不高，可允许一定的时延，但精确性要求较高。这与语音通话完全不同，采用电路交换则问题更凸显。因此，分组交换便应运而生。

对于分组交换来说，在通信过程中，通信双方以分组数据包为单位，利用存储-转发机制实现分组数据包的交互。分组交换将用户信息划分成若干个更小的等长数据块，即分组（packet），其中每个分组都含有携带必要控制信息的首部，如图2-2所示。分组的本质就是存储-转发，即每个交换节点首先将接收的分组暂时存储起来，并检测分组传输中是否存在差错；然后分析该分组首部中有关路由选择的信息，进行路由选择并在此路由上排队；最后等待空闲信道，转发分组给相应的交换节点或者用户终端。因此，分组交换又称为存储-转发系统，该方式可更充分地利用有限的通信线路资源，服务更多的用户，但以时延为代价。

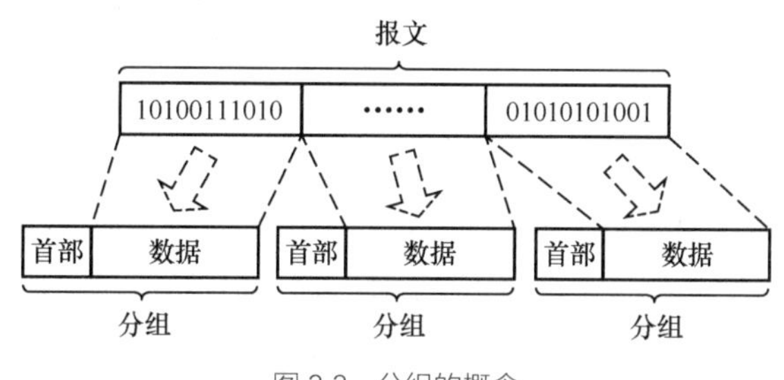

图 2-2 分组的概念

在分组交换中，同一个报文的多个分组可同时传输，多个用户的信息也可共享同一个物理链路，即统计复用，因此分组交换可实现资源共享，弥补了电路交换线路利用率低的不足，同时也克服了传统报文交换时延大的缺点。鉴于如上优点，且特别适合数据业务，所以分组交换一经提出，就广泛用于数据通信网和计算机通信网。

分组交换有两种典型工作模式，即面向连接和无连接，一般默认工作在无连接模式。为了减少时延的不确定性，研究人员对传统的分组交换进行了改进，以实现面向连接，核心思想是通信双方仅占用一个固定的逻辑链路（而非实际的物理线路），即虚电路。该逻辑链路不是一直占用全程的链路资源，只有需要用到时才会占用。在数据交换之前建立逻辑链路连接，在数据传输过程中，各个分组不需要携带目标节点的地址，但须保证数据分组的顺序。使用虚电路，电话信号也能够以分组的形式传输，如VoIP（voice over internet protocol，基于IP的语音传输）利用IP网络来传递语音，已成为需长途电话沟通时的首选。

2.2 通信网的类型

通信网的目的是支撑和提供各种业务。根据业务的不同，通信网可分为模拟电话网、综合数字网、数据网、空间信息网络等。

2.2.1 模拟电话网

1876年，美国发明家亚历山大·格拉汉姆·贝尔（Alexander Graham Bell）发明了电话，电话将语音信息转变为电信号，实现了远距离传输。为了能够服务多个用户，需要构建一个网络，但很难在任意用户之间均配置一套通信系统，于是出现了电话交换。电话交换能够为通信双方实时建立连接，包括人工交换和自动交换。图2-3为一个电话网络示意图，其中每个用户通过专用接入线和交换节点（也称为用户接入交换设备）进行连接通话。接入线通常为双绞线，利用二四线变换技术可以在两条线路上实现双向传输。

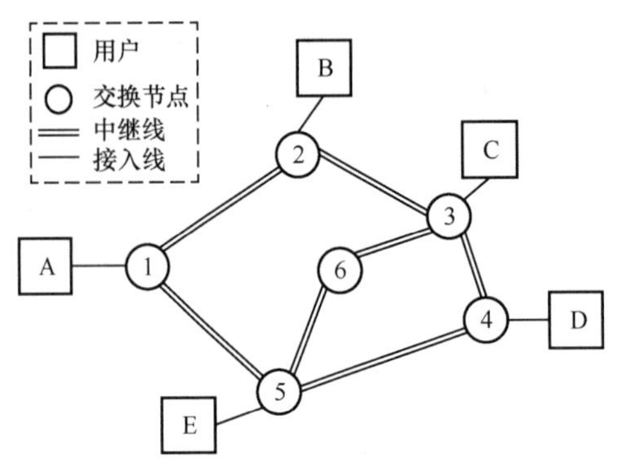

图 2-3　电话网络示意图

若用户A希望与用户C通话，则需先摘起话机，此时用户A和交换节点1之间的回路接通。如果交换节点1接受用户A的通话请求，则会给其一个通话信号。然后用户A开始拨号，交换节点1收到通话的目标号码后，将通过信令系统及其他交换节点的会话寻找能够连接到用户C的空闲线路。若找到一条空闲线路，交换节点3将通知用户C或振铃。当用户C摘机时，用户C的回路接通，此刻网络已为用户A和用户C建立了一个端对端的连接，通话正式开始。整个过程的本质是为通信双方搭建一个恒定带宽的端对端连接，确保通信的时延特性，且满足语音通信的需求。

2.2.2　综合数字网

从20世纪70年代末到20世纪90年代，电话网络经历了一个重大变化，即逐步完成了从模拟信号到数字信号的转换，实现了数字化传输和7号信令系统。此网络也称综合数字网，它标志着模拟电话网具备了现代电话网络的基本特征。

（1）数字化传输

从接入线到交换机的模拟信号在交换机的用户网络接口处，通过脉冲编码调制（pulse code modulation，PCM）转变成64kbit/s 的数字信号。为了分割中继线路的容量，采用同步时分复用技术将信道划分成多个等级，基本等级为数字基群。中国和欧洲采用的数字基群为El，El每秒为8 000帧，每帧由32个时隙组成，其中时隙0用于同步，时隙16用于信令，其余30个时隙供30个话路使用。E1的速率为32 × 64kbit/s=2.048Mbit/s。美国和日本采用的数字基群为Tl，速率为1.544Mbit/s或24个话路。在数字基群之上还有一些更高的等级，如E2、E3、E4等，后者的容量依次是前者的4倍，这种数字传输体制也称为准同步数字系列（plesiochronous digital hierarchy，PDH）。需要注意的是，PDH体制中每个等级的速率并不是较低等级的严格4倍。由于是异源复接，采用了正码速调整技术，因此每个等级的速率是较低等级速率的4倍多点。在这种复接方法中，从高次群无法直接定位低次群信号，需要将其完全解复才能找到某个低次群，或者说需要全套的复用和解复设备，因此低速信号的上下路十分不方便。另外，鉴于全球存在不同的PDH体制，因此起初PDH体制就存在众多严重的缺陷。1986年，为了统一光接口及弥补PDH的缺陷，北美提出了同步光纤网（synchronous optical network，SONET），增加了各种网络管理功能；同时增加了许多节点设备，传输部分可以独立构成一个传输网络。1988年，ITU-T（international telecommunication union telecommunication standardization sector，国际电信联盟标准化部）提出了相应的世界标准，即同步数字系列（synchronous digital hierarchy，SDH）。基于SDH的传输网标准是第一个被大量应用的商用传输网标准。

（2）7号信令系统

7号信令系统是网络的控制和神经系统，可以保证网络实现需要的逻辑和功能。7号信令系统的第一个版本是1980年发布协议的下三层为消息传递部分（message transfer part，MTP），可分为3级，其中MTP-1实现消息的物理传输，MTP-2保证无差错传输，MTP-3则完成网络功能。基于当时信令转接点的水平，信令系统的拓扑结构可为二级或三级结构，如中国是三级网络，美国是二级网络。中国的7号信令系统中有3类节点，分别为信令点（signalling point，SP）、低级信令转接点和高级信令转接点。这样设计的网络有如下两个特点：一是高可靠性，网络中任何节点的单一故障或某些节点的多故障均不会对网络造成影响。二是严格的等级结构，如果不考虑备份路由产生的多样性，任何两个SP之间的路由是唯一的。因此SP之间在相互发送消息信令单元（message signalling unit，MSU）时无须建立连接，一般数据网络的路由选择和流量控制等问题在信令系统中基本不存在，故信令系统的MSU可以传递得非常快。

2.2.3 数据网

数据网是用于传输数据业务的通信网，它是以分组交换、帧中继交换、高级路由器、IP交换机等数据交换机为转接点组成的网络。数据网发展很快，包括各种综合数据业务和宽带数据业务。下面以图2-4为例，对面向连接的数据网的工作原理进行阐述。所谓面向连接的网络，是指通信双方之间存在一个逻辑连接，以进行信息交换。如果没有信息交换，该逻辑连接对应的物理线路资源可以被其他通信进程使用。在帧中继交换中，数据链路连接标识符（data link connection identifier，DLCI）是一个局部地址。若局域网1希望给局域网2传输一个包，其中包的地址为DLCI 100；该包到达交换机A后，通过查询A的路由表可知，应将该包分送给输出线12，并将地址改为DLCI 103；当这个包到达交换机B后，查询其路由表可知应将该包分送给输出线15，同时将地址改为DLCI 106。通过此过程，局域网1就成功地将一个包传输给了局域网2。同样，图2-4还展示了局域网1给局域网3和局域网4传输数据包的过程。

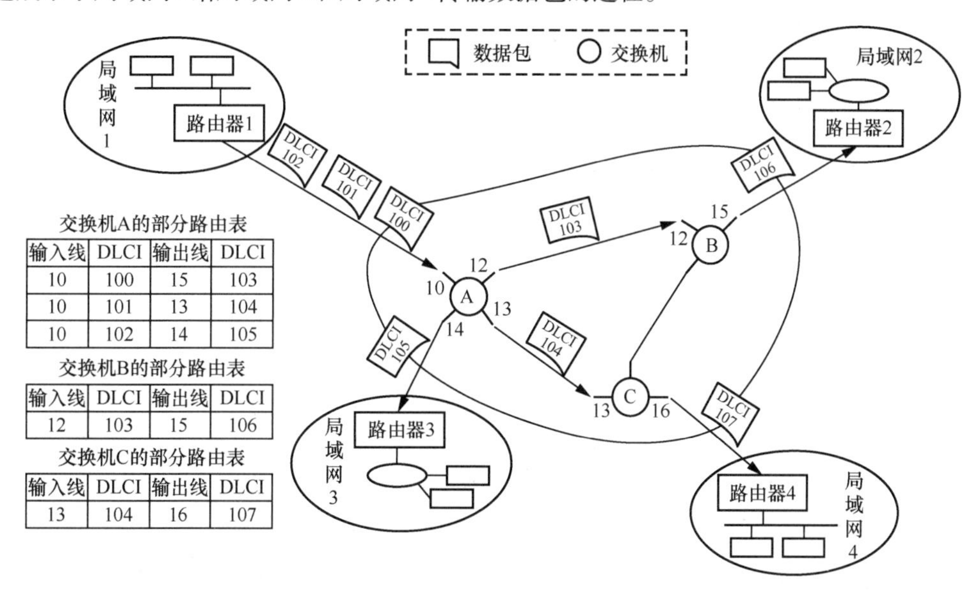

交换机A的部分路由表

输入线	DLCI	输出线	DLCI
10	100	15	103
10	101	13	104
10	102	14	105

交换机B的部分路由表

输入线	DLCI	输出线	DLCI
12	103	15	106

交换机C的部分路由表

输入线	DLCI	输出线	DLCI
13	104	16	107

图 2-4　面向连接的数据网的工作原理

数据网的另外一种工作机制为无连接，通信双方在通信开始前不需要建立连接，每个数据包都含有全局地址。交换机在接收到数据包后，根据包的地址和本地路由表将包分送到相应的输出口完成交换。与面向连接的网络不同，无连接网络的路由表可以根据网络中的负荷做出自适应的调整和改变，路由表在通信过程中并不会保持不变。因此，无连接网络整体比较灵活，全网为分布式控制，对网络负荷的变化和故障可以做出自适应调整。典型的无连接网络协议为因特网的IP协议。

2.2.4 空间信息网络

空间信息网络是包含空间平台和陆地网络节点在内的一体化网络，是空间信息获取、存储、处理和分发的统一平台。它进一步结合了卫星通信与地面通信网络的优势，具有覆盖范围大、抗灾抗毁性强、部署灵活等特点，其典型的通信协议体系包括国际空间数据系统咨询委员会定义的协议体系和DTN体系。

为适配空间信息网络中数据传输存在的长时延、高丢包率等缺点，CCSDS参考TCP/IP协议体系开发了与TCP/IP协议功能上相平行的一系列协议建议，被称作空间通信协议规范（space communication protocol specification，SCPS），其中的网络协议（network protocol，NP）部分被称为SCPS-NP。与IP协议相比，SCPS-NP的主要改进包括：①SCPS-NP提供了多种长度的包头，供用户在效率和功能之间权衡选用，支持短包头空间分包服务和长包头传统地面IP服务；②提供了多种选路模式，既支持面向连接的路由，也支持面向无连接的路由，同时增加了泛洪寻址方式，提供了由管理机制配置的端到端路由；③为适配空间链路的高动态断续特征，SCPS控制信息协议SCMPS中提供了链路中断消息。由于与地面网络协议是平行设计的，地面网络的IPv4（internet protocol version 4，第4版互联网协议）和IPv6分组也可以通过空间数据链路协议进行传输，与SCPS-NP复用或独用空间数据链路。空间信息网络中的数据传输流程如图2-5所示。

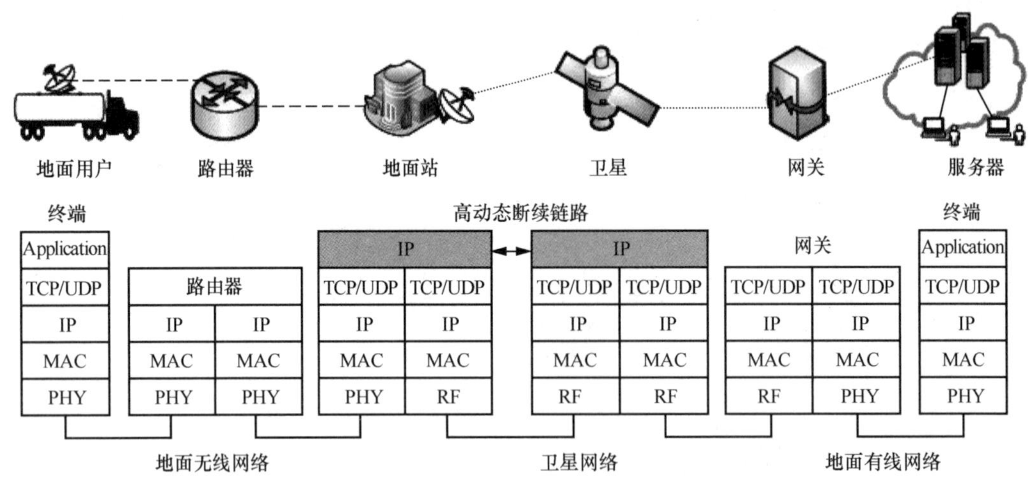

图2-5 空间信息网络中的数据传输流程

DTN同样针对长延时、断续连接等典型空天网络的受限因素进行设计。DTN体系的核心方法是在应用层和传输层之间加入即束层（bundle layer），并引入逐跳可靠传输和保管传递机制，在传输层使用利克莱德传输协议（licklider transmission protocol，LTP），以保证长延时、高误码链路上信息传输的可靠性和有效性。根据业务流的特性，对实时业务流和可靠业务流分别采用不同的协议，链路层通过虚拟信道调度实现数据在链路层的可靠传输，为不同应用提供不同服务。

2.3 通信网性能分析理论

影响通信网性能的因素有很多，主要包括网络拓扑结构的设计、网络的路由机制与流量控制、网络资源的限制与共享、业务量需求的剧增和新兴业务模型的出现等。

（1）网络拓扑结构的设计

网络拓扑结构的设计是指通过传输媒介互连各种网络设备的物理布局，即如何将网络设备进行连接。好的拓扑结构应有利于均衡负载，降低网络能耗。

（2）网络的路由机制与流量控制

一般距离越远，信息的传输时延越长，因此路由的跳数与距离有关。同时由于网络越来越复杂，来自网管信令开销的影响也不容忽视。

（3）网络资源的限制与共享

网络资源（如宽带、缓存、功率等）是有限且共享的。通信质量的优劣通常也由所能分配资源的多少及其分配效率、网络架构的优劣、信息交互的效果来决定。因此，如何最优地使用和调度网络资源，也是各种通信系统所要解决的共同问题。

（4）业务量需求的剧增

目前通信网技术已应用到制造、医疗、教育、航空航天、军事等各种领域。要满足这些应用所有业务量的需求，网络的设计（平均）容量则需始终大于（平均）需求，这易导致网络拥塞问题的出现。

（5）新兴业务模型的出现

当今社会已步入了信息化时代，多媒体通信业务、移动数据通信业务和智能网业务等新兴业务的需求已超过语音业务的需求，逐渐成为主流。同时新兴应用场景及业务模型不断涌现，也对未来网络提出了新的挑战。业务需求的随机性及突发性将会造成网络资源的巨大浪费。

通信网的性能分析主要包括电信流量理论、排队论、图论等，其中电信流量理论属于排队论在通信网中的应用。

2.3.1 电信流量理论

电信流量理论也称为电信话务量理论，是研究电信系统结构、设备数量、业务流量与服务质量之间依赖关系的理论（电信网的优化设计）。理论上来说，电信企业可提供充足的通信设施来满足用户同时通信的需求，但需要以庞大的开支为代价，并且实际上无此必要。在日常生活中，通信设施的使用有高峰和低峰时段。对于电信管理和设计部门来说，如何以较少的费用科学地设计电信网，提供让用户满意的良好服务十分必要。电信流量理论的出现与发展为此提供了科学依据和方法。

1．电信流量理论的发展

20世纪初，电话通信主要根据电话业务量和呼损指标来配备电话设备。1909年，丹麦数学家阿格纳·克拉鲁普·厄兰（Agner Krarup Erlang）发表了第一篇有关电信流量理论应用的经典著作，首次利用概率论解决了电信交换机容量的设计问题。此后，他又发表了一系列研究成果，奠定了电信流量理论的数学基础，被誉为电信流量理论的先驱和奠基人。他提出的统计平衡概念以及著名的Erlang-*B*公式、Erlang-*C*公式在电信等领域中被广泛应用。厄兰主要研究话源数趋于无限大的情况，即无限话源线束的计算。1927年，恩格谢特（Engset）发表了计算有限话源全利用度线束呼损的公式，促进了厄兰的理论发展。但他们都假设服务时长为指数分布，呼叫流为泊松分布。20世纪30年代，荷兰数学家卡雷尔·丹尼尔·克罗米林（Carel Daniel Crommelin）发表了全利用度等待系统理论，解决了呼叫流为泊松分布、服务时长为常数分布的情况，被称为克罗米林分布。之后，排队论研究的先驱人物是法国数学家费利克斯·波拉切克（Felix Pollaczek）和苏联数学家安德烈·尼古拉耶维奇·科尔莫戈罗夫（Andrey Nikolaevich Kolmogorov）和亚历山大·雅可夫列维奇·欣钦（Aleksanelr Yakovlevich Khinchin），他们在这方面的研究课题都在20世纪30年代完成并载于其后来撰写的著作里，这些研究工作对早期的网络性能分析提供了有力的数学基础。第二次世界大战以后，排队论得到了迅猛发展，成为应用概率论、随机运筹学中最有活力的研究课题。它不仅建立了较完备的理论体系，而且在军事、生产、经济、管理、交通等领域得到了广泛的应用。20世纪50年代初期，英国数学家大卫·乔治·肯德尔（David George Kendall）又系统地阐述了排队问题，并且利用嵌入马尔可夫链的方法推动了网络性能分析的进一步发展。

纵横制电话交换系统的出现与发展要求研究多级链路系统话务负荷能力的计算方法。第一个研究成果是瑞典学者雅柯比斯于1950年完成的，李建业于1955年又提出了概率线性图法。这一贡献不仅解决了纵横制电话交换系统设计的问题，还为程控交换系统的话务计算打下了基础。

2．电信流量理论的应用

电信流量理论将各种类型的电信系统看作随机服务系统，并以此为研究对象，其基本任务是系统分析、系统综合和系统优化。系统分析是根据给定的系统结构研究系统服务质量、呼叫流特性与服务机制之间的关系；系统综合是根据给定的系统服务质量指标和呼叫流的特性参数，确定系统的结构参数；系统优化是研究系统最佳结构和呼叫流的控制，使系统能给出最佳的服务质量。

在设计新的电信系统或改进原有的电信系统时，电信流量理论用于系统方案的选择。在通信系统的运行中，它提供调整网络结构和控制呼叫流的理论与方法，使系统运行处于最佳状态。电信流量理论还用于各种话务数据的调查统计和预测，有助于降低系统的成本、充分发挥系统效能、提高服务质量以及数据收集和预测等。

2.3.2 排队论

在进行通信网的规划、设计和优化时，掌握相应的理论基础知识和网络分析计算的方法是设计一种既能够满足各项性能指标又能够节省费用的方案的必要前提。其中，一个重要的数学理论便是排队论。

1．排队论的发展

排队论是一个独立的数学分支，有时也被归类到运筹学中，是专门研究由于随机因素的影响而产生拥挤现象（比如排队、等待）的科学，也称随机服务系统理论或拥塞理论（congestion theory）。排队论基于各种排队系统的概率规律性，研究排队系统的最优设计和最优控制问题。

排队论的发展可追溯到20世纪初的电话系统。1909—1920年，丹麦数学家厄兰利用概率论方法研究电话通话问题，开启了应用数学学科的大门，并为该学科创建了许多基本原则。20世纪30年代中期，美国数学家威廉·费勒（William Feller）取得了生灭过程研究成果后，排队论才被数学界承认是一门重要学科。在第二次世界大战期间及以后，排队论在运筹学领域也逐渐变成了一个重要分支。

20世纪50年代，肯德尔对排队论做了系统性研究，基于嵌入马尔可夫链方法研究了排队论，促进了排队论的发展。1951年，肯德尔首次采用3个字母组成的符号*A*/*B*/*C*来表示一个排队系统，其中*A*表示顾客到达时间的分布，*B*表示服务时间的分布，*C*为服务机构中服务设施的个数。

2．排队论在通信网的应用

排队论是通信网性能分析中的常用工具。在电话网中，需要配置多少交换机间的中继线才能保证用户呼叫成功呢？在分组交换网中，如何选择缓冲器容量和链路速率才能保证分组信息的延时性能呢？这些问题需要利用排队论来分析解决。同样，局域网的传输媒介随机访问竞争问题及异步传输模式（asynchronous transfer mode，ATM）网络的出线竞争问题也需要利用排队论来进行分析研究。

随着通信、计算机和应用数学3个领域的不断发展，排队论被广泛应用。例如，网络的设计和优化方法、移动通信系统中切换呼叫的处理方法、随机接入系统的流量分析方法、ATM业务流的数学模型及其排队分析方法等，这些都是排队论的具体应用。此外，通常将顾客到达时间间隔和服务时间都相互独立的排队论内容称为经典（或古典）排队论；它是新的排队论的基础，并且通信领域的许多问题均可以通过它来解决。

2.3.3 图论

图论是提高和保障网络通信质量的重要理论之一，也是信息网络进行理论分析、结构调整、性能优化、资源融合的基础。利用图论的方法分析网络性能、规划网络拓扑、优化网络设计、优化流量分配与控制策略、增强网络维护和管理等，对于通信网来说必要且有效。

1．图论的发展

图论是组合数学的一个分支，是一门发展十分活跃的应用学科。它起源于经典的哥尼斯堡（Konigsberg）七桥问题，即能否从四块陆地中任何一块开始，恰好通过每座桥一次，然后回到起点。1735年，瑞士数学家莱昂哈德·欧拉（Leonhard Euler）利用抽象分析法将该问题转变成图论问题解决了，并于1741年正式发表了论文，由此便诞生了图论，欧拉也因此成为了图论的创始人。

1936年，匈牙利数学家丹尼斯·柯尼希（Dénés König）出版了第一部图论专著《有限图与无限图理论》，至此图论正式成为一门独立的学科。柯尼希的思想影响了全球一大批数学家，他们开始专注于图论的研究，如匈牙利数学家保罗·埃尔德什（Paul Erdős）和阿尔费雷德·雷尼（Alfréd Rényi）利用简单的随机图来描述网络，开拓了随机图（Erdős-Rényi Graph，ER图）这一重要分支。

1998年，美国研究者邓肯·瓦茨（Duncan Watts）和斯蒂文·斯特罗加茨（Steven Strogatz）首先突破了ER理论的思想，提出了小世界网络模型（一般称为WS模型），利用“六度分离”假设揭示了复杂网络的小世界效应。紧接着，1999年美国物理学家阿尔伯特-拉斯洛·巴拉巴西（Albert-László Barabási）和雷卡·阿尔伯特（Réka Albert）提出了无标度网络模型，发现了复杂网络节点的度分布具有幂指数函数的规律，极大地推动了网络科学及图论应用的发展。到20世纪40年代～20世纪60年代，图论已衍生出许多新的分支，如拟阵图论、极图理论、超图理论、代数图论、拓扑图论、随机图论等。

2．图论在通信网的应用

通信网是由诸多交换机、交叉连接设备或终端等设备及传输媒介组成的，可以利用图来刻画通信网的数学模型。图是网络的一种表示形式，且与传输媒介（如光纤、无线或卫星）的物理性质、节点设备的功能（如交换、交叉连接或信息的输入/输出）无关。

在图论中，用图的顶点和边来反映实际网络中的具体事物和事物间的相互关系，如图2-6所示。在通信网中，用顶点表示通信站，边表示通信站间的通信路线，就构成一个反映通信站间通信连接情况的图；用顶点表示节点设备或交换设备，边表示传输路线，就构成一个通信网图。在通信网图中，有向边表示单向通信或传输路线，无向边表示双向通信或传输路线。在实际网络中，根据研究需要，可对顶点或边进行赋值，赋予的值可以表示不同的含义。例如，顶点的权值可为交换节点的造价、交换容量等，边的权值可为信道的造价、容量、长度和时延等。

在通信网中，最短路由选择问题即两顶点之间的最短路径问题。抽象到网络图论中，即路径选择或路径优化的问题。图论中有关网络的一些算法可以很好地解决该问题。最经典的有迪杰斯特拉算法及其改进算法、贝尔曼-福特算法、福特-富尔克森算法、弗洛伊德算法等。随着网络的发展，图论与线性规划、动态规划等学科分支相互渗透，丰富了图论内容，促进了图论的广泛应用。近年来，图论在通信网络的设计分析、电网络分析、印制电路板分析、信号流图和反馈理论、计算机流程图等众多领域也都有了快速的突破和发展。

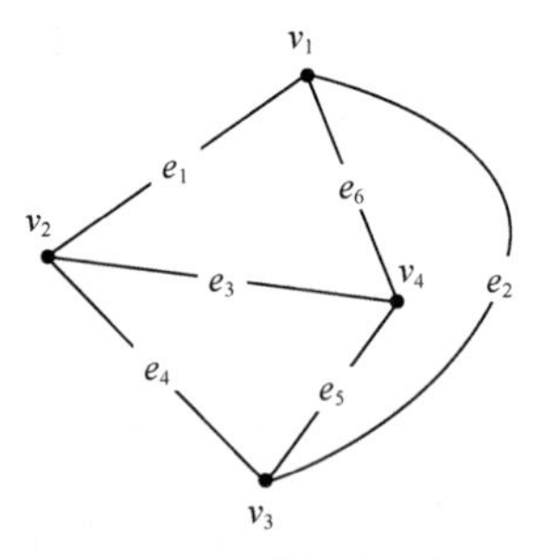

图 2-6　图的概念示意

2.4 排队论基础

排队是日常生活和工作中常见的现象。它由两个方面构成：一是要求得到服务的顾客；二是设法提供服务的服务人员或服务机构。顾客与服务机构就构成一个排队系统，或称为随机服务系统，如图2-7所示。

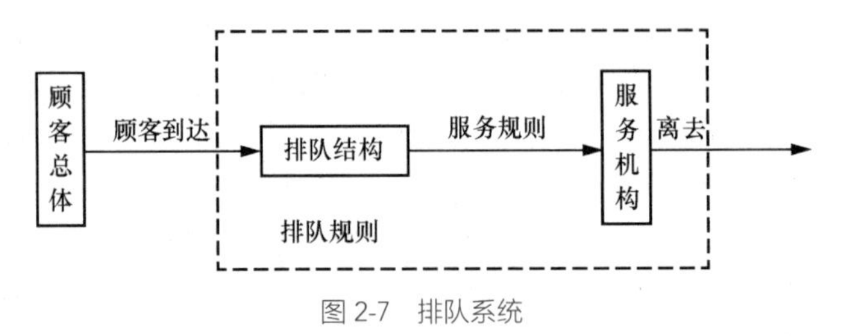

图 2-7　排队系统

2.4.1 排队论研究的基本问题

随机性是排队系统的共同特性，顾客的到达间隔时间与顾客所需的服务时间中至少有一个具有随机性。排队论研究的首要问题是系统主要数量指标［如系统的队长（系统中的顾客数）、顾客的等待时间和逗留时间等］的概率特性，其次是系统优化问题。与这两个问题相关联的还有系统的统计推断问题。

（1）性态问题

研究排队系统的性态问题（即数量指标的研究）就是通过研究系统主要数量指标的瞬时性质或统计平衡下的性态来研究排队系统的基本特征。

（2）最优化问题

排队系统的最优化问题涉及排队系统的设计、控制以及系统有效性的度量，包括系统的最优设计（静态最优）和已有系统的最优运行控制（动态最优），前者是在服务系统设置之前对未来运行的情况进行估计，确定系统的参数，使设计人员有所依据；后者是对已有的排队系统寻求最优运行策略，其内容很多，包括最小费用问题、服务率的控制问题等。

（3）统计推断问题

排队系统的统计推断是通过对正在运行的排队系统进行多次观测、搜集数据，用数理统计的方法对得到的资料进行加工处理，推断所观测的排队系统的概率规律，建立适当的排队模型。

2.4.2　排队系统的基本组成及特征

实际中的排队系统是各种各样的，但从决定排队系统进程的因素看，它由3个基本部分组成：输入过程、排队规则和服务机构。输入过程、排队规则和服务机构复杂多样，可以形成各种各样的排队模型。因此在研究一个排队系统之前，有必要弄清楚这3部分的具体内容和结构。

1．输入过程

输入过程用于说明顾客来源及顾客到达系统的规律。它包括以下3方面内容。①顾客总数（顾客源数），它可能是有限的，也可能是无限的。②到达的方式，是单个到达还是成批到达的。③顾客到达时间间隔的概率分布、分布参数及间隔时间的独立性。令$T_0=0$，$T_n(n\geqslant 1)$表示第n个（批）顾客的到达时刻，则$T_0=0<T_1<T_2<\cdots<T_n<T_{n+1}<\cdots$。又令$\tau_n=T_n-T_{n-1}$，$n\geqslant 1$，则$\tau_n$表示第$n$个（批）顾客到达时刻与第$n-1$个（批）顾客到达时刻之差，我们称序列$\{\tau_n, n\geqslant 1\}$为顾客相继到达的间隔时间序列。在排队论研究中，一般假定$\{\tau_n, n\geqslant 1\}$相互独立且为同分布，经常用到的概念有：①定长分布，即顾客是等距时间到达；②最简流（泊松流），即$\{\tau_n, n\geqslant 1\}$为独立、同负指数分布；③k阶Erlang分布；④一般独立分布等。

2．排队规则

排队规则是指服务机构是否允许顾客排队以及顾客是否愿意排队，通常分为以下3种。①损失制。顾客到达时，若所有服务机构均被占，服务机构又不允许顾客等待，此时该顾客就自动离去。②等待制。顾客到达时，若所有服务机构均被占，他们就排队等待服务。服务顺序的规则有先到先服务（first come first served，FCFS）、后到先服务（last come first served，LCFS）、有优先权的服务以及随机挑选顾客进行服务的随机服务等。③混合制。损失制与等待制的混合，分为队长（容量）有限的混合制系统、等待时间有限的混合制系统（等待时间<固定的时间t_0，否则就离去）以及逗留时间有限的混合制系统。

3．服务机构

对服务机构的分析主要从以下两方面进行。①服务台的数目。在有多个服务台的情形下，它们是串联还是并联的。②顾客所需的服务时间服从什么样的概率分布，每个顾客所需的服务时间是否相互独立，对顾客的服务是成批服务或是单个服务等。常见的顾客服务时间分布有定长分布、负指数分布、k阶Erlang分布、一般分布等。

2.4.3　常用的排队系统符号表示

一个排队系统是由许多条件决定的。为了简明起见，在经典排队系统中常采用3～6个英文字母表示一个排队系统，字母之间用斜线隔开，形式为$A/B/C/D/E$。第1个字母A表示顾客相继到达时间间隔的分布；第2个字母B表示服务时间的分布；第3个字母C表示服务台的个数；第4个字母D表示系统的容量，即可容纳的最多顾客数；有时用第5个字母E表示顾客源数目。若顾客源数目为∞，服务规则为FCFS，D、E可以略去不写。例如，$M/M/c/\infty$表示输入过程是泊松流，服务时间服从负指数分布，有c个服务台（$0<c\leqslant\infty$），容量为无穷，故系统$M/M/c/\infty$是等待制模型；$G1/M/c/\infty$表示输入过程为顾客独立到达且相继到达的间隔时间服从一般概率分布，服务时间相互独立，服从负指数分布，有c个服务台，容量为无穷，为等待制模型；$D/M/c/K$表示相继到达的间隔时间独立，服从定长分布，服务时间相互独立，服从负指数分布，有c个服务台，容量为K（$c\leqslant K<\infty$），为混合制模型。

2.4.4 排队系统的主要指标

1．队长L与等待队长L_Q

队长是指系统中的顾客数（包括正在接受服务的顾客），而等待队长是指系统中排队等待的顾客数。它们都是随机变量，是顾客和服务机构双方都十分关心的数量指标。显然，队长等于等待队长加上正在被服务的顾客数。

2．等待时间W_Q与逗留时间W

顾客的等待时间是指从顾客进入系统到开始接受服务这段时间，而逗留时间是顾客在系统中的等待时间与服务时间之和。若假定到达与服务是彼此独立的，则等待时间与服务时间也是相互独立的。等待时间与逗留时间是顾客最关心的数量指标，应用中关心的是统计平衡下它们的分布及期望平均值。

3．忙期与闲期

从顾客到达空闲的服务机构到服务机构再次变为空闲的，这段时间是系统连续工作的时间，我们称其为系统的忙期，它反映了系统中服务人员的工作强度。与忙期对应的是系统的闲期，即系统连续保持空闲的时间长度。在排队系统中，统计平衡下忙期与闲期是交替出现的。忙期循环是指相邻的两次忙期开始的间隔时间，显然它等于当前的忙期长度与闲期长度之和。

4．输出过程

输出过程也称离去过程，它是指接受服务完毕的顾客相继离开系统的过程。刻画一个输出过程的主要指标是相继离去的间隔时间和在一段已知时间内离去顾客的数目，这些指标从一个侧面反映了系统的工作效率。

此外，不同的排队系统还会涉及其他数量指标。例如，在损失制与混合制系统中，由于服务能力不足而造成的顾客损失率及单位时间内损失的平均顾客数；在多服务机构并行服务的系统中，某个时刻正在忙的服务机构数目以及服务机构的利用率（或称为服务强度）等。

2.4.5 排队论代价方程

代价方程通常用于分析排队系统中的成本与性能之间的关系。假定正在进入系统的顾客被迫按某种规则支付费用给系统，则基本代价方程为

$$\text{系统赚得费用的平均速率}=\lambda_a\times\text{一个进入系统顾客的平均花费} \tag{2-1}$$

其中λ_a定义为顾客的平均到达速率。

若$N(t)$表示在t时间内到达的顾客数，则$\lambda_a = \lim_{t\to\infty}\frac{N(t)}{t}$。

比如，假设每个顾客在系统中单位时间内花费1元，由基本代价方程可得到Little公式为

$$L = \lambda_a W \tag{2-2}$$

式（2-2）表明，在该花费规则下，系统赚得费用的速率就是系统中的顾客数，顾客支付费用就是其在系统中的时间。

因此，若假设每个顾客在系统中单位时间内花费1元，则式（2-1）变为

$$L_Q = \lambda_a W_Q \tag{2-3}$$

假定花费规则为每个顾客在服务时单位时间支付1元，则由式（2-1）可得

$$\text{受服务的顾客平均数} = \lambda_a E[S] \tag{2-4}$$

其中$E[S]$为顾客被服务的平均时间。

需要强调的是，式（2-1）～式（2-4）几乎对所有排队模型都有效，而无论其到达过程、服务人员数或排队规律怎样。

2.4.6　典型概率分布

为了描述排队系统中顾客到达时间和服务时间的分布情况，下面介绍几种典型的概率分布以及它们在排队论中的应用。

1．定长分布

定长分布（单点分布）是一种简单的概率分布，表示所有顾客（或者任务）的到达时间间隔或服务时间都是固定的。在排队论中，它常用于描述某些特定情况下的排队系统，例如，当所有顾客的到达时间间隔都相同或所有服务时间都相同时。

定义2.1　设随机变量X为一常数a，即$P\{X = a\} = 1$，则称X服从定长分布或单点分布。它的概率分布函数为

$$F(t) = P\{X \leqslant t\} = \begin{cases} 0 & t < a \\ 1 & t \geqslant a \end{cases} \tag{2-5}$$

2．负指数分布

负指数分布描述了独立随机事件之间的时间间隔的概率分布，即事件以恒定平均速率连续且独立地发生。在排队论中，它经常用于模拟随机到达时间或服务时间。

定义2.2　对于一个连续型随机变量X，若它的概率分布密度函数为

$$f(t) = \begin{cases} \lambda e^{-\lambda t} & t \geqslant 0 \\ 0 & t < 0 \end{cases} \tag{2-6}$$

其中$\lambda(\lambda > 0)$为常数，则称随机变量X服从参数为λ的负指数分布，其概率分布函数为

$$F(t) = \begin{cases} 1 - e^{-\lambda t} & t \geqslant 0 \\ 0 & t < 0 \end{cases} \tag{2-7}$$

可以求得其（k阶原点矩）为$E[X^k] = \frac{k!}{\lambda^k}$（$k = 1,2,\cdots$），方差为$D[X] = \frac{1}{\lambda^2}$。服从负指数分布

的随机变量具有“无记忆性”(或称“无后效性”)。

定理2.1 设连续型随机变量X服从参数为$\lambda(\lambda>0)$的负指数分布，则

①对任意$t\geqslant 0$，$s\geqslant 0$，有

$$P\{X>t+s\mid X>s\}=P\{X>t\}=\mathrm{e}^{-\lambda t} \tag{2-8}$$

②对任意一个与X相互独立的非负随机变量Y和任意$t\geqslant 0$，在$P\{X>Y\}>0$的条件下，有

$$P\{X>Y+t\mid X>Y\}=P\{X>t\}=\mathrm{e}^{-\lambda t} \tag{2-9}$$

证明：

①由条件概率公式可得

$$P\{X>t+s\mid X>s\}=\frac{P\{X>t+s,X>s\}}{P\{X>s\}}=\frac{P\{X>t+s\}}{P\{X>s\}}=\frac{\mathrm{e}^{-\lambda(t+s)}}{\mathrm{e}^{-\lambda s}}=\mathrm{e}^{-\lambda t} \tag{2-10}$$

②由条件概率公式和全概率公式可得

$$\begin{aligned}P\{X>Y+t\mid X>Y\}&=\int_0^{\infty}P\{X>y+t\mid X>y\}\mathrm{d}P\{Y\leqslant y\}\\&=\int_0^{\infty}\mathrm{e}^{-\lambda t}\mathrm{d}P\{Y\leqslant y\}=\mathrm{e}^{-\lambda t}\end{aligned} \tag{2-11}$$

3．k阶Erlang分布

Erlang分布是指数分布的一种泛化，它描述了在一段固定时间段内发生的事件数量，适用于描述服务时间的分布。在排队论中，k阶Erlang分布常用于模拟具有不同服务时间分布的排队系统。

定义2.3 如果连续型随机变量X的概率分布密度函数$f(t)$为

$$f(t)=\begin{cases}\dfrac{\lambda(\lambda t)^{k-1}}{(k-1)!}\mathrm{e}^{-\lambda t} & t\geqslant 0\\ 0 & t<0\end{cases} \tag{2-12}$$

则称X服从参数为$\lambda(\lambda>0)$的k阶Erlang分布，记为E_k，其分布函数$F(t)$为

$$F(t)=1-\mathrm{e}^{-\lambda t}\sum_{i=0}^{k-1}\frac{(\lambda t)^i}{i!}，\ t\geqslant 0 \tag{2-13}$$

期望平均值$E[X]=\dfrac{k}{\lambda}$，方差$D[X]=\dfrac{k}{\lambda^2}$。

借用概率密度分布函数，用归纳法易证明定理2.2。

定理2.2 设$X_1,X_2,\cdots,X_k$是相互独立、服从相同参数为λ($\lambda>0$)的负指数分布，则$X=X_1+X_2+\cdots+X_k$服从参数为λ的k阶Erlang分布。

由定理2.2及中心极限定理，容易证明定理2.3。

定理2.3 设随机变数X服从k阶Erlang分布，则对一切$x\geqslant 0$，有

$$\lim_{k\to\infty}P\left\{\frac{X-\dfrac{k}{\lambda}}{\sqrt{\dfrac{k}{\lambda^2}}}\leqslant x\right\}=\int_{-\infty}^{x}\frac{1}{\sqrt{2\pi}}\mathrm{e}^{-\frac{t^2}{2}}\mathrm{d}t \tag{2-14}$$

注意：当$k=1$时，E_1分布为负指数分布；当$k\to\infty$时，E_k分布近似正态分布。

4．泊松分布

泊松分布描述了在一段固定时间内发生事件的数量，适合描述顾客到达时间间隔的分布。在

排队论中，泊松分布通常用于模拟到达顾客的情况。

定义 2.4 若离散型随机变量X的概率分布密度函数为

$$p_n = P\{X = n\} = \frac{\lambda^n}{n!}\mathrm{e}^{-\lambda},\ n = 0,1,2,\cdots \tag{2-15}$$

其中$\lambda > 0$为常数，则称X服从参数为λ的泊松分布，且$E[X] = D[X] = \lambda$。

2.5 泊松过程

排队论的重要概念包括泊松过程、马尔可夫链与生灭过程。

泊松过程是一系列离散事件的模型，事件之间的平均时间是已知确定的，但事件发生的确切时间是随机的。泊松过程的常见例子是电话用户的呼叫、医院急诊科排队模型、网站访客流量、原子的放射性衰变、到达太空望远镜的光子、股票价格变动等。

2.5.1 计数过程

以电话用户的呼叫为例，我们把人们拿起电话并拨出对方号码的动作称为一次电话呼叫到达。如果把一次呼叫到达看成一个“随机点”，则这是一个源源不断出现随机点的过程。在这一过程中，任一段时间内到达的呼叫数是随机的。这类呼叫到达数及其特征通常可以用计数过程来描述。

计数过程就是描述事件到达（发生）数及其特征的过程。对于某个通信系统来说，任意观察时间段内，到达的分组/呼叫数是一个随机变量。这里用$\{N(t),\ t \geqslant 0\}$表示到时刻t时，到达的分组/呼叫总数，它应满足如下条件：

①$N(t)$是整数，且$N(t) \geqslant 0$；

②当$t \geqslant s$时，$N(t) \geqslant N(s)$；

③$N(t) - N(s)$代表时间区间$[t, s)$中到达的分组/呼叫数。

定义 2.5 考虑单个到达的分组/呼叫数的输入过程，令$N(t)$表示在时间$(0, t]$内到达的分组/呼叫数，则$\{N(t), t \geqslant 0\}$是连续时间参数的随机过程（计数过程）。如果满足

①$N(0) = 0$；

②$\{N(t), t \geqslant 0\}$有独立增量，即任取的n个时刻$0 < t_1 < t_2 < \cdots < t_n$，随机变量$N(t_1) - N(t_0)$、$N(t_2) - N(t_1)$、…、$N(t_n) - N(t_{n-1})$是相互独立的；

③$\{N(t), t \geqslant 0\}$具有平稳增量，且对任意$t \geqslant 0$与$s \geqslant 0$，有

$$P\{N(t+s) - N(t) = k\} = \frac{(\lambda s)^k}{k!}\mathrm{e}^{-\lambda s},\quad k = 0,1,2,\cdots \tag{2-16}$$

其中$\lambda(\lambda > 0)$为常数，则称$\{N(t), t \geqslant 0\}$是泊松过程，也称Poisson流或最简单流。

定理 2.4 对于泊松呼叫流，在长度为t的时间段内到达k个分组/呼叫的概率$P_k(t)$服从泊松分布，即

$$p_k(t) = \frac{(\lambda t)^k}{k!}\mathrm{e}^{-\lambda t},\ k = 0,1,2,\cdots \tag{2-17}$$

其中$\lambda>0$为一常数，表示平均到达率或泊松呼叫流的强度。

为了应用方便，我们也会用如下泊松过程的等价定义。

对于一个计数过程$\{N(t),t\geqslant 0\}$，$N(0)=0$，若其满足如下条件，则称其为泊松过程。

①平稳性：对于任意a，$t\geqslant 0$，有$P_k(a,a+t)=P_k(t)$。也即在时间区间$[a,a+t]$内有k个顾客到达的概率只与区间长度t有关，而与时间起点a无关。

②无后效性：在互不相交的区间内，到达用户数的概率分布是互相独立的。

③稀疏性（也称为普遍性）：对于任意$t>0$和充分小的$\Delta t>0$，有

$$P[N(t+\Delta t)-N(t)=1]=\lambda\Delta t+o(\Delta t) \tag{2-18}$$

和

$$P[N(t+\Delta t)-N(t)\geqslant 2]=o(\Delta t) \tag{2-19}$$

也即在充分小的间隔Δt内，到达两个或两个以上顾客的概率可以忽略不计。

④有限性：在任意有限区间内到达有限个事件的概率为1，即$\sum_{k=0}^{\infty}p_k(t)=1$。

例2.1 计算泊松过程的期望和方差。

解：对泊松过程来说，有$P_k(t)=\frac{(\lambda t)^k}{k!}\mathrm{e}^{-\lambda t}$，$k=0,1,2,\cdots$

其期望为

$$\begin{aligned}E(k)&=\sum_{k=0}^{\infty}kP_k(t)=\sum_{k=0}^{\infty}k\frac{(\lambda t)^k}{k!}\mathrm{e}^{-\lambda t}\\&=\lambda t\mathrm{e}^{-\lambda t}\sum_{k=1}^{\infty}\frac{(\lambda t)^{k-1}}{(k-1)!}=\lambda t\mathrm{e}^{-\lambda t}\mathrm{e}^{\lambda t}=\lambda t\end{aligned} \tag{2-20}$$

$$\begin{aligned}E(k^2)&=\sum_{k=0}^{\infty}k^2P_k(t)=\sum_{k=0}^{\infty}k^2\frac{(\lambda t)^k}{k!}\mathrm{e}^{-\lambda t}\\&=\mathrm{e}^{-\lambda t}\sum_{k=1}^{\infty}k\frac{(\lambda t)^k}{(k-1)!}=\mathrm{e}^{-\lambda t}\sum_{k=1}^{\infty}(k-1+1)\frac{(\lambda t)^k}{(k-1)!}\\&=(\lambda t)^2\mathrm{e}^{-\lambda t}\sum_{k=1}^{\infty}\frac{(\lambda t)^{k-2}}{(k-2)!}+(\lambda t)\mathrm{e}^{-\lambda t}\sum_{k=1}^{\infty}\frac{(\lambda t)^{k-1}}{(k-1)!}=(\lambda t)^2+\lambda t\end{aligned} \tag{2-21}$$

方差$D(k)=E(k^2)-[E(k)]^2=\lambda t$。很显然，泊松过程的期望与方差相等。

例2.2 设电话呼叫按30次/h的泊松过程到达，在5min间隔内，求：

（1）没有呼叫的概率；（2）呼叫3次的概率。

解：由题可知$\lambda=30$次/h$=0.5$次/min，要求计算$t=5$min时$k=0$或$k=3$的概率，即

$$P_0(5)=\mathrm{e}^{-0.5\times 5}\approx 0.082 \tag{2-22}$$

$$P_3(5)=\frac{2.5^3}{3!}\times\mathrm{e}^{-0.5\times 5}\approx 0.214 \tag{2-23}$$

泊松过程被广泛用于各种随机事件的近似，可用来描述完全不可预测的随机事件和大量随机事件的叠加。有了泊松过程，就可以计算发生不同随机事件的概率，进而得到泊松分布。泊松分

布是由参数λ定义的，λ是区间内事件的预期数量。通过泊松分布，可以获得不同事件之间的等待时间，比如找到一个时间段内发生若干事件的概率，或者找到等待一段时间后发生下一个事件的概率。在日常生活中，某放射性源发出的粒子数、某交换机收到的电话呼叫数、某路由器中到达的分组数、某机场降落的飞机数、某售货员接待的顾客数、某纺纱机发生的断头数等都可以近似看作泊松流。

然而，实际情况很可能并不严格符合泊松过程的条件。以某交换机收到的电话呼叫数为例，白天和晚上到达的呼叫数的统计特性是不同的，不满足平稳性；如果被叫一方忙，而主叫一方有急事，可能会不停地重拨，这样会破坏独立增量性；呼叫有可能成批到达，不满足稀疏性。事实上，较弱的流量平衡假设和服务器独立假设更接近实际的网络系统，但其往往能产生与经典排队网络模型相同或相近的结果，这就解释了为什么排队论能被很好地应用于信息网络的性能分析中。

2.5.2　泊松过程的性质

性质2.1　m个相互独立的泊松流的参数分别为$\lambda_1,\lambda_2,\cdots,\lambda_m$，则$m$个泊松流之和仍然为泊松流，且参数为$\lambda=\lambda_1+\lambda_2+\cdots+\lambda_m$。也就是说，独立的泊松过程是可加的。

性质2.2　如果将一个参数为$\lambda=\lambda_1+\lambda_2$的泊松流以概率$P_1=\dfrac{\lambda_1}{\lambda}$和$P_2=1-P_1=\dfrac{\lambda_2}{\lambda}$独立地分配给两个子过程，则这两个子过程分别是参数为λ_1和λ_2的泊松过程。这里必须将到达的泊松流独立地进行分解。如果把到达过程交替地分解为两个子过程，例如两个子过程分别由奇数号到达和偶数号到达组成，那这两个子过程就都不是泊松过程。

为了证明以上两个性质，我们先给出母函数的概念。对于离散型随机变量X，若其概率分布为P_k，$k=0,1,2,\cdots$，则称

$$G(z)=\sum_{k=0}^{\infty}P_k z^k \tag{2-24}$$

为概率分布$\{P_k,k=0,1,2,\cdots\}$的母函数。显然，$G(z)=E\left(z^X\right)$。

设$G_{X_1}(z)$和$G_{X_2}(z)$分别是随机变量X_1和X_2的母函数，那么随机变量$X=X_1+X_2$的母函数为

$$\begin{aligned}G_X(z)&=\sum_{k=0}^{\infty}P(X=k)z^k=\sum_{r+s=0}^{\infty}P(X=r+s)z^{r+s}\\&=\sum_r\sum_s P\left[(X_1=r)\cap(X_2=s)\right]z^{r+s}=\sum_r\sum_s P(X_1=r)P(X_2=s)z^{r+s}\\&=\sum_r P(X_1=r)z^r\sum_s P(X_2=s)z^s=G_{X_1}(z)G_{X_2}(z)\end{aligned} \tag{2-25}$$

式（2-25）很容易推广到n个独立随机变量的情况，也即n个独立随机变量之和的母函数等于各个随机变量的母函数之积。

证明：对于泊松分布，$P_k(t)=\dfrac{(\lambda t)^k}{k!}\mathrm{e}^{-\lambda t}$，$k=0,1,2,\cdots$，其母函数为

$$G(z)=\sum_{k=0}^{\infty}P_k z^k=\sum_{k=0}^{\infty}\frac{(\lambda t)^k}{k!}\mathrm{e}^{-\lambda t}z^k=\mathrm{e}^{-\lambda t}=\mathrm{e}^{-\lambda t(1-z)} \tag{2-26}$$

因此，参数为λ_1的泊松流$N_1(t)$的母函数为$G_1(z)=\mathrm{e}^{-\lambda_1 t(1-z)}$，参数为$\lambda_2$的泊松流$N_2(t)$的母函数为

$G_2(z)=\mathrm{e}^{-\lambda_2 t(1-z)}$，以此类推。由于$m$个泊松流是彼此独立的，因此$N(t)=N_1(t)+N_2(t)+\cdots+N_m(t)$的母函数为$G(z)=G_1(z)G_2(z)\cdots G_m(z)=\mathrm{e}^{-(\lambda_1+\lambda_2+\cdots+\lambda_m)t(1-z)}$，故$N(t)$是参数为$\lambda=\lambda_1+\lambda_2+\cdots+\lambda_m$的泊松流，性质2.1得证。

对于性质2.2，因为

$$\begin{aligned}P\left[N_1(t)=k\right]&=\sum_{n=k}^{\infty}P\left[N_1(t)=k\middle|N(t)=n\right]P\left[N(t)=n\right]\\&=\sum_{n=k}^{\infty}C_n^k P_1^k\left(1-P_1\right)^{n-k}\mathrm{e}^{-\lambda t}\frac{(\lambda t)^n}{n!}=\mathrm{e}^{-\lambda P_1 t}\frac{\left(\lambda P_1 t\right)^k}{k!}\end{aligned} \tag{2-27}$$

所以$\left\{N_1(t),t\geqslant 0\right\}$是参数为$P_1\lambda$的泊松流。同理，$\left\{N_2(t),t\geqslant 0\right\}$是参数为$P_2\lambda$的泊松流。因为$N_1(t)$的母函数与$N_2(t)$的母函数的乘积恰好是$N(t)$的母函数，所以$N_1(t)$与$N_2(t)$彼此独立。

2.5.3 泊松过程与指数分布

在概率论和统计学中，指数分布是一种连续概率分布，可以用来表示独立随机事件发生的时间间隔，比如旅客进入机场的时间间隔、打进客服中心电话的时间间隔等。指数分布应用广泛，在日本的工业标准和美国军用标准当中，半导体器件的抽验方案都采用指数分布。指数分布还用来描述大型复杂系统（如计算机）的平均失效间隔工作时间（mean time between failure，MTBF）的失效分布。

1．指数分布

指数分布的“无记忆”特性限制了它在可靠性研究中的应用。所谓“无记忆”性，是指某种产品或零件经过一段时间长度为t的工作后，仍然如同新的产品一样，不影响以后的工作寿命值；或者说，经过一段时间长度为t的工作后，该产品的寿命分布与原来还未工作时的寿命分布相同。指数分布的这种特性与机械零件的疲劳、磨损、腐蚀、蠕变等损伤过程的实际情况是矛盾的，它违背了产品损伤累积和老化这一过程。

指数分布虽然不能作为机械零件功能参数的分布规律，但是它可以近似地作为高可靠性复杂部件、机器或系统的失效分布模型，在部件或机器的整机试验中得到了广泛的应用。指数分布比幂分布趋近0的速度慢很多，有一条很长的尾巴。因此，指数分布很多时候被认为是长尾分布，例如，互联网网页链接的出度和入度符合指数分布。

2．泊松过程与指数分布的关系

随机事件到达除了可以用计数过程（点过程）描述外，还可以用随机事件的到达间隔来描述。对于一个参数为λ的泊松过程，其到达间隔$X_i=t_{i+1}-t_i$（$i=0,1,2,\cdots$）相互独立，且服从参数λ的指数分布。相反，如果一个计数过程的到达间隔序列是相互独立且同分布的，如果其分布是参数为λ的指数分布，则该过程是到达率为λ的泊松过程。因此，“顾客到达过程为到达率为λ的泊松过程”与“顾客到达间隔相互独立且服从参数为λ的指数分布”是等价的，两者互为充分必要条件。

$N(t)$表示一个泊松过程，$[0,t)$内到达k个事件的概率为$P_k(t)=\dfrac{(\lambda t)k}{k!}\mathrm{e}^{-\lambda t}$，设$t_i$（$i=0,1,2,\cdots$）为相应的呼叫到达时刻，则到达间隔$X_i=t_{i+1}-t_i$，$i=0,1,2,\cdots$，根据泊松过程的性质，任意$X_i$满足

$$P\left\{X_i\geqslant t\right\}=P_0(t)=\mathrm{e}^{-\lambda t},\ t\geqslant 0 \tag{2-28}$$

若一个随机变量X满足$P\{X\geqslant t\}=\mathrm{e}^{-\lambda t}$，$t\geqslant 0$，则其累积分布函数为

$$F(X)=P\{X<t\}=1-P\{X\geqslant t\}=1-\mathrm{e}^{-\lambda t},\ t\geqslant 0 \tag{2-29}$$

这里称随机变量X服从参数为λ的指数分布，其概率密度函数为

$$Ff_X(x)=F'(X)=\begin{cases}\lambda\mathrm{e}^{-\lambda t} & t\geqslant 0\\ 0 & t<0\end{cases} \tag{2-30}$$

因为概率密度函数的指数$-\lambda<0$，所以也称其为负指数分布。很显然，如果$-\lambda>0$，则其累积分布函数随着X的不断增加会趋于无穷大，就违背了其有界性（$0\leqslant F(X)\leqslant 1$）。

例2.3 计算参数为λ的指数分布的期望和方差。

解：
$$\begin{aligned}E[X]&=\int_0^{\infty}tf(t)\mathrm{d}t=\int_0^{\infty}t\lambda\mathrm{e}^{-\lambda t}\mathrm{d}t=-\int_0^{\infty}t\mathrm{d}\left(\mathrm{e}^{-\lambda t}\right)=-\left[t\mathrm{e}^{-\lambda t}\right]_0^{\infty}+\int_0^{\infty}\mathrm{e}^{-\lambda t}\mathrm{d}t\\&=\frac{1}{\lambda}\int_0^{\infty}\mathrm{d}\left(\mathrm{e}^{-\lambda t}\right)=\frac{1}{\lambda}\left[\mathrm{e}^{-\lambda t}\right]_0^{\infty}\frac{1}{\lambda}\end{aligned} \tag{2-31}$$

$$D[X]=E[X^2]-(E[X])^2=\int_0^{\infty}t^2f(t)\mathrm{d}t-\frac{1}{\lambda^2}=\frac{2!}{\lambda^2}-\frac{1}{\lambda^2}=\frac{1}{\lambda^2} \tag{2-32}$$

由此可见，指数分布仅有一个参数λ。

3．指数分布的性质

设X和Y是两个相互独立的随机变量，分别服从参数为λ和μ的指数分布，则有如下结论成立。

性质2.3　无记忆性，即对于任意x，$t>0$，有$P[X\geqslant t+x\mid X\geqslant t]=P[X\geqslant x]$。

性质2.4　假设$T=\min\{X,Y\}$，则T是一个以$\lambda+\mu$为参数的指数分布。

性质2.5　$P(X>Y)=\dfrac{\mu}{\lambda+\mu}$。

证明：

（1）$P[X\geqslant t+x\mid X\geqslant t]=\dfrac{P[X\geqslant t+x]}{P[X\geqslant t]}=\dfrac{\mathrm{e}^{-\lambda(t+x)}}{\mathrm{e}^{-\lambda t}}=\mathrm{e}^{-\lambda x}=P[X\geqslant x]$。容易看出，$X$的残余分布和原始分布服从一致的分布，这个性质被称为无记忆性。

（2）因为$P[T>t]=P[\min(X,Y)>t]=P[X>t,Y>t]=P[X>t]P[Y>t]$，又因为$P[X>t]=\mathrm{e}^{-\lambda t}$，$P[Y>t]=\mathrm{e}^{-\mu t}$，所以有$P[T>t]=\mathrm{e}^{-(\lambda+\mu)}t$。

（3）$P(X>Y)=\iint_{0<x<y}^{\infty}\lambda\mu\mathrm{e}^{-\lambda x-\mu y}\mathrm{d}x\mathrm{d}y=\int_0^{\infty}\lambda\mathrm{e}^{-\lambda x}\left(\int_x^{\infty}\mu\mathrm{e}^{-\mu y}\mathrm{d}y\right)\mathrm{d}x=\int_0^{\infty}\lambda\mathrm{e}^{-\lambda x}\mathrm{e}^{-\mu y}\mathrm{d}x=\dfrac{\mu}{\lambda+\mu}$。

例2.4 设X和Y是两个相互独立的随机变量，分别服从参数为λ和μ的指数分布。若$T=\min\{X,Y\}$，试证明：T的分布与X、Y谁大谁小无关，且有$P\{X<Y\mid T=t\}=\dfrac{\lambda}{\lambda+\mu}$。

证明：本题需要证明随机变量T与随机事件$X<Y$互相独立，所以只需证明$P[T>t,X<Y]=P[T>t]P[X<Y]$即可。

$$\begin{aligned}P[T>t,X<Y]&=P[t<X<Y]=\int_t^{\infty}\left(\int_X^{\infty}\mu\mathrm{e}^{-\mu y}\mathrm{d}y\right)\lambda\mathrm{e}^{-\lambda x}\mathrm{d}x\\&=\int_t^{\infty}\lambda\mathrm{e}^{-(\lambda+\mu)x}\mathrm{d}x=\frac{\lambda}{\lambda+\mu}\mathrm{e}^{-(\lambda+\mu)x}=P[T>t]P[X<Y]\end{aligned} \tag{2-33}$$

很显然，T的分布与$X<Y$相互独立。由性质2.5可知$P\{X<Y|T=t\}=P(X<Y)=\frac{\lambda}{\lambda+\mu}$。

由上可知，泊松事件流的等待时间（相继两次事件出现时间的间隔）服从指数分布。指数分布是描述泊松过程中事件发生时间间隔的概率分布，即事件以恒定平均速率连续且独立地发生的过程。指数分布的参数为λ，期望为$1/\lambda$，方差为$1/\lambda^2$，它是伽马分布的一个特殊情况，具有无记忆的关键性质。

2.5.4 到达时间的条件分布

本小节主要讨论在给定$N(t)=n$条件下，事件发生（到达）时刻$t_1,t_2,t_3,\cdots,t_n$的条件分布及有关性质。

定理2.5 设$\{N(t),t\geqslant 0\}$是泊松过程，且在$[0,t)$内已知事件发生了一次，则对于任意$0<s<t$，有$P\{t_1\leqslant s|N(t)=1\}=\frac{s}{t}$，也即该事件的到来时刻在$[0,t)$上服从均匀分布。

证明：
$$\begin{aligned}P\{t_1\leqslant s|N(t)=1\}&=\frac{P[t_1\leqslant s,N(t)=1]}{P(N(t)=1)}\\&=\frac{P[N(s)=1,N(t)-N(s)=0]}{P[N(t)=1]}\\&=\frac{(\lambda s)\mathrm{e}^{-\lambda s}\mathrm{e}^{-\lambda(t-s)}}{\lambda t\mathrm{e}^{-\lambda t}}=\frac{s}{t}\end{aligned} \tag{2-34}$$

这表明在$[0,t)$内有一个事件发生的条件下，该事件发生的时刻在$[0,t)$上是等可能的。这一性质也能推广到$N(t)=n(n>1)$的情况，具体见定理2.6。

定理2.6 设$\{N(t),t\geqslant 0\}$是泊松过程，则对于任意$0<s<t$，$k\leqslant n$，有

$$P\{t_k\leqslant s|N(t)=n\}=\sum_{l=k}^{n}\frac{n!}{l!(n-l)!}\left(\frac{s}{t}\right)^l\left(1-\frac{s}{t}\right)^{n-l} \tag{2-35}$$

证明：
$$\begin{aligned}P\{t_k\leqslant s|N(t)=n\}&=\frac{P[t_k\leqslant s,N(t)=n]}{P[N(t)=n]}\\&=\frac{\sum_{l=k}^{n}P[N(s)=l,N(t)-N(s)=n-l]}{P[N(t)=n]}\\&=\frac{\sum_{l=k}^{n}\frac{(\lambda s)^l\mathrm{e}^{-\lambda s}[\lambda(t-s)]^{n-l}\mathrm{e}^{-\lambda(t-s)}}{l!(n-l)!}}{\frac{(\lambda t)^n\mathrm{e}^{-\lambda t}}{n!}}\\&=\sum_{l=k}^{n}\frac{n!}{l!(n-l)!}\left(\frac{s}{t}\right)^l\left(1-\frac{s}{t}\right)^{n-l}\end{aligned} \tag{2-36}$$

特别地，当$k=n$时，有$P\{t_n\leqslant s|N(t)=n\}=\left(\frac{s}{t}\right)^n$。

这表明在$[0,t)$内有n个事件发生的条件下，n个事件的发生时刻$\{t_1,t_2,t_3,\cdots,t_n\}$是一个由$n$维

独立同分布的随机变量组成的顺序统计量，其中每一个t_i都在$[0,t)$上服从均匀分布。

定理2.7　设$\{N(t),t\geqslant 0\}$是参数为$\lambda(\lambda>0)$的泊松流，每一到达顾客以概率$p(0<p<1)$进入系统，令$\tilde{N}(t)$表示$(0,t]$内到达且进入系统的顾客数，则$\{\tilde{N}(t),t\geqslant 0\}$是参数为$\lambda p$的泊松流。

这说明，由若干个相互独立的泊松流经过合成后得到的流仍为泊松流。一个泊松流经过随机过滤器（以概率p进行过滤）后得到的子流也为泊松流。

2.6 马尔可夫链

马尔可夫链（Markov chains）是一类重要的随机过程，它的状态空间是有限的或可数无限的。马尔可夫链有着广泛的应用，也是研究排队系统的重要工具。

2.6.1 离散时间参数的马尔可夫链

1．基本概念

定义2.6　设$\{X(n),n=0,1,2,\cdots\}$是一个随机过程，状态空间$E=\{0,1,2,\cdots\}$，如果对于任意的一组整数时间$0\leqslant n_1<n_2<\cdots<n_k$，以及任意状态$i_1,i_2,\cdots,i_k\in E$，都有条件概率

$$\begin{aligned}&P\{X(n_k)=i_k\mid X(n_1)=i_1,X(n_2)=i_2,\cdots,X(n_{k-1})=i_{k-1}\}\\&=P\{X(n_k)=i_k\mid X(n_{k-1})=i_{k-1}\}\end{aligned}\qquad(2\text{-}37)$$

即过程$\{X(n),n=0,1,2,\cdots\}$未来所处的状态只与当前的状态有关，而与以前曾处于什么状态无关，则称$\{X(n),n=0,1,2,\cdots\}$是一个离散时间参数的马尔可夫链。当E为可列无限集时，称其为可列无限状态的马尔可夫链，否则称其为有限状态的马尔可夫链。

定义2.7　设$\{X(n),n=0,1,2,\cdots\}$是状态空间$E=\{0,1,2,\cdots\}$上的马尔可夫链，条件概率

$$p_{ij}(m,k)=P\{X(m+k)=j\mid X(m)=i\},i,j\in E\qquad(2\text{-}38)$$

称为马尔可夫链$\{X(n),n=0,1,2,\cdots\}$在m时刻的k步转移概率。

k步转移概率的直观意义是：质点在时刻m处于状态i的条件下，再经过k步（k个单位时间）转移到状态j的条件概率。特别地，当$k=1$时，

$$p_{ij}(m,1)=P\{X(m+1)=j\mid X(m)=i\}\qquad(2\text{-}39)$$

称为一步转移概率，简称转移概率。

如果k步转移概率$p_{ij}(m,k)(i,j\in E)$只与k有关，而与时间起点m无关，则$\{X(n)\}$称为离散时间参数的齐次马尔可夫链。

定义2.8　设$\{X(n),n=0,1,2,\cdots\}$是状态空间$E=\{0,1,2,\cdots\}$上的马尔可夫链，矩阵

$$\boldsymbol{P}(m,k)=\begin{bmatrix}p_{00}(m,k)&p_{01}(m,k)&\cdots&p_{0n}(m,k)\\p_{10}(m,k)&p_{11}(m,k)&\cdots&p_{1n}(m,k)\\\vdots&\vdots&&\vdots\\p_{j0}(m,k)&p_{j1}(m,k)&\cdots&p_{jn}(m,k)\end{bmatrix}\qquad(2\text{-}40)$$

称为$\{X(n)\}$在m时刻的k步转移概率矩阵。

当$k=1$时，$\boldsymbol{P}(m,1)$称为一步转移概率矩阵。

对于齐次马尔可夫链，容易推得k步转移概率矩阵与一步转移概率矩阵的关系为

$$\boldsymbol{P}(m,k)=[\boldsymbol{P}(m,1)]^k,\ k=1,2,\cdots \quad (2\text{-}41)$$

而且与起始时刻m无关。今后我们用$p_{ij}(k)$表示齐次马尔可夫链的k步转移概率，$\boldsymbol{P}(k)$为k步转移概率矩阵。

2．平稳分布与存在条件

定义2.9 对于给定的齐次马尔可夫链$\{X(n),n=0,1,2,\cdots\}$，我们称概率分布

$$P_j(0)=P\{X(0)=j\},\ j\in E \quad (2\text{-}42)$$

为$\{X(n),n=0,1,2,\cdots\}$的初始分布，其中$0\leqslant P_j(0)\leqslant 1$，且$\sum_{j\in E}P_j(0)=1$，而称概率分布

$$P_j(n)=P\{X(n)=j\},j\in E \quad (2\text{-}43)$$

为$\{X(n),n=0,1,2,\cdots\}$的瞬时分布，它表示随机过程在任意时刻n的概率分布。

如果极限

$$p_j=\lim_{n\to\infty}p_j(n),j\in E \quad (2\text{-}44)$$

存在，且$0\leqslant P_j\leqslant 1$，$\sum_{j\in E}P_j=1$，则称$\{p_j,j\in E\}$为随机过程$\{X(n),n=0,1,2,\cdots\}$的平稳分布。显然，对于齐次马尔可夫链，它的瞬时概率由初始分布和转移概率矩阵完全确定，即

$$p_j(n)=\sum_{i\in E}p_i(0)p_{ij}(n) \quad (2\text{-}45)$$

在平稳分布存在的条件下，由于式（2-45）可变为

$$p_j(n)=\sum_{i\in E}p_i(n-1)p_{ij}(1) \quad (2\text{-}46)$$

令$n\to\infty$，可得平稳分布$\{p_j,j\in E\}$满足方程

$$(p_0,p_1,\cdots,p_j,\cdots)[1-P(1)]=0 \quad (2\text{-}47)$$

即

$$\begin{cases}(1-p_{00})p_0-p_{10}p_1-p_{20}p_2-\cdots-p_{i0}p_i-\cdots=0\\ -p_{01}p_0-(1-p_{11})p_1-p_{21}p_2-\cdots-p_{i1}p_i-\cdots=0\\ \vdots\\ -p_{0i}p_0-p_{01}p_1-p_{21}p_2-\cdots-(1-p_{ii})p_i-\cdots=0\end{cases} \quad (2\text{-}48)$$

再结合正规化条件$\sum_{j\in E}P_j=1$，可求得平稳分布$\{p_j,j\in E\}$。

方程式（2-47）或式（2-48）称为随机过程$\{X(n),n=0,1,2,\cdots\}$的平衡方程。由平衡方程可知，若平稳分布存在，它与初始状态无关，完全由一步转移概率矩阵确定。

值得一提的是，作为马尔可夫链的一个代表性例子，马尔可夫调制泊松过程（Markov modulated Poisson process，MMPP）已经被广泛地应用到各种突发性业务建模中。考虑一个泊松过程和一个相互独立的r状态马尔可夫链，如果该泊松过程的强度或事件发生率（即单位时间内事件发生的次数）λ不是一个恒定量，而是随马尔可夫链状态的转移而变化，即当马尔可夫链转移到状态j时，$\lambda=\lambda_j(j=1,2,\cdots,r)$，这相当于泊松过程的强度受另外一个$r$状态的马尔可夫链调制，因此称该泊松过程为$r$状态马尔可夫调制泊松过程，简称$\mathrm{MMPP}_r$。可见，$\mathrm{MMPP}_r$是一个双随机过程，底层是一个$r$状态的马尔可夫链，从状态$i$到状态$j$的转移强度（率）为$r_{ij}$，而在状态$j$下事

件按参数为λ_j的泊松过程发生。

很明显，$MMPP_r$有$2r$个独立的参数：$\{\lambda_1,\lambda_2,\cdots,\lambda_r\}$和$\{r_1,r_2,\cdots,r_r\}$，其中$r_j^{-1}$为马尔可夫链在状态$j$下滞留时间的均值。因此，用$MMPP_r$近似某一个实际业务流时需要在$MMPP_r$和实际业务流之间建立$2r$个独立的方程式，来确定$MMPP_r$中的$2r$个参数。这在实际系统中是很难做到的，因此，通常采用最简单的$MMPP_2$，这时只须确定4个参数就可以了。在实际应用中，根据不同的应用背景已经开发出了多种参数确定法，具体可参考文献。

当$r=2$时，$MMPP_2$相当于交互泊松过程（switched Poisson process，SPP），即两个强度不同的泊松过程交互地出现，每一个泊松过程的持续时间服从均值不同的指数分布。SPP的概率分布函数为

$$F(t)=1-u_1\mathrm{e}^{-\omega_1 t}-u_2\mathrm{e}^{-\omega_2 t} \tag{2-49}$$

其中

$$\omega_1=\frac{1}{2}\left[\lambda_1+r_1+\lambda_2+r_2+\sqrt{(\lambda_1+r_1+\lambda_2+r_2)^2-4\left[(\lambda_1+r_1)(\lambda_2+r_2)-r_1r_2\right]}\right] \tag{2-50a}$$

$$\omega_2=\frac{1}{2}\left[\lambda_1+r_1+\lambda_2+r_2-\sqrt{(\lambda_1+r_1+\lambda_2+r_2)^2-4\left[(\lambda_1+r_1)(\lambda_2+r_2)-r_1r_2\right]}\right] \tag{2-50b}$$

$$u_1=\frac{\omega_2(\lambda_1r_2+\lambda_2r_1)-(\lambda_1^2r_2+\lambda_2^2r_1)}{(\lambda_1r_2+\lambda_2r_1)(\omega_2-\omega_1)} \tag{2-51a}$$

$$u_2=1-u_1 \tag{2-51b}$$

需要注意的是，由于加权概率u_1和u_2与指数分布随机变量的参数ω_1和ω_2直接相关，即两个指数随机变量并非相互独立地加权，因此SPP的间隔分布并不是一个2阶超指数分布，只是形式相似而已。

不难计算，$MMPP_2$的均值m、方差C^2和自相关系数θ分别为

$$m=\frac{u_1}{\omega_1}+\frac{u_2}{\omega_2}=\frac{r_1+r_2}{\lambda_1r_2+\lambda_2r_1} \tag{2-52}$$

$$C^2=1+\frac{2r_1r_2(\lambda_1-\lambda_2)^2}{(\lambda_1\lambda_2+\lambda_1r_2+\lambda_2r_1)(r_1+r_2)^2} \tag{2-53}$$

$$\theta=\frac{\lambda_1\lambda_2}{\lambda_1\lambda_2+\lambda_1r_2+\lambda_2r_1}\cdot\frac{C^2-1}{2C^2} \tag{2-54}$$

MMPP模型能够在网络建模中得到广泛应用的另一个主要原因是它的闭合特性，即多个MMPP的独立叠加仍然是一个MMPP，且其参数比较容易获得。

2.6.2　连续时间参数的马尔可夫链

1．基本概念

定义2.10　设$\{X(t),t\geqslant 0\}$是一个连续时间参数的随机过程，状态空间$E=\{0,1,2,\cdots\}$，如果对于任意的非负整数n，以及任意$0<t_1<t_2<\cdots<t_n<t_{n+1}$和$i_1,i_2,\cdots,i_n,i_{n+1}\in E$，有

$$P\{X(t_{n+1})=i_{n+1} \mid X(t_k)=i_k, k=1,2,\cdots,n\} \\ =P\{X(t_{n+1})=i_{n+1} \mid X(t_n)=i_n\} \tag{2-55}$$

则称$\{X(t),t\geqslant 0\}$为连续时间参数的马尔可夫链。

定义2.11 设$\{X(t),t\geqslant 0\}$为连续时间参数的马尔可夫链，对任意$i,j\in E$，非负实数$s,t\geqslant 0$，条件概率

$$p_{ij}(s,t)=P\{X(s+t)=j \mid X(s)=i\} \tag{2-56}$$

称为其转移概率函数。

显然可知

$$0\leqslant P_{ij}(s,t)\leqslant 1，\sum_{j\in E}P_{ij}(s,t)=1 \tag{2-57}$$

若式（2-56）只与时间间隔t有关，而与时刻的起点s无关，则称$\{X(t),t\geqslant 0\}$为连续时间参数的齐次马尔可夫链。

一般地，我们要求齐次马尔可夫链的转移概率函数满足如下的连续性条件。

$$\lim_{t\to 0^+}p_{ij}(0,t)=\delta_{ij}=\begin{cases}1 & i=j\\ 0 & i\neq j\end{cases} \tag{2-58}$$

2．平稳分布与存在条件

定义2.12 对于给定连续时间参数的齐次马尔可夫链$\{X(t),t\geqslant 0\}$，我们称概率分布

$$p_j(0)=P\{X(0)=j\},\ j\in E \tag{2-59}$$

为$\{X(t),t\geqslant 0\}$的初始分布，其中$0\leqslant P_j(0)\leqslant 1$，且$\sum_{j\in E}P_j(0)=1$，而称概率分布

$$p_j(t)=P\{X(t)=j\},j\in E \tag{2-60}$$

为$\{X(t),t\geqslant 0\}$的瞬时概率分布，它表示过程在任意时刻t的概率分布。

如果极限

$$p_j=\lim_{t\to\infty}p_j(t),\ j\in E \tag{2-61}$$

存在，且$0\leqslant p_j\leqslant 1$，$\sum_{j\in E}p_j=1$，则称$\{p_j,j\in E\}$为$\{X(t),t\geqslant 0\}$的平稳分布。

与离散时间参数的齐次马尔可夫链一样，连续时间参数的齐次马尔可夫链$\{X(t),t\geqslant 0\}$的瞬时概率由初始分布和转移概率函数完全确定，即

$$p_j(t)=\sum_{i\in E}p_i(0)p_{ij}(0,t) \tag{2-62}$$

在平稳分布存在的条件下，由于

$$p_j(s,t)=\sum_{i\in E}p_i(s)p_{ij}(s,t) \tag{2-63}$$

令$s\to\infty$，可得平稳分布满足方程

$$p_j=\sum_{i\in E}p_i p_{ij}(0,t),\ j\in E \tag{2-64}$$

因此，若知道转移概率函数，则结合$0\leqslant p_j\leqslant 1$和$\sum_{j\in E}p_j=1$可求得平稳分布$\{p_j,j\in E\}$。

2.7 生灭过程

定义2.13 假定有一系统，设系统具有状态集$E=\{0,1,2,\cdots,K\}$。令$N(t)$表示在时刻t时系统所处的状态，且有

$$\begin{aligned}p_{i,i+1}(\Delta t)&=P\{N(t+\Delta t)=i+1\mid N(t)=i\}\\&=\lambda_i\Delta t+o(\Delta t),\quad i=0,1,2,\cdots,K-1\end{aligned} \tag{2-65}$$

$$\begin{aligned}p_{i,i-1}(\Delta t)&=P\{N(t+\Delta t)=i-1\mid N(t)=i\}\\&=\mu_i\Delta t+o(\Delta t),\quad i=1,2,\cdots,K\end{aligned} \tag{2-66}$$

$$\begin{aligned}p_{ij}(\Delta t)&=P\{N(t+\Delta t)=j\mid N(t)=i\}\\&=o(\Delta t),\quad |i-j|\geqslant 2\end{aligned} \tag{2-67}$$

其中$\lambda_i>0$，$i=0,1,\cdots,K-1$，$\mu_i>0$，$i=1,2,\cdots,K$均为常数，则称随机过程$\{N(t),t\geqslant 0\}$为有限状态$E=\{0,1,2,\cdots,K\}$上的生灭过程，如图2-8所示。

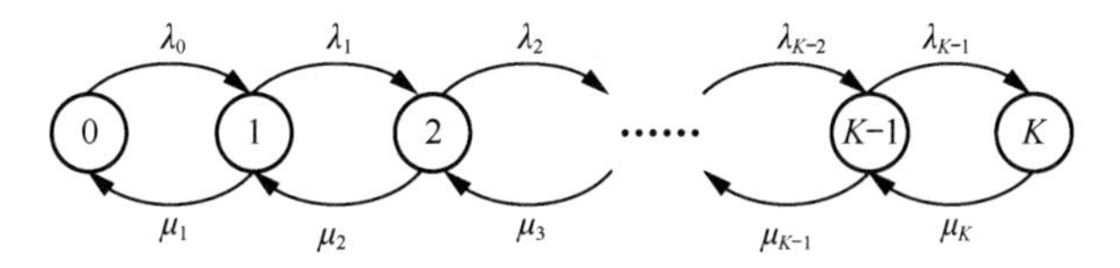

图 2-8 有限状态$E=\{0,1,2,\cdots,K\}$上的生灭过程

当系统状态为可列无限状态$E=\{0,1,2,\cdots\}$时，则称为无限状态的生灭过程，如图2-9所示。

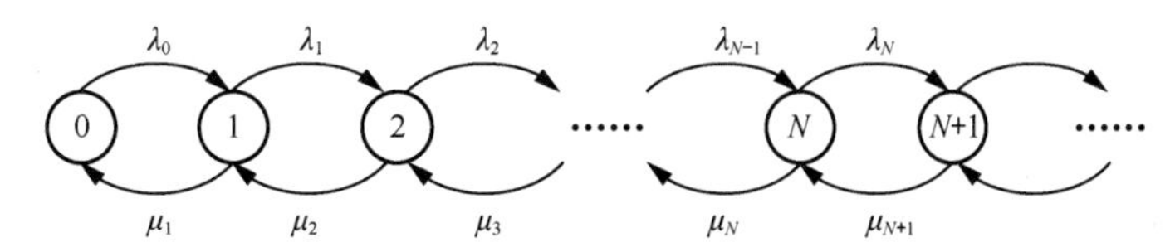

图 2-9 无限状态的生灭过程

令

$$p_j(t)=P\{N(t)=j\},\ j\in E \tag{2-68}$$

则由全概率公式可得

$$\begin{aligned}p_j(t+\Delta t)&=\sum_{i\in E}P\{N(t+\Delta t)=j\mid N(t)=i\}p_i(t)=\sum_{i\in E}p_i(t)p_{ij}(\Delta t)\\&=p_j(t)[1-\lambda_j\Delta t-\mu_j\Delta t+o(\Delta t)]+p_{j-1}(t)[\lambda_{j-1}\Delta t+o(\Delta t)]\\&\quad+p_{j+1}(t)[\mu_{j+1}\Delta t+o(\Delta t)]+\sum_{|i-j|\geqslant 2}p_i(t)o(\Delta t)\\&=p_j(t)[1-\lambda_j\Delta t-\mu_j\Delta t]+\lambda_{j-1}p_{j-1}(t)\Delta t+\mu_{j+1}p_{j+1}(t)\Delta t+o(\Delta t)\end{aligned} \tag{2-69}$$

故

$$\frac{p_j(t+\Delta t)-p_j(t)}{\Delta t}=\lambda_{j-1}p_{j-1}(t)-(\lambda_j+\mu_j)p_j(t)+\mu_{j+1}p_{j+1}(t)+\frac{o(\Delta t)}{\Delta t} \tag{2-70}$$

令$\Delta t\to 0^+$，可得生灭过程的微分差分方程如下。

①当$E=\{0,1,2,\cdots,K\}$时，有

$$\begin{cases} p_0'(t)=-\lambda_0 p_0(t)+\mu_1 p_1(t) \\ p_j'(t)=\lambda_{j-1}p_{j-1}(t)-(\lambda_j+\mu_j)p_j(t)+\mu_{j+1}p_{j+1}(t) \quad j=1,2,\cdots,K-1 \\ p_K'(t)=\lambda_{K-1}p_{K-1}(t)-\mu_K p_K(t) \end{cases} \tag{2-71}$$

②当$E=\{0,1,2,\cdots\}$时，有

$$\begin{cases} p_0'(t)=-\lambda_0 p_0(t)+\mu_1 p_1(t) \\ p_j'(t)=\lambda_{j-1}p_{j-1}(t)-(\lambda_j+\mu_j)p_j(t)+\mu_{j+1}p_{j+1}(t) \quad j=1,2,\cdots \end{cases} \tag{2-72}$$

对生灭过程的平稳分布有如下结论（证明略）。

定理2.8 （极限定理） 令$p_j=\lim\limits_{t\to\infty}p_j(t)$，$j\in E$。

①对有限状态$E=\{0,1,2,\cdots,K\}$的生灭过程，$\{p_j,j=0,1,\cdots,K\}$存在，与初始条件无关，且$p_j>0$，$\sum\limits_{j=0}^{K}p_j=1$，即$\{p_j,j=0,1,\cdots,K\}$为平稳分布。

②对无限状态$E=\{0,1,2,\cdots\}$的生灭过程，若条件

$$1+\sum_{j=1}^{\infty}\frac{\lambda_0\lambda_1\cdots\lambda_{j-1}}{\mu_1\mu_2\cdots\mu_j}<\infty \text{（收敛）} \tag{2-73}$$

及

$$\frac{1}{\lambda_0}+\sum_{j=1}^{\infty}\left(\frac{\lambda_0\lambda_1\cdots\lambda_{j-1}}{\mu_1\mu_2\cdots\mu_j}\right)^{-1}\cdot\frac{1}{\lambda_j}=\infty \text{（发散）} \tag{2-74}$$

成立，则$\{p_j,j=0,1,\cdots\}$存在，与初始条件无关，且$p_j>0,\sum\limits_{j=0}^{\infty}p_j=1$，即$\{p_j,j=0,1,\cdots\}$为平稳分布。

定理2.9 在$p_j=\lim\limits_{t\to\infty}p_j(t)$，$j\in E$存在的条件下，有

$$\lim_{t\to\infty}p_j'(t)=0,j\in E \tag{2-75}$$

则在$\{p_j,j\in E\}$存在的条件下，令$t\to\infty$，可得平衡方程分别如下。

①对有限状态$E=\{0,1,2,\cdots,K\}$，有

$$\begin{cases} \lambda_0 p_0=\mu_1 p_1 \\ (\lambda_j+\mu_j)p_j=\lambda_{j-1}p_{j-1}+\mu_{j+1}p_{j+1} \quad j=1,2,\cdots,K-1 \\ \lambda_{K-1}p_{K-1}=\mu_K p_K \end{cases} \tag{2-76}$$

结合$\sum\limits_{j=0}^{K}p_j=1$，解得

$$p_j=\left(\frac{\lambda_0\lambda_1\cdots\lambda_{j-1}}{\mu_1\mu_2\cdots\mu_j}\right)p_0 \quad j=1,2,\cdots,K \tag{2-77}$$

其中，$p_0=\dfrac{1}{\left[1+\sum\limits_{j=1}^{K}\dfrac{\lambda_0\lambda_1\cdots\lambda_{j-1}}{\mu_1\mu_2\cdots\mu_j}\right]}$。

特别地，当$\lambda_0=\lambda_1=\cdots=\lambda_{K-1}=\lambda,\mu_1=\mu_2=\cdots=\mu_K=\mu$时，有

$$\begin{cases} p_j = \left(\dfrac{\lambda}{\mu}\right)^j p_0 \\ p_0 = \dfrac{1}{\sum\limits_{j=0}^{K}\left(\dfrac{\lambda}{\mu}\right)^j} \end{cases} \quad j = 1,2,\cdots,K \tag{2-78}$$

②对无限状态$E = \{0,1,2,\cdots\}$，有

$$\begin{cases} \lambda_0 p_0 = \mu_1 p_1 \\ (\lambda_j + \mu_j) p_j = \lambda_{j-1} p_{j-1} + \mu_{j+1} p_{j+1} \end{cases} \quad j = 1,2,\cdots \tag{2-79}$$

再结合$\sum\limits_{j=0}^{\infty} p_j = 1$，可得

$$p_j = \left(\frac{\lambda_0 \lambda_1 \cdots \lambda_{j-1}}{\mu_1 \mu_2 \cdots \mu_j}\right) p_0,\ j = 1,2,\cdots \tag{2-80}$$

其中，$p_0 = \dfrac{1}{\left[1 + \sum\limits_{j=1}^{K} \dfrac{\lambda_0 \lambda_1 \cdots \lambda_{j-1}}{\mu_1 \mu_2 \cdots \mu_j}\right]}$。

特别地，当$\lambda_0 = \lambda_1 = \cdots = \lambda_{K-1} = \lambda, \mu_1 = \mu_2 = \cdots = \mu_K = \mu$时，只要$\dfrac{\lambda}{\mu} < 1$，则$\{p_j, j = 0,1,\cdots\}$存在，而且

$$p_j = \left(1 - \frac{\lambda}{\mu}\right)\left(\frac{\lambda}{\mu}\right)^j,\ j = 1,2,\cdots \tag{2-81}$$

由上面的求解过程可以看出，一般来说，得到$N(t)$的分布$p_n(t)=P\{N(t) = n\}(n = 0,1,2,\cdots)$是比较困难的，因此通常是求当系统达到平稳状态以后的状态分布，记为p_n，$n = 0,1,2,\cdots$。可以认为，对任一状态而言，在统计平衡下，单位时间内进入该状态的平均次数和单位时间内离开该状态的平均次数是相等的，即符合“流入=流出”原理。因此，基于此原理，可以根据排队模型画出排队模型框图，列出各节点的平衡方程并求解方程组，最后得到平稳状态时的解。在后面的排队模型中，我们主要使用这种方法对排队模型进行分析。

习　题

2.1　电路交换和分组交换有哪些差异？对于时延敏感的业务，采用哪种交换技术较好？

2.2　简述通信网的构成要素和基本组成。

2.3　通信网有哪些分类方法？

2.4　影响通信网性能的主要因素有哪些？分析通信网性能的主要方法是什么？

2.5　简述电信流量理论及其在通信网中的应用。

2.6　简述排队论及其在通信网中的应用。

2.7　简述图论及其在通信网中的应用。

2.8　请结合一种特定的通信网（比如家庭内部的无线网络、电话网）谈谈网络性能优化的指标有哪些？如何提升网络性能？

2.9 参数为λ的负指数分布的概率密度函数是什么?

2.10 假设某种生物的寿命分布符合负指数分布，设P_1为寿命大于3岁的概率，P_2为在寿命大于70岁的条件下再生存超过3年的概率，求P_1和P_2的关系。

2.11 已知对于任意的随机变量X，其矩母函数定义为$M_X(t)=E(\mathrm{e}^{tX})$。若随机变量$X$服从参数为$\lambda$的负指数分布，求其矩母函数$M_X(t)$。

2.12 已知修理一个机器所需要的时间T是均值为1h的负指数随机变量，若某次修理时间已达45min，则剩余修理时间高于15min的概率是多少?

2.13 在参数t固定的情况下，满足$p_k(t)=\dfrac{(\lambda t)^k}{k!}\mathrm{e}^{-\lambda t}$的随机变量$k$服从泊松分布，如果用$N(t)$表示$[0,t]$内到达的呼叫数$k$，求平均呼叫数$E[N(t)]$。

2.14 某市铁路车票预售所有一个售票窗口，该窗口平均每小时有15人购票，到达过程是一个泊松流，每位顾客的平均购票时间为3min，服从负指数分布，求顾客平均排队等待的时间。

2.15 设顾客以每分钟8人的平均速率进入某超市，这一过程可用泊松过程来描述；又设进入该超市的每位顾客购物的概率为0.9，且每位顾客是否购物互不影响，与进入该超市的顾客数也相互独立。求上午3个小时在该超市购物的顾客数的均值。

2.16 假设某泊松流每分钟平均到达12个数据包，则在5s内无数据包到达的概率是多少?

2.17 假设泊松流A平均每分钟到达4个数据包，泊松流B平均每分钟到达3个数据包，两个泊松流都由某交换机转接，求泊松流B的数据包比泊松流A的数据包先到的概率。

2.18 假设某泊松流平均每2s到达1个数据包，则第10个数据包和第11个数据包到达的时间间隔超过2s的概率是多少?

2.19 某排队系统只有1名服务人员，平均每小时有4名顾客到达，到达过程为泊松流，服务时间服从负指数分布，平均需6min，求该系统中客户的平均排队时间。

2.20 某系统的服务时间服从负指数分布，平均服务时间为10min，求顾客在系统中停留超过15min的概率。

2.21 某计算机中心有10个终端，用户按泊松流到达，平均每分钟到达1个用户。假定用户占用终端的时间服从负指数分布，平均用机时间为5min。当10个终端均被占用时，后来的用户便直接离开，求平均系统时间和平均等待队长。

第3章 排队论基本概念与基本定理

为了定量地描述通信网络的运行过程、设计网络的体系结构，评估网络容量、平均呼损和服务质量等，我们需要了解网络中每个链路、节点、交换机，用户终端等设备的输入、输出业务流的行为特征和处理过程。描述这些行为特征和处理过程的数学理论是随机过程和排队论，本章介绍排队系统的概念与模型，并用排队系统和排队网络对实际的语音业务队列进行模拟和分析。

排队论（queuing theory，QT），或称随机服务系统理论，是通过对服务对象到来及服务时间的统计研究，得出这些数量指标（等待时间、排队长度、忙期长短等）的统计规律，然后根据这些规律来改进服务系统的结构或重新组织被服务对象，既能使服务系统满足服务对象的需要，又能使机构的费用最经济或某些指标最优。它是数学运筹学的分支学科，也是研究服务系统中排队现象随机规律的学科。排队论广泛应用于生产、运输、库存等各项资源共享的随机服务系统及计算机网络。不同于传统的地面网络，过高的传播时延、断续连通的卫星链路及有限的卫星服务台等因素进一步制约了空间信息网络排队服务体验，因此排队论的研究对于空间信息网络具有更加重要的意义，逐渐成为改善卫星地面网络性能的关键之一。

排队论研究的内容有3个方面：系统的性态，即和排队有关的数量指标的概率规律性；系统的优化问题；统计推断，根据资料建立模型，其目的是正确设计和有效运行各个服务系统，使之发挥最佳效益。

3.1 排队系统的概念与模型

排队是日常生活中经常遇到的现象，如到商店买东西、到医院看病，均是顾客希望得到某种服务的情况，而当某时刻要求服务的顾客数量超过服务机构的容量时，便会出现排队现象。如果服务设施过少或服务效率太低，便会加剧拥挤，排队成龙。然而，增加服务设施便会增加服务成本或造成系统空闲，而有些服务设施，如机场、港口泊位等，一旦建成就不易改动。因此，有必要对排队系统的结构和运行规律加以研究，为排队系统的设计和调控提供依据。

3.1.1 排队系统的概念

排队论是专门研究带有随机因素产生拥挤现象的优化理论。在实际应用中，有一大类被称为随机服务系统或排队系统。在这些系统中，顾客到来的时刻与进行服务的时间都是随机的，会随不同的条件而变化，因而服务系统的状况也是随机的，会随各种条件而变化。许多服务系统，如电话通信、机器维修、病人候诊、存货控制、水库调度、购物排队、船舶装卸、红绿灯转换等，都可用排队论来描述。

排队论起源于20世纪初的电话通话。1909—1920年，丹麦数学家、电气工程师埃尔朗（A. K. Erlang）用概率论方法研究电话通话问题，从而开创了这门应用数学学科，并为这门学科建立了许多基本原则。他在热力学统计平衡理论的启发下，成功地建立了电话统计平衡模型，并由此得到一组递推状态方程，从而导出著名的埃尔朗电话损失率公式。20世纪30年代中期，当威廉·费勒（William Feller）引进了生灭过程时，排队论才被数学界认可为一门重要的学科。

3.1.2 排队模型

信息网络中，交换机、路由器等设备都可以被看成一种随机服务系统。对于不同的应用场景，将使用不同的排队系统模拟不同的业务处理设备来分析。

图3-1给出一种典型的排队系统模型，排队系统的参与者包括要求服务的“顾客”和提供服务的“服务员”，基本组成包括输入过程、排队规则和服务机构。

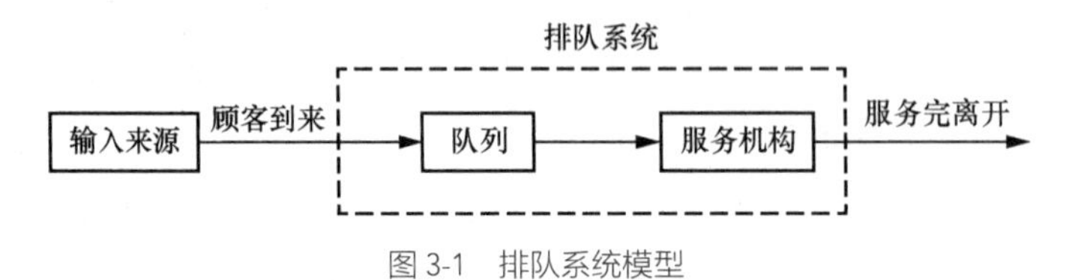

图3-1　排队系统模型

输入过程描述顾客按照怎样的规律到达，对此主要介绍两方面内容。

1．顾客源

（1）有限数量，如待修理的机器等。

（2）无限数量，如分组达到、电话呼叫到达等。

2．到达规律

（1）到达时间间隔服从定长分布。

（2）到达时间间隔服从指数分布。

（3）到达时间间隔服从k阶Erlang分布。

排队规则要求顾客按照一定规则排队等待服务，如先到先服务（FCFS）、后到先服务（LCFS）、随机服务（random selection for service，RSS）、有优先权的服务（priority，PR）等。排队方式有混合排队和分别排队，混合排队指所有顾客排成一队，分别排队指顾客排成多个队列。如果仅有一个服务窗口，则只能进行混合排队；如果有多个服务窗口，则有混合排队与分别排队两种选择。此外，还要对顾客的行为做一些约定，例如在未被服务之前是否会离开，队列很长的时候是否会离开，可否从一个队列移到另一个队列，等等。具体介绍以下三种类型。

（1）损失制：顾客到达时，若所有服务台均被占用，则顾客自动离去。

（2）等待制：顾客到达时，若所有服务台均被占用，则顾客留下来等待，直到被服务完后离去。

（3）混合制：兼顾了损失制和等待制。这种情况允许排队，但不允许队列无限长，主要分为系统容量受限和等待时间受限两类。

服务机构包括服务窗口的数量及构成、服务的方式、服务时间分布等。服务窗口的数量可以有一个或多个，甚至无限个。如果服务窗口有 s（$s>1$）个，相应的服务方式可分为串行和并行两种。

串行服务方式：s 个窗口的服务内容不同，每个顾客要依次经过这 s 个窗口接受服务，就像一个零件经过 s 道工序一样。

并行服务方式：s 个窗口的服务内容相同，对于成批到达的顾客，系统一次可以同时服务 s 个，顾客则随机选择空闲的窗口。

服务时间与到达时间间隔一样，多数情况下也是随机的，需要知道其概率分布。一般来说，服务时间可以服从定长分布、指数分布、k 阶 Erlang 分布等。

3.1.3　肯德尔记号

在第二次世界大战期间和第二次世界大战以后，排队论在运筹学这个新领域中变成了一个重要的内容。20世纪50年代初，肯德尔（D. G. Kendall）对排队论作了系统的研究，他用嵌入马尔可夫链的方法研究排队论，使排队论得到了进一步的发展。

根据输入过程、排队规则和服务机构的不同情况对排队系统进行描述和归类，可以给出很多排队模型。为了方便对众多模型的描述，肯德尔在1953年提出了一种依据排队系统的三个基本特征对排队模型进行分类表示的方法，称为肯德尔记号，表示为 $A/B/C/D/E$，其中 A 是顾客到达时间间隔的分布，B 代表服务时间的分布，C 表示服务窗口的数量，D 表示系统容量，E 是潜在的顾客源数量。D 和 E 为无穷大时均可缺省，排队规则为先到先服务时可缺省。

不同输入过程（顾客流）和服务时间的分布符号有：

M——指数分布；

D——定长分布；

E_k——k 阶 Erlang 分布；

G——一般随机分布。

例如：$M/M/1$ 实际上的内涵是 $M/M/1/\infty/\infty$/FCFS，表示到达时间间隔服从指数分布，服务时间也服从指数分布，1个服务窗口，顾客源无限，系统容量也无限，先到先服务。$G/D/s/s$ 表示到达时间间隔服从一般随机分布，服务时间服从定长分布，有 s 个服务窗口，系统最多可容纳 s 个顾客，顾客源无限，先到先服务。

3.1.4　排队问题的求解与优化

研究排队系统的目的是通过了解系统的运行状况，对系统进行调整和控制，使系统处于最优运行状态。描述系统运行状况的客观指标主要是系统中由于排队和被服务而逗留的顾客数量以及顾客为等待服务而必须在系统中消耗的时间。这些系统运行指标一般来说是随机变量，并且和系统运行的时间t有关。这里我们主要研究$t\to\infty$时的稳态情形，此时系统处于平衡状态，数量指标的分布等与时间无关，求得的结果称为系统处于统计平衡下的解。

求解排队问题，到达率和离去率（服务率）是两个重要的统计指标。前者表示单位时间内到达系统的顾客数，后者是平均服务时间的倒数。系统中的顾客数被称为队长，队长可以增加，也可以减少。许多简单排队系统的队长变化实际是一个生灭过程，许多排队系统的分析均可演变为对不同的生灭过程的描述。

对于排队系统的分析，主要希望得到以下三类指标的概率特性。

1．队长和排队队长

队长是某观察时刻系统中的总顾客数，包括正在接受服务的顾客，其均值记作N_s。排队队长是某观察时刻系统中正在排队等待的顾客数，其均值记作N_q。如果正在接受服务的顾客数的均值为n，则有$n=N_s-N_q$。N_s、N_q、n均为离散型非负随机变量。

队长一般有三种观察方式。第一，服务员或某旁观者随机取一个时刻来观察队长。在平稳条件下，队长为k的概率记为P_k。第二，某顾客在自己到达时刻观察到的队长（不包括自己）为k，其概率记为r_k。第三，某顾客被服务完毕，在离开时刻观察到的队长（不包括自己）为k，其概率记为d_k。一般来说，P_k、r_k、d_k三者是不同的。但当顾客到达为泊松流时，有$P_k=r_k=d_k$。

2．逗留时间和等待时间

逗留时间是一个顾客在系统中的停留时间，也称为系统时间，其均值记为W_s。等待时间是一个顾客在系统中排队等待的时间，其均值记为W_q。如果服务时间的均值为τ，即顾客从开始接受服务到离开系统的平均时间长度为τ，则有$\tau=W_s-W_q$。W_s、W_q、τ均为连续型非负随机变量，其中W_q是信息网络中平均时延的主要部分，顾客希望W_q越小越好。其他时延如传输时延、处理时延等一般较小，且为常量。

3．忙期和闲期

从顾客到达空闲的窗口接受服务起，到窗口再次变为空闲为止的这段时间，即窗口连续服务时间或有顾客的持续时间称为忙期，它反映了服务窗口的工作强度。与忙期相对的是闲期，即窗口连续保持空闲的时间长度或无顾客的持续时间。忙期和闲期均为连续型非负随机变量，两者总是交替出现。对于单窗口服务系统，忙期所占的百分比称为窗口利用率或系统效率，记作$\eta=\dfrac{\text{忙期}}{\text{忙期}+\text{闲期}}$。对于多窗口服务系统，假设共有$s$个服务窗口，某观察时刻有$r$个窗口被占用，则占用率为$\dfrac{r}{s}$，这是一个随机变量，其统计平均值就是系统效率$\eta$。$\eta$越大，服务资源的利用率就越高。

研究了排队系统性能指标的概率规律以后，可以在此基础上进一步研究排队系统的最优化问题。最优化问题一般涉及两类：一是研究排队系统的最优设计问题，这属于静态优化，例如电话网中交换机的数量、分组网中路由器的数量等；二是研究排队系统的最优控制问题，这属于动态优化，例如电话网中的中继电路群数量是否增加，分组网中的缓存空间大小如何调整等。系统优化的目标是在满足客户服务质量需求和控制成本最低之间取得一个合理的折中。

3.2 排队论中的三个基本定理

排队论中的许多定理或公式都是针对特定的排队模型得出的特定结论，不同的排队模型需要套用不同的定理和公式。但排队论中有三个定理却是针对所有排队模型基本成立的，它们非常具有普遍意义，在实际网络性能分析中也确实发挥了重要作用。下面就讨论这三个基本定理。

3.2.1 Little 定理

Little定理（Little' s law）是排队论中的核心准则，它描述了对于任意排队模型中当系统处于稳态时，系统中的队列长度（平均用户数目）和平均等待时间之间的关系。该定理由麻省理工学院教授利特尔（John D.C.Little）于1955年发表在美国《运筹学研究》杂志上的论文中首次提出，并在1961年发表于《运筹学研究》杂志上的论文中给出了该定理适用于任意稳态队列的证明。有意思的是，Little定理是利特尔教授在其讲运筹学的课堂上，受他的学生提出“该定理是否适用于任意稳态排队系统”的启发，而在好奇心驱使下用5年时间最终完成的证明。该结果由其在排队论中的基础作用而引起了整个学术界的广泛关注，并在接下来的数年内由多位知名学者提出了数个不同理论路径的证明，从而获得了学术界的一致认同，成为统筹学、排队论的经典教材中必不可少的章节。值得一提的是，利特尔教授之子John N.Jack Little在麻省理工学院拿到了本科学位，并在斯坦福大学研究生毕业后创办了著名的Mathworks公司，创造出了学术研究中的重要科学计算软件——MATLAB。

Little定理关注的排队系统可以抽象为以下形式：

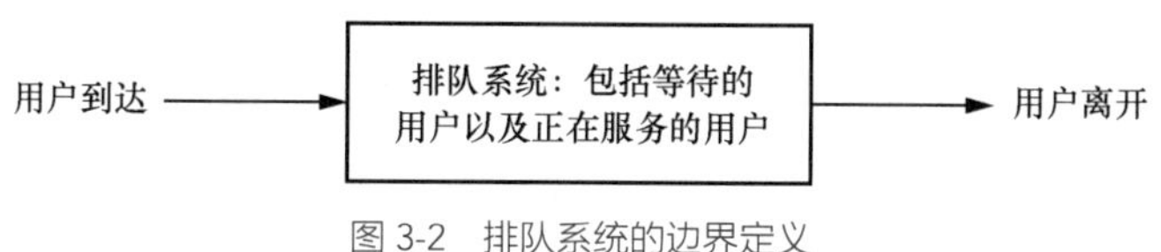

图 3-2　排队系统的边界定义

这个排队系统由到达的用户、排队以及正在服务的用户、服务结束后离开的用户三部分构成。我们关注的排队系统是指图3-2中方框内的部分。针对这个抽象模型可以给出以下定理。

定理3.1（Little定理） 当某排队系统为稳定的，那么以下关系一定成立：

$$L = \lambda W \tag{3-1}$$

其中λ为单位时间内用户平均到达个数，L为排队系统中平均用户数目，W为用户在系统中的平均等待时间。下面我们给出定理3.1的简要证明。注意这个证明过程并不依赖于（1）用户到达的分布；（2）服务时间服从的分布；（3）排队规则。

假设一个排队系统在开始观察时系统内用户数为0，则该排队系统随着时间的变化可以用图3-3表示，其中横轴为时间，纵轴为累计用户数。图3-3中上面的折线表示的是到达系统的用户累计值，下面的折线表示的是服务结束后离开系统的用户累计值。那么显然，两个折线之间的垂直线段的长度即为系统内仍然在排队和接受服务用户的数目。两个折线之间的水平线段的长度即为用户的等待时间。需要特别注意的是，根据该系统的建模方法，所谓用户的等待时间包括用户的排队时间加上其服务时间。例如根据图3-3，第一个用户在0时刻到达系统，其等待时间为W_1。

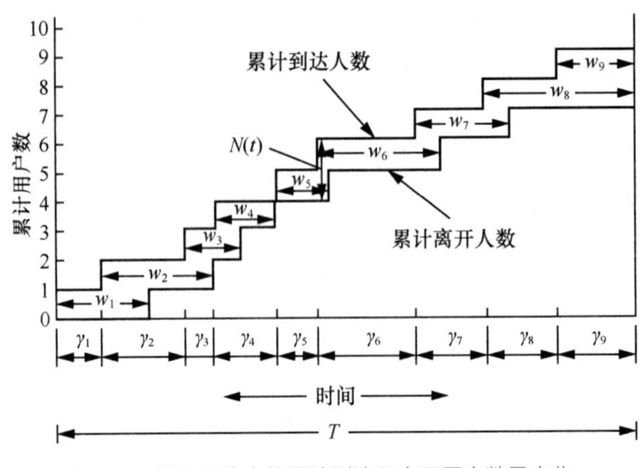

图 3-3　排队系统中的累计到达和离开用户数目变化

假设该系统已进入稳态，并且时间间隔T包括多个忙期（完整的用户到达到离开系统的过程叫作一个忙期），令

$A(T)$ =在时间间隔T内到达用户的总数

$B(T)$ =在T内的所有用户的等待时间之和=$W_1+W_2+\cdots$

$\lambda(T)$ =在T内的用户平均到达率= $\dfrac{A(T)}{T}$

$W(T)$ =用户在系统中的平均等待时间= $\dfrac{B(T)}{A(T)}$

$L(T)$ =系统中平均用户数= $\dfrac{B(T)}{T}$

那么有

$$L(T)=\frac{B(T)}{T}=\frac{B(T)}{A(T)}\cdot\frac{A(T)}{T}=W(T)\lambda(T) \tag{3-2}$$

假设系统稳定，也即当$T\to\infty$时，以下极限存在。

$$\lim_{T\to\infty}\lambda(T)=\lambda,\lim_{T\to\infty}W(T)=W \tag{3-3}$$

那么一定存在

$$L=\lim_{T\to\infty}L(T)=\lambda W \tag{3-4}$$

在系统中的用户存在两种状态，分别为在队列中排队，或者正在接受服务。分别定义系统中用户在队列中的平均排队时间为W_q，服务时间为W_s，于是可获得

$$W=W_q+W_s \tag{3-5}$$

因此我们可以有以下推论：

令L_q表示队列的长度，那么有$L_q=\lambda W_q$；令服务用户的个数为L_s，那么有$L_s=\lambda W_s$，于是我们可以将Little定理重写为

$$L=\lambda W\Rightarrow L_s+L_q=\lambda W_q+\lambda W_s \tag{3-6}$$

也就是说，对于一个排队系统，从总等待时间看满足Little定理，从排队过程和服务过程来看也同样满足Little定理。

3.2.2　PASTA 定理

3.2.1小节中讨论了系统稳态的情况。注意这时队列的稳态分布是指从队列外部视角长时间记录这个队列的长度变化，并统计每种队列长度出现的概率。而当我们讨论一个用户到达队列时的平均等待时间，需要从排队用户的角度来看待这个队列的长度变化。在一般情况下，排队系统在任意时刻的队列长度与顾客在到达时刻观察到的队列长度的概率分布是不相等的。举例来讲，如果顾客到达时间间隔（min）在[2,4]内均匀分布，服务时间为固定的1min，则此时顾客到达时队列为空的概率永远为1，即$p_0^- = 1, p_i^- = 0 (i \geqslant 1)$。但如果在任意时刻观察队列，则有$p_0 = 2/3, p_1 = 1/3, p_i = 0 (i \geqslant 2)$，显然两者不相等。但如果顾客的到达是按照泊松过程发生的，则两者相等。

定理3.2（**PASTA定理**）　假设一个新用户到达时所看到队列长度为n（$n \geqslant 0$）的概率为π_n，同时假设队列的长时稳态为p_n，则当输入是一个泊松流时以下关系成立。

$$\pi_n = p_n,\ n \geqslant 0 \tag{3-7}$$

证明: 泊松到达过程一定满足某个时刻最多到达一个用户，也即队列的长度是一个一个增长的。假设$A(t,t+\delta)$为在一个很短的时间区间$(t,t+\delta)$内到达的用户数，$N(t)$为在t时刻系统中的用户总数，$\pi_n(t)$为当用户在t时刻到达时看到系统中的队列长度为n的概率，$p_n(t)$为在外部观察到的t时刻系统中的队列长度为n的概率，则有

$$\begin{aligned}\pi_n(t) &= \lim_{\delta\to 0}\Pr\{N(t)=n \mid 在\,t\,时刻后刚好一个用户到达\}\\ &= \lim_{\delta\to 0}\Pr\{N(t)=n \mid A(t,t+\delta)=1\}\\ &= \lim_{\delta\to 0}\frac{\Pr\{N(t)=n, A(t,t+\delta)=1\}}{\Pr\{A(t,t+\delta)=1\}}\\ &= \lim_{\delta\to 0}\frac{\Pr\{A(t,t+\delta)=1 \mid N(t)=n\}\cdot\Pr\{N(t)=n\}}{\Pr\{A(t,t+\delta)=1\}}\end{aligned} \tag{3-8}$$

根据泊松过程的无记忆特性，可以获得

$$\Pr\{A(t,t+\delta)=1 \mid N(t)=n\} = \Pr\{A(t,t+\delta)=1\} \tag{3-9}$$

因此

$$\pi_n(t) = \lim_{\delta\to 0}\Pr\{N(t)=n\} = p_n(t) \tag{3-10}$$

于是当队列处于稳态时，有$\pi_n = p_n$，$n \geqslant 0$。

通过以上定理的推导，我们可以看出PASTA定理从根本来说是由泊松过程的纯随机性，也即独立增长（无记忆性）的性质决定的。为了加深理解，我们下面给出一个非泊松过程的例子，从该例子中可以更清晰地看出排队系统的内部和外部观察角度转换时的区别。

例3.1　假设一个交换机有一个缓存队列，其输入不是泊松流，输入数据包的到达时间间隔为3min到5min的均匀分布，同时假设每个数据包的服务时间恒定为1min。当一个数据包到达时，永远看到系统中没有任何数据包，也即$p_0 = 1, p_n = 0$（$n \geqslant 1$）。那么在这个排队系统外部观察到的情况是怎样的呢？由条件可知，$\mu = 1$，以及

$$\frac{1}{\lambda} = \frac{1}{2}\int_3^5 x\,\mathrm{d}x = 4 \tag{3-11}$$

所以这个系统的利用度为$\rho = \Pr\{交换机处于工作状态\} = \lambda / \mu = 1/4$。也就是说，从外部观察，一种可能是系统中有1个用户，概率为ρ；另一种可能是系统空闲的概率为$(1-\rho)$。于是$\pi_0 = 3/4, \pi_1 = 1/4, \pi_n = 0,\ n \geqslant 2$。因此可以看出，对于一个非泊松流到达的排队系统，$p_n \neq \pi_n$。

实际上，泊松到达只是该定理成立的充分条件，而不是必要条件。即使顾客的到达流不是泊松过程（例如MMPP），也有可能拥有$p_i^-(t) = p_i(t)$的性质，有人称之为一般到达时间平均值（general arrivals see time average，GASTA）。

3.2.3 Burke定理

针对平稳状态下的任意排队系统，往往还需要关注顾客到达时刻与离开时刻状态概率之间的关系。比如说，针对非马尔可夫型排队系统引入嵌入马尔可夫链分析方法时，队列在任意时刻的队列长度（状态变量）可能并不具有马尔可夫性，因此无法采用传统的马尔可夫过程理论直接求解出任意时刻的状态概率。但各种分析结果表明，它们分别在顾客的离开时刻和到达时刻具有马尔可夫性，因此可通过嵌入马尔可夫链的理论分别求解出顾客离开时刻和到达时刻的状态概率。虽然PASTA定理给出了顾客到达时刻与任意时刻状态概率之间的关系，但为了求解平均队列长度等性能指标，仍需要知道顾客离开时刻与到达时刻状态概率之间的理论关系。这样就引出了下面的定理。

定理3.3（Burke定理） 对于任意一个平稳排队系统，如果任意微小期间内队列长度的变化不超过一个（即队列长度在微小期间内不发生大于一步的跳变，只在相邻状态之间转移），则有

$$p_i^- = p_i^+ \tag{3-12}$$

其中，p_i^-为顾客到达之前的瞬间排队系统内有i个顾客的概率；p_i^+为在顾客离开之后的瞬间排队系统内有i个顾客的概率。

证明： 定义τ_k^-（$k=1,2,\cdots$）为第k个顾客的到达时刻，τ_k^+（$k=1,2,\cdots$）为第k个顾客的离开时刻，N_t为时刻t的队列长度，并令$N_0 = m$。假设第k个顾客在时刻τ_k^+离开时观察到的队列长度为$N_{\tau_k^+} = i$，则在该顾客离开之前到达的顾客总数$j = k + i - m$。也就是说，在第k个顾客离开之前最后到达的顾客为第$k+i-m$个顾客。显然，第$k+i-m$个到达的顾客也将观察到同样的队列长度，即

$$P\left\{N_{\tau_k^+} = i\right\} = P\left\{N_{\tau_{k+i-m}^-} = i\right\} \tag{3-13}$$

在平稳状态下，即$k \to \infty$，显然有

$$\lim_{k\to\infty} P\left\{N_{\tau_{k+i-m}^-} = i\right\} = P_i^-, \lim_{k\to\infty} P\left\{N_{\tau_k^+} = i\right\} = p_i^+ \tag{3-14}$$

3.3 *M*/*M*/1排队模型

下面基于具体队列模型展开分析以加深对排队论基本概念与定理的理解。排队系统中，最简单的队列模型是*M*/*M*/1排队系统，如图3-4所示。其到达过程是一个参数为λ的泊松过程，服务时间是参数为的负指数分布，系统仅有一个服务员，队列长度无限制。

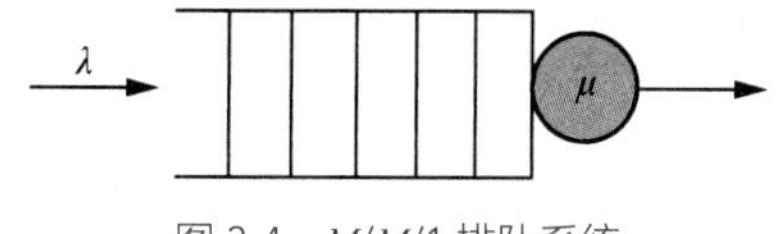

图 3-4　$M/M/1$ 排队系统

3.3.1　$M/M/1$ 排队模型队列长度分析

如果用系统中的顾客数来表征系统的状态，容易验证这是一个生灭过程，并且有

$$\lambda_k = \lambda,\ \mu_k = \begin{cases} \mu & k = 1,2,\cdots \\ 0 & k = 0 \end{cases} \tag{3-15}$$

其状态转移图如图3-5所示。

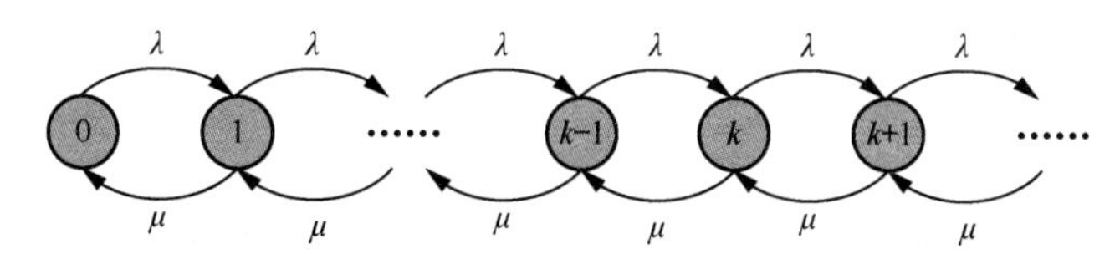

图 3-5　$M/M/1$ 排队系统状态转移图

令$\rho = \dfrac{\lambda}{\mu}$，根据生灭过程的性质有

$$P_k = \rho^k P_0 \tag{3-16}$$

由概率归一性，也即$\sum\limits_{k=0}^{\infty} P_k = 1$，容易得出$\rho < 1$时，有

$$P_0 = \frac{1}{1+\sum\limits_{k=1}^{\infty}\rho^k} = 1-\rho \tag{3-17}$$

可见，$\rho = 1 - P_0$，该参数在数值上等于用户到达$M/M/1$队列需要等待（系统中的用户数非零）的概率。根据定理3.3，当$\rho < 1$时，$M/M/1$排队系统达到稳态，且稳态队长为

$$P_k = \rho^k(1-\rho) \tag{3-18}$$

进一步，$M/M/1$系统队长的均值和方差如下。

$$\begin{aligned} E(N) &= \sum_{k=0}^{\infty} kP_k = (1-\rho)\sum_{k=0}^{\infty} k\rho^k = (1-\rho)\rho\sum_{k=0}^{\infty}\left(\rho^k\right)' \\ &= (1-\rho)\rho\left(\frac{1}{1-\rho}\right)' = \frac{\rho}{1-\rho} \end{aligned} \tag{3-19}$$

$$\mathrm{Var}(N) = \sum_{k=0}^{\infty} k^2 P_k - \left[E(N)\right]^2 = \frac{\rho^2+\rho}{(1-\rho)^2} - \left(\frac{\rho}{1-\rho}\right)^2 = \frac{\rho}{(1-\rho)^2} \tag{3-20}$$

易见，ρ代表系统的繁忙程度，$E(N)$和$\mathrm{Var}(N)$都随着ρ的增加而增加。当ρ趋于1时，$E(N)$和$\mathrm{Var}(N)$都趋于无穷大。因此，当$\rho \geqslant 1$时，$M/M/1$系统来不及服务，其队长会趋于无穷大。

3.3.2 *M*/*M*/1 排队模型系统时间和等待时间分析

接下来利用PASTA定理对*M*/*M*/1排队系统的时间进行分析。

定理3.4 *M*/*M*/1排队系统在稳态时，系统时间s服从参数为$\mu-\lambda$的指数分布。

证明： 根据全概率公式，则

$$p\{s<t\}\overset{(1)}{=}\sum_{k=0}^{\infty}p_k\{s<t\}\,\pi_k\overset{(2)}{=}\sum_{k=0}^{\infty}p_k\{s<t\}\cdot p_k \tag{3-21}$$

其中$p_k\{s<t\}$表示当某顾客到达系统中时，系统中已有k个顾客，该到达顾客的系统时间s小于t的概率。π_k表示当顾客到达时的队列长度为k的概率，p_k为系统稳态时队列长度为k的概率。

需要从两个方面加深对式（3-21）的理解。首先是何为一个排队系统的系统时间。一个排队系统的系统时间是指每一个用户在系统中总消耗时间的期望。为了计算一个用户在系统中的消耗时间，我们要从一个特定用户的到达时刻开始计算，在式（3-21）中第（1）个等号是将第k+1个到达顾客作为观测顾客的角度进行建模的。假设观测顾客到达时，系统中已经有k个顾客，那么观测顾客的系统时间即为$k+1$个彼此独立的参数为μ的指数分布之和。换言之，对于一个FIFO排队系统，观测顾客的等待时间就是排在其前面的k个顾客的服务时间之和，而该顾客的系统时间也即等待时间加上顾客本身的服务时间。其次，我们讨论的排队系统中的人数是包含队首正在被服务顾客的。换言之，如果定义一个*M*/*M*/1队列的长度为k，那么正在服务的用户人数为1个，正在排队的人数为$k-1$个。在此可能产生的疑惑是：当观测顾客到达时，队首的顾客可能正在服务，也即我们计算队首顾客的服务时间是不完整的，这对观测顾客的系统时间计算结果会有影响吗？

我们已经学习到由于指数分布具有无记忆性——任意时刻观测一个满足指数分布的随机数均满足同分布的指数分布，也就是说指数分布的残留分布仍然是同分布的，因此并不会对结果产生影响。式（3-21）中第（2）个等号的依据是PASTA定理。观测顾客观察到的队列长度分布和队列系统稳态时的队列长度分布相同，也即$\pi_k=p_k$，可以获得*M*/*M*/1队列的稳态分布表达式。下面根据上述分析继续完成推导。根据$p_k(s<t)$的定义，其为$k+1$阶Erlang分布E_{k+1}，可以获得

$$\begin{aligned}p(s<t)&=\int_0^t\sum_{k=0}^{\infty}\frac{(\lambda x)^k}{k!}\left(1-\frac{\lambda}{\mu}\right)\mu\mathrm{e}^{-\mu x}\mathrm{d}x\\&=\int_0^t\mathrm{e}^{\lambda x}(\mu-\lambda)\,\mathrm{e}^{-\mu x}\mathrm{d}x\\&=-\mathrm{e}^{-(\mu-\lambda)x}\Big|_0^t\\&=1-\mathrm{e}^{-(\mu-\lambda)t}\end{aligned}\tag{3-22}$$

所以*M*/*M*/1排队系统的系统时间s服从参数为$\mu-\lambda$的指数分布。注意该结论仅对*M*/*M*/1排队系统有效，对于其他排队系统均需要重新按照上述过程进行计算。

通过定理3.4可以得到*M*/*M*/1排队系统时间的期望为$E[s]=\dfrac{1}{\mu-\lambda}$。回忆3.2节中介绍的Little定理，其适用于任意的排队系统，因此我们可以套用定理求得*M*/*M*/1的系统时间为

$$E[s]=\frac{E[N]}{\lambda}=\frac{\dfrac{\rho}{1-\rho}}{\lambda}=\frac{1}{\mu-\lambda}\tag{3-23}$$

可以发现通过Little定理获得的结果和定理3.4获得的结果是一致的，但是需要注意的是从Little定理获得的仅是系统时间的期望，并不能获得系统时间的分布，因为从期望反推概率密度函数往往不是唯一的。

例3.2 顾客按照平均每小时10人的泊松流到达单窗口汽车服务中心，每个顾客的服务时间服从指数分布，平均为5min。每个顾客按照先到先服务的方式排队接受服务，请回答以下问题。

（1）若窗口前等待的停车场足够大，则每个顾客的平均系统时间和平均等待时间为多少？

（2）在（1）的假设下，每个顾客的系统时间大于1个小时的概率为多少？

（3）若窗口前等待的停车场仅可容纳2辆车（包括正在被服务的车辆），当顾客到达该窗口时停车场已占满则离开，还有车位则可以排队等待服务，求每个顾客的平均系统时间和平均等待时间为多少？

解：

（1）这是一个$M/M/1$队列，其到达率为$\lambda=10/60=1/6$（人/min），服务率为$\mu=1/5$（人/min），由于$\lambda<\mu$，因此该排队系统可以达到稳态。

根据定理3.4，该系统中的顾客平均系统时间为

$$E[s]=\frac{1}{\mu-\lambda}=30\text{（min）}$$

平均等待时间为

$$E[w]-\frac{1}{\mu}=25\text{（min）}$$

（2）根据定理3.4，顾客的系统时间服从指数分布，因此

$$p(s>60)=\mathrm{e}^{-(\mu-\lambda)\times 60}=\mathrm{e}^{-2}\approx 0.14$$

顾客的系统时间大于1个小时的概率约为14%。

（3）此时排队系统中的顾客可能数量为0、1、2。注意此时为一个$M/M/1/2$排队系统，其系统时间无法使用定理3.4进行计算。首先计算系统中出现每种顾客数量的概率。

根据状态转移图可以获得稳态概率方程为

$$\begin{cases} p_1=\dfrac{\lambda}{\mu}p_0 \\ p_2=\left(\dfrac{\lambda}{\mu}\right)^2 p_0 \\ \sum\limits_{k=0}^{2} p_k=1 \end{cases} \tag{3-24}$$

代入λ和μ的数值，可以获得

$$p_0=\frac{36}{91},p_1=\frac{30}{91},p_2=\frac{25}{91}$$

因此，该排队系统中的平均顾客数为

$$E[N]=1\times p_1+2\times p_2=\frac{30}{91}+\frac{50}{91}=\frac{80}{91}\text{（个/min）}$$

于是，根据Little定理可得，该排队系统中顾客的平均系统时间为

$$E[s]=\frac{E[N]}{\lambda}=\frac{80}{91}\times 6\approx 5.3\text{（min）}$$

因此，每个顾客的平均等待时间为

$$E[s]-\frac{1}{\mu}=5.3-5=0.3\text{（min）}$$

读者可以自行计算，能发现如果采用定理3.4计算以上系统时间，将会出现系统时间小于服务时间的情况，证明了定理3.4并不适用于系统容量有限的$M/M/1$队列，但是当$M/M/1$的队列长度足够长时，仍可以采用定理3.4进行近似估计。此外，我们还可以发现采用不同的缓存和排队策略将导致系统时间发生巨大的变化。

3.3.3 从$M/M/1$模型到$M/M/\infty$模型的推广

下面考虑$M/M/1$模型中服务者数量趋于无穷的情况，即平均到达率为λ，每个服务者的平均服务率为μ的$M/M/\infty$。虽然实际系统中不会存在服务者为∞的情形，但却普遍存在服务者较大的情形，如游乐园的停车场、商场的购物空间、学生食堂的座位等。该队列的一大特点是所有顾客均无须等待，直接选择一个空闲服务器接受服务。此时，所谓的“队列长度”相当于正在接受服务的顾客数或称活跃的服务者数，其概率分布为

$$p_i=\frac{\rho^i}{i!}\mathrm{e}^{-\rho} \tag{3-25}$$

可见，它是泊松分布，其均值为$\rho=\lambda/\mu$。在实际通信网络或是计算机处理系统中，处理器共享（processor sharing，PS）服务规则经常被使用，即服务器的处理能力在正在接受服务的用户（顾客）中平均分配，也就是说，若在任意时刻队列中有k个顾客正在接受服务，则服务器的服务能力被均分为k份分配给k个顾客，没有顾客需要等待。可见，这实际上等效于服务率随系统内顾客数线性递减的$M/M/\infty$队列。

另外，上述结果虽然是针对$M/M/\infty$模型推导出来的，但只要顾客的到达过程是泊松过程，即使服务时间不再是指数分布，上述结论仍然成立。这主要是由于系统有足够多的服务者，因此所有到达顾客都直接进入服务状态，互不影响。具体地，假设顾客到达服从参数为λ的泊松过程，则在区间$[0,t)$内到达n个顾客的概率仅与区间长度t有关，由参数为λt的泊松分布给出。假设顾客的服务时间为一般概率分布$B(x)$，则在区间$[0,t)$内到达的n个顾客中，在时刻t仍有i个顾客滞留在队列中的概率为

$$p_i=\frac{\rho^i}{i!}\mathrm{e}^{-\rho}p_{n,i}(t)=\binom{n}{i}q_t^i(1-q_t)^{n-i} \tag{3-26}$$

其中，q_t为在时刻t无法结束服务的概率，即

$$q_t=\int_0^t[1-B(t-x)]\,\mathrm{d}x/t=\frac{1}{t}\int_0^t[1-B(t-x)]\,\mathrm{d}x \tag{3-27}$$

因此有

$$
\begin{aligned}
p_i(t) &= \sum_{n=i}^{\infty}\binom{n}{i} q_t^i (1-q_t)^{n-i}\frac{(\lambda t)^n}{n!}\mathrm{e}^{-\lambda t} \\
&= \frac{(q_t\lambda t)^i}{i!}\mathrm{e}^{-\lambda t}\sum_{n=i}^{\infty}\frac{[(1-q_t)\lambda t]^{n-i}}{(n-i)!} \\
&= \frac{(q_t\lambda t)^i}{i!}\mathrm{e}^{-q_t\lambda t}
\end{aligned} \tag{3-28}
$$

再注意到

$$
\lim_{t\to\infty} q_t\lambda t = \lim_{t\to\infty}\lambda\int_0^t [1-B(t-x)]\,\mathrm{d}x = \rho \tag{3-29}
$$

可见，$p_i = \lim_{t\to\infty} p_i(t) = \frac{\rho^i}{i!}\mathrm{e}^{-\rho}$。

由于活跃顾客数动态变化，因此顾客的离开率也将随活跃顾客数动态变化。但如果只关注顾客从排队系统中离开的平均离开率，即

$$
\mu' = \sum_{i=1}^{\infty} i\mu\frac{\rho^i}{i!}\mathrm{e}^{-\rho} = \rho\mu = \lambda \tag{3-30}
$$

可见，$M/G/\infty$及$M/G/1$-PS队列的平均离开率保持恒定，且等于平均到达率，与顾客的服务率无关。该结论对实际网络设计非常有指导意义，即增加服务率虽然能够带来平均响应时间的下降，但无法带来吞吐率的提高。

习　题

3.1　对于不同排队系统，我们采用肯德尔记号$A/B/C/D/E$表示。分别解释其中每个字母代表的含义，并说明$M/M/s$代表什么样的排队系统。

3.2　一般采用肯德尔记号$A/B/C/D/E$来描述排队系统，其中E的缺省表示什么？

3.3　$M/M/1$排队系统在稳态时，系统时间s的分布是怎样的？

3.4　对于$M/M/\infty$系统，通过的呼叫量为4erl，平均持续时间为0.5min，求平均每分钟到达的呼叫量。

3.5　设某交换机的缓存可建模为排队系统，已知平均到达数据包个数为每秒10个，平均缓存中有数据包4个，请根据Little定理求出数据包在缓存中的平均时间。

3.6　食堂某窗口仅有1个服务员，学生到达服从泊松分布，平均到达间隔时间为2min，服务时间服从负指数分布，平均时间为1min。求学生到达时不必等待的概率。

3.7　某洗车店仅有1个服务员，车辆到达服从泊松分布，平均到达间隔时间为30min，洗车时间服从负指数分布，平均时间为15min。假设所有到店车辆都不会中途离开，请问店内平均有几辆车？

3.8　某排队系统只有1名服务员，平均每小时有4名顾客到达，到达过程为泊松流，服务时间服从负指数分布，平均需6min，求该系统中客户平均排队时间。

3.9　一个电话交换系统有8条中继线且严格按顺序使用，平均每分钟到达4个呼叫，每个呼叫的持续时间服从负指数分布，平均持续时间为0.5min，求该系统的到达呼叫量和第一条中继线上的通过呼叫量。

3.10 一个排队系统有∞条中继线，到达呼叫流是参数为λ的泊松流，呼叫持续时间服从参数为μ的负指数分布，求其平均队长。

3.11 路由器处理到达的数据包，假设到达包流为泊松流，处理数据包的时间服从负指数分布，路由器的缓存器能够缓存6个数据包，当缓存的数据包达到6个时，新来的数据包将会被丢弃，令$a=\lambda/\mu$，则数据包到达就被路由器处理的概率为多少？

3.12 某数据网络如图3-6所示，假设A沿着两条链路L_1和L_2向B发送数据分组，链路的服务速率为μ=4分组/s。节点A的到达过程是速率为λ=2分组/s的泊松过程，分组长度服从负指数分布，且与到达时间间隔彼此独立，分组可以到达两条链路中任意一个空闲的链路，即将系统看成一个$M/M/2$队列，求分组的平均时延。

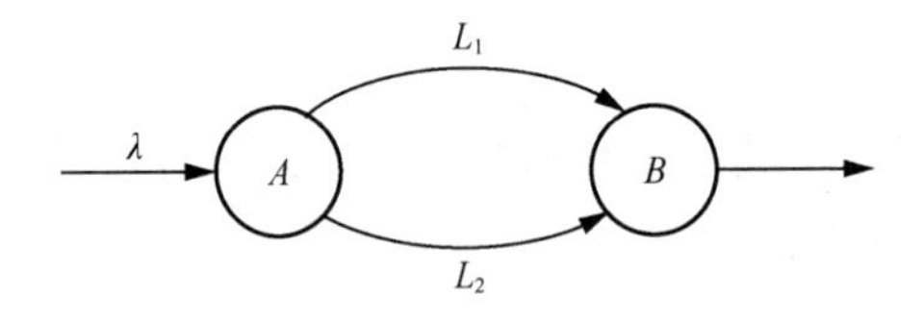

图3-6 数据网络

3.13 某专业诊所有3个医师，病人按泊松分布到达，$\lambda=30$人/h，医生为每位病人诊治的时间服从负指数分布，平均每个病人4min。由于医生的医术高超，病人们都乐于在候诊室等待接受治疗。假设候诊室有足够多的座位，求3位医生均不空闲的概率以及诊所中平均病人数。

3.14 某机关只有1位对外接待人员，来机关办事的顾客按泊松流到达，平均每小时9人，接待时间服从负指数分布，平均为4min，设该机关为$M/M/1$排队系统，试求以下数据。

（1）顾客不需要等待的概率。

（2）机关里顾客的平均数。

（3）顾客在系统中的平均等待时间。

（4）机关内有3位顾客的概率。

（5）机关内顾客数超过4人的概率。

（6）顾客在系统内逗留时间超过10min的概率。

第4章 通信网呼损及时延性能分析

本章重点介绍有线传输网络中随机呼叫或业务流量通过一个典型的网络传输设备（如交换机）时，呼损及时延性能的分析方法。首先将从交换机入手，认识一个网络设备的构造，形成队列的概念；之后针对不同服务模式的排队模型进行分析。这些知识将成为使用排队论理论工具进行网络性能方面研究的基础。

4.1 交换机结构与建模

交换机是构成现代电信网络的基本网元。在20世纪60年代，北京邮电大学的陈俊亮院士主持开发了我国首台程控数字电话交换机，开启了我国的电信时代。之后在邬江兴院士等前辈的开拓下，我国在20世纪90年代逐渐发展成全球领先的程控交换设备提供商。步入21世纪，随着以太网的高速发展，中兴、华为等电信设备提供商集结了一大批电信技术人才，共同努力打破了美国思科公司在交换设备领域的垄断地位，发展成为全球领先的交换机提供商。可以说，交换机自电信行业诞生之日起就是电信行业争夺领导地位的关键。

4.1.1 交换机的硬件结构

交换机的发展是随着电信网络的交换方式一同迭代发展的。在电路域交换时期，程控交换机的核心是根据电话地址的归属快速在交换机的接口之间形成物理线路连接。在分组交换时期，以太网交换机的核心是根据媒体存取控制（media access control，MAC）位址完成端口之间的数据链路层，即开放式系统互连（open system interconnection, OSI）2层的数据传递。在电信领域，所谓的交换就是指从设备的一个端口进入从另一个端口输出的处理过程。可以想象，交换机的接口越多，其需要承载的流量交换就越复杂。因此，一个高端的交换机往往有众多的接口，如图4-1所示。面对着这样一个交换设备，我们应该如何进行分析呢？

图4-1　华为S5720千兆交换机

观察一个典型交换机的内部结构，如图4-2所示，其硬件模块一般主要包含以下几部分。

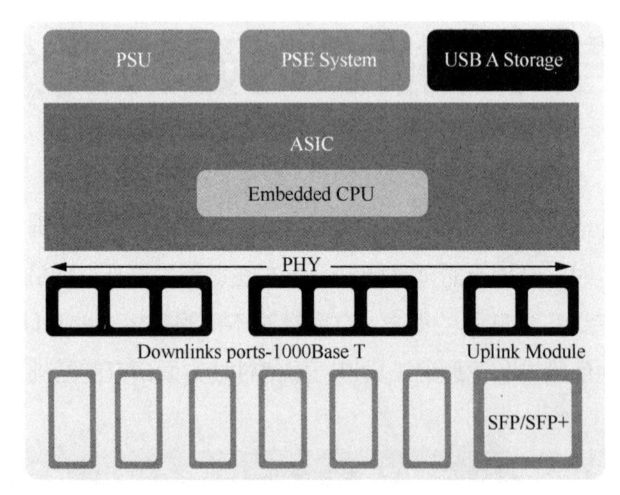

图4-2　交换机的硬件组成模块示意图

（1）供电单元（power supply unit，PSU）：通过电线为交换机供电的硬件模组。

（2）馈电设备（power sourcing equipment，PSE）：通过网线为连接到交换机的设备提供电力的硬件模组。该供电方式称为以太网供电（power over ethernet，PoE），这是在IEEE 802.3af中定义的供电方式，方便连接到交换机上的设备在没有电源的地方仍然可以正常工作，提高了网络建设的灵活性。值得注意的是，PoE的电力仍然是通过网口完成传输的，由于其供电的频段和传输信息的频段不同，因此不会对网络流量产生影响。

（3）存储（storage）：交换机中存在着多种存储单元，例如静态随机存取存储器（static random-access memory，SRAM）、动态随机存取存储器（dynamic random access memory，DRAM）、闪存（flash）等，它们共同构成了交换机中的多级缓存结构，下一节中将对它们进行更为详细的介绍。

（4）专用集成电路（application-specific integrated circuit，ASIC）：是交换机完成2层交换中对于包头处理的最重要的电子器件，其工艺水平直接决定了交换机的性能水平。同时，ASIC为了取得优异快速的交换性能，可编程性较差，因此其在近年来有被可编程器件（programmable logic devices，PLDs）替代的发展趋势。

（5）中央处理器（central processing unit，CPU）：是交换机中运行操作系统的硬件基础，其架构一般为Intel X86或者ARM。

（6）风扇（FAN）：作为交换机的主要散热设备，是交换机能耗的重要组成部分。

（7）接口（ports）：交换机的接口支持双工模式，也就是既可以作为发射端口，也可以作为接收端口。交换机接口主要完成的是物理层的功能，包括载波监听、数模转换、光电转换等。为了保证交换机的可扩展性，主流千兆交换机均支持可拔插的接口模块（small form-factor pluggable，SFP），最高可支持数Gbit/s的信息传输。

下面通过分析一个数据包在交换机中完成交换的流程，如图4-3所示，理解现代交换机中各组成部分的作用。

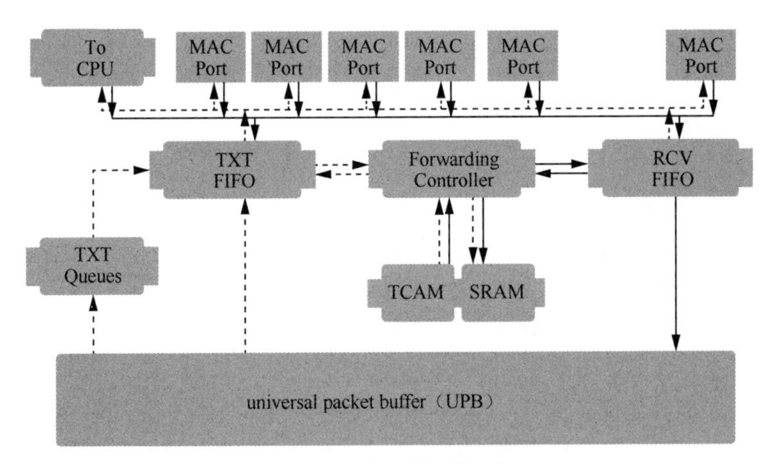

图 4-3　交换机的数据处理流程

交换机接收数据包后，首先，将其存储在接收端口的FIFO队列中。然后，数据包被发送至UPB（universal packet buffer，公共数据包存储单元）。接着，交换机复制FIFO队列中的首个数据包的包头，并发送到转发控制单元。这个控制单元读取缓存中的策略列表，并根据包头信息进行匹配，确定数据流的处理方式。最后，控制单元将控制信息加在原始数据包上，并保存在UPB中。数据包在UPB中等待后续处理。

当需要发送数据包时，交换机将进行以下操作：首先，一个指针指向要发送的数据包，进入发送队列；然后，从UPB中取出数据包，传送至发送端口的FIFO队列中，包头和对应的控制信息被传送到转发控制单元，控制单元从缓存中读取转发目的地信息，并根据转发策略完成数据包和发射端口的匹配；最后，控制器形成完整的数据包包头，并将其转发到发送端口的FIFO队列中，数据包从指定端口发送。

通过以上过程，可以看出交换机内部工作可分为两类：控制类和数据转发类。控制类根据预定的策略完成数据转发控制，而数据转发类负责数据包的转发。这些工作通常由高性能的ASIC和多级缓存协同完成。随着网络技术和硬件技术的发展，这些工作可能在不同设备中完成，以实现更灵活的控制和更高效的转发。

交换机的转发策略通常需要考虑数据目的地址、源地址、数据流类型和缓存队列长度。时延主要源于缓存队列中的排队时延。尽管单个数据包的处理时延很短，但随着数据流量的增长，数据包的处理能力仍然滞后于转发能力，可能导致数据包堆积。因此，在现代交换机中缓存是不可避免的。

4.1.2　交换机的转发模式

交换机的转发模式一般来说可以分为三种：直通转发（cut-through mode）、无碎片转发（fragment-free mode）和存储转发（store-and-forward mode）。它们的主要区别是在做转发决策时需要接收和检验的数据量不同。下面给出简单的介绍。

1．直通转发

交换机仅接收和检验数据包的前6 byte，也即根据以太网协议，交换机仅根据目的MAC地址决策如何完成后续交换。虽然其处理流程简单使得处理时延非常低，但是其无法处理由网络内碰撞等原因造成的数据包损坏，从而使得数据包传输错误率大幅提升。

2．无碎片转发

交换机接收和检验数据包的前64 byte，在该模式下可以避免以太网内由碰撞而造成的数据包损坏，但是仍然无法保证数据包的完整性。

3．存储转发

交换机接收和检验全部数据包的信息，从而最大程度地保证了交换信息的正确性。随着ASIC能力的增强，目前主流的交换机均为该转发模式。

存储转发模式将导致缓存容量增大，并且需要更强的处理能力。但是，对于交换机而言并不是缓存越大越好。一般交换机的缓存为若干MB到几十MB，这是因为缓存大小将带来两个方面的影响：一是缓存较大将导致搜索空间增大，从而对寻址的计算量增大，降低决策效率；二是过大的缓存可能会带来更大的排队延时，因为一般当缓存占满时数据包就会被交换机丢弃，而大缓存可以容纳较多的数据包，但会导致排队长度增加，对于时间敏感数据而言，过长的排队时延将会导致其超时。例如对于金融数据中心要求交换机的转发时延为ns级别，这时大缓存已无意义。虽然交换机的缓存有限，但是由于数据时延要求日益严苛，因此如何对其排队时延进行分析和优化仍然受到高度关注。

4.1.3 交换机的缓存

如4.1.1小节中硬件及交换流程描述，交换机中一般有两类缓存队列：接口缓存队列和共享缓存队列。下面分别进行介绍。

接口缓存队列：接口缓存队列存在于接收端口和发送端口上。接收端口缓存队列用于多个端口都接收到大量数据包，而ASIC并不能及时处理将其复制到共享缓存的情况。发送端口缓存队列用于大量数据包发送到相同的目的网元的情况。该队列采用了FIFO的排队方式，一般小于200KB。交换机的每个接收端口都有独立的缓存队列，如图4-4所示，其表示当某接口接收到一个1518byte的数据帧时的缓存方法。

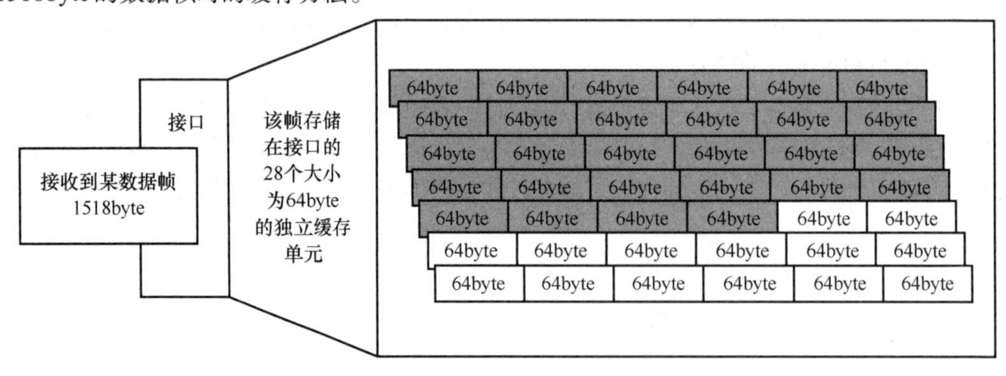

图4-4　接口缓存队列

共享缓存队列：各个接收端口缓存中的数据包都会复制到共享缓存队列中，该队列中的数据包将在发送端口准备好发送数据时，由控制器根据发送队列情况按照调度算法通过指针选择该缓存队列中的数据包发送至相应端口，以完成信息转发（默认为FIFO方式）。共享缓存队列一般采用动态随机接入存储（dynamic random access memory，DRAM），也即将数据包存入该缓存时可以动态地为数据包分配存储单元，满足不同端口的速率要求。图4-5表示一个典型的共享缓存队列的结构。其中，Incoming Frame表示输入帧，Switching Fabric表示交换结构。

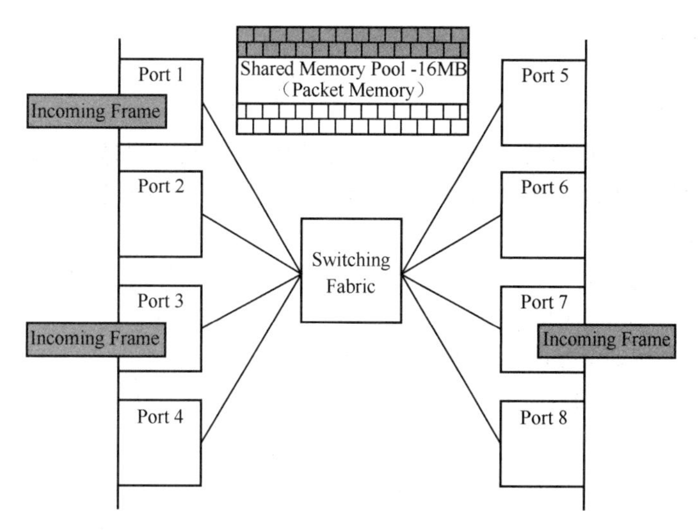

图 4-5　共享缓存队列

基于以上观察，我们应认识到，交换机从理论上看就是若干个队列构成的排队系统，而其中最重要的就是对于共享缓存的建模和分析。

4.2 Erlang 损失制排队模型 $M/M/s/s$ 性能分析

通信业务的理论基础是业务量理论。丹麦工程师Erlang首先提出了通信业务的拥塞理论，并用统计平衡的概念分析了通信业务量问题，形成了概率论的一个新分支。后经C. Palm等人的发展，由近代概率论观点出发，奠定了业务量理论的数学基础。在本节中我们首先介绍网络业务量的基本概念，并从基础的损失制排队模型$M/M/s/s$入手，开展网络性能分析。

4.2.1　网络业务量的基本概念和指标

进入网络的语音、数据等输入信息，可以统称为通信呼叫，简称呼叫。网内业务量取决于彼此连接的全部设备所产生的呼叫，网内所有用户都是呼叫源。通信网络中的呼叫有许多类型，有些是恒定速率，有些是变速率。每个呼叫进入网络的时间也具有不确定因素，几乎没什么规律性。但大量呼叫形成的信息流进入网络后，会表现出一定的统计规律。到达网络接入点的呼叫（对应排队系统中的顾客）及持续时间（对应排队系统中的服务时间）等参数通常为一组随机变量，需要用概率论、数理统计和随机过程等来研究其变化规律，以解决呼叫与通信设备之间的供需关系，为用户提供良好的服务质量。

下面以电话系统为例来加以说明。首先，定义电话网中的各种基本指标。

定义 4.1　业务量：业务量是在指定时间内线路被占用的总时间。

假设某交换系统有s条中继线，其中第r条中继被占用的时间为Q_r，则s条中继线上的业务量为

$$Q=\sum_{r=1}^{s}Q_r \tag{4-1}$$

可见，业务量的量纲是时间。各条中继线被占用的时间可以重叠，也可以不重叠。换一种角

度，业务量 Q 也可以表达为

$$Q = Q(t_0, T) = \int_{t_0}^{t_0+T} R(t)\mathrm{d}t \tag{4-2}$$

其中t_0为观察起点，T为观察时长，$R(t)$为时刻t被占用的中继数，这是一个随机过程，其样本函数的取值在0到s之间。因此，$Q(t_0, T)$也是一个随机过程，是t_0和T的函数。只有当T足够大时，Q才有可能是一个恒定值。

业务量有两方面的含义，其一是信息源所发生的用户需求的业务量，从这个角度看可能有$Q \geqslant sT$；其二是仅考虑通过网络的实际业务量，从这个角度看有$Q \leqslant sT$。

定义4.2　呼叫量： 业务量的强度通常称为呼叫量。

呼叫量可以表示为线路被占用时间和观察时间之比，如式（4-3）所示。

$$a = \frac{\text{业务量}}{\text{观察时间}} = \frac{Q}{T} \tag{4-3}$$

显然，呼叫量是没有量纲的，通常用Erlang来表示它的单位，简写为erl。有s条中继线的系统中，实际能通过的呼叫量不可能超过s，有部分呼叫量可能被拒绝。同样地，呼叫量也有两方面的含义，其一是信息源实际发生的呼叫量，这与中继线群大小无关，可能有$a \geqslant s$；其二是仅考虑通过网络的实际呼叫量，从这个角度看有$a \leqslant s$。

根据式（4-1），呼叫量也可以表达为

$$a = \frac{1}{T}\int_{t_0}^{t_0+T} R(t)\mathrm{d}t \tag{4-4}$$

容易看出，在一段时间T内通过的话务量，就是该时段内被占用的平均中继数。如果$R(t)$是一个遍历过程，当T足够大时，a将与起始时间t_0和观察时间T无关。实际上$R(t)$是非平稳、非遍历的，每小时的呼叫量会不停地变化。如果取T为1h，所得的平均值ρ称为小时呼叫量。通常一天中最忙的1h内的呼叫量称为日呼叫量。每天的呼叫量也会变化，通常在一年内取30天，这些天的日呼叫量的平均值称为年呼叫量。

对于从外界到达交换系统的呼叫流，一种为无限源，这种系统被称为Erlang系统；另一种为有限源，这种系统被称为Engset系统。本节仅讨论前者。

以下讨论阻塞率和呼损，这是两个重要的性能指标。系统中的s条中继线全忙时，新到的呼叫将被拒绝，系统处于阻塞状态。

定义4.3　时间阻塞率： 系统处于阻塞状态的时间与观察时间的比值。

$$p_s = \frac{\text{阻塞状态的时间}}{\text{观察时间}} \tag{4-5}$$

定义4.4　呼叫阻塞率： 被拒绝的呼叫次数与总呼叫次数的比值，也称呼损。

$$p_c = \frac{\text{被拒绝的呼叫次数}}{\text{总呼叫次数}} \tag{4-6}$$

一般来说，当用户数N为有限值时，$p_c \leqslant p_s$；当用户数N远大于截止队长n时，有$p_s \approx p_c$。从统计测量的角度来看，p_c比p_s方便。纯随机呼叫的情况下，也即到达的呼叫流为泊松过程时，则有$p_s = p_c$。以下我们不再区分p_s和p_c，统一使用呼损p_c。

定义4.5　通过的呼叫量： 对于容量有限的系统，到达的呼叫可能仅有一部分通过，其他被拒绝。若到达的呼叫量为a，则通过的呼叫量为

$$a' = a(1 - p_c) \tag{4-7}$$

定义4.6　线路利用率（系统效率）: 通过的呼叫量与线路容量的比值。

假设某电话交换系统有s条中继线，则其线路利用率（系统效率）为

$$\eta = \frac{a'}{m} = \frac{a(1-p_c)}{m} \tag{4-8}$$

4.2.2　Erlang-*B* 公式与呼损计算

许多公共网络资源，如信道和交换设备等，被不同终端竞争使用，由于信息流的随机性可能在一定时候使用达到高峰，网络无资源可用，或者拒绝使用请求，会出现排队等待现象。在实际的通信系统中，呼叫遇到无可用资源时，有两种典型的处理方法，第一种是立即拒绝该呼叫，如电话交换系统；第二种方法是让该呼叫等待，直到有可用资源时再接受服务，如数据交换系统。本节讨论即时拒绝系统。

假设某电话交换系统有s条中继线，电话呼叫流的到达率为λ。每到达一个呼叫，均可随机占用任何一条空闲的中继线，并完成接续通话。每个呼叫的服务时间服从参数为μ的复指数分布。如果系统中的s条中继线全部繁忙时，该呼叫被拒绝。这种排队系统属于$M/M/s/s$模型，是一个特殊的生灭系统，其状态转移图如图4-6所示。

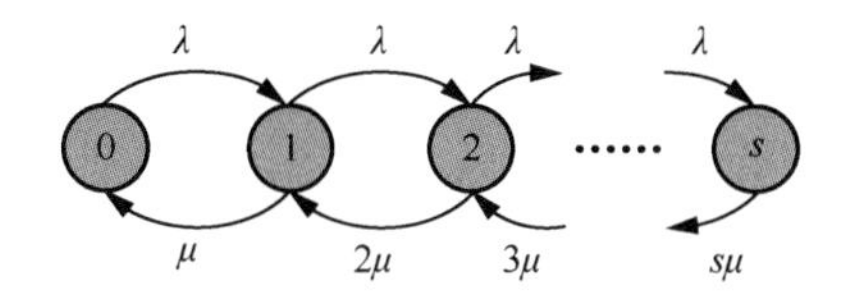

图 4-6　$M/M/s/s$ 状态转移图

该生灭过程的达到率和离去率分别如下。

$$\lambda_k = \begin{cases} \lambda, & k = 0,1,\cdots,s-1 \\ 0, & k \geqslant s \end{cases} \tag{4-9}$$

$$\mu_k = \begin{cases} k\mu, & k = 0,1,\cdots,s \\ 0, & k > s \end{cases} \tag{4-10}$$

根据生灭过程的稳态分布规律有

$$p_k = \frac{1}{k!}\left(\frac{\lambda}{\mu}\right)^k p_0,\ \ k = 0,1,\cdots,s \tag{4-11}$$

令$a = \lambda / \mu$，代入式（4-11）有

$$p_k = \frac{a^k}{k!} p_0,\ \ k = 0,1,\cdots,s \tag{4-12}$$

根据概率归一性，有$\sum_{k=0}^{s} p_k = 1$，结合式（4-6）得

$$p_0 = \frac{1}{\sum_{r=0}^{s} \frac{a^r}{r!}} \tag{4-13}$$

从而稳态分布为

$$p_k = \frac{\frac{a^k}{k!}}{\sum_{r=0}^{s}\frac{a^r}{r!}} \tag{4-14}$$

特别地，当$k=s$时，式（4-15）表达了中继线全忙的概率。

$$p_k = \frac{\frac{a^k}{k!}}{\sum_{r=0}^{s}\frac{a^r}{r!}} \tag{4-15}$$

这个概率为系统的呼损，可以记为

$$B(s,\rho) = \frac{\frac{a^s}{s!}}{\sum_{r=0}^{s}\frac{a^r}{r!}}, \quad a = \frac{\lambda}{\mu} \tag{4-16}$$

式（4-16）就是著名的Erlang-B公式。该式中s代表中继线的容量，$a = \lambda / \mu$是到达的总呼叫量。这个呼叫量和交换系统无关，并且会被拒绝一部分，实际通过的呼叫量为

$$a' = a[1 - B(s,a)] \tag{4-17}$$

相应地，被拒绝的呼叫量为

$$a - a' = aB(s,a) \tag{4-18}$$

系统效率为

$$\eta = \frac{a'}{s} = \frac{a[1 - B(s,a)]}{s} \tag{4-19}$$

很显然，呼损$B(s,a)$随着呼叫量a的增加而上升；当呼叫量a一定时，增加中继线的数量s能使呼损下降，如图4-7所示。

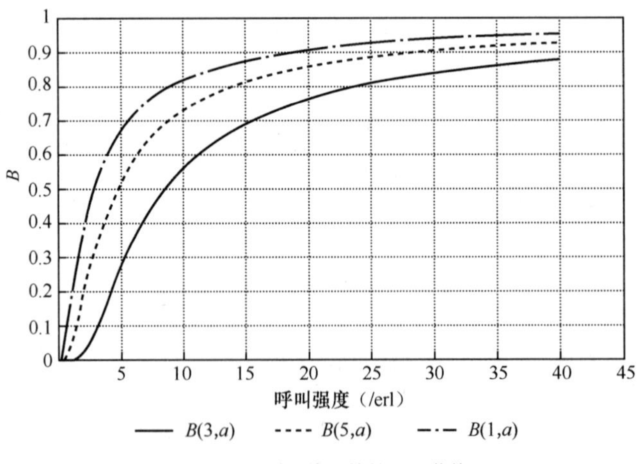

图 4-7　即时拒绝系统的 B-a 曲线

Erlang-B公式表达了$B(s,a)$和s的关系，为电话网络的规划和中继线容量配置奠定了基础，具有伟大的历史意义。虽然这个公式的推导中假设呼叫的持续时间服从指数分布，但后来证明了

这个公式对服务时间的分布没有要求，对任意分布均成立。

Erlang-*B*公式的推导中，假设每个呼叫可以到达任意一个空闲的中继线，这类系统称为全利用度系统。如果呼叫不能到达任意一个空闲的中继线，而只能到达部分中继线，这类系统称为部分利用度系统。实际应用中，部分利用度系统是很常见的。Erlang-*B*公式仅能应用于全利用度系统。部分利用度系统中呼损的计算比较复杂。由于部分利用度系统的利用率低，因此其呼损会大于相应全利用度系统的呼损。

例4.1 计算$M/M/\infty/\infty$排队系统的平均队长和通过的呼叫量。

解：$M/M/\infty/\infty$为一个虚拟系统，有∞个中继线。到达的呼叫流是参数为λ的泊松过程，持续时间服从参数为μ的指数分布。由于有∞个服务员或中继线，系统一定有稳态分布，取系统中的呼叫数为状态变量，这个排队系统是一个生灭过程，状态转移图如图4-8所示。

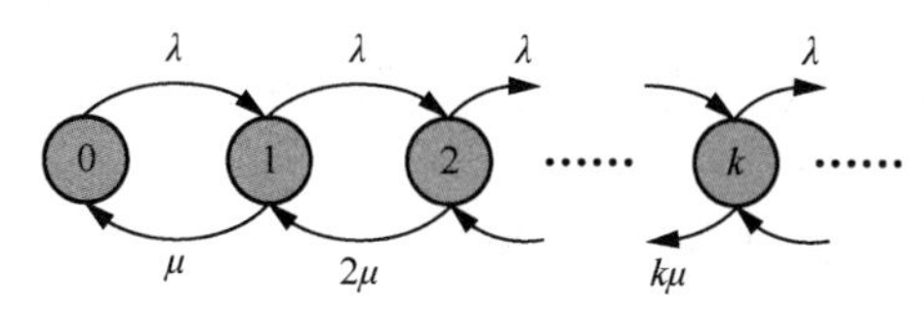

图 4-8 $M/M/\infty/\infty$状态转移图

各状态的到达率和离去率如下。

$$\lambda_k=\lambda,\ k\geqslant 0 \tag{4-20}$$

$$\mu_k=k\mu,\ k\geqslant 1 \tag{4-21}$$

设$a=\lambda/\mu$，有

$$p_k=\frac{1}{k!}\left(\frac{\lambda}{\mu}\right)^k,p_0=\frac{a^k}{k!}p_0,\ k\geqslant 1 \tag{4-22}$$

根据概率归一性，有$\sum_{k=0}^{m}p_k=1$，则

$$p_0=\mathrm{e}^{-a} \tag{4-23}$$

从而稳态分布为

$$p_k=\frac{\rho^k}{k!}\mathrm{e}^{-a},\ k\geqslant 0 \tag{4-24}$$

这里的$\{p_k\}$服从参数为a的泊松分布。设N为系统中的呼叫数，则其平均队长$E[N]$和方差$\mathrm{Var}[N]$均为a。平均队长为a表明通过的呼叫量为a。该系统没有拒绝，则到达的总呼叫量也为a。

例4.2 某商店有3个服务员，每个服务员同一时间只能为一个顾客服务，假设服务时间服从指数分布，平均服务时间为2.5min，顾客到来服从泊松分布，平均每分钟到达1.2人，服务系统为即时拒绝系统。试求：

（1）顾客到达商店被拒绝服务的概率；

（2）若要顾客到达商店被拒绝的概率小于5%，需要几个服务员？

解：

（1）$\lambda=1.2$人/min，$\mu=0.4$人/min，$a=\lambda/\mu=3$

$$B(3,3)=\frac{a^3}{3!\sum_{j=0}^{3}\frac{a^3}{j!}}=\frac{3^3}{3!\left(\frac{3}{1}+\frac{3^2}{2!}+\frac{3^3}{3!}\right)}\approx 0.35 \tag{4-25}$$

（2）根据Erlang-B公式有

$$B(s,3)=\frac{3^m}{s!\sum_{k=0}^{s}\frac{3^k}{k!}}<0.05 \tag{4-26}$$

查表或计算可得$B(6,3)$=0.052，$B(7,3)$=0.022，取s=7。

例 4.3 若将交换系统的中继线依次编号为1,2, …,s，并且严格按顺序使用。请计算每条中继线的通过呼叫量。

解：对任意k，$1\leqslant k<s$，根据中继线的使用规则，在1,2, …,k这k条中继线上的溢出呼叫量将由k+1, k+2, …, s这些中继线来承载。于是有

1,2, …,k−1, 这k−1条中继线通过的呼叫量为

$a[1-B(k-1,a)]$

1,2, …,k，这k条中继线上通过的呼叫量为

$a[1-B(k,a)]$

所以第k条中继线通过的呼叫量为

$\rho_k=a[1-B(k,a)]-a[1-B(k-1,a)]=a[B(k-1,a)-B(k,a)],\quad 1\leqslant k\leqslant s$

这里$B(0,a)=1$。

例 4.4 某主备线系统如图4-9所示，其中有两类呼叫，到达率分别为λ_a和λ_b，共用一条线路，该线路的服务率为μ，规定类的优先级最低，即类无排队时才可以传送。不计正在传送的业务，各队的截止队长分别为$N_a=1$，$N_b=1$。试求：

（1）画出状态转移图；

（2）列出稳态下的系统状态方程；

（3）当$\lambda_a=\lambda_b=\alpha$（$\alpha$为常数），$\mu=2\alpha$时，计算各状态概率、系统的空闲概率，以及这两类呼叫的阻塞率。

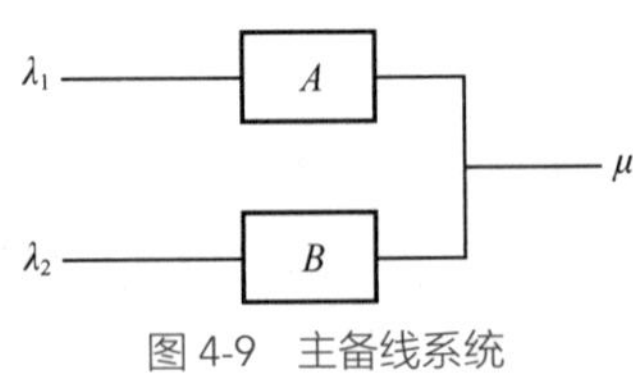

图 4-9　主备线系统

解：

（1）以(x,y)作为系统的状态变量，其中x表示中继线忙时A队列中的呼叫数，则$x\in\{0,1\}$，y表示中继线忙时B队列中的呼叫数，则$y\in\{0,1\}$，故有$(x,y)\in\{(0,0),(0,1),(1,0),(1,1)\}$。这里的状态(0,0)表示$A$和$B$两队中均没有正在排队的呼叫，但是中继线中有一个呼叫正在被处理。用状态(0)表示既没有排队等待的呼叫，也没有正在被处理的呼叫，系统处于空闲状态。状态转移图如图4-10所示。

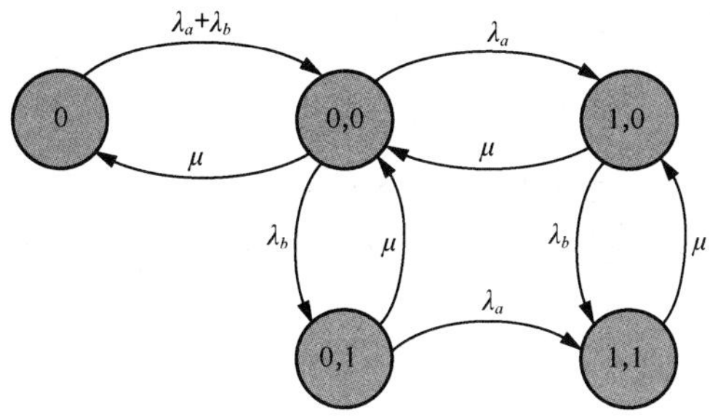

图 4-10　状态转移图

（2）根据状态转移图列如下稳态方程。

$$\begin{aligned}
(\lambda_a+\lambda_b)p_0 &= \mu p_{00} \\
(\lambda_a+\lambda_b+\mu)p_{00} &= (\lambda_a+\lambda_b)p_0+\mu(p_{01}+p_{10}) \\
(\lambda_b+\mu)p_{10} &= \lambda_a p_{00}+\mu p_{11} \\
(\lambda_a+\mu)p_{01} &= \lambda_b p_{00} \\
\mu p_{11} &= \lambda_a p_{01}+\lambda_b p_{10}
\end{aligned} \tag{4-27}$$

结合概率归一化方程：$p_{00}+p_0+p_{01}+p_{10}+p_{11}=1$。

（3）当$\lambda_a=\lambda_b=\alpha$（$\alpha$为常数），$\mu=2\alpha$时，代入线性方程组，得到各个状态的概率分别为

$$\begin{aligned}
p_{00} &= p_0=\frac{2}{7} \\
p_{01} &= \frac{2}{21} \\
p_{10} &= \frac{4}{21} \\
p_{11} &= \frac{1}{7}
\end{aligned} \tag{4-28}$$

系统的空闲概率为$p_0=\dfrac{2}{7}$。

A类呼叫的阻塞率为$p_{10}+p_{11}=\dfrac{1}{3}$，$B$类呼叫的阻塞率为$p_{01}+p_{11}=\dfrac{5}{21}$。

通过的呼叫量，即平均被占用的中继线数为$1-p_0=\dfrac{5}{7}$。

4.2.3　网络平均呼损

Erlang-B公式可以计算局部呼损，要计算网络的平均呼损，必须计算出任意端对端之间的呼损。网络中任意两端之间呼损的计算须考虑许多因素，下面首先考虑一些简单的情况。

图4-11的级联系统中，端A和B之间有n条边，如果能计算出每条边i的呼损p_i，且这些概率相互独立，则A和B之间的呼损可以由式（4-29）来计算。

$$p_{AB}=1-\prod_{i=1}^{n}(1-p_i) \tag{4-29}$$

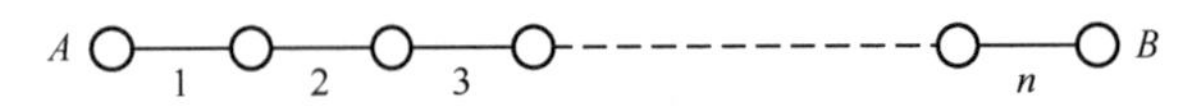

图 4-11 级联系统的端到端呼损计算

图4-12的并联系统中，端A和B之间有n条互不相交的边，且A和B之间的呼叫依次尝试路由1、2、…、n。如果能计算出每条边i的呼损p_i，且这些概率相互独立，则A和B之间的呼损可以由式（4-30）来计算。

$$p_{AB}=\prod_{i=1}^{n}p_i \tag{4-30}$$

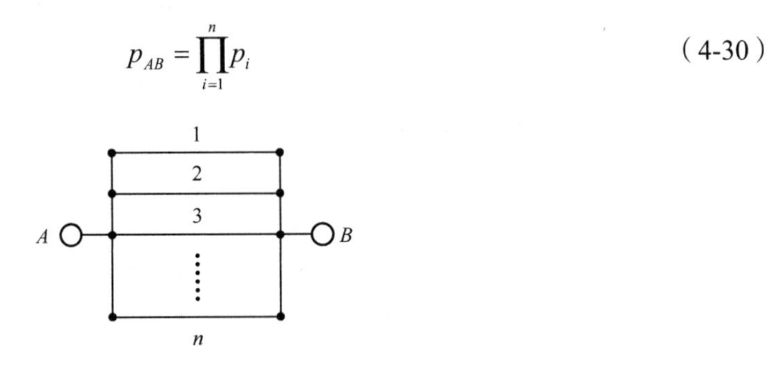

图 4-12 并联系统的端到端呼损计算

在式（4-29）和式（4-30）的计算中，需要已知在一条边上的呼损，而确定这个呼损可以使用Erlang-B公式。为了使用Erlang-B公式，需要确定每条边上的总呼叫量，但每条边上的呼叫量不易确定。一般来说，每条边上的呼叫量有许多成分，有初次或直达呼叫量，也有许多迂回或溢出呼叫量。

例4.5 在图4-13所示的三角形网络中，如果各边的中继线数目均为5，各节点之间的呼叫量均为$a_{ij}=a$，则有两种路由方法：第一种路由方法中，各节点对之间仅有直达路由；第二种路由方法中，各节点对之间除直达路由外，均有一条迂回路由。在$a=3,4,5$erl时，分别计算网络平均呼损。

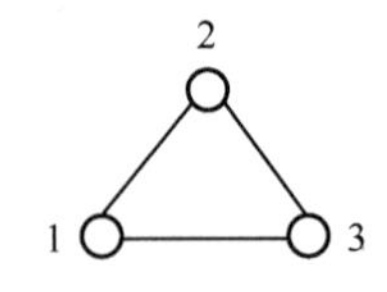

图 4-13 三角形网络

解：

（1）在第一种路由方法下，简单利用Erlang-B公式即可。由于对称关系，网络平均呼损和各边的阻塞率一样，在$a=3,4,5$erl时，网络平均呼损分别为

$$B(5,3)=0.11,\ B(5,4)=0.20,\ B(5,5)=0.28 \tag{4-31}$$

（2）在第二种路由方法下，假设边(i,j)的阻塞率为b_{ij}，到达(i,j)的总呼叫量为A_{ij}，A_{ij}由三部分呼叫量组成，即一种直达呼叫量和两种溢出呼叫量。对于边$(1,2)$有

$$A_{12}(1-b_{12})=a_{12}(1-b_{12})+a_{23}b_{23}(1-b_{12})(1-b_{13})+a_{13}b_{13}(1-b_{12})(1-b_{23}) \tag{4-32}$$

也即

$$A_{12}=a_{12}+a_{23}b_{23}(1-b_{13})+a_{13}b_{13}(1-b_{23}) \tag{4-33}$$

根据Erlang-B公式有

$$\begin{aligned}B(m_{12},A_{12})&=b_{12}\\B(m_{13},A_{13})&=b_{13}\\B(m_{23},A_{23})&=b_{23}\end{aligned} \tag{4-34}$$

于是，各端间的呼损为

$$p_{12} = b_{12}[1-(1-b_{13})(1-b_{23})]$$

$$p_{23} = b_{23}[1-(1-b_{12})(1-b_{13})]$$

$$p_{13} = b_{13}[1-(1-b_{23})(1-b_{12})]$$

进一步，可以计算网络平均呼损为

$$p_c = \frac{\sum_{i<j} a_{ij} p_{ij}}{\sum_{i<j} a_{ij}}$$

本题中$m_{12} = m_{13} = m_{13} = 5$，$a_{12} = a_{23} = a_{13} = a$，所以$b_{12} = b_{23} = b_{13} = b$，进一步有$A_{12} = A_{23} = A_{13} = A = a + 2ab(1-b)$，于是有$B(5,\ A) = b$。

在$a = 3, 4, 5$ erl时，通过迭代求解得

$a = 3$ erl时，$b \approx 0.19$，$p_c \approx 0.07$；

$a = 4$ erl时，$b \approx 0.35$，$p_c \approx 0.20$；

$a = 5$ erl时，$b \approx 0.45$，$p_c \approx 0.31$。

通过上面的计算可以发现

$a = 3$ erl时，第二种路由方法的网络平均呼损为0.07，优于第一种路由方法的网络平均呼损0.11；

$a = 5$ erl时，第二种路由方法的网络平均呼损为0.31，劣于第一种路由方法的网络平均呼损0.28；

$a = 4$ erl时，两种方法的呼损一致，都是0.20。

例4.6 在图4-14所示的网络中，假设各条边的中继线数目为m_{ij}，各节点对之间的呼叫量为ρ_{ij}。端点之间可以通过直达路由或中间经过一个节点转接的两跳路由进行通信，且路由方法为：能直达就直达，不能直达则通过其他节点转接（如节点1和2、1和3、2和3、3和4之间的路由为直达；节点1和4或节点2和4的路由可以通过节点3进行转接）。试求：

（1）以各边的阻塞率b_{ij}为变量，建立方程求解各端之间的呼损并说明网络平均呼损的求解方法；

（2）设$m_{ij} = 1$，$a_{ij} = 1$，求各节点间的呼损和网络平均呼损。

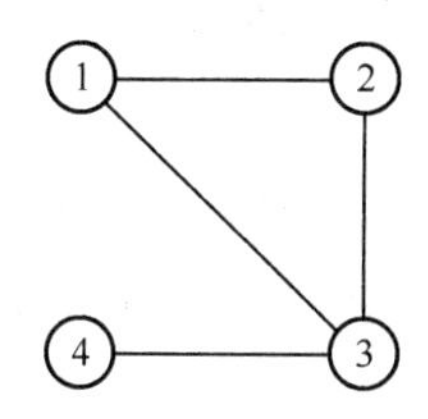

图 4-14　某转接网络

解：假设到达边(i, j)的总呼叫量为A_{ij}，边$(1,2)$上的呼叫量为

$$A_{12}(1-b_{12}) = a_{12}(1-b_{12}) \tag{4-35}$$

化简得

$$A_{12} = a_{12}$$

边$(2,3)$和$(1,3)$上的呼叫量为

$$\begin{aligned} A_{23} &= a_{23} + a_{24}(1-b_{34}) \\ A_{13} &= a_{13} + a_{14}(1-b_{34}) \end{aligned} \tag{4-36}$$

边$(3,4)$上的呼叫量为

$$A_{34}=a_{34}+a_{24}(1-b_{23})+a_{14}(1-b_{23}) \tag{4-37}$$

根据Erlang公式，有

$$\begin{aligned}B(m_{12},A_{12})&=b_{12}\\B(m_{13},A_{13})&=b_{13}\\B(m_{23},A_{23})&=b_{23}\\B(m_{34},A_{34})&=b_{34}\end{aligned} \tag{4-38}$$

在上面的方程组中，有4个未知变量b_{ij}，可以迭代求解。

各节点之间呼损可以计算如下。

$$\begin{aligned}p_{12}&=b_{12}\\p_{13}&=b_{13}\\p_{23}&=b_{23}\\p_{34}&=b_{34}\\p_{14}&=1-(1-b_{13})(1-b_{34})\\p_{24}&=1-(1-b_{23})(1-b_{34})\end{aligned} \tag{4-39}$$

网络平均呼损为

$$p=\frac{\sum\limits_{i<j}a_{ij}p_{i,j}}{\sum\limits_{i<j}a_{ij}}，1\leqslant i<j\leqslant 4 \tag{4-40}$$

（2）已知$s_{ij}=1$，将其代入上面的方程中，可得

$$\begin{aligned}A_{12}&=1\\A_{23}=A_{13}&=1+1(1-b_{34})\\A_{34}&=3-b_{23}-b_{13}\end{aligned} \tag{4-41}$$

又$B(s_{ij},A_{ij})=b_{ij}$，所以

$$b_{12}=B(1,1)=0.5 \tag{4-42}$$

联立求解可得

$$A_{23}=A_{13}=1.386，b_{23}=b_{13}=0.581$$

所以$p_{12}=b_{12}=0.5$，$p_{13}=b_{13}=0.581$，$p_{23}=b_{23}=0.581$，$p_{34}=b_{34}=0.5$，$p_{14}=p_{24}=1-(1-0.581)(1-0.5)=0.759$。（4-43）

网络平均呼损为

$$p=\frac{1}{6}(0.5\times2+0.581\times2+0.759\times2)=0.613 \tag{4-44}$$

一般来说，在网络负荷较轻时，提供合适的迂回路由可以使网络呼损下降。但越过负荷临界点后，迂回路由将使网络呼损上升。对于一般网络，由于各节点之间的呼叫量不一样，负荷临界点的表现形式可能比较复杂。

例4.5和例4.6中采用建立方程组的方法来求解各边的阻塞率，但这不是一个精确的方法。题解中假设溢出呼叫流为泊松过程，所以这是一种近似算法。溢出呼叫量越大时，计算误差就越

大。另外，题中假设各边的阻塞率相互独立，这在实际网络中很可能是不成立的。如果需要准确地计算网络平均呼损，可以采用网络模拟的方法。

4.3 Erlang 等待制排队模型 *M*/*M*/*s* 性能分析

Erlang等待制系统是指一个排队系统输入为一个泊松流，有s个服务员，服务时间满足指数分布，系统容量为∞，用肯德尔记号记为*M*/*M*/*s*。本节将首先推导该系统的等待时间的分布，而后探讨在描述本章介绍的交换机中的两种缓存队列结构的建模和分析方法。

4.3.1 Erlang-*C* 公式与时延计算

M/*M*/*s*排队系统中有s个服务员，当所有的服务员占满时，新到的顾客进入等待队列中，只要有服务员空闲，等待队列中队首的顾客就接受服务。按照*M*/*M*/*s*定义，我们可以画出图4-15所示状态转移图。

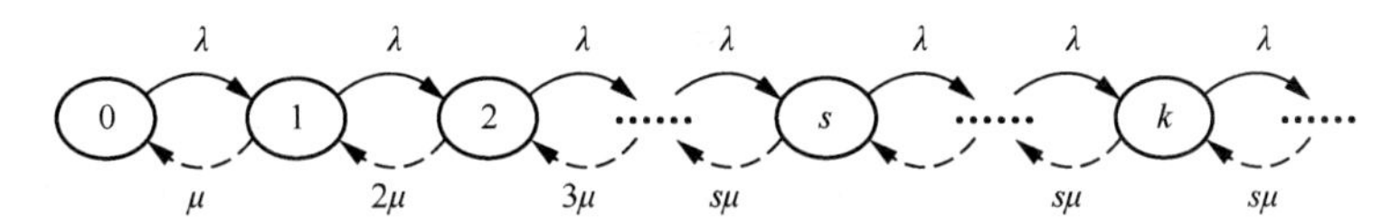

图 4-15 *M*/*M*/*s* 系统的状态转移图

根据状态转移图，可以获得各个状态的到达率和服务率如下。

$$\begin{cases} \lambda_k = \lambda, & k = 0,1,2,\cdots \\ \mu_k = \begin{cases} k\mu & k = 1,2,\cdots,s-1 \\ s\mu & k \geqslant s \end{cases} \end{cases} \tag{4-45}$$

假设$\{p_k\}$为稳态分布，$a = \dfrac{\lambda}{\mu}$，则

$$p_k = \begin{cases} \dfrac{a^k}{k!} p_0 & 0 \leqslant k < s \\ \dfrac{a^k}{s!s^{k-s}} p_0 & k \geqslant s \end{cases} \tag{4-46}$$

根据概率归一性，$\sum\limits_{k=0}^{\infty} p_k = 1$，则

$$\frac{1}{p_0} = \sum_{k=0}^{s-1} \frac{a^k}{k!} + \frac{a^s}{s!} \sum_{k=s}^{\infty} \left(\frac{a}{s}\right)^{k-s} \tag{4-47}$$

在$\rho < s$的条件下，该系统有稳态，并且

$$p_0 = \frac{1}{\sum\limits_{k=0}^{s-1} \dfrac{a^k}{k!} + \dfrac{a^s}{s!} \cdot \dfrac{1}{1 - a/s}} \tag{4-48}$$

通过将p_0代入p_k的表达式中，即可获得$M/M/s$系统处于各个状态的稳态概率。下面我们讨论针对该系统，新到用户会进入等待队列的概率，也即所有的服务员被占满后有用户到达的概率。令π_k表示当顾客到达时的队列长度为k的概率，p_k为队列稳态时长度为k的概率，根据PASTA定理，我们知道到达过程为泊松过程时，一定满足$\pi_k = p_k$。于是当一个呼叫到达，此时系统处于稳态，队列长度为k（$k \geqslant s$），其需要等待的概率计算如下。

$$p\{w>0\} = \sum_{k=s}^{\infty}\pi_k = \sum_{k=s}^{\infty}p_k = \frac{a^s}{s!}p_0\sum_{k=s}^{\infty}\left(\frac{a}{s}\right)^{k-s} = \frac{a^s}{s!}\frac{p_0}{1-a/s}，\ a<s \tag{4-49}$$

式（4-49）一般记为

$$C(s,a) = \frac{a^s}{s!}\cdot\frac{p_0}{1-a/s} \tag{4-50}$$

这个公式称为Erlang-C公式，是分析$M/M/s$系统的关键公式。下面我们计算$M/M/s$系统的系统时间和等待时间。根据$M/M/1$系统的分析方法，我们首先需要计算一个$M/M/s$系统中的平均顾客数，而后通过列德尔公式求得系统时间。$M/M/s$系统中的顾客可以分为正在服务的顾客以及等待的顾客，为了计算等待的顾客数目，需要先计算平均获得服务的顾客数。值得注意的是，平均获得服务的顾客数并不等于服务员数s，其计算过程见以下例题。

例4.7 计算在$a<s$的条件下，$M/M/s$系统在稳态时的平均被服务的顾客数。

解：

$$\begin{aligned}
a' &= \sum_{k=1}^{s-1}kp_k + s\sum_{k=s}^{\infty}p_k = \sum_{k=1}^{s-1}k\cdot\frac{a^k}{k!}p_0 + s\sum_{k=s}^{\infty}p_k \\
&= a\sum_{k=1}^{s-1}\frac{a^{k-1}}{(k-1)!}p_0 + s\sum_{k=s}^{\infty}p_k \\
&= a\sum_{k=0}^{s-2}\frac{a^k}{k!}p_0 + s\sum_{k=s}^{\infty}p_k \\
&\overset{(1)}{=} a\left(1-\sum_{k=s}^{\infty}p_k - p_{s-1}\right) + s\sum_{k=s}^{\infty}p_k \\
&= a - ap_{s-1} + (s-a)\sum_{k=s}^{\infty}p_k \\
&\overset{(2)}{=} a - a\cdot\frac{a^s}{(s-1)!}p_0 + (s-a)\cdot\frac{a^s}{s!}\cdot\frac{p_0}{1-a/s} \\
&= a
\end{aligned} \tag{4-51}$$

其中，第（1）等式利用的是$\sum_{k=0}^{\infty}p_k = 1$，第（2）等式利用的是Erlang-$C$公式。经过计算可知对于$M/M/s$排队系统，平均被服务的用户数是$a$。

下面计算$M/M/s$系统中的平均用户总数。

例4.8 计算在$a<s$的条件下，$M/M/s$系统在稳态时的平均顾客数。

解：

$$E[N]=\sum_{k=0}^{\infty}kp_k=\sum_{k=0}^{s}k\cdot\frac{a^k}{k!}p_0+\sum_{k=s+1}^{\infty}\frac{k\cdot a^k}{s!s^{k-s}}p_0=\frac{\rho}{1-\rho}C(s,a)+a \tag{4-52}$$

根据例4.7，我们知道平均被服务的用户数为a，因此平均在队列中等待的用户数为$\frac{\rho}{1-\rho}\cdot C(s,a)$。根据列德尔公式，平均等待时间为

$$E[w]=\left[\frac{\rho}{1-\rho}C(s,a)\right]/\lambda=\frac{C(s,a)}{s\mu(1-\rho)}=C(s,a)\cdot\frac{1}{s\mu-\lambda} \tag{4-53}$$

同样地，可以获得系统时间为

$$E[w]+\frac{a}{\lambda}=\frac{C(s,a)}{s\mu(1-\rho)}+\frac{1}{\mu} \tag{4-54}$$

例4.9 如果某语音交换系统$a=25\,\text{erl}$，要求到达呼叫等待概率不高于1%，每个呼叫平均持续时间为180s，需要多少中继线？平均每条线通过的呼叫量为多少？平均等待时间为多少？

解：如果$a=25\,\text{erl}$，$C(s,a)=0.01$，则根据Erlang-C公式可求得

$$s=39 \tag{4-55}$$

平均每条中继线上通过的呼叫量为$a'/s=25/39=0.64$（erl）。

系统中的平均呼叫数为

$$E[N]=\frac{\rho}{1-\rho}C(s,a)+a=\frac{0.64}{1-0.64}\times0.01+25=25.02\text{（个）} \tag{4-56}$$

平均等待时间为

$$E[w]=\frac{0.01\times180}{39\times(1-0.64)}=0.128\text{（s）} \tag{4-57}$$

4.3.2 网络平均时延

4.3.1小节中，我们讨论了不同的排队方式下的时延计算方法，这些结论在电路交换和分组交换系统中都是适用的。但是正如我们在本章的4.1节中介绍的交换机结构，在分组交换系统中还存在数据包长度、交换速率等概念。下面我们通过一个简单的例题讲解如何进行分组交换系统的分析。

例4.10 假设某交换机的输入数据包分组流服从参数为λ的泊松过程，数据包长度为变长且服从指数分布，平均包长为b。输入的数据包如果没有得到服务，则在接口独占的缓存队列中采用先入先出的方式排队。假设交换接口的交换速率为c，则数据包通过该交换机的平均时延是多少？

解：由于平均包长服从指数分布，而交换速率c为固定值，因此服务时间也服从指数分布，且平均服务时间$1/\mu=b/c$。除非极端情况，我们一般可以假设缓存队列的长度为无穷大来进行处理，从而交换机的每个交换接口可以用一个$M/M/1$系统模拟，于是可以知道数据包通过该交换机的平均时延为

$$E[s]=\frac{1}{\mu-\lambda}=\frac{1}{c/b-\lambda} \tag{4-58}$$

在一个分组交换的网络中，数据包会通过多个交换机，这时我们就不能仅仅用式（4-58）来完成分析了。虽然数据包在实际网络中长度一般是不会发生变化的，但是基于这个假设的分析比较复杂，我们在这里采用伦纳德·克兰罗克（Leonard Kleinrock）的假设来分析二次排队问题，具体分析方法在下例中说明。

例4.11 二次排队问题。

数据包到达服从参数为λ的泊松分布，包长不定，服从负指数分布，平均包长为b，单位为bit。图4-16是二次排队系统的示意图，数据包从第一个系统出来后将去第二个系统，两个信道的速率分别为c_1和c_2，单位为bit/s。

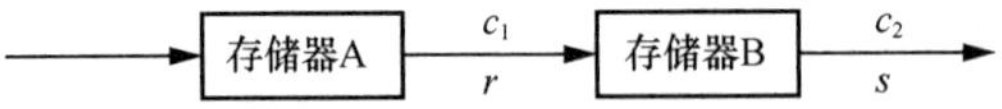

存储器A
c_1
r
存储器B
c_2
s

图4-16　二次排队系统

解：两个系统的服务率为

$$\mu_1=\frac{c_1}{b},\ \mu_2=\frac{c_2}{b} \tag{4-59}$$

A、B存储器足够大，两个排队系统为不拒绝系统。

设r为第1个排队系统中的包数，s为第2个排队系统中的包数，则状态方程为

$$\begin{cases} r=s=0 & \lambda p_{0,0}=\mu_2 p_{0,1} \\ s=0 & (\lambda+\mu_1)p_{r,0}=\lambda p_{r-1,0}+\mu_2 p_{r,1} \\ r=0 & (\lambda+\mu_2)p_{0,s}=\mu_1 p_{1,s-1}+\mu_2 p_{0,s+1} \\ r>0,s>0 & (\mu_1+\mu_1+\lambda)p_{r,s}=\lambda p_{r-1,s}+\mu_2 p_{r,s+1}+\mu_1 p_{r+1,s-1} \end{cases}$$

由概率归一性，有

$$\sum_{r=0}^{\infty}\sum_{s=0}^{\infty}p_{r,s}=1 \tag{4-60}$$

令通解形式为

$$p_{r,s}=p_{0,0}x^r y^s \tag{4-61}$$

代入方程，有

$$x=\frac{\lambda}{\mu_1}=\rho_1,\ y=\frac{\lambda}{\mu_2}=\rho_2 \tag{4-62}$$

所以

$$p_{r,s}=p_{0,0}\rho_1^r\rho_2^s \tag{4-63}$$

根据概率归一性，则

$$1=p_{0,0}\sum\rho_1^r\sum\rho_2^s=\frac{p_{0,0}}{(1-\rho_1)(1-\rho_2)} \tag{4-64}$$

故

$$p_{0,0} = (1-\rho_1)(1-\rho_2) \tag{4-65}$$

稳态分布为

$$p_{r,s} = (1-\rho_1)(1-\rho_2)\rho_1^r \rho_2^s \tag{4-66}$$

则(r,s)为两个独立随机变量，即

$$p_r = (1-\rho_1)\rho_1^r,\ p_s = (1-\rho_2)\rho_2^s \tag{4-67}$$

全程系统时间为

$$\frac{1}{\mu_1(1-\rho_1)} + \frac{1}{\mu_2(1-\rho_2)} = \frac{1}{\mu_1-\lambda} + \frac{1}{\mu_2-\lambda} = \frac{1}{\frac{c_1}{b}-\lambda} + \frac{1}{\frac{c_2}{b}-\lambda} \tag{4-68}$$

上面的结果表明可以将两个排队系统分离考虑。

例4.11说明，数据包穿越两个交换机的系统时间可以分开计算，这样大大简化了端对端节点时延的计算。下面来说明克兰罗克的模型。

如果网络用图$G=(V,E)$表示，$\lambda_{i,j}$表示从节点i到节点j的到达率，一般来说$\lambda_{i,j} \neq \lambda_{j,i}$。令$\lambda = \sum\limits_{i \neq j} \lambda_{i,j}$，数据网络中可以有许多不同的路由规划，这里假设路由为固定的路由方法，并且每对节点之间有唯一的路由。当网络采用其他动态或自适应路由时，这个模型就不适合了。

边i的容量或速率为c_i，由于节点之间的到达率$\lambda_{i,j}$和路由已知，自然可以计算出每条边的到达率λ_i，另外包长服从负指数分布，平均包长为b。在边i上，如果$\frac{c_i}{b} > \lambda_i$，则数据包穿越边$i$的时间为

$$T_i = \frac{1}{\frac{c_i}{b} - \lambda_i} \tag{4-69}$$

根据例4.11，节点i到节点j的时延$T_{i,j}$可以这样计算，即通过将该路由包含的诸链路上的时延求和。这样，网络平均时延为

$$T = \frac{\sum_{i,j} \lambda_{i,j} T_{i,j}}{\sum_{i,j} \lambda_{i,j}} = \frac{\sum_{i,j} \lambda_{i,j} T_{i,j}}{\lambda} \tag{4-70}$$

将式（4-70）中的$T_{i,j}$展开成为它包含的诸T_i之和，则

$$T = \frac{\sum_i T_i \lambda_i}{\lambda} \tag{4-71}$$

这个求和是对所有边来进行的。

4.4 Erlang 混合制排队模型 $M/M/s/k$ 性能分析

多服务台混合制模型$M/M/s/k$是指用户的相继到达时间服从参数为λ的负指数分布，服务台个数为s，每个服务台服务时间相互独立，且服从参数为μ的负指数分布，系统的空间为k。

4.4.1 *M*/*M*/*s*/*k* 排队系统性能分析

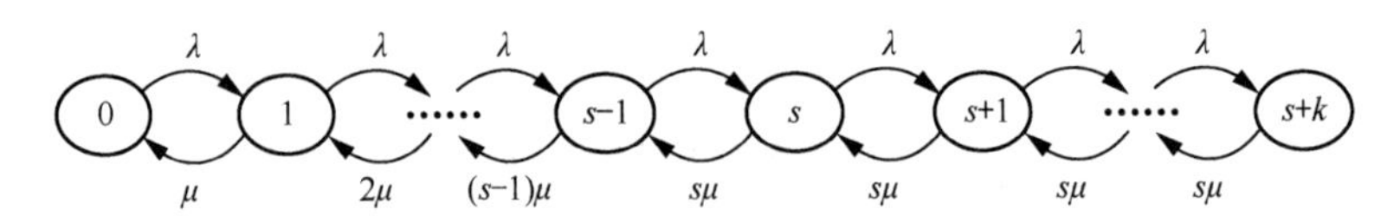

图 4-17 *M*/*M*/*s*/*k* 排队系统的状态转移图

有限等待空间*M*/*M*/*s*/*k*排队系统相当于状态空间在$s+k$处被截断的*M*/*M*/*s*排队系统，其状态转移图如图4-17所示。用与*M*/*M*/*s*排队系统同样的分析方法得

$$p_0=\left[\sum_{j=0}^{s-1}\frac{a^j}{j!}+\frac{a^s}{s!}\cdot\frac{1-\rho^{k+1}}{1-\rho}\right]^{-1} \tag{4-72}$$

$$p_j=\frac{a^j}{j!}p_0,\ 1\leqslant j<s \tag{4-73}$$

$$p_j=\frac{a^s}{s!}\rho^{j-s}p_0,\ s\leqslant j\leqslant s+k \tag{4-74}$$

与*M*/*M*/*s*排队系统的队列长度相比，p_j的公式形式是完全一样的，只是p_0的值不一样而已。如果s=1，则*M*/*M*/1/*k*队列长度的概率分布可简化为

$$p_j=\rho^j p_0,\ 1\leqslant j\leqslant k+1 \tag{4-75}$$

其中$\rho=a$，p_0则分两种情况给出。如果$\rho\neq1$，则$p_0=\dfrac{1-\rho}{1-\rho^{k+2}}$；如果$\rho=1$，则$p_0=\dfrac{1}{k+2}$。由于用户的到达是泊松流，由PASTA定理可知，用户到达时刻的状态概率等于任意时刻的状态概率，因此可求得顾客阻塞率为

$$p_{\mathrm{B}}=p_{s+k}=\frac{a^s}{s!}\rho^k p_0 \tag{4-76}$$

用户的等待概率为

$$M(0)=\sum_{j=s}^{s+k-1}p_j=\frac{a^s}{s!}\frac{1-\rho^k}{1-\rho}p_0 \tag{4-77}$$

平均等待队列长度为

$$\bar{N}_q=\sum_{j=s}^{s+k}(j-s)p_j=\left[\sum_{r=0}^{k}r\rho^r\right]\frac{a^s}{s!}p_0 \tag{4-78}$$

由Little 定理得平均等待时间为

$$\bar{W}_q=\frac{\bar{N}_q}{\lambda(1-p_{\mathrm{B}})}\sum_{j=s}^{s+k}(j-s)p_j=\left[\sum_{r=0}^{k}r\rho^r\right]\frac{a^s}{s!}p_0 \tag{4-79}$$

4.4.2 *M*/*M*/*s*/*k* 排队系统特例研究与近似分析

下面介绍*M*/*M*/*s*/*k*排队系统分析中的几种特例。

（1）若s=1，则上述结果可简化为

$$p_{\mathrm{B}}=\frac{1-\rho}{1-\rho^{k+2}}\rho^{k+1} \tag{4-80}$$

$$\bar{N}_q=\frac{\rho(1-\rho)\sum_{i=0}^{k}i p^i}{1-\rho^{k+1}} \tag{4-81}$$

（2）若$k\to\infty$，则有$\sum_{r=0}^{\infty}r\rho^r=\frac{\rho}{(1-\rho)^2}$，可见上述结果归结为$M/M/s$排队系统的结果。

（3）若k= 0，则$M/M/s/k$退化为$M/M/s/s$，即4.2节中所述的用户完全无法等待的即时服务系统。

通过上面的理论分析可以看出，求解有限长度排队系统的性能要比无限长队列的性能复杂，而在实际系统设计中却经常需要求解有限长度排队系统的性能。因此如果能够用相应无限长队列的性能来近似有限长排队系统的性能，则非常具有实际意义。对于单一服务者的$M/M/1/k$排队系统，可以应用前述的理论结果做如下比较。

$$P_{\mathrm{B}}^{M/M/1/k}=P\left\{N^{M/M/1/k}=k+1\right\}=\frac{1-\rho}{1-\rho^{k+2}}\rho^{k+1} \tag{4-82}$$

$$P_{k+1}^{M/M/1}=P\left\{N^{M/M/1}\geqslant k+1\right\}=\rho^{k+1} \tag{4-83}$$

可见，$P_{\mathrm{B}}^{M/M/1/k}\leqslant P_{k+1}^{M/M/1}$，即用$M/M/1$排队系统队列长度的尾分布来近似$M/M/1/k$的用户阻塞率永远是保守近似。当存在多个服务者时，为了便于理解，以k=0时的情形为例进行比较。此时$P_{\mathrm{B}}^{M/M/s/s}$为Erlang-B公式，$P_{k+1}^{M/M/s}$为$M/M/s$队列中的等待概率$M(0)$，即为Erlang-C公式。进一步对比Erlang-B与Erlang-C公式，可得

$$E_s(a)=\frac{(1-\rho)M(0)}{1-\rho M(0)} \tag{4-84}$$

可见$M(0)\geqslant E_s(a)$，即用$M/M/s$排队模型的等待概率来近似$M/M/s$（0）的用户阻塞率永远是保守近似的。当$M(0)\to 0$（即$\rho\to 0$）时，近似精度非常高；反之，当$\rho\to 1$时，近似精度变差。但值得注意的是，上述结论并不具有一般性，尽管它对$M/M/$型排队系统是永远成立的，但对其他类型的排队模型并不一定成立。

4.5 网络效率的提升技术

基于前文的性能分析，本节给出一些组建通信网络时需要考虑的问题，旨在提高信道利用率。实际上，这就是保证通信质量和充分利用网络资源的问题。以下讨论大群化效应、延迟效应、重复呼叫流相关的一些措施。

4.5.1 大群化效应

一般来说，社会服务资源在一定范围内统一利用要优于分散经营，通信网中的信道资源也有类似的规律。在保障一定通信质量指标的前提下，变分散利用的信道为集中利用的信道，以传输更多的业务量，有效提高网络效率，这就是所谓通信线路大群化效应。

我们通过一个简单的例子来加以说明。根据Erlang-B公式可以算得$B(30,21.9)=0.02$，$B(10,5.08)=0.02$。也就是说，如果呼损为0.02，30条中继线可以承载21.9erl的呼叫量，而10条中继线可以承载5.08erl的呼叫量。很显然$21.9>5.08\times3=15.24$。

相应地，以上两种情况下的中继线效率分别为

$$\eta_{30}=\frac{21.9\times(1-0.02)}{30}=0.7154(\text{erl/条}) \tag{4-85}$$

$$\eta_{10}=\frac{5.08\times(1-0.02)}{10}=0.4978(\text{erl/条}) \tag{4-86}$$

这说明在同样的呼损条件下，分散的中继线群（如3组10条中继线构成的线群）能承载的呼叫量小于中继线群集中（如1组30条中继线构成的线群）以后能承载的呼叫量，且中继线越多，效率越高，这种集中效应就是大群化效应。

大群化效应不仅用于即时拒绝系统，还用于不拒绝的分组系统，后者采用集中器尽可能多地集中业务量。在相同的时延条件下，系统效率可以得到大幅提高，且业务量越大，效果越明显。

当然，大群化效应也有负面影响，一般来说包括两方面。其一，任何系统都有一定的故障率，交换线群越大，故障的影响面就越大，而分散的中继线群反而把风险降低了。其二，系统呼叫量可能会有波动。而在同样的业务量波动水平下，大容量中继线群上呼损的上升会比较多。这是因为中继线群越大，适应能力就越低。

4.5.2 延迟效应

即时拒绝系统（如电话系统）的等待时间为0，在系统容量一定的情况下，业务越繁忙，呼损就越大。如果允许一部分用户等待，呼损就会降低，但会引入等待时延。这样的系统称为延迟拒绝系统。此类系统的呼损、时延和效率之间存在一定关系，如能适当利用，则能取得较好的综合性能指标。

假设某个电话系统只允许一个呼叫等待，再来呼叫就拒绝。也就是如果系统有s条中继线，则系统的截止队长$n=s+1$。表4-1列出了该延时拒绝系统中呼叫量a、呼损p_s和中继数s之间的关系。

表4-1　延迟拒绝系统中a、p_s、s之间的关系

a/erl	p_s				
	s=1/条	s=2/条	s=3/条	s=10/条	s=12/条
1	0.33	0.09	0.02	约为10^{-8}	约为0
10	0.9	0.79	0.71	0.18	0.09

作为对照，表4-2列出了即时拒绝系统中呼叫量a、呼损p_s和中继数s之间的关系。

表4-2　即时拒绝系统中a、p_s、s之间的关系

a/erl	p_s				
	s=1/条	s=2/条	s=10/条	s=30/条	s=100/条
1	0.5	0.0625	约为10^{-7}	约为0	约为0
10	0.91	0.75	0.215	1.7×10^{-7}	约为0

容易看出，只要允许一个呼叫等待，呼损就能有所下降，付出的代价是有的用户要等待$1/s\mu$的时间。当s较大时，这个等待时间是很短的。如果允许两个呼叫等待，呼损还会下降；当然，等待时间也会增加。

若要保证$p_s \leqslant 0.1$，以$a=1$为例，截止队长$n=s+1$的延迟拒绝系统比即时拒绝系统少用一条电话中继线，且效率由31%提升到45.6%。

网络中的非实时业务很多，在允许一定时延且存储容量足以适应业务量的情况下，采用延迟拒绝，甚至不拒绝系统是有利的。分组交换理论上采用不拒绝系统，但实际上因为存储器容量有限，也是采用延迟拒绝系统的。当队长超过存储容量时，分组将被丢弃，相当于产生了呼损。

网络中的实时业务可采用呼叫信令排队等待的方式，达到降低呼损的效果。例如在电话网络中，采用公共信道信令的方式。此时，信令系统与话路是分开的，可以通过合理的通信协议实现延迟拒绝，以降低呼损。

总之，利用延迟效应可以提高网络资源利用率并降低呼损，是组网中需要考虑的一个重要措施。

4.5.3　重复呼叫流

考虑一个电话交换系统，有s条中继线，到达呼叫量为a。由Erlang公式计算呼损$B(s,a)$，可得被拒绝的呼叫量为$aB(s,a)$。被拒绝的呼叫中会有一部分继续尝试呼叫，形成重复呼叫流。在网络负荷不重时，重复呼叫对网络影响可以不考虑；在网络负荷较重时，重复呼叫流对网络影响较大，如果不考虑重复呼叫流的影响，对网络呼损的估计会有较大的误差。

一般来说，重复呼叫流不再是泊松过程。但是为了分析和计算简单，下面介绍一个近似计算方法。假定重复呼叫流是泊松过程，这样原始呼叫流和重复呼叫流之和仍为泊松过程。如果不作这个假设，分析会相当复杂。

设原始呼叫流为a，Δa为因重复呼叫增加的呼叫量，则总呼叫量$a_R=a+\Delta a$，被拒绝的呼叫量为$a_R B(s,a_R)$，如果Δa占被拒绝的呼叫量的比例为$\rho(0<\rho<1)$，则有

$$a_R = a+\rho a_R B\left(s,a_R\right) \tag{4-87}$$

在给定了a、s和ρ之后，可以使用迭代的方法求a_R。

例4.12 若$a=4.0\text{erl}$，中继线数$s=6$，$\rho=0.5$，求总呼叫量a_R、呼损及通过的呼叫量。

解： 令$F(a_R)=a+\rho a_R B(s,a_R)$，将$a=4.0\text{erl}$，$s=6$，$\rho=0.5$代入得

$$F(a_R)=4+0.5a_R B(6,a_R) \tag{4-88}$$

这里需要找到一个a_R，使其满足$F(a_R)=a_R$，可用迭代法求解，从起点$a_R=4.0$开始，依次计算如下。

$$F(4.0)=4.24，F(4.24)=4.29，F(4.29)=4.30，F(4.30)=4.30，\cdots$$

所以总呼叫量为$a_R=4.30\text{erl}$，呼损为$B(6,4.30)=0.139\text{erl}$。

通过的呼叫量为$a_R\times[1-B(6,4.30)]=4.30\times(1-0.139)=3.70\text{erl}$。

如果没有重复呼叫，则呼损为$B(6,4.0)=0.128\text{erl}$。

通过的呼叫量为$a\times[1-B(6,4.0)]=4.0\times(1-0.128)=3.49\text{erl}$。

一般如果$\rho=0$或$B(s,a)$很小，重复呼叫流可以不考虑。

当$\rho=1$时，有$a_R\times[1-B(s,a_R)]=a$，表示原始呼叫量全部通过，但呼损会增加许多。在例4.12中，若$\rho=1$，有$a_R=4.91\text{erl}$，呼损为$B(6,4.91)=90\text{erl}$。实际中，当中继线群负荷很重时可以认为$\rho\approx1$。对一般的中继线群，可以认为$\rho\approx0.55$。

习 题

4.1 考虑网络平均呼损时，需要知道哪些条件？

4.2 Erlang公式是计算局部呼损的公式，这个公式在理想情况下成立，但在网络中存在哪些情况时，爱尔兰公式将会不适用？

4.3 具有s条中继线的Erlang等待制系统满足$\lambda<s\mu$，求呼叫需要等待的概率。

4.4 某计算机中心有10个终端，用户按泊松流到达，平均每分钟到达1个用户，假定用户占用终端的时间服从负指数分布，平均用机时间为5min，当10个终端均被占用时，后来的用户便直接离开，求平均系统时间和平均等待队长。

4.5 Erlang即时拒绝系统具有6条中继线，编号为1～6，到达呼叫量为a，如果将中继线均分为两组，1～3号为第一组，4～6号为第二组；呼叫到来时先尝试第一组，当其全满时尝试第二组；在组内，呼叫随机占用中继线，则第6条中继线通过的呼叫量为多少？

4.6 考虑Erlang即时拒绝系统$M/M/s$（s），$a=\dfrac{\lambda}{\mu}$，如果一个观察者随机观察系统且等待下一个呼叫到来，那么到来的呼叫被拒绝的概率为多少？

4.7 对于$M/M/s$系统，如果$s=20$，$a=15\text{erl}$，每个呼叫平均持续时间为$\dfrac{1}{\mu}=50s$，求平均每条线通过的呼叫量。

4.8 对$M/M/s$等待制系统，如果$\lambda<s\mu$，等待时间为w，则对任意的$t>0$，求$P\{w>t\}$。

4.9 如果$s=35$，$a=25\text{erl}$，呼损$B(s,a)=0.012$，求平均每条线的通过呼叫量。

4.10 对$M/M/s$（s）系统，如$a=1\text{erl}$，中继线数目为2，求溢出呼叫流的均值和方差。

4.11 已知一个电话交换系统$M/M/4$（4），每分钟平均到达3个呼叫，每个呼叫的平均持续时间为40s，求呼叫拒绝的概率。

4.12 假设排队系统$M/M/s$、$M/M/s$（s）、$M/M/\infty$的到达呼叫量均为a，求其通过呼叫量。

4.13 对于$M/M/2$（2）系统，呼叫的到达是参数为$\lambda=1$的泊松流，每个呼叫的持续时间服从参数$\mu=2$的负指数分布，则系统阻塞率为多少？

4.14 某不拒绝的排队系统有$s=3$条中继线，呼叫流的到来服从参数为$\lambda=4$个/min的泊松过程，呼叫的持续时间服从参数为$\dfrac{1}{\mu}=0.5\text{min}$的负指数分布，求解下列问题。

（1）一个呼叫到达系统需要等待的概率。

（2）系统中平均等待服务的呼叫数和总呼叫数。

（3）每个呼叫的平均逗留时间和平均排队等待时间。

第5章 通信网图论

通信网络由通信设备和传输线路构成。在网络规划设计、优化、运维管理等多个环节中，均须对通信网络进行抽象建模，屏蔽复杂的技术细节，构建简化的拓扑结构，转换为利于计算机存储和运算的数据结构。在这个过程中，图论（graph theory）成为最为常用的建模理论工具。

图论是应用数学的一个分支，以图为研究对象。图是由若干给定的点及连接两点的线所构成的图形，这种图形通常用来描述某些事物之间的某种特定关系，用点代表事物，用连接两点的线表示相应两个事物间具有某种关系。图论的起源可以追溯到1738年瑞士数学家欧拉解决的哥尼斯堡七桥问题。在七桥问题的求解过程中，欧拉创造性地摒弃了复杂地理信息，将地图上的陆地抽象成点，将桥梁抽象成边，关注点和边的关联关系，忽略传统几何学中的长度、角度等特征，并在建模过程中逐步简化问题，最后将七桥问题归结成一笔画问题。这种简化问题的思路构成了图论的基础。

空间信息网络同样具备复杂的拓扑结构，通过使用图论可以将复杂网络信息简化为可以运用算法处理的数据，用节点描述通信设备或局站，用边描述通信链路或信道，将呼叫流或者数据流定义成拓扑图上的网络流，然后就可以运用图论中的各种模型和算法对网络规划设计、资源优化配置等问题进行求解。

5.1 图的定义与原理

本节主要介绍图的基本定义与原理。图G（graph）主要由如下两部分组成：（1）节点集合V，其中的元素v称为节点（vertex或node）；（2）边集合E，其中的元素称为边（edge）。

5.1.1 图的定义

图G为节点集合V以及边集合E的组合，一般用$G=(V,E)$来表示。

当V与E都为有限集合时，G为有限图，用$V=\{v_1,v_2,\cdots,v_n\}$表示n个节点集合，节点数用$n=|V|$表示，用$E=\{e_1,e_2,\cdots,e_m\}$表示m条边的集合，边数用$m=|E|$表示。

某边$e_{i,j}$的节点为v_i,v_j，称为边和节点v_i,v_j关联，如果这条边为有向边v_i指向v_j，则可以记这条有向边为$<v_i,v_j>$。

如果一个图有边$<v_i,v_j>$就一定有边$<v_j,v_i>$，则可将这一对有向边记为无向边(v_i,v_j)，这个图称为无向图。

如果有向边不能全部成对出现，则称其为有向图。

图中节点和边的标号通常不可以任意更换。比如在通信网络中，v_i往往表示对应通信网络中某一个通信设备或者局站，$e_{i,j}$表示节点v_i和v_j之间的通信链路，这类图被称为标号图（labeled graph）。本章中，没有特别说明的情况下，图均为标号图。

如果一个图的节点集合为空集，$V=\varnothing$，此时该图的边集合也必然为空集，称这种图为空图，如图5-1（a）。

如果一个图的节点集合不为空集，$V\neq\varnothing$，但是边集合为空集，$E=\varnothing$，则称其为孤立点图，如图5-1（b）。

如果一条边的起点和终点为同一个节点，则称其为自环，如图5-1（c）。

如果两条边有相同的起点和终点，则称这两条边为重边，如图5-1（d）。

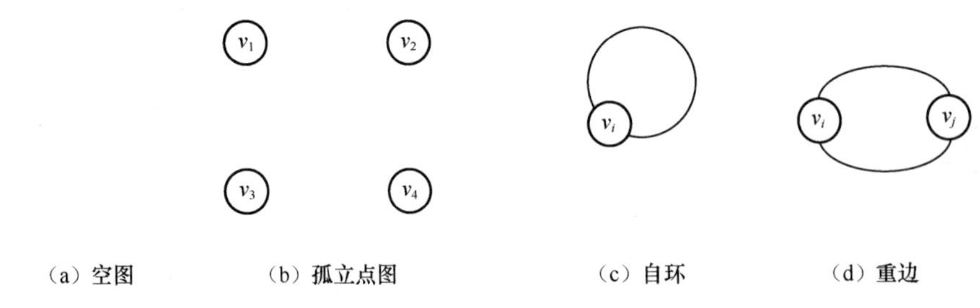

图5-1　图的特殊定义

一个不含有自环和重边的图称为简单图。本章中，如果没有特别声明，主要讨论简单图。

5.1.2 节点的度

对于无向图的节点v_i，与该节点关联的边的数目称为该节点的度数，记为$d(v_i)$。

如图5-2（a），节点v_2的度数$d(v_2)=3$。

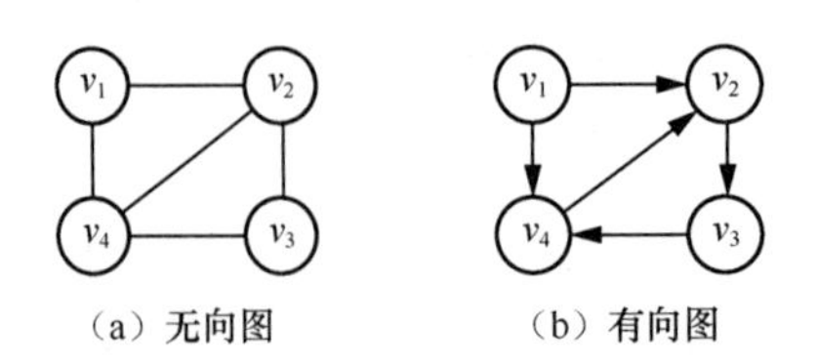

图5-2　无向图和有向图的度数

性质5.1　对于无向图$G=(V,E)$，节点数为$n=|V|$，边数为$m=|E|$，则该图所有节点的度数

和为$2m$，记为$\sum_{i=0}^{n} d(v_i)=2m$。

该性质可以用数学归纳法证明。

对于有向图，从节点v_i发出的有向边数目为该节点的出度数，记为$d^+(v_i)$，指向节点v_i的有向边数目为该节点的入度数，记为$d^-(v_i)$。

如图5-2（b），节点v_2的出度数$d^+(v_2)=1$，入度数$d^-(v_2)=2$。

【性质5.1的推论】

任何图中，度数为奇数的节点，其数目必为偶数（包括0）个。

证明：

将图的节集含V分为奇数度节点集合V_1和偶数度节点集合V_2，则有$V = V_1+V_2$。

由性质5.1，则$\sum_{v_i\in V} d(v_i) = \sum_{v_j\in V_1} d(v_j)+\sum_{v_k\in V_2} d(v_k)=2m$。

因为$d(v_k)$是偶数，$2m$也是偶数，所以$\sum_{v_j\in V_1} d(v_j)$必为偶数。

因为$d(v_j)$是奇数，所以V_1中v_i的个数必为偶数。

5.1.3　链

考虑边的一个序列，相邻两边有公共节点，如$(v_1,v_2),(v_2,v_3),(v_3,v_4),\cdots,(v_i,v_{i+1})$，这个边序列称为链。

如图5-3（a），其中的$\{c,b,e\}$构成了一个链，这个链上的有向边不一定需要首尾相连。

当链经过的节点没有重复点，且各边的方向连续时，称其为有向链，也可称为有向道路。如图5-3（b），其中的$\{a,c,d,e\}$构成了一条首尾相连的有向链。在大部分通信网络的路由问题中，常常需要选择出一条有向链来构成通信的信道。

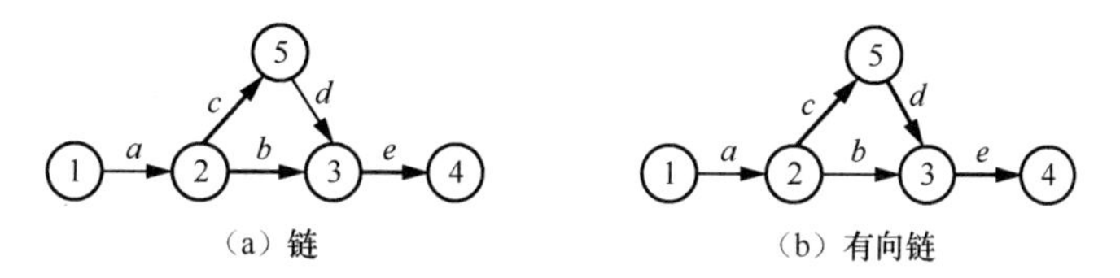

图5-3　链与有向链

如果链的起点与终点重合，则构成一个圈，也称其为环路。如图5-4（a），其中的$\{a,b,e\}$是一个忽略了边方向的圈。注意，圈中除了起点和终点，没有其他重复点。

如果圈中的链路方向一致，首尾相连，则构成一个有向圈。如图5-4（b），其中的$\{a,b,c,d\}$的所有边方向一致，构成了一个有向圈。

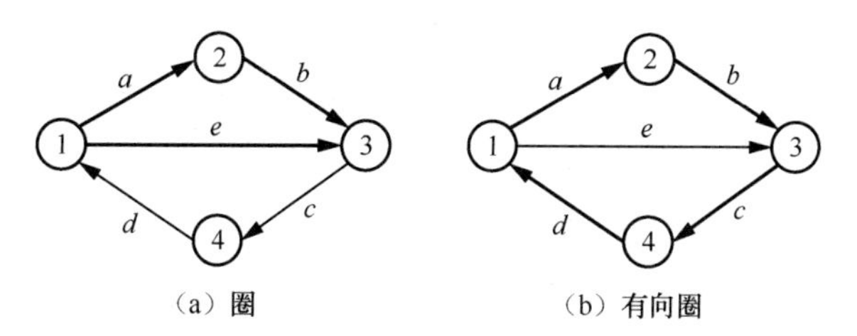

图5-4　圈与有向圈

5.1.4 连通图

如果图的任意两节点之间至少存在一条链，则称其为连通图，否则为非连通图。图5-5（a）为一个连通图。对非连通图而言，它又可以被分解为若干连通分支。图5-5（b）为包含3个连通分支的非连通图。

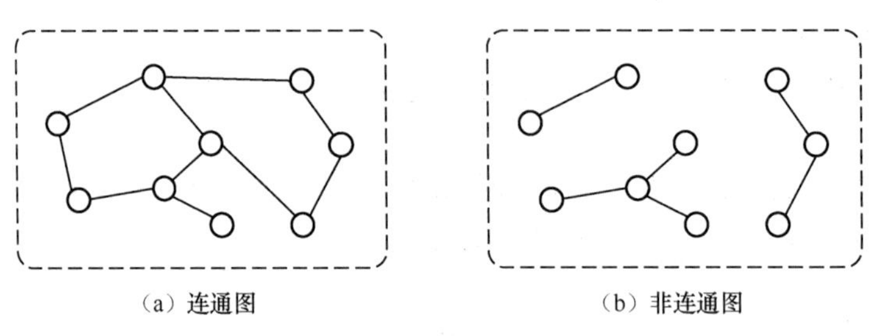

图 5-5 连通图与非连通图

5.1.5 完全图

如果图中任意两节点之间都有边，则称该图为完全图或全连通图，记作K_n。当图中无重复边且无自环时，完全图边的数目m与节点的数目n之间存在下面的关系。

$$m = \mathrm{C}_n^2 = \binom{n}{2} = \frac{n(n-1)}{2}$$

每个节点的度数均为$n-1$。

图5-6（a）为完全图K_4，存在6条边。图5-6（b）为完全图K_6，存在15条边。

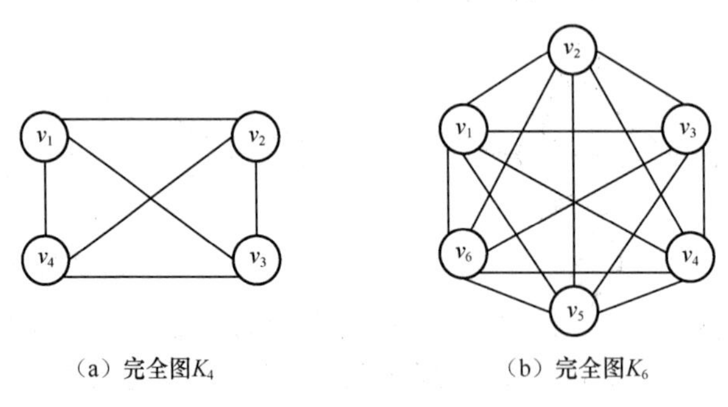

图 5-6 完全图

在节点度数相同的情况下，完全图是联结性最好的图。

5.1.6 欧拉图

各节点度数均为偶数的连通图称为欧拉图。对于欧拉图，存在一个遍历所有边且回到起点的漫游，同时每条边仅经过一次。

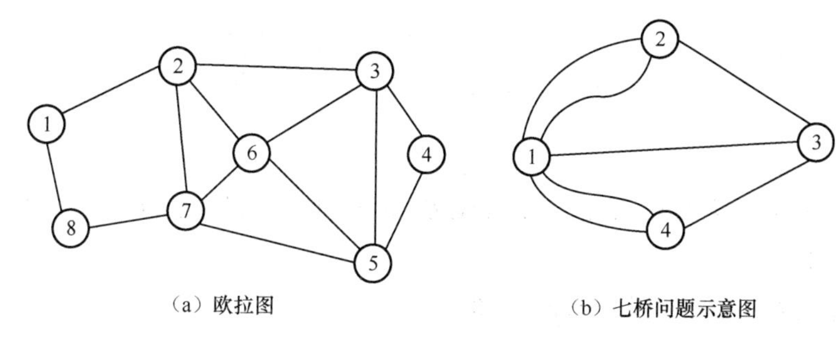

（a）欧拉图　　（b）七桥问题示意图

图 5-7　欧拉图和七桥问题示意图

如图5-7（a），按照1→8→7→5→4→3→2→7→6→3→5→6→2→1的顺序可以找到一个欧拉回路，用一笔画的方式遍历所有边。

如图5-7（b），在哥尼斯堡七桥问题中，由于4块地理区域被7座桥相连，每个节点的度数都是奇数，无法求得一笔画的解。

5.1.7　两部图

如果图的节点集合可分为两部分，所有边的两个相邻节点分别在这两个集合中，则称其为两部图，又称为二分图，记为$K_{m,n}$，两个节点集合分别有m和n个节点。

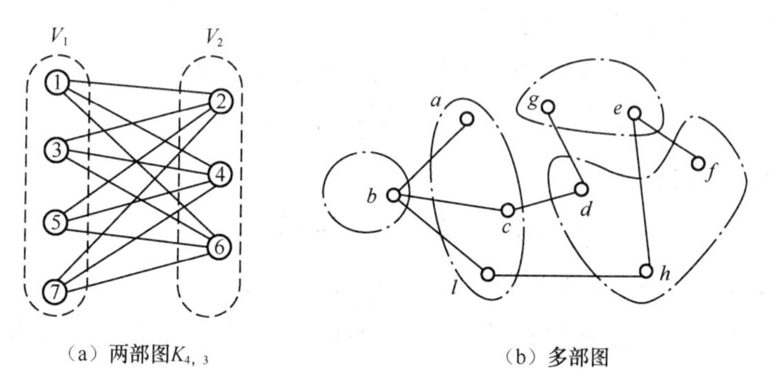

（a）两部图$K_{4,3}$　　（b）多部图

图 5-8　两部图与多部图

如图5-8（a）所示，节点1、3、5、7构成节点集合V_1，剩余的节点构成节点集合V_2，两个集合内部的节点均无边相连，所有边都在集合之间。两部图可以用来求解匹配问题。

类似地，也可以有图5-8（b）所示的多部图，用来建立多域网络模型，求解域间路由问题。

5.1.8　正则图

所有节点的度数都相等的图称为正则图，即$d(v_i)=$常数，$i=1,2,\cdots,n$（n为图的节点数）。正则图的联结性最为均匀。

如果一个完全图无重边且无自环，则其为正则图，但正则图不一定是完全图。比如五边形各节点度数为2，边数为5，属于正则图，但完全图K_5的边数为10。

5.2 子图与树

定义5.1　子图

给定图$G=(V,E)$，若$V_1 \subseteq V$，$E_1=\{(u,v)\in E \mid u, v\in V_1\}$，称图$G_1=(V_1,E_1)$是$G$中由$V_1$生成的子图，记为$G[V_1]$。

若$E_2 \subseteq E_1$，称$G_2=(V_1,E_2)$为$G[V_1]$的子图。

特别地，若子图的端点集合为V，这个图被称为图G的支撑子图。

若$E_1 \subseteq E$，$V_1=\{v\in V|v$是E_1中某边的节点$\}$，称图$G_1=(V_1,E_1)$是G中由E_1生成的子图，记为$G[E_1]$。

任何图都是自己的子图，即$A\subseteq G$也包括$A=G$。

定义5.2　真子图

给定图G，若图$A\subseteq G$，但$A\neq G$，则称A为G的真子图。

若$A\subseteq G$，且$G\subseteq A$，则必有$A=G$。

定义5.3　树

无圈的连通图为树。

性质5.2　对于任意树，其边数m与节点n满足关系：$m=n-1$。

通过数学归纳法，易证明性质5.2。

性质5.3　除了单点树，至少有两个度数为1的节点（悬挂点，或者叶子节点）。

证明：对于有n个节点、m条边的图来说，有$\sum_{i=0}^{n}d(v_i)=2m$。

根据性质5.2，对于树有$m=n-1$。

$$对于树，有\sum_{i=0}^{n}d(v_i)=2(n-1)=2n-2。$$

这意味着，如果每个节点的度数都为2，则$\sum_{i=0}^{n}d(v_i)=2n$。

至少有两个节点的度数必须为1，如果有一个或更多个节点度数大于2，则有更多个节点度数为1。

定义5.4　支撑树（主树、生成树）

如果树T是连通图G的子图，$T\subseteq G$，且T包含G的所有节点，称T是G的支撑树或主树。

构建支撑树的过程可以采用破圈剪枝的方法：在连通图中找到一个圈，从圈上任意删除一条边，可以在保持图的连通性的同时，减少圈的数量；继续减少圈，直到找不到圈，图就变成了树，剩下的图就成为了支撑树。在6.3节中，会更为详细地分析生成支撑树的方法。

有支撑树的图必为连通图。如果一个连通图$G=\{V,E\}$中找出了一个支撑树$T=\{V,E_1\}$，称E_1集合内的边为T上的树边，如图5-9中粗线所示。

构建边集$E_2=E-E_1$，E_2集合内的边均不属于树T，称E_2集合内的边为连枝，如图5-9中虚线所示。

树上任意两节点间仅添加一条连枝，即形成圈，这个圈被称为基本圈。如基本圈$\{e_{1,2},e_{2,9},e_{8,9},e_{7,8},e_{1,7}\}$中的$e_{1,7}$就是决定基本圈的唯一连枝。

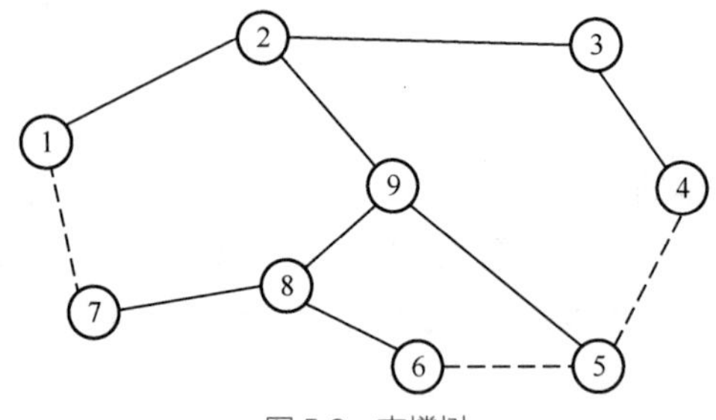

图5-9　支撑树

定理5.1　给定一个图T，若$|V|=n$，$|E|=m$，则下面论断等价。

①T是树。

②T无圈，且$m=n-1$。

③T连通，且$m=n-1$。

证明：

①→②③，由树的定义和性质5.2可知。

②→①，反证，若T有圈，从圈中删去任意一条边，图的连通性不会被破坏，有限步剩下的图为连通无圈图或树，与$m=n-1$相矛盾，故而T有圈的假设不成立，T无圈。

③→①，反证，已知$m=n-1$，T连通，假设T不是树，那么连通图T上至少存在一个圈，也就是边的数量大于树中边的数量；对于一个n个节点的树，由性质5.2，其边的数量为$n-1$；如果n个节点的图中存在圈，那么图中除了树边，还存在连枝，则$m>n-1$与$m=n-1$相矛盾，故而T不是树的假设不成立，T是树。

性质5.4　若T是树，则：

（1）T是连通图，去掉任何一条边，图便分成两个且仅仅两个连通分支；

（2）T是无圈图，但添加任何一条边，图便会包含一个且仅仅一个圈；

（3）任何两节点之间恰好有一条道路，反之，如图T中任何两节点之间恰好有且仅有一条道路，则T为树。

因为任意两节点之间有且仅有一条路径可达，不存在环路，所以树是最大的无环连通图。

在树中增加任意一条边时，图中就会出现一个环，且仅有一个环。

在树中任意减少一条边，图将被切割为两个连通分支，变成非连通图，所以树又是最小连通图。

树可以用来表示多级分支结构，比如目录树。在设计接入网时，为了节省线路成本，也可以用树状结构完成大量用户的有线网络覆盖。比如家庭宽带接入网中，目前的主流技术是无源光网络技术，其光分配网就采用了树状结构。

5.2.1　图的存储

通常用几何图形可以直观表示图，但是这种直观表示方法不利于计算机进行数值分析和处理。对于同一个图，可以有多种表达方式。如图5-10，对于无向图$G=\{V,E\}$，$V=\{v_1,v_2,v_3,v_4,v_5\}$，$E=\{e_{1,2},e_{1,5},e_{2,3},e_{2,4},e_{2,5},e_{3,4},e_{4,5}\}$，$|V|=n=5$，$|E|=m=7$。为了便于理解，可以用几何图形的方式绘制节点和边的关系，如在图5-10（a）中用v_i标注第i个节点，用$e_{i,j}$标注边。几何表达方式往往不是唯一的，图5-10（a）中有两种几何表达形式，但是从逻辑上看，这两种方式表达的是同一个图G。在图的分析中，部分概念与边的方向无关，比如连通、圈、支撑树，还有后面将要讲到的割点集等。这种不含有方向性的图，称其为基础图。反之，图的某些概念和结论（比如后面提及的无向图支撑树计数）与边的方向有关，处理这类问题时需要为无向的基础图中每条边都指定一个方向，如图5-10（b）就是图G的定向图。图5-10（c）～图5-10（e）则是3种矩阵表达方式，更容易被计算机理解。本小节将具体讲解邻接矩阵（adjacency matrix）和关联矩阵的构造方法。

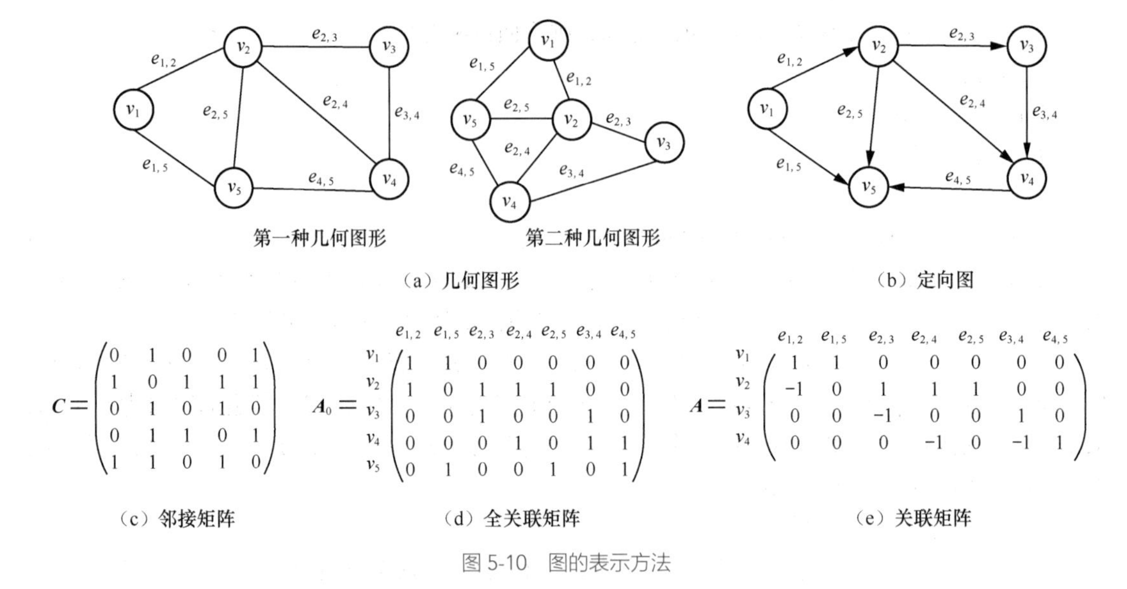

图 5-10　图的表示方法

定义 5.5　邻接矩阵

对于图$G=\{V,E\}$，$|V|=n$，构造$n\times n$矩阵$\boldsymbol{C}=[c_{i,j}]$，其中$c_{i,j}$表示$\begin{cases}c_{i,j}=1,\text{若}v_i\text{到}v_j\text{有边}\\c_{i,j}=0,\text{若}v_i\text{到}v_j\text{无边}\end{cases}$。

图 5-10（c）是图 5-10（b）的邻接矩阵表示方法，两者是等价的。对于无向图，一条边$e_{i,j}$对应邻接矩阵中的两个元素$c_{i,j}$和$c_{j,i}$，由于$c_{i,j}=c_{j,i}$，故而$\boldsymbol{C}$为对称矩阵。观察$\boldsymbol{C}$可知，对于无向图，$\boldsymbol{C}$中 1 的个数为$2m$。如果图为有向图，一条边$e_{i,j}$只对应邻接矩阵中的一个元素$c_{i,j}$，所以邻接矩阵中 1 的个数为m。

随着节点数量n的增加，$\boldsymbol{C}$的规模迅速增大，采用邻接矩阵存储稠密图（m接近n^2）效率较高。但是，对于稀疏图（$m\ll n^2$），矩阵中将出现大量 0，此时可以采用邻接表的方式来存储图，通过链表与数组相结合的方法压缩存储空间。虽然邻接矩阵的存储效率较低，空间复杂度为$O(n^2)$，但是判断v_i和v_j两点之间是否存在边的方法很简单，只须判断$c_{i,j}$是否为 0 即可，算法时间复杂度为$O(1)$。

邻接矩阵可以用来解决图的连通性判断和路由问题。

定义 5.6　全关联矩阵

对于图$G=\{V,E\}$，$|V|=n$，$|E|=m$，构造$n\times m$矩阵$\boldsymbol{A}_0=[a_{i,j}]$。

在有向图中，有$\begin{cases}a_{i,j}=+1,\ v_j\text{与}v_i\text{关联，离开}v_i\\a_{i,j}=-1,\ v_j\text{与}v_i\text{关联，指向}v_i\\a_{i,j}=0,\ v_j\text{与}v_i\text{不关联}\end{cases}$。

在无向图中，有$\begin{cases}a_{i,j}=1,\ \text{若}v_j\text{与}v_i\text{关联}\\a_{i,j}=0,\ \text{若}v_j\text{与}v_i\text{不关联}\end{cases}$。

图 5-10（d）为图 5-10（a）的全关联矩阵。在全关联矩阵中，每一行对应一个节点，行中非零元素的总数就是节点的度数，每一列对应一条边，矩阵中将有两个元素与这条边相关，整个矩阵中非零元素总个数为$2m$。

在不考虑节点和边的标号的情况下，任意两行或两列互换得到的全关联矩阵本质上是同一个图。更换行或列只是修改了编号的顺序。

对于无向图G，将其全关联矩阵$\boldsymbol{A}_0$中每列的任意一个1改为-1（相当于给对应的边指定了一个方向，将其变为了定向图），因为n行之和为0，所以最多只有$n-1$行线性无关，再去掉任一行，得到关联矩阵$\boldsymbol{A}$，这是一个$(n-1)\times m$矩阵。图5-10（e）为图5-10（d）变换而来的关联矩阵，对应图5-10（b）所示的定向图。

图的邻接矩阵和关联矩阵建立了图论与矩阵论之间的“桥梁”。借助矩阵论的分析方法，可以解决图论中的问题。

例5.1 图的矩阵分析。

已知图$G=(V,E)$，如图5-11（a）所示，设$\boldsymbol{C}$为图G的邻接矩阵，构造对角矩阵$\boldsymbol{B}$，$b_{ii}=d(v_{ii})$，$\boldsymbol{A}_0$为全关联矩阵，请验证$\boldsymbol{B}-\boldsymbol{C}=\boldsymbol{A}_0\times\boldsymbol{A}_0^{\mathrm{T}}$。

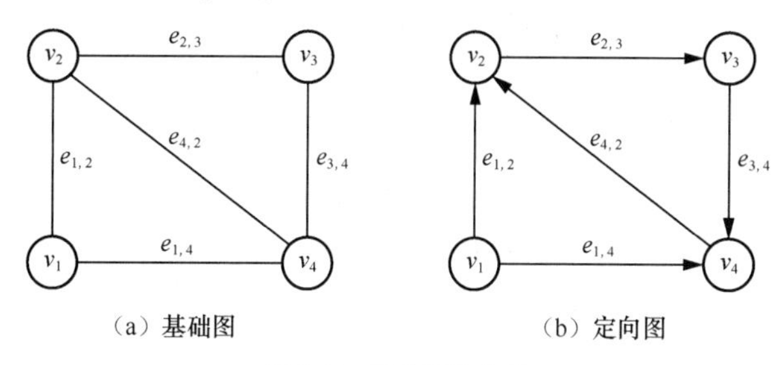

图5-11 图的矩阵分析

解：

$$\text{邻接矩阵}\boldsymbol{C}=\begin{pmatrix}0&1&0&1\\1&0&1&1\\0&1&0&1\\1&1&1&0\end{pmatrix},\ \text{对角矩阵}\boldsymbol{B}=\begin{pmatrix}2&0&0&0\\0&3&0&0\\0&0&2&0\\0&0&0&3\end{pmatrix}$$

$$\boldsymbol{B}-\boldsymbol{C}=\begin{pmatrix}2&-1&0&-1\\-1&3&-1&-1\\0&-1&2&-1\\-1&-1&-1&3\end{pmatrix}$$

$$\text{全关联矩阵}\boldsymbol{A}_0=\begin{pmatrix}1&1&0&0&0\\-1&0&1&0&-1\\0&0&-1&1&0\\0&-1&0&-1&1\end{pmatrix},\ \boldsymbol{A}_0^{\mathrm{T}}=\begin{pmatrix}1&-1&0&0\\1&0&0&-1\\0&1&-1&0\\0&0&1&-1\\0&-1&0&1\end{pmatrix}$$

$$\boldsymbol{A}_0\times\boldsymbol{A}_0^{\mathrm{T}}=\begin{pmatrix}2&-1&0&-1\\-1&3&-1&-1\\0&-1&2&-1\\-1&-1&-1&3\end{pmatrix}$$

对比可知$\boldsymbol{B}-\boldsymbol{C}=\boldsymbol{A}_0\times\boldsymbol{A}_0^{\mathrm{T}}$。

由此可知，无向图G的邻接矩阵$\boldsymbol{C}$与G的任一定向图的全关联矩阵之间的关系密切。

定理5.2　矩阵-树定理

对于图G，$\boldsymbol{A}$为其关联矩阵，$\boldsymbol{A}^{\mathrm{T}}$为$\boldsymbol{A}$的转置矩阵，$G$的标号支撑树数目为

$$t(G)=\det(\boldsymbol{A}\times\boldsymbol{A}^{\mathrm{T}})$$

以图5-11为例，

$$\text{图}G\text{的关联矩阵为}\boldsymbol{A}=\begin{pmatrix}1 & 1 & 0 & 0 & 0\\ -1 & 0 & 1 & 0 & -1\\ 0 & 0 & -1 & 1 & 0\end{pmatrix}$$

$$\boldsymbol{A}\text{的转置矩阵为}\ \boldsymbol{A}^{\mathrm{T}}=\begin{pmatrix}1 & -1 & 0\\ 1 & 0 & 0\\ 0 & 1 & -1\\ 0 & 0 & 1\\ 0 & -1 & 0\end{pmatrix}$$

$$(\boldsymbol{A}\times\boldsymbol{A}^{\mathrm{T}})=\begin{pmatrix}2 & -1 & 0\\ 1 & 3 & -1\\ 0 & -1 & 2\end{pmatrix}$$

$$\det(\boldsymbol{A}\times\boldsymbol{A}^{\mathrm{T}})=\left|\boldsymbol{A}\times\boldsymbol{A}^{\mathrm{T}}\right|=\begin{vmatrix}2 & -1 & 0\\ 1 & 3 & -1\\ 0 & -1 & 2\end{vmatrix}=8$$

通过穷举法，可以找出G的支撑树如下。

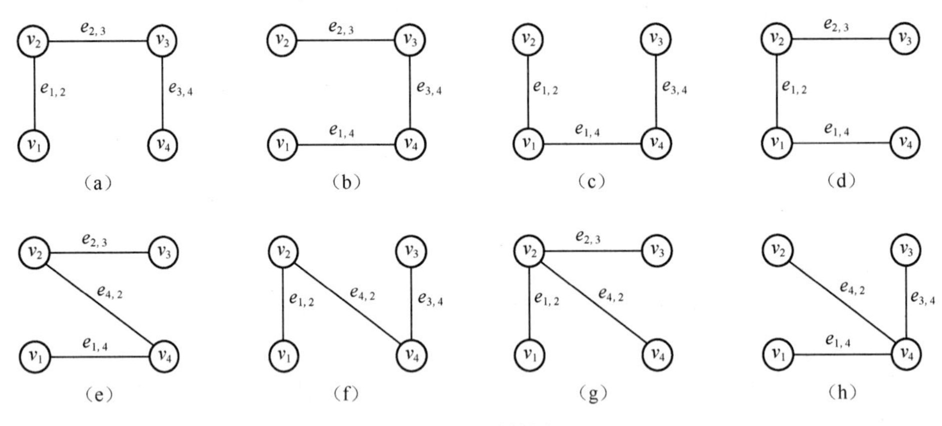

图5-12　支撑树

在考虑标号的情况下，图5-12中的8种支撑树都是不相同的。在通信网中，标号往往代表不同的设备或者局站，不可忽略标号的差异。

在不考虑标号的情况下，8种支撑树可以等效成两种结构，前六种都是链状结构的网络，后面两种是星形结构的网络。

在本章中，矩阵中的元素较为简单，通常只用0、1、−1简单表示链路的方向或者连接关系。在通信网的分析中，设备和链路的参数非常复杂，需要采用面向对象建模的方式将与算法有关的参数都进行记录，此时依然可以利用本章所学的矩阵结构存储图，只须将现在矩阵中的数字换成合适的对象实例即可。在后续章节中，我们将继续利用邻接矩阵解决图的运算问题。

5.2.2　图的遍历

图的遍历（graph traversal）也称为图的搜索（graph search），其实是从某一点出发，沿着边访问图中其他的所有顶点，可以用深度搜索优先（depth first search，DFS）或者广度优先搜索（breadth first search，BFS）两种算法进行。本小节将基于无向连通图对这两种算法进行描述。

图的遍历算法的输入：$G=\{V,E\}$，起点v_i。

图的遍历算法的输出：从某一点$v_i \in V$出发，遍历G中所有顶点的访问顺序序列S。

图的遍历过程中，可以使用标记对节点是否访问过进行标记，也可以用列表存储访问过的节点序列。

DFS算法思想是：从某一节点v_i出发，访问与它邻接但是没有被访问过的节点v_j，然后从v_j出发，访问与它邻接但是没有被访问过的节点v_k；以此类推，依次访问，当某一节点的邻接点都被访问过，则退回上一步，接着从上一次访问过的节点出发，继续寻找其未访问过的邻接节点，如果没有，接着退回，直到所有节点都被访问过。

BFS算法的思想是：从某一节点v_i开始，起点是第0层，然后从v_i出发，将v_i的所有邻接节点都加入第1层，将第1层节点标记为已访问，再从第1层的每个节点出发，将与它们直接相连的未访问过的节点加入第2层，并标记为已访问；以此类推，依次访问所有节点。

例5.2 图的遍历。

对于图5-13的图G，从v_1出发，分别用DFS和BFS算法求解遍历序列。

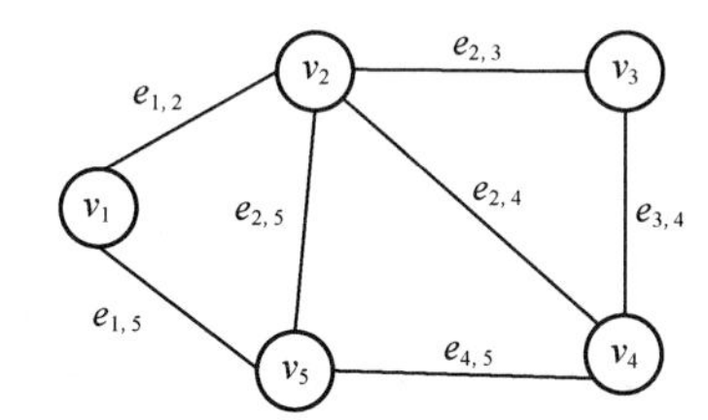

$$C=\begin{pmatrix} 0 & 1 & 0 & 0 & 1 \\ 1 & 0 & 1 & 1 & 1 \\ 0 & 1 & 0 & 1 & 0 \\ 0 & 1 & 1 & 0 & 1 \\ 1 & 1 & 0 & 1 & 0 \end{pmatrix}$$

图 5-13　例 5.2 图

解：C为图G的邻接矩阵，从v_1出发的DFS序列为$\{v_1,v_2,v_3,v_4,v_5\}$，从v_1出发的BFS序列为$\{v_1,v_2,v_5,v_3,v_4\}$。两种访问顺序可以构造出两种支撑树，如图5-14所示。从图5-14中可以看出，DFS求出的支撑树高度（最长路径上的节点数量）比BFS支撑树的更高。

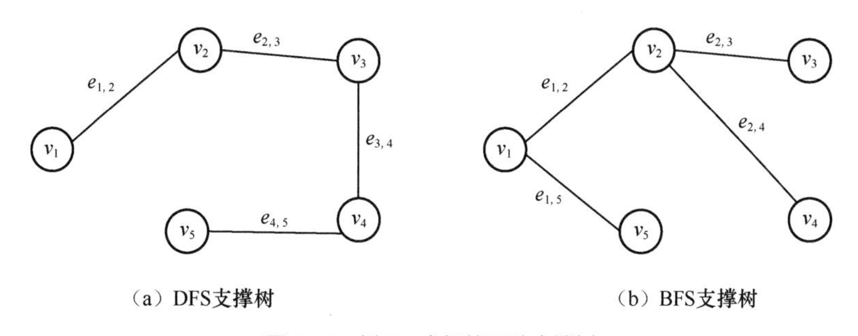

图 5-14　例 5.2 求解的两种支撑树

读者可以尝试在没有几何图形辅助的情况下，依靠邻接矩阵求解遍历问题。

遍历算法可以用于求解迷宫搜索问题，先将迷宫转换成若干方格或者区域，然后方格设定为节点，两方格如果互通，可以在两者之间构建一条链路，节点和链路集合就构成了图，然后就可以用搜索算法进行寻路了。在无人机进行路径搜索时，部分区域会被设定为禁飞区，也可以用类似方式进行建模分析。

5.3 图的连通性

定义5.4中说明了连通图中任意两点之间至少有一条链。这种连通性在通信网的设计中非常重要，为了保障网络中的节点之间能够通信，必须建设足够多的链路来连接节点。如何使用较少的链路来构造通信网，并保证连通性，就成为了网络中的一个重要设计目标。另外，如果网络中发生了故障，剩下的节点之间是否还能连通，该问题也是一个重要的问题。这类问题都可以转换为图的连通性分析。在讨论图的连通性时，常常使用树的概念来分析，比如可以在图中寻找一棵支撑树来覆盖全部节点，当支撑树存在时，图是连通的。

在讨论破坏图的连通性时，常用“割”（cut）的概念来分析去掉某些节点或者链路是否能够割裂图，使得连通图变为非连通图。对于非连通图，内部会存在若干连通分支，形成几个分片的“孤岛”，这些连通分支的数目称为非连通图的部分数。“割”的过程就是增加图的部分数的过程。本节将在图中寻找特殊的节点集合或者链路集合，通过去掉这些集合中的点和边，使得图分裂为多部分。

5.3.1 割点集和点连通度

定义5.7　割点

设v是图G的一个节点，去掉v和其关联边后，G的部分数增加，则称v是图G的割点。

比如以星形组网时，去掉中间的交换机后，与交换机相关联的边也会失效，剩下的点会彼此分开，形成若干个不相连的部分。此时，可以称交换机对应的节点为星形网络的割点。

有的连通图无法用去掉一个节点的方式分割，即无割节点，称为不可分图。比如环形网络中，去掉任意一个节点以及与之关联的边，图的部分数都不变，剩下的节点彼此之间仍然连通，这类图即为不可分图。在骨干通信网的设计中，为了避免网络因为单点故障而造成局部不连通，需要优化拓扑结构，使网络中不存在割点。

定义5.8　割点集

如果去掉几个节点后，图的部分数增加，这些节点的集合称为割点集。

例5.3 图的割集与割点集。

请列举图5-15中的割点和包含两个节点的割点集。

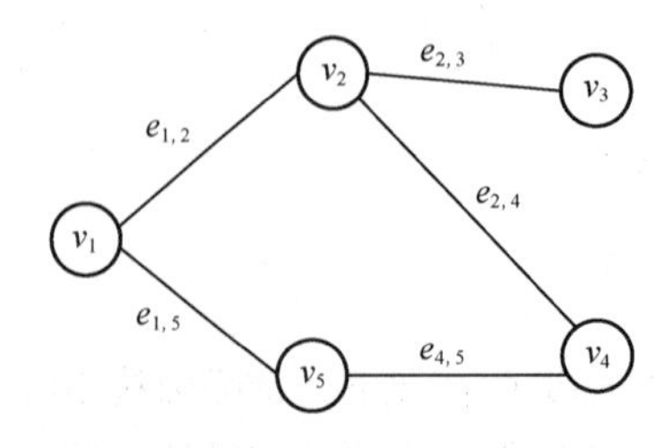

图5-15　割点与割点集

解： 图5-15中的割点v_2。

包含两个节点的割点集为$\{v_1,v_2\}$、$\{v_1,v_4\}$、$\{v_2,v_4\}$、$\{v_2,v_5\}$。

定义5.9 最小割点集

对于连通图，在众多的割点集中至少存在一个节点数最少的割点集，称为最小割点集。

如果一个割点集，其任意真子集不为割点集，它就是极小割点集。

最小割点集是极小割点集，但反过来不成立。例如，图5-15中$\{v_1,v_4\}$为一个极小割点集，但是该图的最小割点集为$\{v_2\}$。

定义5.10 点连通度

最小割点集的节点数目称为图的点连通度或连通度，用α表示。从节点的角度来分析网的连通性，连通度α越大，图连通程度越好，连通性越不易被破坏。比如图5-16（a）中$\alpha=1$，只要v_2发生了故障，网络就会分裂成两个不能互通的分支。为了降低这种单故障的影响，可以在v_3和v_4之间增加一条边，如图5-16（b），就可以将图的点连通度增加到2。继续增加一条边(v_3,v_5)，如图5-16（c），α增加为3。通信网的设计中，也经常使用这种增加链路的方式来增强网络抵抗局部故障的能力。

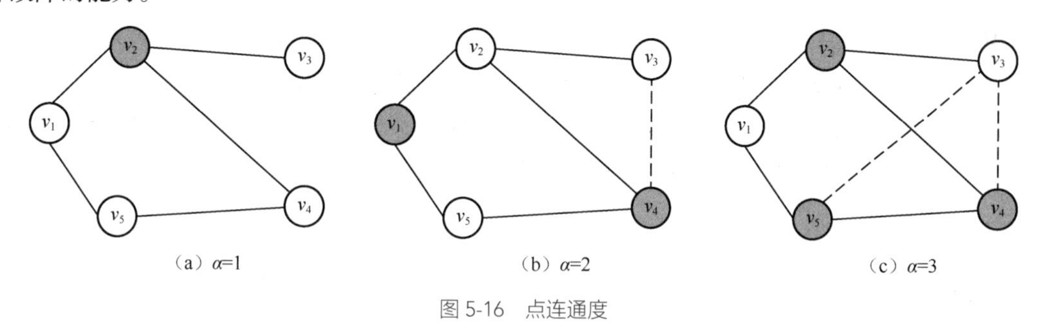

图5-16 点连通度

5.3.2 割边集与线连通度

定义5.11 割边与割边集

设e是图G的一条边，去掉e后，G的部分数增加，则称e是图G的割边。去掉一个边集合后，G的部分数增加，这个边的集合称为割边集。

如图5-15中，$e_{2,3}$为割边。$\{e_{1,2},e_{4,5}\}$为一个割边集。

定义5.12 最小割边集与线连通度

割边集中边数最少的割边集称为最小割边集。最小割边集的边数目称为线连通度或结合度，用β表示。

线连通度从边的角度来看网的连通性，线连通度β越大，图的连通性越好，即网的可靠性越好。若边集S的任何真子集都不是割边集，则称S为极小割边集。与极小割点集类似，极小割边集可能是最小割边集，也可能不是。

读者可以结合图5-16自行分析不同图的割边集和最小割边集。

性质5.5 对于任意一个无向连通图$G=(V, E)$，若$|V|=n$，$|E|=m$，δ为最小度，则$\alpha\leqslant\beta\leqslant\delta\leqslant\dfrac{2m}{n}$。

证明： 对于无向图，每条边会连接两个节点，故$\sum\limits_{v\in V}d(v)=2m\geqslant n\delta$，其中$\delta=\min\limits_{v\in V}[d(v)]$，所

以$\delta \leqslant \dfrac{2m}{n}$。

要破坏图G的连通性，至少需要破坏α个端点，β条边。由于一旦节点破坏，与之相关联的边全部破坏，用反证法易证需要破坏的节点的数量不会多于边，因此$\alpha \leqslant \beta$。

由于把一个节点相关的边全部破坏后，该节点会与图的其他部分分离，因此与每个节点相关联的边集合都可以构成一个割边集。故$\beta \leqslant \delta$。

综上，$\alpha \leqslant \beta \leqslant \delta \leqslant \dfrac{2m}{n}$。

例5.4 请给出图5-17的点连通度α、线连通度β、最小度δ。

解：图5-17中α=β=δ=2。

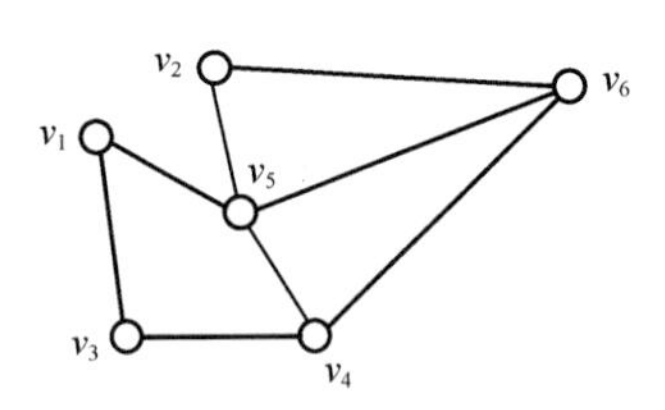

图5-17　例5.4图

如果在图中增加或者去掉一些边，这三个值都会随之变化，读者可以自行练习。

在一个图中直接寻找割集是比较困难的，但是若结合支撑树，则可以较为容易地发现割集。确定了连通图的一个支撑树后，每条树边可以决定一个基本割集。

定义5.13　基本割集

支撑树T为G的子图，去掉树上任何一条边，树便分为两个连通分支，从而将原图的节点分为两个集合，这两个集合之间的所有边形成一个极小割边集，这个割边集称为基本割集。

连通图中除了树边，其他的边为连枝，取一条树枝与某些连枝就可以构成一个基本割集。如图5-18，图G的一个支撑树为$T=\{e_{1,2},e_{2,3},e_{2,5},e_{3,4}\}$，树枝$e_{1,2}$可以决定一个基本割集$C=\{e_{1,2},e_{1,5}\}$。若图$G$有$n$个节点，则其主树有$n-1$条树枝，可以构成$n-1$个基本割集。

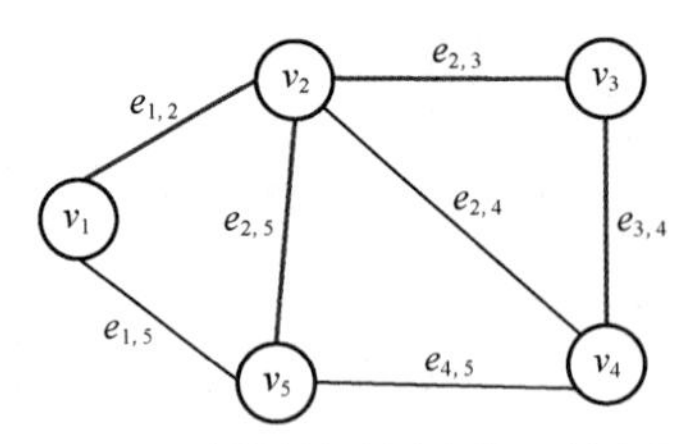

图5-18　支撑树与基本割集、基本圈

定义5.14　基本圈

对于连通图G，取一条连枝和若干树枝，可以构成一个基本圈。

比如$\{e_{1,2},e_{1,5},e_{2,5}\}$构成了一个基本圈。基本圈和基本割集有许多应用，首先通过集合的对称差运算，由基本割集可以生成新的割集或它们的并集，事实上它可以生成所有的割集。基本圈也有类似的性质。

定义5.15　反圈

给定图$G=(V,E)$，若$S,T \subseteq V$，记$[S,T]_G=\{(u,v)\in E: u\in S, v\in T\}$；特别地，当$T$=$V$–$S$时，将

$[S,T]_G$记为$\phi_G(S)$或$\phi(S)$。设S是V的非空真子集，若$\phi_G(S)\neq\phi$，称$\phi_G(S)$为由S确定的反圈。

如图5-19，设$S=\{v_1,v_2,v_5\}$，则$T=\{v_3,v_4\}$，这两个节点集合之间的边集合为$\phi_G(S)=\{e_{2,3},e_{2,4},e_{3,5},e_{4,5}\}$是$S$确定的反圈。可以看出，反圈是一个割集。

虽然反圈的概念较为抽象，但它容易通过集合运算获得。尤其当采用邻接矩阵存储图时，直接查询就可以确定反圈对应的边。如图5-19（b）所示，S和T集合重叠区域中的边集合就是反圈。利用反圈的概念也可以快速计算将图分割为两部分时所需的割集。

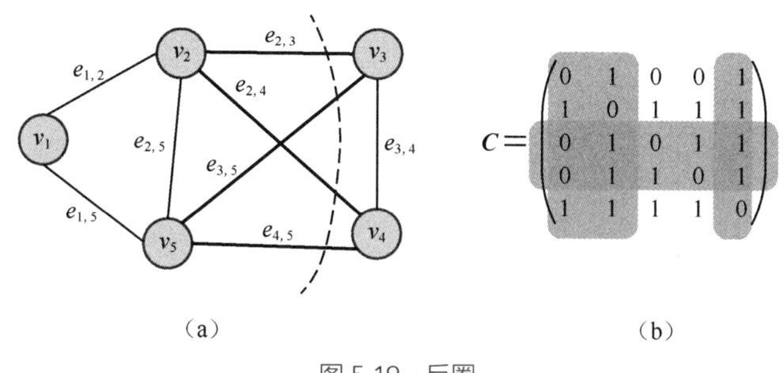

图5-19 反圈

5.3.3 网络的连通性分析

图的邻接矩阵存储了图中各节点之间是否存在关联的边。通过推演的方法，可以判断图是否为连通图。Warshall算法给出了一种简单、高效的连通性判断方法，它的基本思想是：如果A可以到达B，且C可以到达A，则C可以到达B。通过对邻接矩阵的修正可以逐步推演图中哪些节点之间是可连通的。

具体步骤如下：

（1）置新矩阵$\boldsymbol{P}=\boldsymbol{C}$；

（2）置$i=1$；

（3）对所有的j，如果$p(j,i)$=1，则对k=1,2,⋯,n，$p(j,k)=p(j,k)\vee p(i,k)$;//或运算；

（4）$i=i+1$；

（5）如$n\geqslant i$，转向步骤（3），否则停止。

在步骤（3）中，如果从节点j可以到达节点i，那么只要i能到达k，则j可以到达k。

Warshall算法通过不断迭代，不断刷新邻接矩阵。算法结束后，如果矩阵中所有元素都是1，则表明任意节点之间可以互通。如果不是，则说明图中部分节点之间不可达。

由于邻接矩阵可以存储有向图，因此这个算法对于有向图和无向图均适用。

例5.5 图的连通性判断。请根据图5-20，写出邻接矩阵，并使用Warshall算法判断图的连通性。

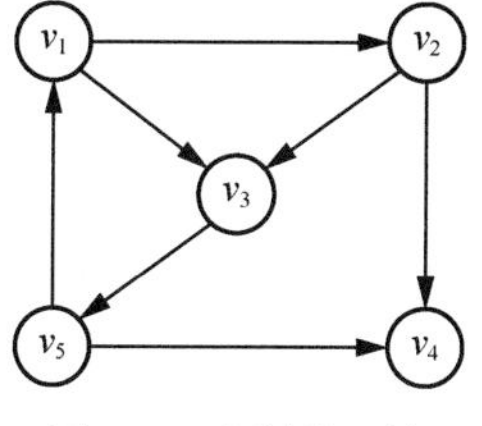

图5-20 图的连通性

解：运算过程如下。

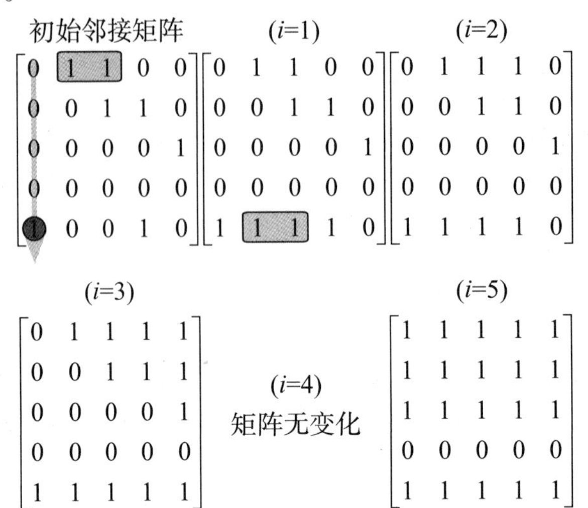

在第一步扫描时，发现v_5可以到达v_1，v_1可以到达v_2和v_3，则在矩阵中将v_5到v_2、v_3设为可达。

从最后的计算结果可知，图中$\{v_1,v_2,v_3,v_5\}$之间是可以互相达到的，这4个节点也都可以到达v_4，但是从v_4出发，不能达到任何节点。这主要是因为没有以v_4为起点的有向边指向其他节点。所以最后一个矩阵中第4行全为0，由此可以判断此图不是双向全连通的。

如果把图5-20中所有的边改为无向边，则容易证明，图为连通图。

习　题

5.1　图的矩阵可以用关联矩阵和邻接矩阵表示，简要描述它们的区别。

5.2　无向图G的权值邻接矩阵如下所示，则最小生成树的权值是多少？

$$\begin{bmatrix} 0 & 2 & 4 & \infty & \infty \\ 2 & 0 & 2 & 1 & \infty \\ 4 & 2 & 0 & 5 & 3 \\ \infty & 1 & 5 & 0 & 4 \\ \infty & \infty & 3 & 4 & 0 \end{bmatrix}$$

5.3　图5-21的线连通度（结合度）是多少？

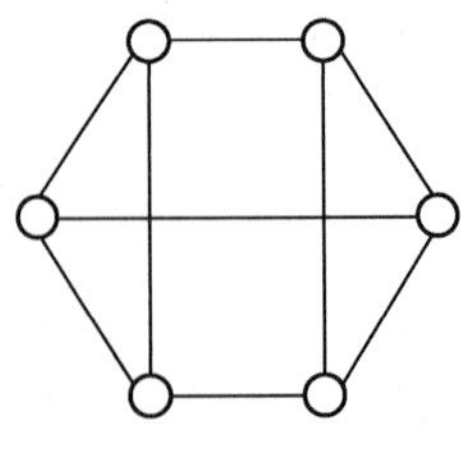

图5-21　题5.3图

5.4　某网络至少有两个节点故障或三条边故障时，可使网络不再联结，求该网络的联结度（点连通度）。

5.5　设无向连通图G有6个节点，节点的总度数为18，若要得到树，则需要从G中删去几条边？

5.6　设一棵树T的最大度数为4，其中有2个度数为2的节点，3个度数为3的节点，4个度数为4的节点，则有几个度数为1的端点？

5.7　给定无向图$G=(V,E)$，其中节点集合为$V=\{v_1,v_2,v_3,v_4,v_5\}$，$e_{i,j}$表示$v_i$和$v_j$之间有一条边，边集合为$E=\{e_{1,2},e_{1,3},e_{1,5},e_{2,4},e_{3,4},e_{3,5},e_{4,5}\}$，其中$v_3$节点的度是多少？

5.8　一个有n个顶点的无向图最多有几条边？

5.9　求完全图K_4（图中有4个节点，任意两节间均有一条边）的最小割边集中边的数量。

5.10　若T为树，节点个数为$n>4$，求T的最小割边集中边的数量。

5.11　在一个n个节点的无向完全图K_n中，所有节点的度数之和为多少？

5.12　求4个节点的无向完全图K_4支撑树的数目。

第6章 通信网图论算法

图论算法在计算机科学中扮演着很重要的角色，它提供了对很多问题都有效的一种简单而系统的建模方式。很多问题都可以转换为图论问题，然后用图论的基本算法加以解决。

传统的图论算法可以大致分为三类：路径与图搜索、中心度分析和社区发现。路径与图搜索的典型应用，比如寻找两地之间的最短路径、网络路由的优化等。路径与图搜索算法通常从一个节点开始，扩展关系，直至到达目的地。寻路算法尝试根据跳数或权重找到最便宜的路径，而搜索算法找到的可能不是最短的路径。中心度分析的典型应用，比如寻找社交网络中的最有影响力人物，确定通信网络或电力网络中易于受攻击的点等，中心度算法用于查找图中最具影响力的节点，其中许多算法是在社交网络分析领域发明的。社区发现的典型应用，比如对商品网络进行聚类分析、从罪犯关系网络中锁定犯罪团伙等。

本章主要介绍传统的路径与图搜索算法，部分内容涉及中心度算法。

6.1 最小生成树算法

通过BFS和DFS算法均可以为图G寻找一棵支撑树。但是这两种算法只考虑了节点之间的邻接关系，没有考虑连接的成本问题。在本节中，将引入边的权值概念，即为每一条边赋权值w_{ij}，代表将节点v_i和v_j相连所需要的代价（可以是两点间的距离、线路造价等）。与邻接矩阵类似，可以构造图的权值矩阵如下。

对于图$G=\{V,E\}$，$|V|=n$，构造$n\times n$权值矩阵$\boldsymbol{W}=[w_{i,j}]$，其中

$$w_{i,j}=\begin{cases}w_{i,j} & e_{i,j}\in E\\ \infty & e_{i,j}\notin E\\ 0 & i=j\end{cases} \tag{6-1}$$

本节将求解最小支撑树问题（也称为最小生成树问题），即为图G寻找一个支撑树$T=\{V,E_T\}$，定义树的权值为

$$w(T)=\sum_{e_{i,j}\in E_T} w_{i,j} \tag{6-2}$$

最小支撑树问题就是求解支撑树T^*，使得$w(T^*)$ 最小。

构造最小支撑树时，必须满足以下条件：

（1）必须使用图中已经存在的边来构造最小支撑树，不能添加新的边；

（2）只需要寻找n–1条边来构成覆盖n个节点的树；

（3）支撑树中不能产生回路。

从以上三点出发，可以引出3种构造最小支撑树的方法：

（1）将节点分为两部分，不断在分割两部分节点的反圈中选择权值最小边来扩展树的覆盖范围，直到全部节点都长到支撑树上，这就是Prim算法（简称反圈法）；

（2）把图中所有边进行排序，按权值从小到大依次选择合适的边加入支撑树中，直到选出n–1条边构成一棵支撑树，这个方法是Kruskal算法（简称避圈法）；

（3）在图中不断寻找环路（圈），去掉环路中权值最大的边（破圈），然后寻找下一个环路并破圈，一直重复这个过程，当图中不存在圈时，剩下的就是一棵最小支撑树，这个方法是破圈法。

本节详细介绍这三种算法的具体实现方式。

6.1.1　Prim 算法

首先，不加证明的引用定理6.1。这里可以使用反证法来证明此定理。

定理6.1　最小支撑树的特征

设T^*是G的支撑树，则如下论断等价：

（1）T^*是最小支撑树；

（2）对T^*的任一树边e，e是由e所决定的基本割集或反圈中的权值最小边；

（3）对T^*的任一连枝e，e是由e所决定的基本圈中的权值最大边。

Prim算法的基本思路如下。

（1）任取一点作为初始的$X^{(0)}$。

（2）在反圈$\Phi[X^{(k)}]$中选边加入生成树，选边的原则如下。

① 从$\Phi[X^{(k)}]$中选一条权值最小的边（如果有多条权值最小的边，则任选一条）；将选出的边的相邻节点并入$X^{(k)}$形成$X^{(k+1)}$。

② 已在$X^{(k)}$的节点不再选择（避免形成圈）。

（3）若在某一步，$\Phi[X^{(k)}]=\varphi$，则G不含支撑树；若在某一步，$X^{(k)}=V$，则由所有被选边生成的树是最小支撑树。

例6.1 使用Prim算法求图6-1（a）中的最小生成树。

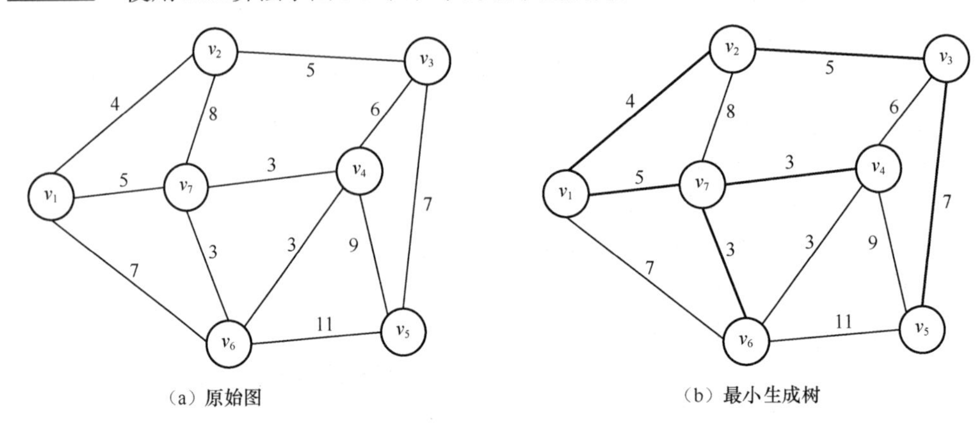

图6-1 求解最小支撑树的Prim算法

解： 可以从节点v_1开始构建$X^{(0)}=\{v_1\}$，此时反圈$\Phi[X^{(0)}]=\{e_{1,2},e_{1,6},e_{1,7}\}$，比较三条边的权值，选择$e_{1,2}$加入树，对应的节点$v_2$加入$X^{(0)}$，形成$X^{(1)}=\{v_1,v_2\}$。然后重复此操作，依次将节点加入$X^{(6)}=\{v_1,v_2,v_7,v_4,v_6,v_3,v_5\}$，最后6条边构成了图6-1（b）所示的支撑树$T=\{e_{1,2},e_{1,7},e_{4,7},e_{6,7},e_{2,3},e_{3,5}\}$，$W(T)=4+5+3+3+5+7=27$。

当网络中存在相同权值的边时，可能会构造出不同结构的支撑树，起点的选择和Prim算法中的步骤（2）的多边任选都可以造成不同结构的最小生成树，读者可以自行探索从v_4开始构造最小生成树的过程，并会发现结果与图6-1（b）不同，但是树的权值均相同。

算法的复杂度主要体现在反圈的构造和在反圈中挑选权值最小边这两部分运算中，设计的算法主要是查询和排序，不同的图存储方式会影响这两个步骤的计算复杂度。在每一步计算反圈时，可以采用局部更新的方法减少计算量。优化后的算法复杂度为$O(n^2)$。

6.1.2 Kruskal算法

将所有边排序，然后按权值由小到大选边，只要保持所选边不成圈，选了$n-1$条边后就可以证明形成一个最小生成树。这种避免成圈的构造支撑树方法就是避圈法，即Kruskal算法。直观读图时，如果图的规模较小，能够较为容易地判断是否成圈，但是如果换成编程实现该功能，则较为复杂，所以Kruskal算法将判断是否成圈的问题转换成对新添加边的节点归属性分析；此时如果新加入的边关联的两个节点分别属于不同的连通分支，则加入该边不会成环。在算法执行过程中，每次添加一条边后均会造成两个连通分支的合并，记录连通分支的节点集合变化过程，然后查询边的两个节点是否属于同一连通分支即可解决判断问题。其具体步骤如下。

设$G^{(k)}$是G的无圈支撑子图。

（1）初始化$G^{(0)}=(V,\Phi)$。

（2）判断$G^{(k)}$是否连通：

① 如果$G^{(k)}$是连通的，则它是最小生成树，算法结束；

② 若$G^{(k)}$不连通，取$e^{(k)}$为这样的一边，它的两个节点分属$G^{(k)}$的两个不同连通分支，并且权值最小。$G^{(k+1)}=G^{(k)}+e^{(k)}$，返回步骤（2），重复上述过程。

例6.2 使用Kruskal算法求图6-1（a）中的最小生成树。

解：在初始状态下，图中只有节点，没有边。

首先对所有边进行排序，权值最小的边有3条，可以选择编号靠前的边$e_{4,6}$，连通v_4和v_6，此时图中无圈，可以进行下一步，继续添加边$e_{4,7}$，连通v_4和v_7。如果接着添加权值最小的边$e_{6,7}$，会发现形成圈，故而不能选择此边，继续寻找。添加$e_{1,2}$，连通v_1和v_2；添加$e_{2,3}$，连通v_2和v_3；添加$e_{1,7}$，连通v_1和v_7；添加$e_{3,5}$，连通v_3和v_5。此时已经寻找了7－1=6条边，构成支撑树，图中所有节点均连通，算法结束，构造的最小生成树如图6-2所示。

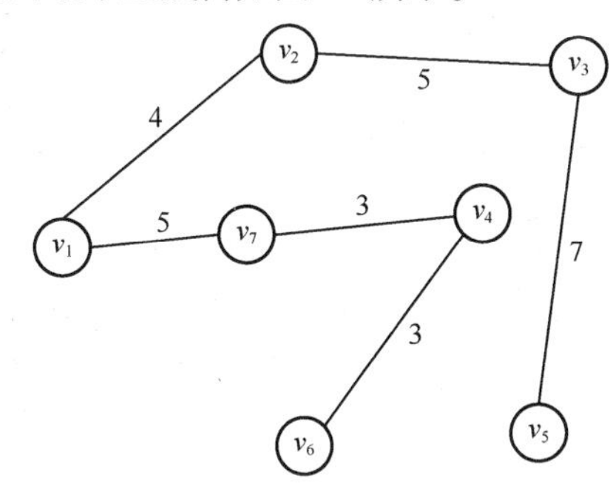

图 6-2 Kruskal 算法构造的最小生成树

Kruskal算法的“主要”工作是排序和判断是否成圈。其中排序可以使用快速排序，时间复杂度是$O(m\log_2 m)$。

6.1.3 破圈法

破圈法是由我国数学家管梅谷教授于1975年发表在《数学的实践与认识》上的，其基本思想如下：在给定的图中任意找出一个圈，删去该圈中权最大的边，然后在余下的图中再任意找出一个圈，再删去这个新找出的圈中权值最大的边……一直重复上述过程，直到剩余的图中没有圈。这个没有圈的剩余图便是最小生成树，其具体算法描述如下。

设$G^{(k)}$是G的连通支撑子图。

（1）初始时$G^{(0)}=G$。

（2）判断$G^{(k)}$中是否含圈：

① 若$G^{(k)}$中不含圈，则它是最小生成树，算法结束；

② 若$G^{(k)}$中包含圈，设μ是其中的一个圈，取μ上的一条权值最大的边$e^{(k)}$，令$G^{(k+1)}=G^{(k)}-e^{(k)}$，返回步骤（2）。

在破圈法中最关键的问题就是如何找出一个圈。在解决这个问题之前，需要先对图进行化简，度数为1的节点肯定不属于任何圈，将这类悬挂点删除不影响找圈，通过逐步的删除悬挂点可以减少图中节点数目。让一个图不含度数为1的节点后，从任意一个节点出发漫游，由于存在有限性，节点一定会重复，而这就找到了一个圈。

例6.3 使用破圈法求图6-1（a）中的最小生成树。

解：破圈法的具体执行过程可以并行展开，分区域找圈，破圈。如图6-3所示。

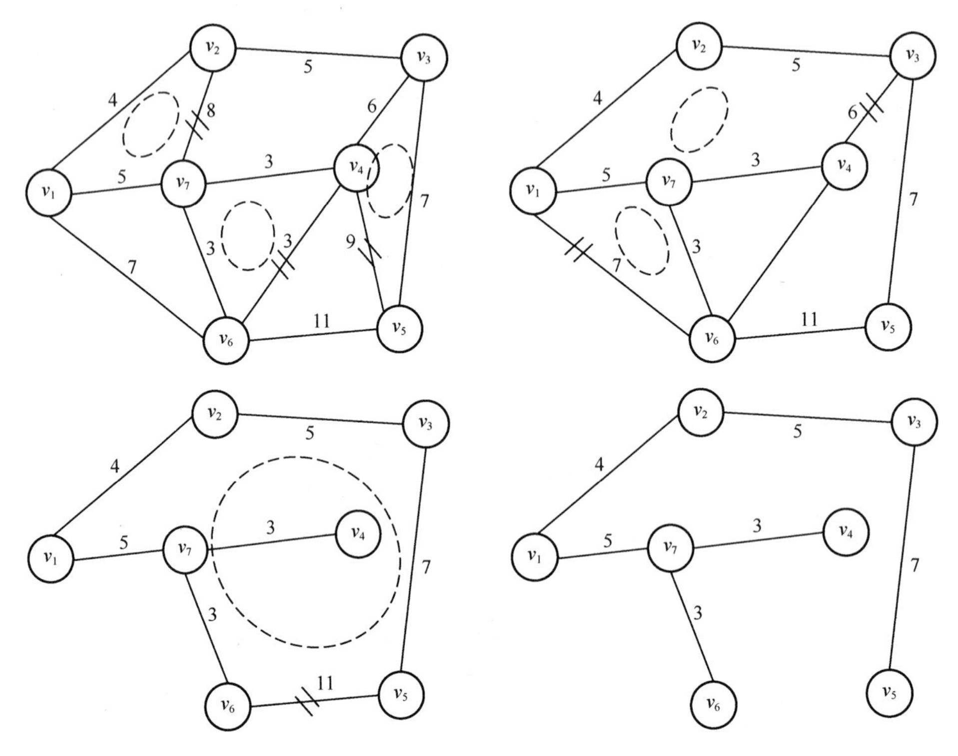

图6-3 破圈法

Prim算法、Kruskal算法和破圈法均属于贪心算法。贪心算法的基本思路如下：

（1）建立数学模型来描述问题；

（2）把求解的问题分成若干个子问题；

（3）对每一子问题求解，得到子问题的局部最优解；

（4）把子问题的局部最优解合成原来问题的一个解。

三种算法均采用了从局部最优的结逐步找到全局最优的方式，可以证明它们均可以找到全局最优解。

最小生成树在通信网的规划建设中可以解决如何用较少成本覆盖用户的接入网设计问题。比如曲阜师范学院数学系就将它应用于农村有线广播网的设计中，并取得了很好的效果。现在被广泛使用的无源光接入网（PON）采用了树状拓扑结构的光分配网覆盖用户，依然可以使用最小生成树算法来求解光分配网的优化设计问题。

6.2 最短路径算法

有向图或无向图中的一类典型问题就是最短路径问题。已知图$G=(V,E)$，每一条边赋权值$w_{i,j}$，最短路径问题可以分为以下三类。

（1）单源最短路径问题（边权值非负）：指定某一节点为顶点（源节点），求解顶点到其他节点的最短路径，可以使用Dijkstra算法。

（2）单源最短路径问题（边权值允许为负，但是不可以存在负价环路）：可以使用Bellman-Ford算法。

（3）任意二端最短路径和路由（边权值允许为负，但是不可以存在负价环路）：可以使用Floyd算法。

最短路径算法在通信网中通常用于解决路由问题，比如路由协议中路由表的计算需要采用这类算法求解端到端路由，从而推演出路径下一跳的节点。

6.2.1 Dijkstra 算法

在讲解具体的算法之前，需要明确一个概念：两节点间的直连边不一定是最短路径。如图6-4所示，v_1与v_3的直连边权值为7，大于通过v_2转接时的路径$v_1 \to v_2 \to v_3$的权值6。这个概念与几何中三角形的两边之和大于第三边的概念不同，其主要原因在于，边的权值不一定是几何长度，其赋权过程中可能会使用不同的概念，比如用造价、时延等参数来计算权值时，不同的通信线路建设方法可能会有造成不同的链路权值。

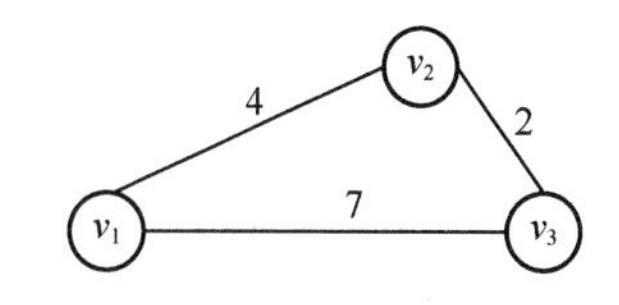

图 6-4 直连边不是最短路径的示例

但可以肯定的是，与某一节点相关联的所有直连边中权值最小的边一定为最短径，比如图6-4中$e_{1,2}$代表了v_1与v_2间的最短径。由此，Dijkstra算法从顶点出发，每次找到最近的相邻节点，得到一个最短径，不断重复，直到找出到达所有节点的最短径。

图$G=(V,E)$的每一边上有一个权$w(e) \geqslant 0$，设μ是G中的一条链，定义链μ的权为

$$w(\mu)=\sum_{e\in\mu} w(e)$$

Dijkstra算法的数学描述如下。

（1）初始时$X(0)=\{v_1\}$，记$\lambda_1=0$，并且v_1的标号为$\{\lambda_1,1\}$。

（2）对任一边$(i,j)\in$反圈$\varPhi[X^{(k)}](v_i \in X^{(k)},\ v_l \notin X^{(k)})$，计算$\lambda_i + w_{i,l}$的值。

① 在$\varPhi[X^{(k)}]$中选一边，设为$(i_0,l_0)(v_{i_0} \in X^{(k)},\ v_{l_0} \notin X^{(k)})$。

② 使$\lambda_{i_0} + w_{i_0,l_0} = \min_{(i,j)\in\varPhi[X^{(k)}]} \lambda_i + w_{i,l}$，并令$\lambda_{l_0} = \lambda_{i_0} + w_{i_0,l_0}$，并且$v_{l_0}$的标号为$(\lambda_{l_0},i_0)$。

当出现下面情况之一时停止。

情况1：目的端v_j满足$v_j \in X^{(k)}$。

情况2：目的端v_j满足$v_j \notin X^{(k)}$，但$\varPhi[X^{(k)}]=\varphi$。

情况1为找到最短路径的情况，情况2表示图不连通，无解。

Dijkstra算法的计算量约为$O(n^2)$，在步骤（2）中有很多重复运算，如果进行优化，可以降低复杂度。此外，对节点设置了标号，通过标号的回溯，可以推演出路由，这类方法称为标号置定法（label-setting）。在Floyd算法中，采用了不断更新端间路由的方式来求解最短径，这类策略为标号修改法（label-correcting）。

例6.4 用Dijkstra算法求图6-5节点v_1到其余节点的最短距离和路由。

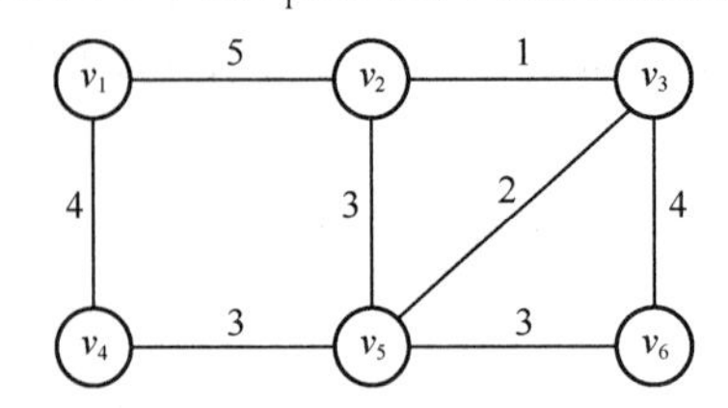

图6-5 Dijkstra算法例题图

解：算法求解的过程如表6-1所示。

表6-1 Dijkstra算法求解过程

v_1	v_2	v_3	v_4	v_5	v_6	置定节点	距离	路由
0						v_1	0	v_1
	5		4			v_4	4	v_1
	5			7		v_2	5	v_1
		6		7		v_3	6	v_2
				7	10	v_5	7	v_4
					10	v_6	10	v_3或v_5

每次运算找出一条最短路径进行标号。如果最后一步选择v_3，则会形成图6-6所示的最短路径树。在树上可以直观获得顶点v_1到达其他节点的路由。从表6-1的路由列，可以逐点回溯路由。比如想获取v_1到达v_5的路由，查找v_5所在行的路由列信息为v_4，代表需要通过v_4才能到达v_5，再次查询v_4所在行的路由列为v_1，说明顶点v_1可以直达v_4，拼接两段路由信息可以获得v_1到达v_5的路由为$v_1 \to v_4 \to v_5$，读取距离列可以直接获取v_1到达v_5的最短路由距离为7。

Dijkstra算法求解结果为最短路径树，此树不一定是最小生成树。读者可以自行根据6.1节的算法来求解图6-6的最小生成树，在比较中体会两种方法的异同。

Dijkstra算法可以基于邻接权值矩阵进行计算，邻接权值矩阵可以存储有向图的权值信息，故而Dijkstra算法适用于有向图的计算。

如果节点有权，可以将节点的权值除以2后添加到与之相关联的所有边上，比如对于图6-6，假设权值的物理含义为时延，而节点v_2的交换时延为3，按照上述方法更新后的赋权图如图6-7所示。对所有有权的节点进行赋值转换后，就可以继续使用Dijkstra算法求解。计算完毕，将终点的权从相应的总距离中去除即可。

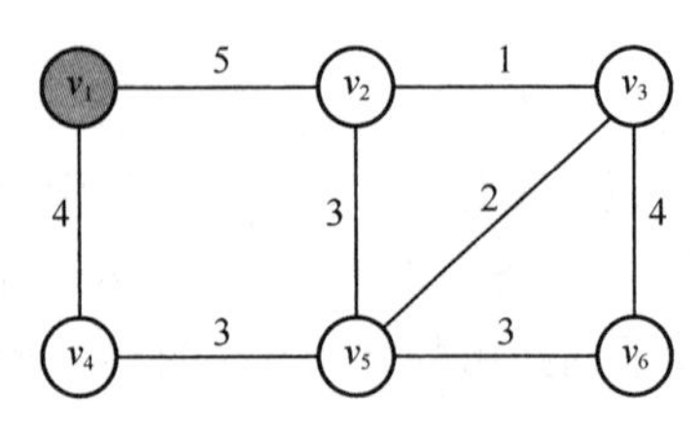

图6-6 最短路径树

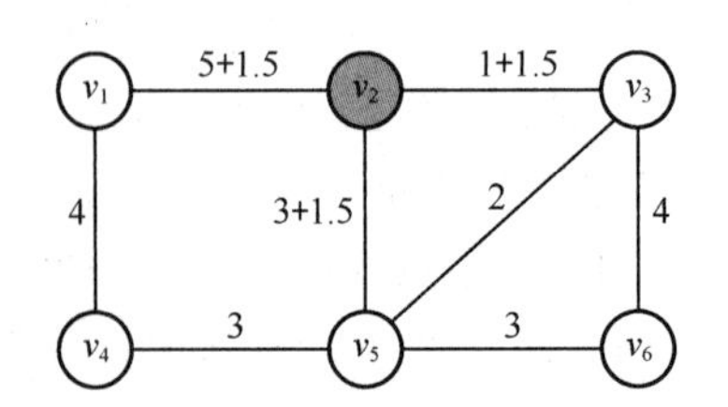

图6-7 节点权值的处理

如果边的权值存在负值，Dijkstra算法步骤（2）中的最小值将无法保证，需要另外设计算法来求解。

6.2.2 Bellman-Ford 算法

如果图中部分边的权值为0或者负值，如图6-8所示，容易验证，Dijkstra算法中“某一节点相关联的所有直连边中权值最小的边一定为最短径”这一论断不再成立，需要设计新的算法。当负价边出现的时候，会有图6-8中所示的三种情况，如果图中存在图6-8（c）所示的负价环，将无法求解最短路径问题，因为在负价环上无限循环将使得路径长度不断减少。所以在讨论最短路径问题时，允许负价边的存在，但是不允许出现负价环。同理，零价环也会使得最短路径的途径边序列存在多个解。本小节将不考虑零价环和负价环。在此前提下，对于n个节点构成的图，其中任意两节点之间的最短路径中至多有$n-1$条边，如果超出$n-1$，必然会出现一个节点重复的情况，即路径中至少包含一个圈，由于圈的权值为正，那么去掉此圈会减少路径长度，与最短路径的前提矛盾。

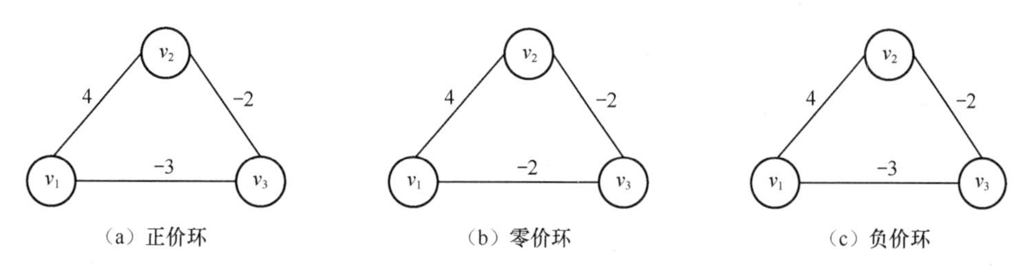

图 6-8 具有负值边的图

对于图$G=\{V,E\}$，$|V|=n$，权值矩阵为$W=[w_{i,j}]$，点编号从0开始，v_0为顶点，求解v_0到其他节点的最小距离。设数组dist_i记录从v_0到v_i的路径距离。

Bellman-Ford算法中的核心步骤是“松弛”操作：对于边$e_{j,i}$和相关联的两个节点v_i、v_j，如果满足$\text{dist}_i > \text{dist}_j + w_{j,i}$，需要进行更新，使$\text{dist}_i > \text{dist}_j + w_{j,i}$，并记录路由途径$v_j$。

由于最长路径最多有$n-1$条边，因此Bellman-Ford算法就是进行$n-1$轮次操作，每轮对所有边执行松弛操作，最后就可以得到最短路径。每进行一轮操作，路径的跳数至多增加1，$n-1$轮次会得到最大跳数为$n-1$的路径。如果第n轮还能继续松弛，也就是$\text{dist}_i^n > \text{dist}_j^n + w_{j,i}$，说明图中存在负价环，此时算法应该进行错误提示。

Bellman-Ford算法的复杂度是$O(nm)$。执行过程中，会发现每轮只会更新部分dist_i，那么下一轮更新时，上一轮未更新的部分不需要再次比较。基于此思路，可以对Bellman-Ford算法进行优化。读者可以自行探索具体的优化方法。

6.2.3 Floyd 算法

如果需要求解任意两节点间的最短路径和路由，可以重复执行单源最短路径算法，也可以使用Floyd算法，该算法的核心思路与Bellman-Ford算法中的松弛操作类似，Floyd算法使用标记记录任意两节点之间的路径长度，进行n次循环，检查能否通过其他节点转接来更新任意两节点之间路径长度，当所有可能的转接方式都被检查过后，算法结束。这种不断更新标记的方法也被称为“标记更新法”。该方法的理论依据为定理6.2。

定理6.2 对于图G，如果$w(i,j)$表示节点v_i到v_j之间可实现的距离，那么$w(i,j)$表示节点v_i到v_j

之间的最短距离，当且仅当对于任意i, k, j，有

$$w(i, j) \leqslant w(i,k) + w(k, j) \tag{6-3}$$

证明：首先证明必要性，$w(i, j)$ 表示节点v_i到v_j之间的最短距离，则

$$w(i, j) \leqslant w(i,k) + w(k, j)$$

下面证明充分性：如果μ是任意一条从节点v_i到v_j的路径，用途径的节点表示$\mu = (i,i_1,i_2,\cdots,i_k, j)$，反复应用充分条件

$$\begin{aligned} w(i, j) &\leqslant w(i, i_1) + w(i_1, j) \leqslant w(i, i_1) + w(i_1, i_2) + w(i_2, j) \\ &\leqslant w(i,i_1)+w(i_1,i_2)+w(i_2,i_3) + \cdots + w(i_k, j) = w(\mu) \end{aligned} \tag{6-4}$$

因为$w(i, j)$表示节点v_i到v_j之间可实现的距离，则$w(i, j)$表示节点v_i到v_j之间的最短距离。

Floyd算法就是通过不断迭代，消除不满足定理6.2的情况。具体算法描述如下。

图$G = \{V,E\}$，$|V| = n$，构造$n \times n$权值矩阵$W = [w_{i,j}]$和路由矩阵$R = [r_{i,j}]$。

F0：初始化距离矩阵$W^{(0)}$和路由矩阵$R^{(0)}$，其中

$$w_{i,j}^{(0)} = \begin{cases} w_{i,j} & 若\ e_{i,j} \in E \\ \infty & 若 e_{i,j} \notin E \\ 0 & 若 i = j \end{cases}，\ r_{i,j}^{(0)} = j \tag{6-5}$$

F1：已求得$W^{(k-1)}$和$R^{(k-1)}$，依据下面的迭代求$W^{(k)}$和$R^{(k)}$。

$$w_{i,j}^{(k)} = \min\left(w_{i,j}^{(k-1)}, w_{i,k}^{(k-1)} + w_{k,j}^{(k-1)}\right) \tag{6-6}$$

$$r_{i,j}^{(k)} = \begin{cases} r_{i,k}^{(k-1)} & 若 w_{i,j}^{(k)} < w_{i,j}^{(k-1)} \\ r_{i,j}^{(k-1)} & 若 w_{i,j}^{(k)} = w_{i,j}^{(k-1)} \end{cases} \tag{6-7}$$

若过程中出现$w_{i,j}^{(k)} < 0$，说明图中出现负价环，算法异常退出。

F2：若$k < n$，重复；若$k = n$，则终止。

算法中的F1步骤就是更新标记的核心计算，与Bellman-Ford算法的松弛操作不同，松弛操作检查对象是边，考查能否通过该边的转接减少路径长度，由于一个节点可以关联多条边，因此每次检查需要对所有边进行松弛。而Floyd算法中检查对象是节点，每次检查全局更新所有任意节点对之间的距离。Floyd算法需要n次迭代，每次迭代需要检查所有端的转接情况，故而计算量为$O(n^3)$。

使用上述方法得出的路由为前向路由，即算法结束后$r_{i,j}$存储的是v_i到v_j的路由“$v_i \to r_{i,j} \to v_j$”，其中$v_i \to r_{i,j}$可以一跳直达，$r_{i,j}$为路径中第一跳的前向节点，$r_{i,j} \to v_j$需要通过继续查询$\boldsymbol{R}$矩阵获得。如果修改$r_{i,j}$的初始赋值和修正方法，可以获得回溯路由。

在通信网的设计中，如果路由不宜通过某些节点转接，那么使用Floyd算法的时候，可以在F1步骤中跳过与此节点相关的迭代循环，直接进行下一次迭代。如果需要强制路由必须经过某节点，可以把路径分为两段，前面半段先求解从顶点到达必经节点的路由，然后计算从必经节点到达目的点的路由，最后拼接两段路由。

对于Floyd算法，如果节点有权，可以参考Dijkstra算法的处理方法，将权值分散到与之相关联的边上。如果边的权值有正有负，算法依然有效，只是不允许出现负价环。如果存在负价环，在F1迭代中，会出现$w_{i,j}^{(k)} < 0$的现象，可以以此作为算法异常检测的判断方法，出现负价环

后，算法应该立即报错并结束。

Floyd算法的最后结果可以用来定义网络的中心和中点。

1．中心

对每个节点v_i，先求$\max\limits_j\left(w_{i,j}^{(n)}\right)$；此值最小的节点称为网的中心，即节点$v_i^*$满足

$$\max_j\left(w_{i^*,j}^{(n)}\right)=\min_i\left[\max_j\left(w_{i,j}^{(n)}\right)\right]$$

网的中心适宜做维修中心和服务中心。

2．中点

中点一般用于转接，顶点的数据先送到中点，然后由中点转发到目的节点。

针对有向图，需要按照中点定义，对节点v_x^*计算$s_x^*=\max\limits_{i,j}[w_{i,x}^{(n)}+w_{x,j}^{(n)}]$，然后求出$s_x^*$的最小值，相应的节点为中点。

针对无向图，对节点v_i^*，可以采用近似计算的方式，计算$s_i^*=\left[\sum_j w_{i,j}^{(n)}\right]$，然后求出$s_i^*$的最小值，相应的节点可以近似估算为中点。

网的中点适宜用作全网的转接或者交换中心。

例6.5　已知G的权值矩阵如下，用Floyd算法求解路由问题。

$$\boldsymbol{W}=\begin{pmatrix} 0 & 5.1 & \infty & 4 & \infty & \infty \\ 5.1 & 0 & -1 & \infty & 3 & \infty \\ \infty & 2 & 0 & \infty & \infty & 5.3 \\ 4 & \infty & \infty & 0 & 0 & \infty \\ \infty & 3 & 5 & 1 & 0 & 3 \\ \infty & \infty & 4.2 & 6 & 3 & 0 \end{pmatrix} \tag{6-8}$$

（1）用Floyd算法求图中任意节点间的最短距离和路由；

（2）给出v_2到v_6的路由和路径长度；

（3）给出v_6到v_2的路由和路径长度；

（4）分析图的中心和中点。

解：为了便于理解，由$\boldsymbol{W}$矩阵绘制图6-9所示的有向图，可以发现图中具有负价边和零价边。

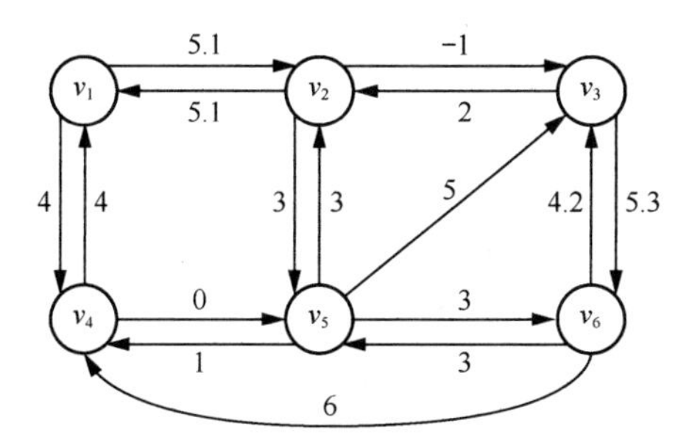

图 6-9　Floyd 算法例题图

（1）具体求解过程如下。

F0：初始化（注意，$\boldsymbol{W}$矩阵中使用∞代表不可达。实际编程时，可以使用一个相对于权值非

常大的数字来代替∞，比如本例中可以使用1000来代替）。

$$\boldsymbol{W}^{(0)}=\begin{pmatrix} 0 & 5.1 & \infty & 4 & \infty & \infty \\ 5.1 & 0 & -1 & \infty & 3 & \infty \\ \infty & 2 & 0 & \infty & \infty & 5.3 \\ 4 & \infty & \infty & 0 & 0 & \infty \\ \infty & 3 & 5 & 1 & 0 & 3 \\ \infty & \infty & 4.2 & 6 & 3 & 0 \end{pmatrix} \tag{6-9}$$

$$\boldsymbol{R}^{(0)}=\begin{pmatrix} 1 & 2 & 3 & 4 & 5 & 6 \\ 1 & 2 & 3 & 4 & 5 & 6 \\ 1 & 2 & 3 & 4 & 5 & 6 \\ 1 & 2 & 3 & 4 & 5 & 6 \\ 1 & 2 & 3 & 4 & 5 & 6 \\ 1 & 2 & 3 & 4 & 5 & 6 \end{pmatrix} \tag{6-10}$$

F1：迭代求解

K=1

$$\boldsymbol{W}^{(1)}=\begin{pmatrix} 0 & 5.1 & \infty & 4 & \infty & \infty \\ 5.1 & 0 & -1 & 9.1 & 3 & \infty \\ \infty & 2 & 0 & \infty & \infty & 5.3 \\ 4 & 9.1 & \infty & 0 & 0 & \infty \\ \infty & 3 & 5 & 1 & 0 & 3 \\ \infty & \infty & 4.2 & 6 & 3 & 0 \end{pmatrix} \tag{6-11}$$

$$\boldsymbol{R}^{(1)}=\begin{pmatrix} 1 & 2 & 3 & 4 & 5 & 6 \\ 1 & 2 & 3 & 1 & 5 & 6 \\ 1 & 2 & 3 & 4 & 5 & 6 \\ 1 & 1 & 3 & 4 & 5 & 6 \\ 1 & 2 & 3 & 4 & 5 & 6 \\ 1 & 2 & 3 & 4 & 5 & 6 \end{pmatrix} \tag{6-12}$$

K=2

$$\boldsymbol{W}^{(2)}=\begin{pmatrix} 0 & 5.1 & 4.1 & 4 & 8.1 & \infty \\ 5.1 & 0 & -1 & 9.1 & 3 & \infty \\ 7.1 & 2 & 0 & 11.1 & 5 & 5.3 \\ 4 & 9.1 & 8.1 & 0 & 0 & \infty \\ 8.1 & 3 & 2 & 1 & 0 & 3 \\ \infty & \infty & 4.2 & 6 & 3 & 0 \end{pmatrix} \tag{6-13}$$

$$\boldsymbol{R}^{(2)}=\begin{pmatrix}1&2&2&4&2&6\\1&2&3&1&5&6\\2&2&3&2&2&6\\1&1&1&4&5&6\\2&2&2&4&5&6\\1&2&3&4&5&6\end{pmatrix}\tag{6-14}$$

K=3

$$\boldsymbol{W}^{(3)}=\begin{pmatrix}0&5.1&4.1&4&8.1&9.4\\5.1&0&-1&9.1&3&4.3\\7.1&2&0&11.1&5&5.3\\4&9.1&8.1&0&0&13.4\\8.1&3&2&1&0&3\\11.3&6.2&4.2&6&3&0\end{pmatrix}\tag{6-15}$$

$$\boldsymbol{R}^{(3)}=\begin{pmatrix}1&2&2&4&2&2\\1&2&3&1&5&3\\2&2&3&2&2&6\\1&1&1&4&5&1\\2&2&2&4&5&6\\3&3&3&4&5&6\end{pmatrix}\tag{6-16}$$

K=4

$$\boldsymbol{W}^{(4)}=\begin{pmatrix}0&5.1&4.1&4&4&9.4\\5.1&0&-1&9.1&3&4.3\\7.1&2&0&11.1&5&5.3\\4&9.1&8.1&0&0&13.4\\5&3&2&1&0&3\\10&6.2&4.2&6&3&0\end{pmatrix}\tag{6-17}$$

$$\boldsymbol{R}^{(4)}=\begin{pmatrix}1&2&2&4&4&2\\1&2&3&1&5&3\\2&2&3&2&2&6\\1&1&1&4&5&1\\4&2&2&4&5&6\\4&3&3&4&5&6\end{pmatrix}\tag{6-18}$$

K=5

$$W^{(5)}=\begin{pmatrix} 0 & 5.1 & 4.1 & 4 & 4 & 7 \\ 5.1 & 0 & -1 & 4 & 3 & 4.3 \\ 7.1 & 2 & 0 & 6 & 5 & 5.3 \\ 4 & 3 & 2 & 0 & 0 & 3 \\ 5 & 3 & 2 & 1 & 0 & 3 \\ 8 & 6 & 4.2 & 4 & 3 & 0 \end{pmatrix} \tag{6-19}$$

$$R^{(5)}=\begin{pmatrix} 1 & 2 & 2 & 4 & 4 & 4 \\ 1 & 2 & 3 & 5 & 5 & 3 \\ 2 & 2 & 3 & 2 & 2 & 6 \\ 1 & 5 & 5 & 4 & 5 & 5 \\ 4 & 2 & 2 & 4 & 5 & 6 \\ 5 & 5 & 3 & 5 & 5 & 6 \end{pmatrix} \tag{6-20}$$

K=6

$$W^{(6)}=W^{(5)},\ R^{(6)}=R^{(5)} \tag{6-21}$$

F2：$K=n$，算法结束。

（2）直接读取$w_{2,6}^{(6)}=4.3$，可知v_2到v_6的路径长度为4.3；

在$R^{(6)}$最后一列依次查询，可得v_2到v_6的路由：$v_1 \to v_3 \to v_6$。

（3）直接读取$w_{6,2}^{(6)}=6$，可知v_6到v_2的路径长度为6；

在$R^{(2)}$最后一列依次查询，可得v_6到v_2的路由：$v_6 \to v_5 \to v_2$。

对比（2）和（3）的结果可知，在不对称的有向图中往返路由不一定相同。

由于此图为不对称的有向图，列出表6-2进行中心和中点的分析。

表6-2　中心分析

	v_1	v_2	v_3	v_4	v_5	v_6	$\max_j(w_{i,j}^{(n)})$
v_1	0	5.1	4.1	4	4	7	7
v_2	5.1	0	−1	4	3	4.3	5.1
v_3	7.1	2	0	6	5	5.3	7.1
v_4	4	3	2	0	0	3	4
v_5	5	3	2	1	0	3	5
v_6	8	6	4.2	4	3	0	8
$\max_j(w_{i,j}^{(n)})$	8	6	4.2	6	5	7	

由表6-2可知，v_4作为起点时，到达其他节点的最大距离最小，v_4可以作为发送中心。

v_3作为终点时，从其他节点到达v_3的最大距离最小，v_3可以作为接收中心。

在选择中点时，需要利用有向图的中点定义对所有节点v_x^*，计算$s_x^*=\max_{i,j}\left[w_{i,x}^{(n)}+w_{x,j}^{(n)}\right]$，然后求出$s_x^*$最小值对应的点。中点分析见表6-3。

表 6-3 中点分析

	v_x^*					
	v_1	v_2	v_3	v_4	v_5	v_6
$\max\limits_{i,j}[w_{i,x}^{(n)}+w_{x,j}^{(n)}]$	15	11	11	10	10	15

由表6-3可知，v_4和v_5均可以作为转接中点。

6.3 流量问题

网络的作用是将业务流从源节点输送到宿节点。被传输的对象可定义为流量，如何在满足一定约束条件的情况下把流量从源节点送到宿节点就是流量分配问题。例如，物流行业中的快件运输、信息通信网中的数据传送和经济学领域的商品供需配给都可以抽象为流量分配问题。

网络中的流量分配不是任意的，需要满足一定的限制条件，比如网络的拓扑结构、节点和边的容量（如最大处理能力、线路速率等），所以流量分配问题是受限的优化问题。根据优化目标，可以将流量分配问题分为以下两类。

（1）最大流问题：希望从源节点到宿节点的流量尽可能大。

（2）最小费用流问题：在流量确定的情况下，尽可能减少传输的代价。

本节将对上述两种问题进行建模和分析。为了简化问题，本节只考虑单商品流问题，即被传输的对象为单一类型，比如是同一种数据，流量可以进行线性叠加，传输过程中流量是稳定不变的常量，不会进行波动。如果需要考虑随机流量，可以先分析其平均值，然后利用平均值进行流量问题的计算。物理概念上的流量应该是单位时间内流经封闭管道或明渠有效截面的流体量，随着时间的推移，流体量会不断增加。互联网领域中的流量往往指的是一段时间内传输的数据字节数量。为了消除时间的影响，本节中采用了物理概念中单位时间内流体量的定义方式，去除时间的影响。采用了归一化的模式来描述流量，不关心其具体的物理含义，用数值表示其大小。将物理中的截面约束（比如河道的截面积、网络线路的传输带宽）转换为容量，用数值表示该截面上的流量上限约束。由于流量的传送具有方向性，因此本节中所有的算法均在有向图上考虑。如果拓扑图为无向图，需要根据问题的具体特征，先转换为有向图，然后进行计算，这种转换可以只是简单地将一条无向链路变为两条容量相等且方向相反的有向链路，也可能是很复杂的资源分配问题，比如城市交通优化控制中的潮汐车道设置问题，需要在保证道路总宽度不变的情况下，合理配置两个不同方向的车道数量满足早晚高峰不同的车流需求。本节中不涉及无向图的转换算法，只在已经设定好的有向图中进行问题求解。

对有向图$G=\{V, E\}$，用$V=\{v_1,v_2,\cdots,v_n\}$表示n个节点集合，用$e_{i,j}$表示从v_i到v_j的有向边。$c_{i,j}$表示$e_{i,j}$边上能通过的最大流量，也称为边的容量，为一个非负数。$f_{i,j}$表示$e_{i,j}$边上实际通过的流量，其也为一个非负数。设$f=\{f_{i,j}\}$为图G上的一个流，该流有一个源节点v_s和一个宿节点v_d，如果满足以下两个限制条件，则称其为可行流。

（1）非负有界性：对于任意边$e_{i,j}$，$0\leqslant f_{i,j}\leqslant C_{i,j}$。

（2）连续性：对于任意节点v_i，有

$$\sum_{(i,j)\in E} f_{i,j} - \sum_{(j,i)\in E} f_{j,i} = \begin{cases} F & v_i \text{为源节点} v_S \\ -F & v_i \text{为宿节点} v_S \\ 0 & \text{其他} \end{cases} \tag{6-22}$$

其中$F = v(f)$为源、宿节点间流$\{f_{i,j}\}$的总流量。

（1）和（2）一共为$2m+n-1$个限制条件。其中（1）为边的限制条件，包含m个非负条件和m个容量限制条件；（2）为节点的限制条件，表明大小为F的流从v_s出发，途径网络，每条边上分配了$f_{i,j}$的流量，最后汇聚到v_d。基于上述数学模型，可以将流量问题重新定义如下。

（1）最大流问题：在确定源节点v_s和宿节点v_d条件下，求一个可行流f，使得F最大。

（2）最小费用流问题：如果边$e_{i,j}$的单位流量费用为$d_{i,j}$，则流f的费用为

$$C = \sum_{e_{i,j}\in E} d_{i,j} f_{i,j} \tag{6-23}$$

最小费用流问题是在确定流的源节点v_s、宿节点v_d和流量F的条件下，求一个可行流f，使得C为最小。

这两类问题都需要求解可行流，总体思路就是通过不断调整局部流量，确定最优解。调整过程中，需要引入割量和可增流路径的概念。

定义6.1　割量

设X是V的真子集，且$v_s \in X$，$v_d \in X^c$，(X, X^c)表示起点和终点分别在X和X^c的边集合，这是一个带方向的反圈或割集，割集的正方向为从源节点v_s到宿节点v_d。割量$C(X, X^c)$定义为这个割集中所有边容量的和。

注意，一般在有向图中用切割线划分一个割集时，割集中包含两个方向的边。将方向与割集方向一致的边称为前向边，将方向与割集方向不一致的边称为反向边。在求解割量时，只考虑前向边，反向边的容量不计入割量中。通过直观分析可知，任意从v_s到v_d的流的流量满足$F \leqslant C(X, X^c)$。

对于一个可行流$f = \{f_{i,j}\}$，

用$f(X, X^c)$表示前向边的流量和

$$f(X, X^c) = \sum_{v_i\in X,\, v_j\in X^c} f_{i,j} \tag{6-24}$$

用$f(X^c, X)$表示反向边的流量和

$$f(X^c, X) = \sum_{v_i\in X^c,\, v_j\in X} f_{i,j} \tag{6-25}$$

对源节点v_s到宿节点v_d的可行流，有如下性质。

性质6.1　一个可行流的总流量为前向边的流量减去反向边的流量，即$v(f)= f(X, X^c) - f(X^c, X)$，其中$v_s \in X, v_d \in X^c$。

证明： 根据连续性约束，对任$v_i \in X$，有

$$\sum_{v_j\in V} f_{i,j} - \sum_{v_j\in V} f_{j,i} = \begin{cases} F & v_i = v_s \\ 0 & v_i \neq v_s \end{cases} \tag{6-26}$$

对所有$v_i \in X$，对上述式子进行求和，有

$$\begin{aligned}\sum_{v_i \in X}\sum_{v_j \in V} f_{i,j} - \sum_{v_i \in X}\sum_{v_j \in V} f_{j,i} &= \sum_{v_i \in X}\sum_{v_j \in V} f_{i,j} - \sum_{v_i \in X}\sum_{v_j \in X^c} f_{j,i} \\ &= f(X, X^c) - f(X^c, X) = F = v(f)\end{aligned} \quad (6\text{-}27)$$

比如对于图6-10，每个节点都满足连续性要求。

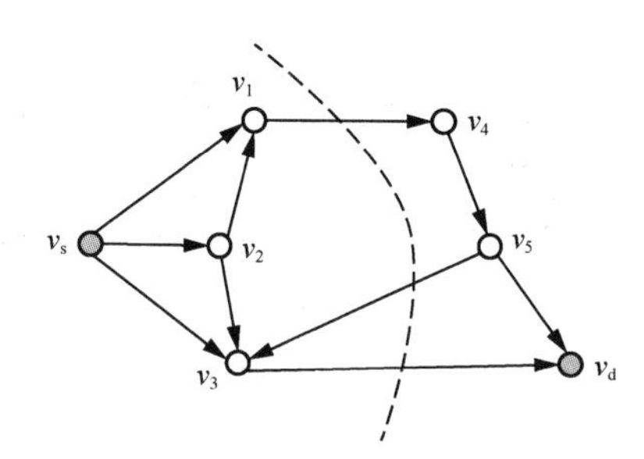

图 6-10　可行流的流量

节点	出节点流量	入节点流量
s	$f_{s,1}+f_{s,2}+f_{s,3}$	0
1	$f_{1,4}$	$f_{s,1}+f_{2,1}$
2	$f_{2,1}+f_{2,3}$	$f_{s,2}$
3	$f_{3,d}+f_{2,3}$	$f_{s,3}+f_{2,3}+f_{5,3}$

图中割集$\{e_{1,4},\ e_{5,2},\ e_{3,d}\}$上的流量为

$$\sum_{v_i \in X}\sum_{v_j \in X^c} f_{i,j} - \sum_{v_i \in X}\sum_{v_j \in X^c} f_{j,i} = f_{1,4} + f_{3,d} + f_{5,3} = f(X, X^c) - f(X^c, X) = F \quad (6\text{-}28)$$

性质 6.2　$F \leqslant C(X, X^c)$。

证明： 由$f(X,\ X^c)$非负，可得

$$F = f(X, X^c) - f(X^c, X) \leqslant f(X, X^c) \leqslant C(X, X^c) \quad (6\text{-}29)$$

对于从源节点v_s到宿节点v_d的一条路径（道路），定义其正方向为v_s到v_d，路径中方向与正向方相同的边为前向边，相反的边为反向边。如果存在这样一条特殊的路径，沿着这个路径可以增加流量，则称其为可增流路径。其具体定义如下。

定义 6.2　可增流路径

对于图G中的一个可行流f，如果图中某一条路径满足以下条件，则称这条路为可增流路径。

（1）前向边均不饱和$(f_{i,j} < c_{i,j})$。

（2）反向边均有非0流量$(f_{i,j} \neq 0)$。

在可增流路径上增流不影响连续性条件，也不改变其他边上的流量，同时可以使从源节点到宿节点的流量增大。如图6-11所示，可增流路径有两类：一类为有向径，路径上的边均为前向边；另一类为非有向径，路径上的部分边为反向边。针对前者，在不饱和的前向边上增流，就可以增加源节点到宿节点的总流量，如图6-11（b）所示。针对后者，在不饱和的前向边上增流，在反向边上减流，可以改变流量的分布，同样可以达到增流的目的，如图6-11（c）所示。在可增流路径上增流的过程中，途经节点自然满足连续性的约束，所以得到的新流也是可行流。

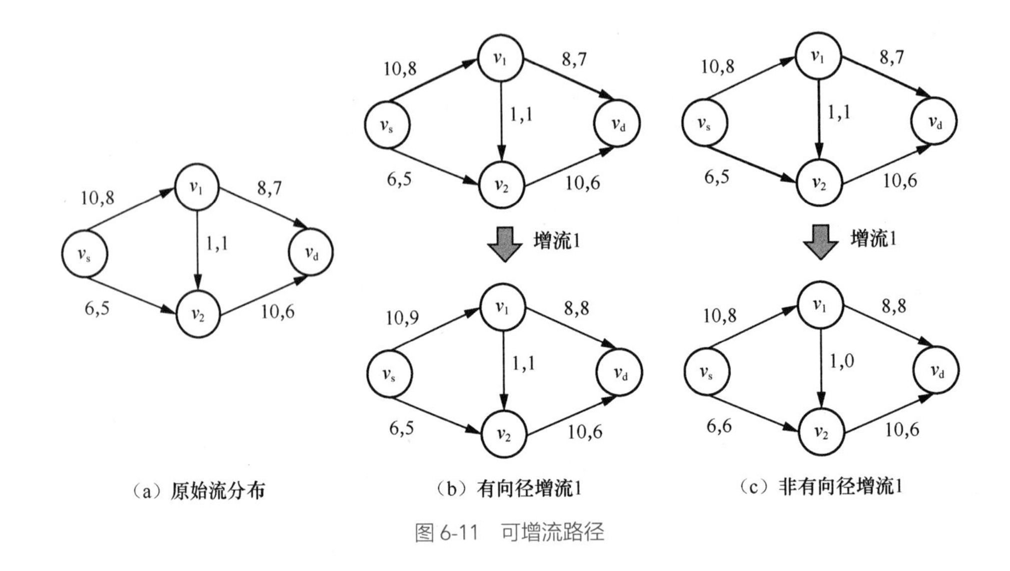

图 6-11　可增流路径

6.3.1　最大流问题

设$v(f)=F$为源宿间流的总流量。最大流问题就是在确定流的源和宿的情况下，求一个可行流f，使$v(f)=F$为最大。

求解最大流问题，就是不断在图中寻找可增流路径进行增流，定理6.3为这种寻找方法提供了理论依据。

对于图$G=(V,E)$，源节点为v_{s}，宿节点为v_{d}。

定理6.3　**最大流-最小割定理**

可行流$f^*=\left\{f_{i,j}^{\ *}\right\}$为最大流当且仅当$G$中不存在从$v_{\mathrm{s}}$到$v_{\mathrm{d}}$的可增流路径。

证明:

必要性: 设f^*为最大流，如果G中存在关于f^*的从v_{s}到v_{d}的可增流路径μ。

$$\theta=\min\{\min_{(i,j)\in\mu}+(c_{i,j}-f_{i,j}^*),\min_{(i,j)\in\mu}-(f_{i,j}^*)\}>0 \tag{6-30}$$

构造一个新流f如下。

如果$(i,j)\in\mu^+$，$f_{i,j}=f_{i,j}^*+\theta$，对μ中前向边增流θ; 如果$(i,j)\in\mu^-$，$f_{i,j}=f_{i,j}^*-\theta$，对μ中反向边减流θ; 如果$(i,j)\notin\mu$，$f_{i,j}=f_{i,j}^*$，对图中不属于μ的边，流量保持不变。

不难验证新流f为一个可行流，而且$v(f)=v(f^*)+\theta$，矛盾。

充分性: 设f^*为可行流，G中不存在关于这个流的可增流路径。

令$X^*=\left\{v|G中存在从v_{\mathrm{s}}到v_{\mathrm{d}}的可增流路径\right\}$，从而$v_{\mathrm{s}}\in X^*$，$v_{\mathrm{d}}\notin X^*$。

对于任意边$(i,j)\in(X^*,X^{*c})$，有$f_{i,j}^*=c_{i,j}$，前向边饱和；对于任意边$(i,j)\in(X^{*c},X^*)$，有$f_{i,j}^*=0$，反向边流量为0；这样$v(f^*)=c(X^*,X^{*c})$，那么流f^*为最大流，(X^*,X^{*c})为最小割。证毕。

最小割为网络中的“瓶颈”，决定着网络中的最大流量。

性质6.3　如果所有边的容量均为整数，则必定存在整数最大流。

证明: 从一个全零流开始考虑，由于每条边的容量均为整数，根据定理6.3的方法增流，θ总为整数，每一步得到的流都是整数流，最后得到一个整数最大流。

求解最大流问题的思路就是在一个可行流的基础上寻找从v_s到v_d的可增流路径，在此路径上增流，直到无可增流路径时，算法停止。这就是Ford-Fulkerson算法的思路。由于增流的过程中不断打标记（mark），因此本小节简称这种算法为M算法。由于零流是一种可行流，因此M算法从零流开始，具体过程如下。

M0：初始令所有边的流量为0，$f_{i,j}=0$。

M1：标源节点v_s为$(+,s,\infty)$。

M2：从v_s开始，查已标未查节点v_i，即标v_i的满足下列条件的相邻节点v_j。

若$(v_i,v_j)\in E$，且$c_{i,j}>f_{i,j}$，则标v_j为$(+,i,\varepsilon_j)$，前面两个符号表示从 i 到 j 有边，后面ε_j表示这条边上可增流的量。其中$\varepsilon_j=\min(c_{i,j}-f_{i,j},\varepsilon_i)$，$\varepsilon_j$为$v_i$已标值。

若$(v_j,v_i)\in E$，且$f_{j,i}>0$，则标v_j为$(-,i,\varepsilon_j)$，其中$\varepsilon_j=\min(\varepsilon_i,f_{j,i})$，其他$v_j$不标。

所有能加标的相邻节点v_j已标，则已查；倘若所有节点已查且宿节点未标，则算法终止。

M3：若宿节点v_i已标，则沿该路增流。

M4：返回M1。

该算法的计算步骤和路径搜寻方式相关，如果用不合适的方式进行搜寻，该算法可能会执行很多次循环。对于同一个图，搜索路径方式不同，计算过程也不同。比如例6.6给出了一个极端不合适的方式。

例6.6 M算法的极端示例。针对图6-12所示的网络，每条边的容量已知，使用M算法求解s到d的最大流。

解：具体过程如下。

M1：$f_{i,j}$=0。

M1：标s为$(+,s,\infty)$。

M2：查相邻节点。

标s-q-p-d，增流1。

标s-p-q-d，增流1。

⋮

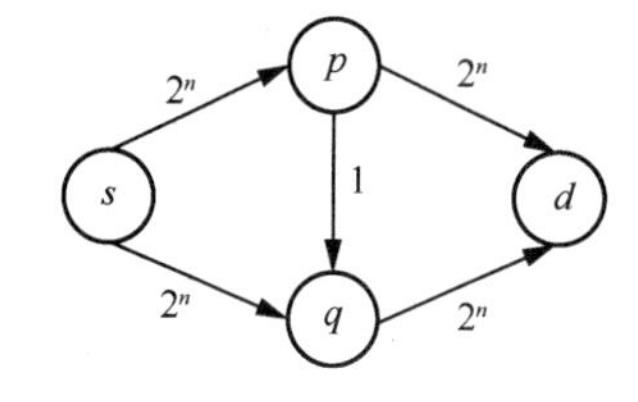

图 6-12 M 算法的极端示例图

按照上面的搜索方法，需要执行2^{n+1}步，效率很低。但是如果先从s-p-d进行增流2^n，然后从s-q-d进行增流2^n，两次就能收敛到最大流。

1972年，Edmonds和Karp修改了上述算法，在M2步骤使用了FIFO（first input first output，先入先出）的原则，对已标未查节点排队，以广度优先的方式进行遍历，可以减少执行步骤，将算法的计算复杂度降为多项式级。

M算法是针对有向图且节点的容量无限制的情况。如果图中有无向边、节点容量以及多源多宿的情况，可以如图6-13对图进行变换，转换为上述单源单宿、有向图节点且无容量限制的标准情况。

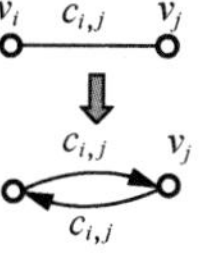

（a）无向边

（b）节点有容量限制

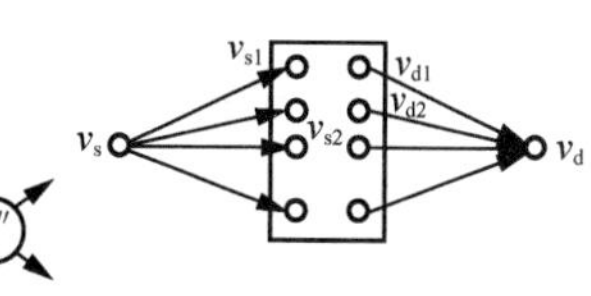

（c）多源多宿

图 6-13 图的转换方法

1．无向图转换为有向图

这里采用简单的方式进行转换，如果图中存在无向边(v_i, v_j)，容量为$c_{i,j}$，可以将其转换为一对方向相反的有向边$<v_i, v_j>$和$<v_j, v_i>$，两者容量均为$c_{i,j}$。

2．节点有容量限制

如果节点v_i有转接容量c_i的限制，可以将v_i变成一对节点v_i'和v_i''，将终点为v_i的入边全部改为终止于v_i'，将起点为v_i的出边全部改为起始于v_i''，v_i'和v_i''之间添加有向边$<v_i', v_i''>$，其容量为c_i。

3．多源多宿

如果图中有多源多宿存在，源节点为$v_{s1}, v_{s2}, v_{s3}, \cdots$，宿节点为$v_{d1}, v_{d2}, v_{d3}, \cdots$，可以添加一个总的源节点$v_s$和一个总的宿节点$v_d$，然后在$v_s$和$v_{s1}, v_{s2}, v_{s3}, \cdots$之间添加容量为无穷的有向边，在$v_{d1}, v_{d2}, v_{d3}, \cdots$和$v_d$之间添加容量为无穷的有向边。将原来的源节点和宿节点转换为普通中继节点，问题就可以简化为单源单宿问题。

6.3.2 最小费用流问题

某些情况下，源节点和宿节点之间的流量已经确定，但是不同路径运输的费用不同，此时需要选择一种优化的流量分配方式，使得总费用最小，这就是最小费用流问题。该问题在物流领域、通信领域都有广泛的应用。比如通过水、陆、空不同的运输方式运送货物，使用不同的通信线路传输数据等。最小费用流的数学定义如下。

如果网络为图$G=(V, E)$，源节点为v_s，宿节点为v_d，边$e_{i,j}$的单位流费用为$d_{i,j}$，流f的费用为

$$C = \sum_{(i,j)\in E} d_{i,j} f_{i,j} \tag{6-31}$$

最小费用流问题是在确定流的源节点v_s、宿节点v_d和流量F的条件下，求一个可行流f，使得C为最小。

求解最小费用流的前提是，网络中存在总量为F的可行流，当可行流不唯一时，可以通过算法改变流量的分布，使得网络收敛到费用最小的状态。最小费用流问题是线性规划问题，可以使用运筹学中的线性规划方法求解。本小节中将要介绍一种使用图论的高效方法——负价环算法在1967年由Klein提出）。在一个边的费用可正可负的图中，负价环为一个特殊有向环，环的费用和为负值，如图6-8（c）所示，也称为负圈。

首先引入补图的概念。对于图$G=(V, E)$，每条边$e_{i,j}$的容量为$c_{i,j}$，单位流费用为$d_{i,j}$，存在一个总量为F的流f，各条边上的流量为$f_{i,j}$，按照下列步骤可以生成f的补图。

（1）生成一个新图$G'=(V)$，只包含原图G中的节点，不含边。

（2）对于原图中所有边$e_{i,j}$，如果边的容量未饱和，即$c_{i,j} > f_{i,j}$，在G'中构造边$e^1_{i,j}$，其容量为$c_{i,j} - f_{i,j}$，单位流量费用为$d_{i,j}$。

（3）对于原图G中所有边$e_{i,j}$，如果边的流量不为0，即$f_{i,j} > 0$，在G'中构造反向边$e^2_{j,i}$，其容量为$f_{i,j}$，单位流量费用为$-d_{i,j}$。

对原图中所有边执行步骤（2）和步骤（3）后，生成的新图G'为原图G的补图。负价环算法就是在补图中寻找负价环，在环上进行增流，得到一个新的可行流分布f'。如果负价的边是步骤（3）生成的反向负价边，在此边上增流，相当于减少原始边上的流量；如果是步骤（2）生成的

同向边，说明需要在原始边上增流。

下面不加证明地应用定理6.4。

定理6.4　负价环定理

当且仅当关于流f^*的补图中不存在负价环时，流f^*为最小费用流。

负价环算法的具体步骤如下。

k0: 在图G上找任意流量为F的可行流f。

k1: 做流f的补图，做补图的方法如下。

对于所有边$e_{i,j}$，如果$c_{i,j} > f_{i,j}$，构造边$e^1_{i,j}$，容量为$c_{i,j} - f_{i,j}$，单位费用为$d_{i,j}$；

对于所有边$e_{i,j}$，如果$f_{i,j} > 0$，构造边$e^2_{j,i}$，容量为$f_{i,j}$，单位费用为$-d_{i,j}$。

k2: 在补图上找负价环C^-，若无负价环，算法终止。

k3: 在负价环上沿环方向使各边增流，增流数为$\delta = \min\limits_{(i,j)\in C}-(c^*_{i,j})$。

k4: 修改原图每边的流量，得新可行流。

k5: 返回k1。

其中k2步骤需要寻找负价环，可以使用Floyd算法来求解，当出现$w^{(k)}_{i,i} < 0$时，i节点处于一个负价环中。

例6.7 负价环算法。如图6-14，已知一个网络G每边的容量$c_{i,j}$和费用$d_{i,j}$［图6-14（a）中线上的两个数字］，图6-14（b）是F=9的初始可行流，求解F=9的最小费用流。

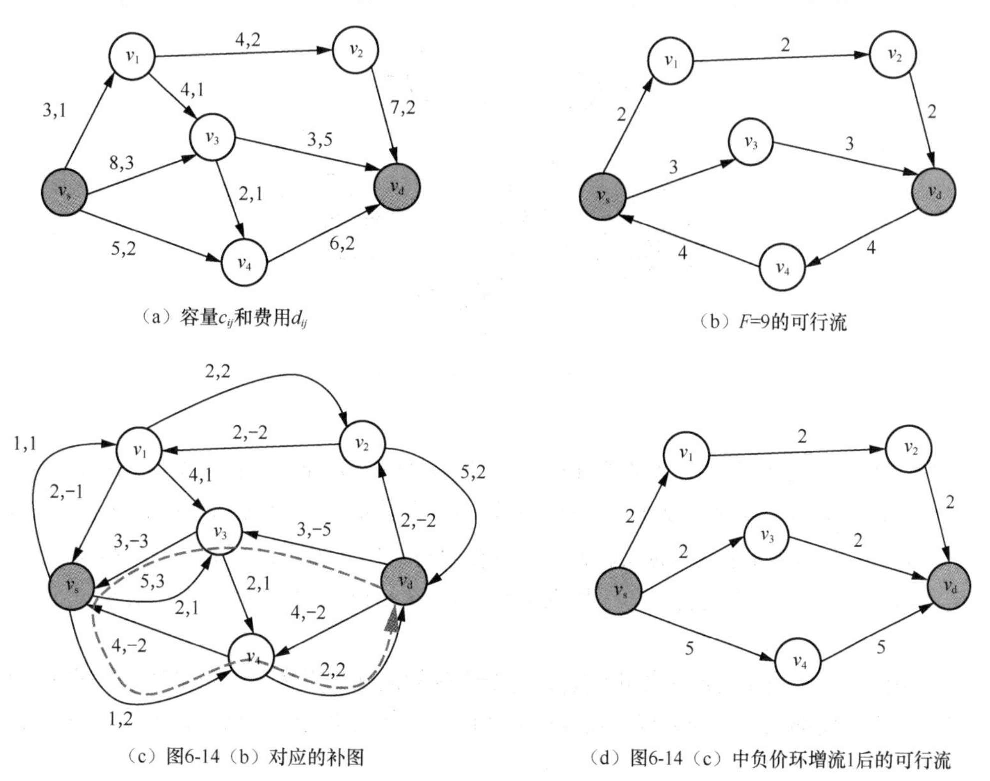

图6-14　负价环

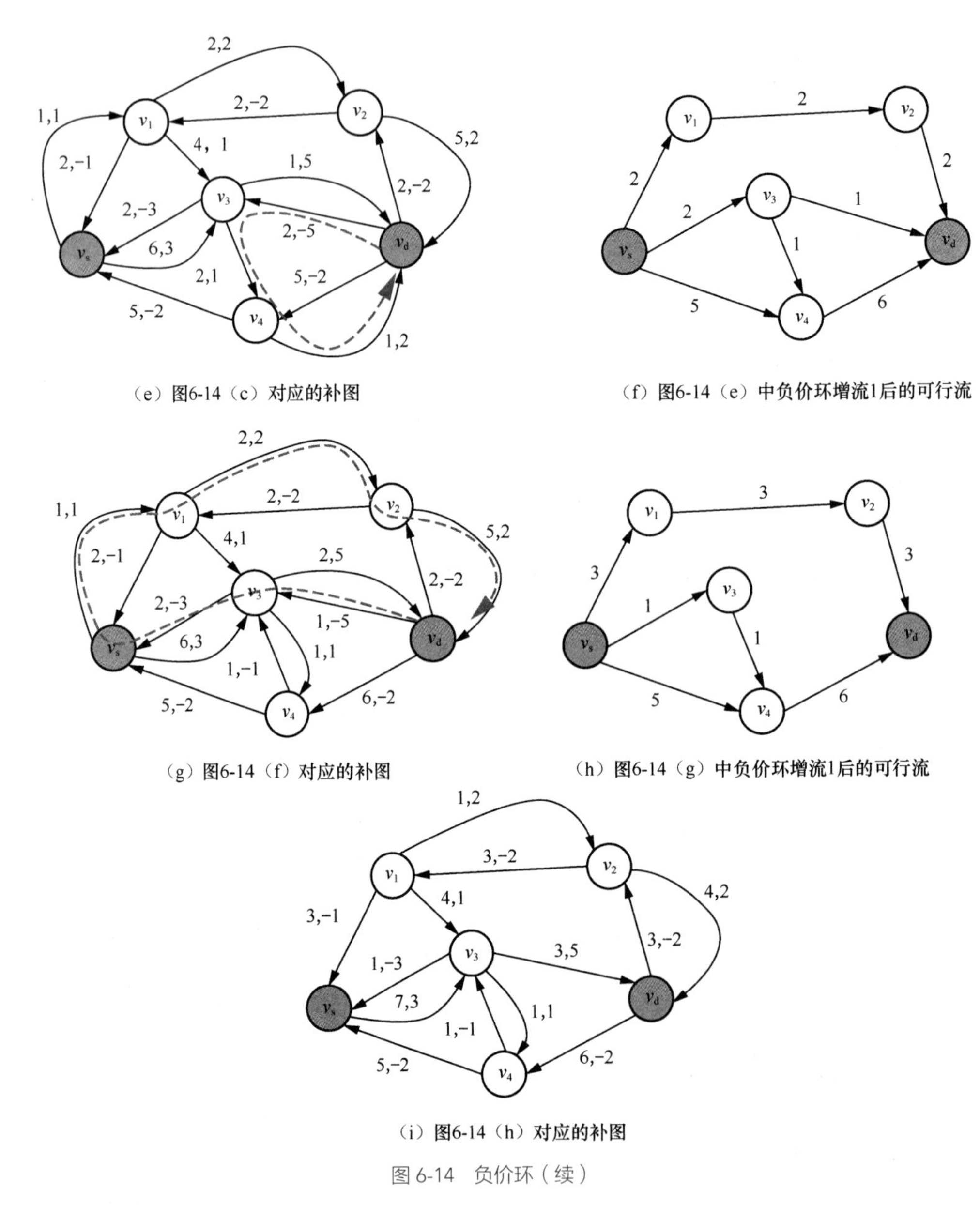

（e）图6-14（c）对应的补图

（f）图6-14（e）中负价环增流1后的可行流

（g）图6-14（f）对应的补图

（h）图6-14（g）中负价环增流1后的可行流

（i）图6-14（h）对应的补图

图 6-14　负价环（续）

解：图6-14（b）的费用为2+4+4+9+15+8+8=50；从图6-14（b）绘制负价环如图6-14（c），负价环上容量最小的边$e_{s,4}$的容量为1，环的费用为−4，在负价环上增流1后得到图6-14（d），费用为2+4+4+6+10+10+10=46；然后依次绘制补图和流量分布图，如图6-14（e）~图6-14（i）。

在图6-14（i）中无法找到负价环，根据定理6.4，图6-14（h）所示的流为最小费用流。其费用为3+6+6+3+1+10+12=41。

最小费用流是一个典型的网络优化问题，与线性规划问题关系密切，负价环算法的主要思路就是对可行流进行局部调整。如果将寻找可行流和调整可行流进行综合求解，可以进一步优化算法，提高求解效率。

习　题

6.1　对于Dijkstra算法，如果节点有权如何处理？

6.2　无向图中，有6个节点，各条边的权值如图6-15所示，$e_{i,j}$表示v_i和v_j之间的边，使用反圈法Prim算法从v_1节点开始查找最小生成树，依次选出v_1、v_5、v_6、v_3节点后，需要在一个反圈中选出权值最小的边，以此来决定下一个节点。这个反圈是什么？

6.3　具有7个节点的网络如图6-16所示，该有向图边上的两个数字分别为边的容量和单位费用。

（1）求图中v_1到v_6的最大流，并计算最大流的大小。

（2）请作出该最大流安排下的补图，并说明该最大流安排是否是最小费用流。

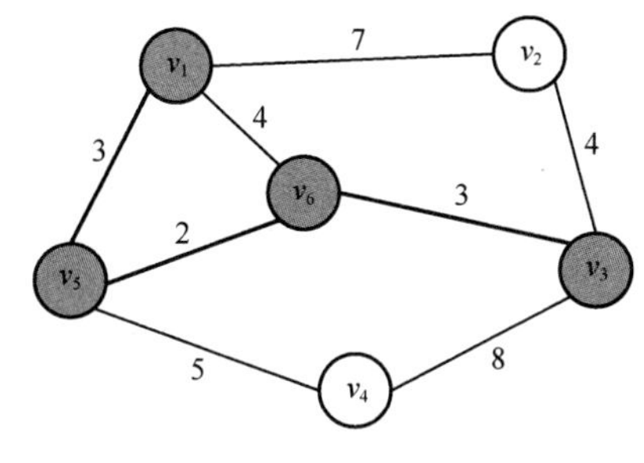

图 6-15　题 6.2 图

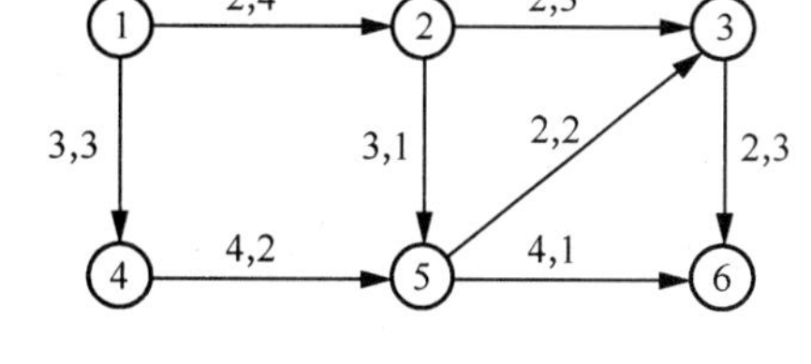

图 6-16　题 6.3 图

6.4　无向图中，有6个节点，8条边，各条边的权值如图6-17所示，$e_{i,j}$表示v_i和v_j之间的边。

（1）请用Dijkstra算法求解从v_1节点到其他节点的最短路径，并给出求解出的v_1到v_3的距离。

（2）请给出从v_1节点到其他节点的最短路径的置定节点顺序。

（3）用Floyd算法求解节点间最短路径，设定用1000代替无穷大，请采用正向路由计算$W(6)$和$R(6)$，指出其中心和中点，并计算v_1节点到v_3节点的最短路由。

6.5　有向图G如图6-18所示，每条边的数字为该边的容量，使用M算法求解v_s节点到v_d节点的最大流。

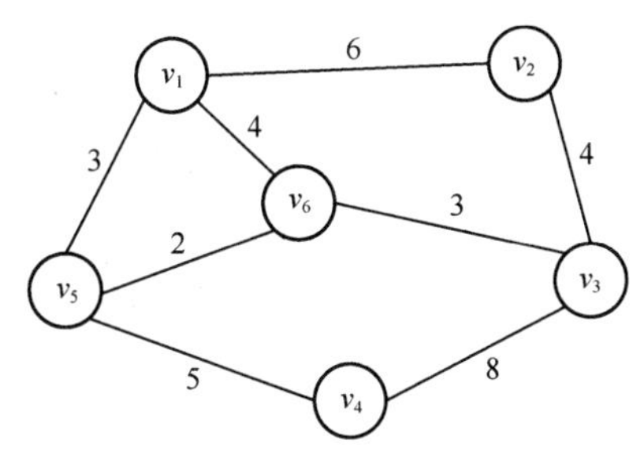

图 6-17　题 6.4 图

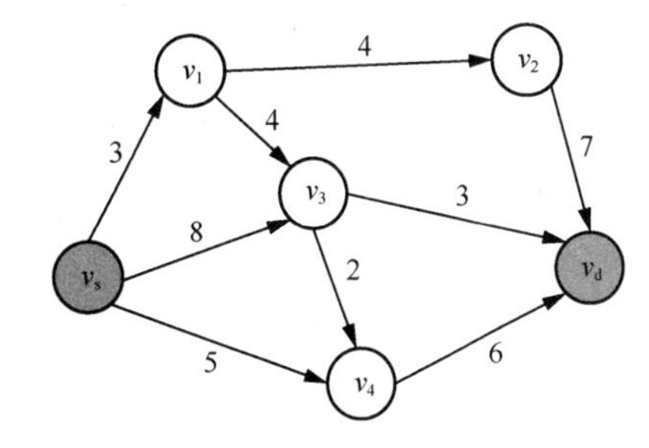

图 6-18　题 6.5 图

6.6　图6-19是计算某图的最小费用流过程中绘制的一个补图，图中线上有两个数字，前面的是容量$c_{i,j}$，后面是费用$d_{i,j}$，请画出一个调整效果最好（即减少费用最多）的负价环。

6.7　无向图中，有6个节点，8条边，各条边的权值如图6-20所示，$e_{i,j}$表示v_i和v_j之间的边，使用破圈法求解最小生成树问题时，找到了一个圈$\left\{e_{1,5},\ e_{4,5},\ e_{3,4},\ e_{2,3},\ e_{1,2}\right\}$，这时候需要用破圈法选取一条边从图上去掉，这条边是哪一条？

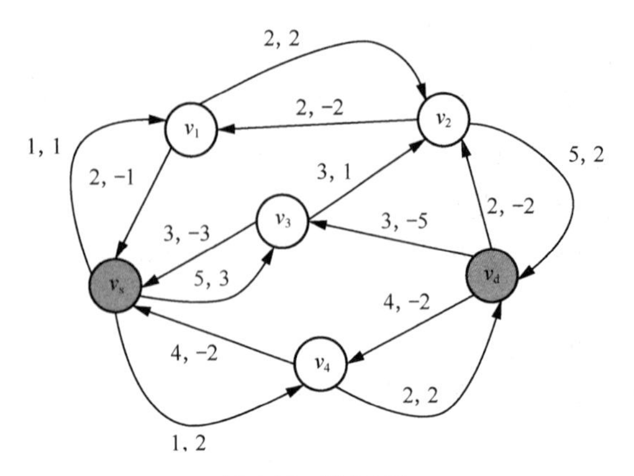

图 6-19　题 6.6 图

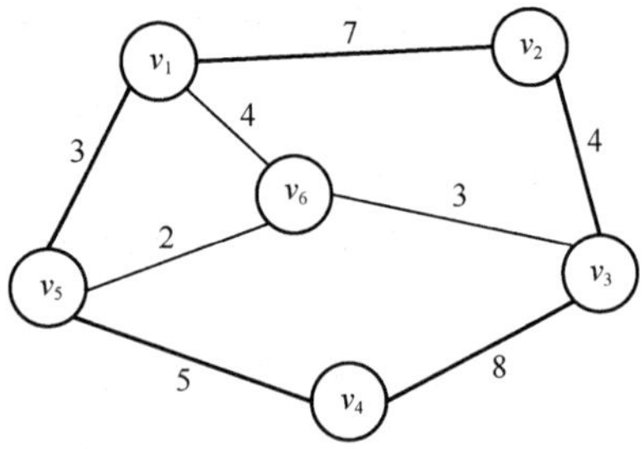

图 6-20　题 6.7 图

6.8　图6-21为由7个节点组成的图，v_1为信源，v_7为信宿，图中每条边上的数字分别表示该边上的容量$c_{i,j}$、分配的流量$f_{i,j}$和费用$d_{i,j}$。

（1）用Dijkstra算法计算v_1点到其他各点的最短距离，并给出v_1到v_7最短径的路由。

（2）使用Floyd算法计算任意两节点之间的最短距离和前向路由矩阵，并给出v_2到v_7最短径的路由。

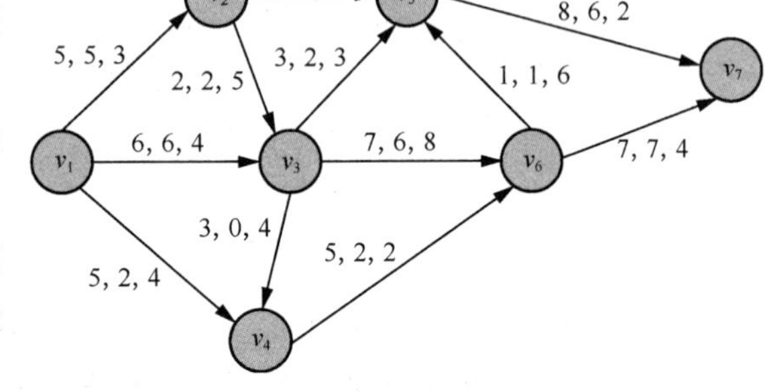

图 6-21　题 6.8 图

（3）v_1为信源，v_7为信宿，判断目前分配的流量是否已经是最大流，如果不是，请基于目前的流量分配，用M算法计算最大流结果（请说明过程）。

（4）v_1为信源，v_7为信宿，判断目前网络分配的流量是否是可行流，如果是，从这个可行流开始计算，求最小费用流和相应的费用。

6.9　如图6-22所示，节点$v_1 \sim v_5$可以通过（a）和（b）两种方式构成树。假设节点的故障概率为q，边的故障概率为p，$p \ll 1$，$q \ll 1$，且各边、各节点的故障概率相互独立。

（1）请分别计算在（a）和（b）两种组网方式下，图在只有节点故障、只有边故障以及混合故障时的近似可靠度。

（2）如果在v_3和v_4之间新增一条边，请分别计算在（a）和（b）两种组网方式下，节点v_3和v_5之间在只有节点故障、只有边故障以及混合故障时的近似可靠度。

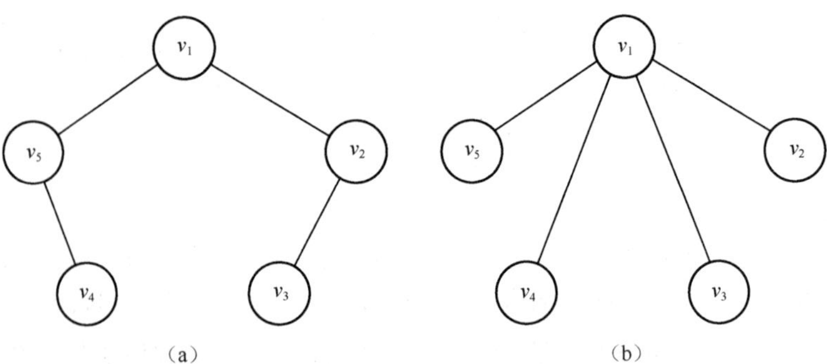

图 6-22　题 6.9 图

第7章 多址接入技术及性能分析

本章将讨论多址接入协议。多址接入协议是解决多个用户如何高效共享一个物理媒质的技术，其应尽量避免用户之间的碰撞，并尽可能提高信道的利用率。空间信息网络采用了多种类型的多址接入技术，主要有频分多址（frequency division multiple access，FDMA）、时分多址（time division multiple access，TDMA）、码分多址（code division multiple access，CDMA）以及随机竞争多址。FDMA因其原理简单易于实现的特点而最早在卫星通信中广泛采用，20 世纪60 年代即有采用FDMA 技术的通信卫星被实际使用。其优点在于设备简单、操作灵活且不需要进行系统同步，缺点在于多载波互调干扰会导致系统吞吐量急剧下降，因而适合小容量、恒定比特率的业务。TDMA 有效避免了多载波互调，信道利用率高，适用于大容量的通信业务，缺点在于需要进行复杂的全网时间同步，20 世纪70 年代开始应用于商用通信系统，后续又应用于宽带卫星通信系统，摩托罗拉公司所推出的商业卫星通信铱星系统采用的即是TDMA 制式。CDMA 则因其优秀的抗干扰性能和保密性较好的特点而被广泛应用于军事卫星通信，由美国劳拉公司倡议发起的全球星系统即采用的是CDMA 制式。

ALOHA协议是卫星通信中最早使用的随机竞争多址协议，其在高突发性业务下的信道效率高于固定分配方式，但其最大理论吞吐率仅有18%，信道利用率低，多用于组合多址协议中，例如，其与CDMA结合的扩频ALOHA多址（spread ALOHA multiple access，SAMA）协议就曾广泛应用于甚小口径卫星终端站（very small aperture terminal，VSAT）移动通信系统中。随着卫星通信技术的发展，单一的基本接入方式难以满足愈加多样化的通信业务需求，因此出现了多种基本接入方式的组合形式，如多频时分多址（multiple frequency time division multiple access，MF-TDMA）、成对载波多址（paired carrier multiple access，PCMA）、多载波码分多址（multi carrier - code division multiple access，MC-CDMA）等，以及其他改进型的多址接入协议，如混合自由/按需分配多址（combined free/demand assignment multiple access，CFDAMA）、突发目标/按需分配多址（burst targeted/demand assignment multiple access，BTDAMA）等接入协议，以适应实际业务的发展需求，提供更灵活、更高效的接入服务。

第1节对多址接入技术进行了概述；第2节讲解了固定多址接入协议（频分多址、时分多址等）的特点并分析了它们的优缺点；第3节讨论了最基本的随机多址接入协议——ALOHA协议，并针对它的稳态性能及其稳定性做了深入研究；第4节针对ALOHA协议信道利用率不高的原因，研究了载波监听多址（carrier sense multiple access，CSMA）接入协议，它可以减小新到达的分组对正在传输的分组的影响；第5节介绍了时隙CSMA与非时隙CSMA的工作过程并对其性能进行分析；第6节对由CSMA协议优化而来的两种接入协议进行了概述，即载波监听多路访问/冲突检测多址（carrier sense multiple access with collision detection，CSMA/CD）和载波监听多路访问/冲突避免多址（carrier sense multiple access with collision avoid，CSMA/CA）接入协议；第7节讨论了针对随机多址接入技术的冲突分解算法，以ALOHA协议为例介绍了两种算法：树状算法和先到先服务分裂算法。

7.1 多址技术概述

本节将说明通信系统、网络中的多址接入技术的作用，并对多址接入协议的定义进行介绍，此外还将根据信道的使用情况对多址接入技术进行分类。

7.1.1 多址技术定义

通信网络中的用户通过通信子网来访问网络中的资源。当多个用户同时访问同一资源（如共享的通信链路）时，就可能会产生信息碰撞，导致通信失败。典型的共享链路的系统与网络有卫星通信系统、局域网等，如图7-1所示。在卫星通信系统中，多个用户采用竞争或预约分配等方法向一个中心站（卫星系统中的基站）发送信息，中心站通过下行链路（中心站到用户的链路）发送应答信息。在局域网中，所有用户都通过对应物理接口连接到传输介质上，任意一个用户发送时，所有用户都可以接收到信息。在上述网络中，若多个用户同时发送，就会出现多个用户的帧在物理信道上相互重叠（即碰撞），使接收端存在无法正确接收的情况。

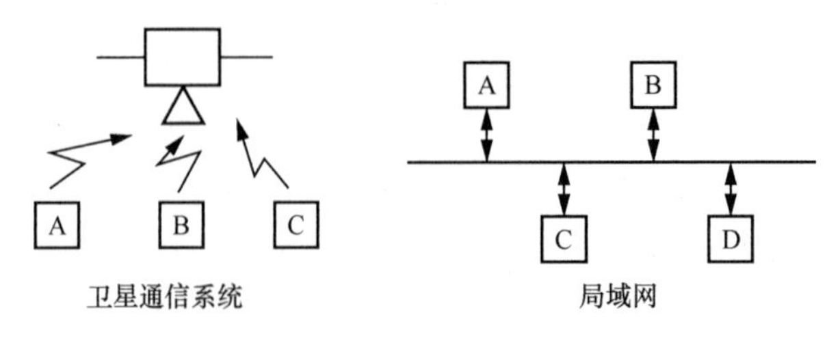

图7-1 典型的共享链路的系统与网络

同时，信道上的资源（如带宽、时间等）远大于单一用户所需的资源，从而造成通信资源的大量浪费。为了在多个用户共享资源的条件下进行有效通信，就需要有某种机制来决定资源的使用权，这就是网络的多址接入控制问题。

7.1.2　多址技术分类

根据对信道的使用情况，多址接入技术可分为固定多址接入技术、随机多址接入技术和基于预约的多址接入技术。多址接入技术的分类如图 7-2 所示。

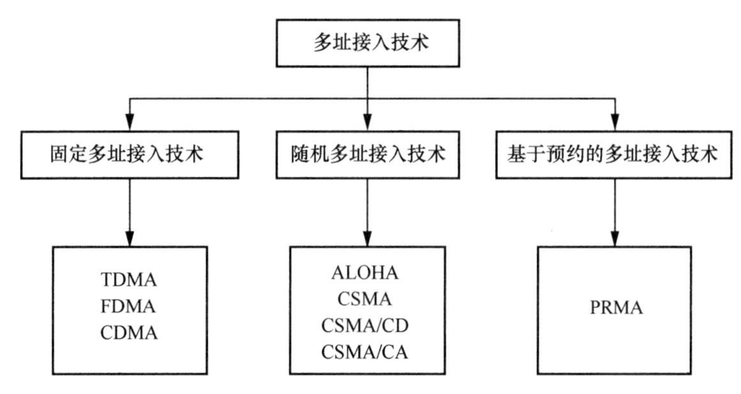

图 7-2　多址接入技术的分类

固定多址接入技术：在用户接入信道时，专门为其分配一定的信道资源（如频率、时隙、码字或空间），用户独享该资源，直到通信结束。由于用户在使用该资源时不和其他用户产生冲突，因此固定多址接入技术也称为无冲突的多址接入技术。典型的固定多址方式有频分多址、时分多址、码分多址以及空分多址等。

随机多址接入技术：用户可以随时接入信道，并且可能不会顾及其他用户是否在传输。当信道中同时有多个用户接入时，在信道资源的使用上就会发生冲突（碰撞）。因此，随机多址接入技术也称为有竞争的多址接入技术。对于这类多址接入技术，如何解决冲突而使所有碰撞用户都可以成功进行传输是一个非常重要的问题。典型的随机多址接入技术有 ALOHA 协议和 CSMA 协议。

基于预约的多址接入技术：在数据分组传输之前先进行资源预约。一旦预约到资源（如频率、时隙等），则在该资源内可进行无冲突传输。如基于预约的多址接入技术（packet reservation multiple access，PRMA），其基本思想是首先采用随机多址接入技术来竞争可用的空闲时隙，若移动台竞争成功，则它就预定了后续帧中相同的时隙，并且在后续帧中，它将不会与其他移动台的分组发生碰撞。

7.1.3　空间信息网络多址技术

空间信息网络与一般地面网络的环境场景区别较大，主要体现在拓扑高动态变化、时空尺度大、业务需求多样化和星上资源受限四个方面。

1．拓扑高动态变化

空间信息网络中，接入终端通常由不同轨道、不同种类的飞行器构成。它们之间没有固定的连接关系，其网络拓扑也在快速变化，呈现出松耦合的状态，导致通信链路间断连通。以在静止轨道的天基骨干网的GEO卫星为参考点，轨道高度为300 km的LEO卫星的相对运动速度可高达3 km/s。假设信号全向传播且不考虑其他因素影响，在一个周期内，两者之间的通信持续时间也仅有120 min。对此，考虑在网络拓扑的高动态变化而导致不稳定链路的情况下，则需要多址接入具有较强自适应性和灵活性，在一定程度上增加了多址接入设计的复杂性。

2．时空尺度大

从传播时延来说，GEO卫星与LEO卫星间的单跳传输往返时延可达0.25s，长时延会降低实时性业务的服务质量。因此，星间多址接入方案必须以较低计算复杂度来实现快速响应，避免进一步增加时延，恶化网络性能；从用户位置区域看，用户分散的空间范围广，要实现对航天器用户全天候、全天时的覆盖，多址方案需要确保分散在各个轨道上的不同航天器用户具有对等接入机会，以保证多址接入的公平性。针对大时空尺度下的复杂信道情况，多址方案必须具备灵活性和稳定性，保证网络可动态接入和快速重构。

3．业务需求多样化

从服务角度来看，空间信息网络业务种类包括中继业务、通信业务和测控业务；从应用角度来看，业务种类包括语音业务、数据业务、图像业务及视频业务。不同业务类型的服务质量要求迥异，对卫星信道资源需求差异巨大。随着在轨航天器数量不断增加和日趋多样化的业务需求，这不仅需要空间信息网络根据不同业务的服务质量需求提供相应的接入策略，而且要求接入方式具有可扩展能力，大大增加了多址接入的实现难度。

4．星上资源受限

受航天器体积、重量等因素影响，星上能量资源受限。在多址接入网络中，提高资源的利用率显得尤为重要。同时，考虑到星上有限的计算处理能力，在能量受限的条件下，空间信息网络的多址接入还须考虑采用更加优化的接入算法来实现较高的能量使用率。因此，优化接入算法也成为多址接入设计过程中着重考虑的方面之一。

7.2 固定多址接入技术

固定多址接入协议又称为无竞争的多址接入协议或静态分配的多址接入协议。固定多址接入为每个用户固定分配一定的系统资源，这样当用户有数据发送时，就能不受干扰地独享已分配的信道资源。在本节中重点讨论时分多址和频分多址系统，并介绍码分多址系统。

7.2.1 频分多址

在通信系统中，信道所能提供的带宽通常远大于传送一路信号所需的带宽，因此，一个信道只传输一路信号是非常浪费的。为了充分利用信道的带宽而提出了频分多址。

FDMA是把分配给通信使用的频段分为若干个信道，每一个信道都能够传输语音通话、数字服务和数字数据。它是移动电话服务中的一种基本的技术。在FDMA中，不同的用户将会被分配在频率不同的信道上进行信息传输，这种信道分配将由系统集中控制。FDMA的频率分配如图7-3所示。

FDMA方式为每个用户分配了一个固定频段。为保证在滤波过程中既不损伤相应终端本该接收的信号，又能够准确地排除相邻信道干扰，通常在相邻的信道载波之间设有保护频带，保护频带大小通常与终端载波频率的准确度、稳定度和最大多普勒频移之差有关。

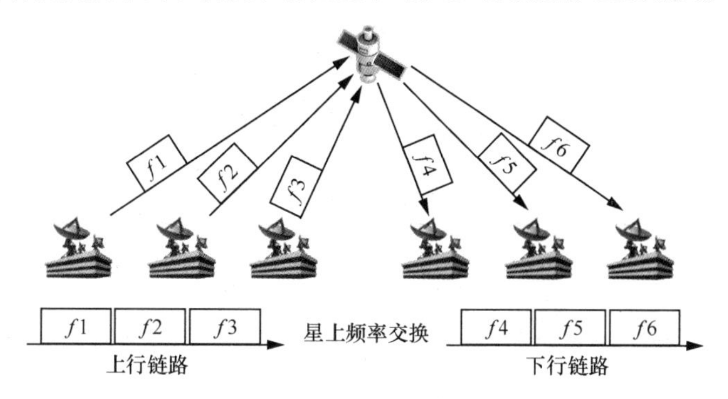

图 7-3　FDMA 的频率分配

FDMA合并后的复用信号原则上可以在信道中传输，各个接收端可利用相应的带通滤波器来对各路信号的频谱进行区分，然后通过各自的相干解调器便可恢复各路调制信号。

FDMA的最大优点是相互之间不会产生干扰。当用户数较少且数量大致固定且每个用户的业务量都较大时（如电话交换网），FDMA是一种有效的分配方法。然而，当网络中用户数较多且数量经常变化，或者通信量具有突发性的特点时，采用FDMA就会产生一些问题。最明显的两个问题是：当网络中的实际用户数少于已经划分的频道数时，频道资源被大量浪费；当网络中的频道已经分配完后，即使这时已分配到频道的用户没有进行通信，其他一些用户也会因为没有分配到频道而不能通信。

以往的模拟通信系统一律采用FDMA，如全入网通信系统（total access communications system，TACS）（1985）、高级移动电话系统（advanced mobile phone system，AMPS）（1946）等。这些频道互不交叠，其宽度应能传输一路数字语音信息，而在相邻频道之间无明显的串扰。

FDMA实现方式简单，成本较低，不需要像TDMA方式或时隙ALOHA方式那样进行全网络同步。由于非线性效应产生的互调噪声和设置保护带宽的共同影响，FDMA方式的带宽利用率较低。

7.2.2　时分多址

TDMA是另外一种典型的固定多址接入协议。如图7-4所示，TDMA将时间分割成周期性的帧，每一帧再分割成若干个时隙（帧或时隙都是互不重叠的），然后根据一定的原则进行时隙的分配，每个用户只能在指定的时隙内进行信息的发送。在满足定时和同步的情况下，可以保证基站在各时隙中接收到各移动终端的信号而不混扰。在发送端，基站发向多个移动终端的信号都将按顺序在给定的时隙中传输；在接收端，各移动终端只需要在指定的时隙内接收，就能在合路的信号中把所需信号区分并接收。

在TDMA系统中，用户在每一帧中可以占用一个或多个时隙。若用户在已分配的时隙上没有数据传输，则这段时间将被浪费。

在TDMA系统中，每载频可有多路信道。TDMA系统形成频率时间矩阵，在每一频率上产生多个时隙，该矩阵中的每一点都是一个信道，在基站控制分配下，可为任意移动客户提供电话或非话业务。TDMA的主要优点在于传输速率高以及自适应均衡，每载频含有时隙多，则频率间隔宽，传输速率高，但数字传输带来了时间色散，使时延扩展加大，故必须采用自适应均衡技术。

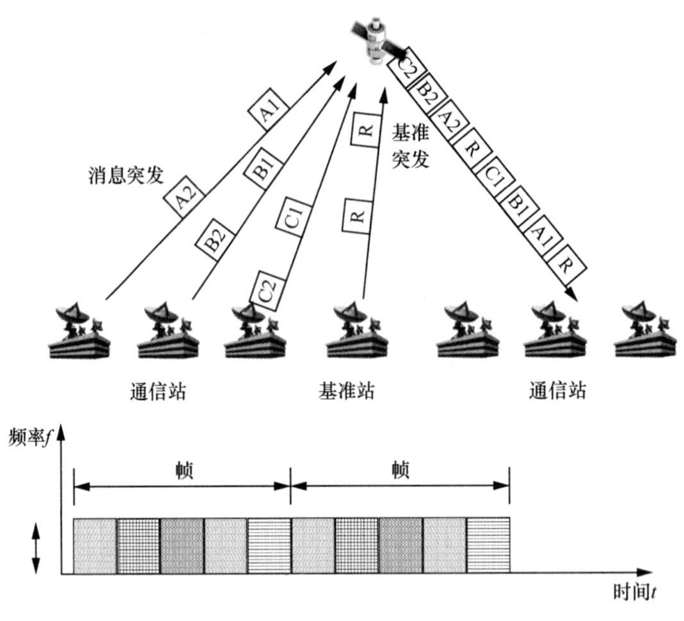

图 7-4　TDMA 的时隙分配

数字移动通信中往往采用TDMA方式，如数字先进移动电话系统（digital advanced mobile phone system，D-AMPS）(1996)、全球移动通信系统（global system for mobile communication，GSM）(1982）等。

TDMA方式需要在所有的收发端中进行时间上的网络同步，使每个接入用户都能在指定的时间段内发送数据。采用TDMA方式时，系统的负载越小，存在的空闲时隙越多，信道利用率就越低。并且，对于时空尺度大的星间通信来说，还需要设置一定的保护间隙，以解决因距离差异产生的同步时延差。可以看出，TDMA方式并不满足需要高效利用资源的卫星通信。

为适应于卫星通信系统，TDMA技术经过一定的发展，现主要运用在星地相对运动较小的卫星移动通信系统中，如VSAT移动通信系统。与此发展来的扩展时分多址（extended time division multiple access，ETDMA）尝试通过分配时间来提供多类型业务的支持，可在站点数较少情况下提供语音、视频等多类型业务的传输，不过以扩展的方式找到有效的时间表是不容易的。另外，作为TDMA运用在卫星通信的主要形式之一的自适应时隙分配TDMA方式，根据通信量的大小调整时隙的宽度并按需使用时隙的方法在一定程度提升了信道利用率。

7.2.3　码分多址

CDMA用正交码或者准正交码区分子信道，接收端通过码相关运算来取出需要的信号。与正交性很好的TDMA和 FDMA不同，异步CDMA一般采用伪随机码，因此是准正交的。CDMA也可以采用沃尔什码或其他类型的正交码，但这样的系统需要良好的时间同步，这种CDMA就是同步CDMA，如我国提出的第三代移动通信系统TD-SCDMA。异步CDMA中码的不正交性造成的结果是码道之间的干扰，称为多址干扰。CDMA技术固有的扩频特性有助于减轻这种干扰的影响，尤其在卫星覆盖范围广泛、用户分布不均的情况下表现突出。

针对卫星通信环境的独特挑战，异步CDMA技术展现出了其特有的“软容量”属性。在卫星空间资源极其宝贵的条件下，与FDMA、TDMA以及同步CDMA中固定的信道划分策略相反，异步CDMA卫星系统能够根据实际需求灵活地容纳更多用户，用户的承载数量不再是一个硬性限定，而是依赖于各个用户对多址干扰的耐受程度。当有新用户加入时，尽管会轻微降低其他用户的信噪比，但并不会出现用户数到达某个固定值后就无法继续增加的情况。这一特征恰好体现了“软容量”的理念。

在卫星CDMA系统中，扩频技术的核心作用得以放大，它有效地降低了因用户增多而加剧的多址干扰，使得即使在卫星覆盖区域广阔、用户分布广泛的场景下也能保持较好的系统性能。然而，随着新用户不断接入，多址干扰必然上升，从而影响每个用户所体验的信道质量。因此，在卫星CDMA系统设计中，如何有效抑制多址干扰并将系统对于新增用户的接纳能力最大化，成为了关键的技术攻关方向。

7.3 完全随机多址接入技术——ALOHA

“ALOHA”原为美国夏威夷地区人们相互之间的问候语。20世纪70年代，夏威夷大学为了解决夏威夷群岛各个岛屿间的通信问题而提出了最早、最基本的无线数据传输协议，并将其命名为ALOHA协议。

设有无限个用户共用一个信道，这些用户的总呼叫流是以λ为均值的泊松流。当任何用户有信息要发送时，立即以定长信息包的形式发到信道上，也就是以纯随机方式抢占信道，若有两个或两个以上的信息包在信道上发生碰撞，则以纯随机方式重发，这就是最原始的ALOHA。

为了对随机多址接入协议的性能进行分析，假设系统是由m个发送节点组成的单跳系统，该系统的信道无差错且无捕获效应，并且对分组的到达和传输过程做出以下假定。

（1）各个节点的到达过程各自独立，且遵循参数为λ/m的泊松到达过程，系统总到达率为λ。

（2）当时隙或分组传输结束时，信道能够立即给出当前传输状态的反馈信息。若反馈信息为“0”，表示当前时隙或信道无分组传输；若反馈信息为“1”，表示当前时隙或信道仅有一个分组传输（即传输成功）；若反馈信息为“e”，表示当前时隙或信道有多个分组在传输，即发生碰撞，接收端无法正确接收信息。

（3）发生碰撞的节点将在后面某随机时刻重传被碰撞的分组，直至传输成功。若一个节点的分组必须重传，则称该节点为等待重传的节点。

（4）对于节点的缓存和到达过程进行以下两种假设。

① 假设A：无缓存情况。在该情况下，每个节点最多容纳一个分组。若该节点有一个分组在等待传输或正在传输，则新到达的分组被丢弃且不会被传输。在该情况下，所求得的时延是有缓存情况下的时延下界。

② 假设B：系统有无限个节点（$m=\infty$）。每个新产生的分组到达一个新的节点，网络中所有的分组都参与竞争，导致网络的时延增加。在该情况下，所求得的时延是有限节点情况下的时延上界。

若一个系统采用假设A或假设B分析的结果是近似的，则该系统的分析方法就是一个对具有任意大小缓存系统性能的良好分析方法。

7.3.1 纯ALOHA的基本原理

纯ALOHA协议是最基本的ALOHA协议。只要有新的分组到达，就立即被发送；一旦分组发生碰撞，则随机退避一段时间后进行重传。如图7-5所示，用户A与B的第一个分组产生了碰撞，用户C与D的第一个分组产生了碰撞，只有用户E的第一个分组可以被成功传输。

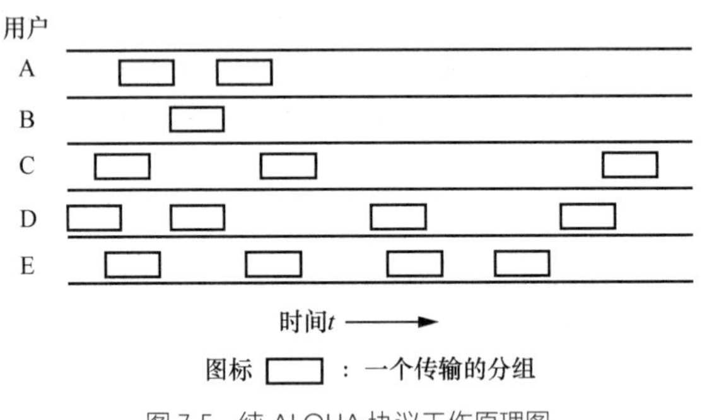

图7-5 纯ALOHA协议工作原理图

如图7-5所示，只有从数据分组开始发送的时间起点到其传输结束的这段时间内，没有其他数据分组发送，则该分组才能够成功传输。

对纯ALOHA协议中数据分组可以不受任何干扰而被发送的条件进行分析。假设系统中所有分组的长度相等，传输数据分组所需的时间定义为系统的单位时间，令该值等于t_0。如图7-6所示，以在t_0+t时刻产生的分组（图7-6中阴影部分表示的数据分组）为例，若在t_0到t_0+t时间内，其他用户产生了数据分组，则该分组的末端就会和阴影分组的始端碰撞。同理可知，在t_0+t和t_0+2t之间产生的任何分组都将和阴影分组的末端发生碰撞。因此将时间区间$[t_0, t_0+2t]$称为阴影分组（在t_0+t时刻产生的分组）的易受破坏区间。

在纯ALOHA协议中，若在数据分组的易受破坏区间内没有其他分组进行传输，则该分组可以被成功传输。

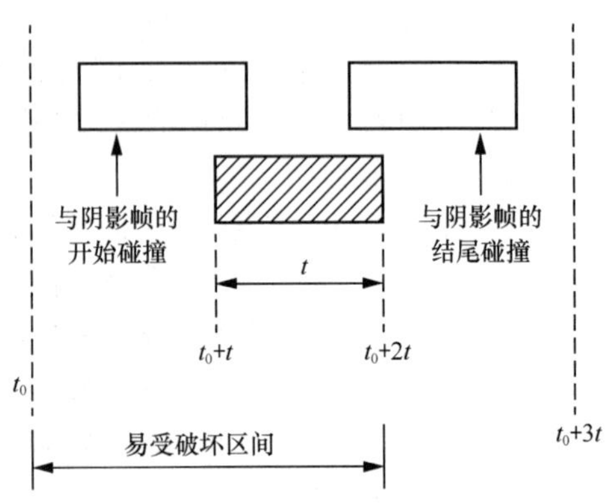

图7-6 纯ALOHA协议的易受破坏区间示意图

为了方便对其进行分析，进行以下假设：

（1）令通信系统中分组的传输时间t等于1；

（2）设该系统有无穷多个节点；

（3）假设重传的时延是随机的。

这时由重传分组和新到达分组组合而成的分组流是到达率为G的泊松到达过程。该分组成功被传输的概率就是在其易受破坏区间内没有其他分组产生的概率。

根据泊松公式，在单位时间内，产生k个分组的概率为

$$P(k)=\frac{\mathrm{e}^{-G}(G)^k}{k!} \tag{7-1}$$

该分组成功被传输的概率为

$$P_{\text{succ}}=P[\text{在易受破坏区间（2个时间单位）内没有传输}]=\mathrm{e}^{-2G} \tag{7-2}$$

由系统的吞吐量定义可知

$$S = GP_{succ} = Ge^{-2G} \tag{7-3}$$

例 7.1 设在一个纯 ALOHA 系统中，分组长度 $\tau = 30ms$，总业务到达率 $\lambda_t = 10pkt/s$，求一个消息成功被传输的概率。

解：系统的总业务量为 $P = \lambda_t \tau = 10 \times 30 \times 10^{-3} = 0.3$。

纯 ALOHA 系统归一化通过量为 $p = Pe^{-2P}$，则一个消息成功被传输的概率为

$$P_{succ} = p / P = e^{-2P} = e^{-2\times0.3} = 0.55 \tag{7-4}$$

对式（7-3）求最大值，可得系统的最大吞吐量为 $1/2e \approx 0.184$ 分组/单位时间，对应的 $G = 0.5$ 分组/单位时间。这意味着纯 ALOHA 最多只能有 18.4% 的时间能实现正常通信，其他时间处于碰撞或空闲状态，其效率很低。然而纯 ALOHA 基本上不用控制设备，碰撞也可以不去检测，只是在久无回答后重发即可，因此便于实现。同时，若 G 较小时，呼叫量与通过量近似，即基本上可以顺利通信。

例 7.2 试证明纯 ALOHA 系统的归一化通过量的最大值为 $1/2e$，此最大值发生在归一化总业务量等于 0.5 处。

证明：纯 ALOHA 系统的归一化通过量和归一化总业务量的关系为 $p = Pe^{-2P}$。当 p 最大时，有

$$\frac{\partial p}{\partial P} = e^{-2P} - 2Pe^{-2P} = 0 \tag{7-5}$$

可求得 $P = 0.5$，$p_{max} = 0.5e^{-2\times0.5} = 1/2e$。

纯 ALOHA 协议技术简单，且对信道的传播时延没有限制，因而在短报文通信、速率传输卫星分组通信业务中得到了一定的应用。虽然在强突发性业务情况下，ALOHA 的信道效率较固定分配方式高，但是纯 ALOHA 协议的理论最大吞吐量也只有 0.184，资源利用率较低。

7.3.2 时隙 ALOHA 的基本原理

通过前面的章节可知降低碰撞的概率可以有效地提高系统的最大吞吐量，而降低碰撞的一种有效措施是在信道上进行时隙划分。通信网内所有用户都与主时钟同步，有通信要求的用户只能在主时钟规定的等长时隙内送到信道，也就是到达信道的时刻必须与各时隙的起始时刻一致。主时钟的同步信息要向所有用户广播，这种方式称为时隙 ALOHA 系统。

在这种系统中，只要在一个信息包长的时间内无两个或两个以上的信息包要发出，就可以成功地发送一个信息包。因为在发送一个信息包的区间内，若有新的信息包到达，则该新的信息包须等到下一时隙才会发出。

时隙 ALOHA 系统将时间轴划分为若干个时隙，所有节点同步，各节点只能在时隙的开始时刻发送分组，时隙宽度等于一个分组的传输时间。如图 7-7 所示，当一个分组到达某时隙后，会在下一时隙开始传输，并期望不会与其他节点发生碰撞。若在某时隙内仅有一个分组到达（该分组可以是新到达的，也可以是重传的），则该分组将被成功传输。若在某时隙内有两个或两个以上的分组到达，则会发生碰撞。碰撞的分组将在以后的时隙中重传。易得此时的易受破坏区间的长度减少为一个单位时间（时隙）。

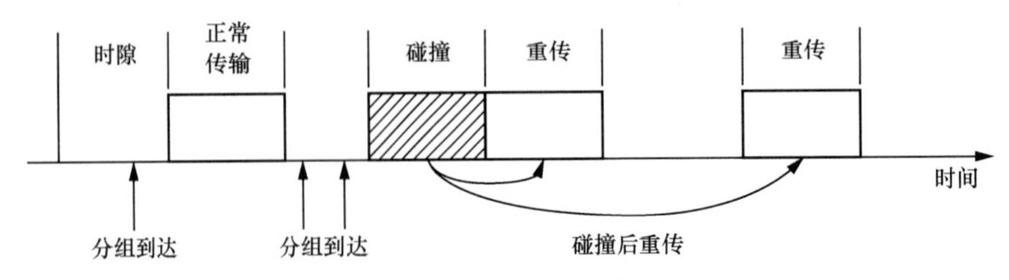

图 7-7 时隙 ALOHA 系统工作原理图

假设系统是由m个发送节点组成的单跳系统，该系统的信道无差错且无捕获效应，同时假定系统有无穷多个节点（假设B）。如图7-7所示，在一个时隙内到达的分组由两部分组成：一部分是新到达的分组；另一部分是重传的分组。设新到达分组的到达流为到达率为λ（分组数/时隙）的泊松过程。假定重传的时延足够随机，这样就可以近似地认为重传分组的到达过程和新分组的到达过程之和是到达率为G（$>\lambda$）的泊松过程。

通过上述分析可知，此时易受破坏区间的长度为一个时隙，则该分组被成功传输的概率如下。

$$P_{\text{succ}} = P\,[\text{在易受破坏区间（1个时间单位）内没有传输}] = \mathrm{e}^{-G} \tag{7-6}$$

系统的吞吐量（S）如下。

$$S = GP_{\text{succ}} = G\mathrm{e}^{-G} \tag{7-7}$$

需要注意的是，即使增加全网同步后，相比于纯ALOHA，改进的时隙ALOHA吞吐量有较好的改善，但最大值也只是0.368。

例 7.3 设在一个时隙ALOHA系统中，分组长度$\tau = 30\text{ms}$，总业务量到达率$\lambda_t = 10\text{pkt/s}$，求一个消息被成功传输的概率、一个消息分组和另一个分组的碰撞概率。

解：系统的总业务量为$P = \lambda_t \tau = 10 \times 30 \times 10^{-3} = 0.3$。

纯ALOHA系统归一化通过量为$p = P\mathrm{e}^{-P}$，则一个消息被成功传输的概率为

$$P_{\text{succ}} = p / P = \mathrm{e}^{-P} = \mathrm{e}^{-0.3} = 0.74 \tag{7-8}$$

一个消息分组和另一个分组的碰撞概率为$1 - P_{\text{succ}} = 1 - 0.74 = 0.26$。

因为分组的长度为一个时隙宽度，所以在数值上，系统的吞吐量与一个时隙内被成功传输的分组数量应当一致，等同于系统的吞吐量和一个时隙内分组被成功传输的概率在数值上一致。对式（7-7）求最大值，其最大吞吐量为$1/\mathrm{e} \approx 0.368$分组/时隙，对应的$G$=1分组/时隙。显然，时隙ALOHA的最大吞吐量是纯ALOHA系统最大吞吐量的2倍。ALOHA协议的吞吐量曲线如图7-8所示。

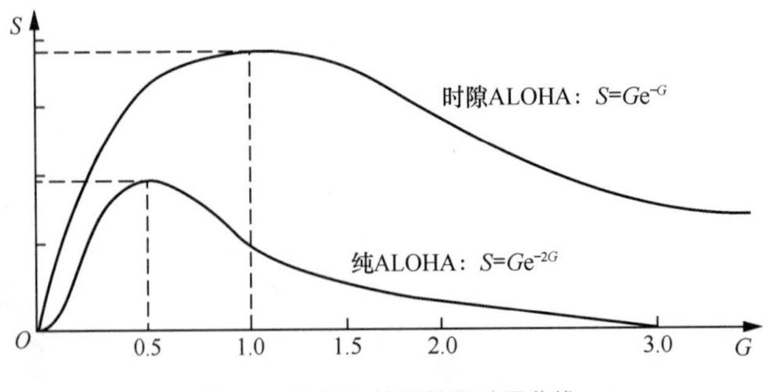

图 7-8 ALOHA 协议的吞吐量曲线

例7.4 若干个终端用纯ALOHA随机接入协议与远端主机通信，其信道速率为2.4kbit/s，每个终端平均每3分钟发送一个帧，帧长为400bit，问系统中最多可容纳多少个终端？若在其他条件不变的情况下，采用时隙ALOHA协议，系统中最多可容纳多少个终端？

解：设可容纳的终端数为N，每个终端发送数据的速率为

$$400/(3\times60)\approx2.2\,(\text{bit/s}) \tag{7-9}$$

已知纯ALOHA系统的最大吞吐率为$1/2\text{e}$，则有

$$N=\frac{2400\times\frac{1}{2\text{e}}}{2.2}\approx198\,(\text{个}) \tag{7-10}$$

若采用时隙ALOHA协议，已知时隙ALOHA系统的最大吞吐率为$1/\text{e}$，则有

$$N=\frac{2400\times\frac{1}{\text{e}}}{2.2}\approx396\,(\text{个}) \tag{7-11}$$

7.3.3 时隙 ALOHA 的稳定性分析

在时隙ALOHA系统中，当$G>1$时，碰撞较多，进一步导致系统性能下降；当$G<1$时，系统空闲的时隙数较多，导致通信资源的浪费。为了达到最佳的性能，G的波动应该维持在1附近。

当系统达到稳态时，系统中新分组的到达率应等于系统中分组的离开速率，即有$S=\lambda$。将$S=\lambda$的曲线与其对应的吞吐量曲线相交（如图7-9所示），观察可知在对应的Ge^{-G}曲线上存在两个平衡点。

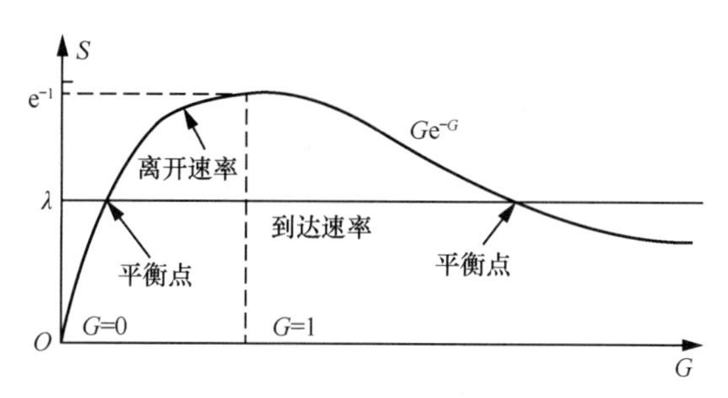

图 7-9 时隙 ALOHA 协议稳态时的平衡点

因为无法从该图7-9中对这两个平衡点的稳定性进行判定，所以需要通过对时隙ALOHA系统的动态行为进行进一步分析，来判别系统的稳定性并提出控制方法。

为了分析系统的动态行为，先采用假设A（无缓存的情况）来进行讨论。用离散时间马尔可夫链来描述时隙ALOHA的行为，并设每个时隙开始时刻等待重传的节点数目为其系统的状态。参数设置如下。

n：在每个时隙开始时刻等待重传的节点数目。

m：系统中的总节点数目。

q_r：发生碰撞后等待重传的节点在每一个时隙内重传的概率。

q_a：每个节点有新分组到达的概率。

λ: m个节点的总到达率（即每个节点的到达率为$\frac{\lambda}{m}$），其单位为分组数/时隙。

$Q_r(i,n)$: n个等待重传的节点中，有i个节点在当前时隙传输的概率。

$Q_a(i,n)$: $m-n$个空闲节点中有i个新到达的分组在当前时隙中传输的概率。

简单分析可得，每个节点有新分组到达的概率为$q_a=1-\mathrm{e}^{\frac{-\lambda}{m}}$。

在给定n的条件下，可得

$$Q_r(i,n)=\begin{pmatrix} n \\ i \end{pmatrix}(1-q_r)^{n-i}q_r^i \tag{7-12}$$

$$Q_a(i,n)=\begin{pmatrix} m-n \\ i \end{pmatrix}(1-q_a)^{m-n-i}q_a^i \tag{7-13}$$

设时隙开始时刻有n个等待重传节点，到下一时隙开始时刻有$n+i$个等待重传节点的转移概率为$P_{n,n+i}$，则$P_{n,n+i}$表达式如下。

$$P_{n,n+i}=\begin{cases} Q_a(i,n), 2\leqslant i\leqslant m-n \\ Q_a(1,n)[1-Q_r(0,n)], i=1 \\ Q_a(1,n)Q_r(0,n)+Q_a(0,n)[1-Q_r(1,n)], i=0 \\ Q_a(0,n)Q_r(1,n), i=-1 \end{cases} \tag{7-14}$$

$Q_a(i,n)$（$2\leqslant i\leqslant m-n$）表示在当前时隙中有$i$（$2\leqslant i\leqslant m-n$）个新到达的分组正在进行传输，则当前时隙内必将发生碰撞。此时无须考虑所有初始时等待重传状态的节点的发送情况，系统的状态必将有$n\to n+i$。

$Q_a(1,n)[1-Q_r(0,n)]$（$i=1$）表示在当前时隙中有n个等待重传节点进行分组传输的同时，空闲节点中有一个新到达的分组在当前时隙中进行传输的情况，此时也必然产生碰撞，并且有$n\to n+1$。

$Q_a(1,n)Q_r(0,n)+Q_a(0,n)[1-Q_r(1,n)]$（$i=1$）包含了两种情况：一种情况是有且仅有一个新到达分组进行传输，所有等待重传的分组没有进行分组传输，此时新到达的分组传输成功，即式（7-14）中第一项表示这种情况下新到达分组成功传输的概率；另一种情况是没有新分组到达，等待重传节点没有分组传输或有两个及两个以上分组传输，即式（7-14）中第二项表示在等待重传节点没有分组传输或有两个及两个以上分组传输的概率。在这两种情况下，该系统中处于等待重传状态的节点数目将保持不变，并且有$n\to n$。

$Q_a(0,n)Q_r(1,n)$（$i=1$）表示等待重传的节点有一个分组成功传输的概率。通过分析可知该系统的状态转移图（见图7-10）。

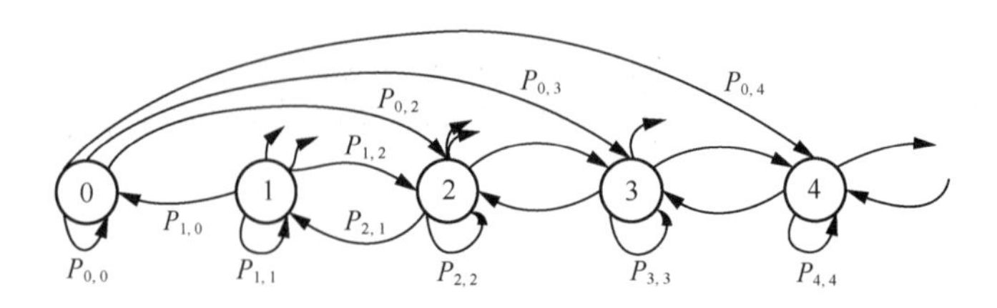

图7-10　马尔可夫链的状态转移图

由图7-10可知，系统不会出现$0\to1$的状态转移，因为该状态下系统中有仅有一个分组，所以传输成功是必然的。同时，因为一次成功传输只能减少一个分组，所以每次减少的状态转移中只能减少1。当系统处于稳态情况时，对于任意状态n，从其他状态转入的频率应与从该状态转移出去的频率相等，因此

$$\sum_{i=0}^{n-1} p_i P_{i,n} + p_n P_{n,n} + p_{n+1} P_{n+1,n} = \sum_{j=n-1}^{m} p_n P_{n,j} = p_n \sum_{j=n-1}^{m} P_{n,j} \tag{7-15}$$

其中p_i $(0 \leqslant i \leqslant m)$ 为其稳态概率。

因为从n转移到各种可能状态的概率之和为1（$\sum_{j=n-1}^{m} P_{n,j} = 1$），所以

$$p_n = \sum_{i=0}^{n+1} p_i P_{i,n} \tag{7-16}$$

又因为$\sum_{i=0}^{m} p_i = 1$，结合式（7-8）可以求解p_0和p_n。

通过上述分析，结合式（7-8）可知，若重传的概率$q_r \approx 1$，会造成大量的碰撞发生，这样将导致系统中的节点长时间处于等待重传的状态。为了更深入分析系统的重传概率对系统动态行为的影响，定义系统状态偏移量如下。

$$\begin{aligned} D(n) &= \text{当系统状态为}n\text{时在一个时隙内等待重传队列的平均变化量} \\ &= \text{该时隙内平均到达新分组数}-\text{该时隙内平均成功传输分组数} \\ &= (m-n)q_a - 1 \times P_{\text{succ}} \end{aligned} \tag{7-17}$$

其中

$$P_{\text{succ}} = Q_a(1,n)Q_r(0,n) + Q_a(0,n)Q_r(1,n) \tag{7-18}$$

式（7-18）中第一项是一个新到达分组被成功传输的概率，第二项是重传的分组队列中存在一个分组传输成功的概率。系统状态偏移量可以用来表示在一个时隙内系统状态的变化大小。

若$D(n) < 0$，意味着系统中等待重传的节点数减少，系统状态转移图的整体趋势是向左的，因此系统更加趋向稳定。若$D(n) > 0$，则意味着系统中等待重传的节点数增加，状态转移图的整体趋势是向右的，因此系统更加趋向不稳定。

令$G(n)$表示当系统状态为n时，一个时隙内平均传输的分组数，因此有

$$G(n) = (m-n)q_a + nq_r \tag{7-19}$$

若将式（7-6）和式（7-7）代入式（7-19），进一步进行化简，有

$$\begin{aligned} P_{\text{succ}} &= \left[\frac{(m-n)q_a}{1-q_r} + \frac{nq_r}{1-q_r}\right](1-q_a)^{m-n}(1-q_r)^n \\ &\approx G(n)\mathrm{e}^{-q_a(m-n)}\mathrm{e}^{-q_r n} \\ &\approx G(n)\mathrm{e}^{-G(n)} \end{aligned} \tag{7-20}$$

如图7-11所示，其中存在两条关系曲线：一个时隙内平均传输的分组数与该时隙内平均被成功传输分组数的关系曲线$[P_{\text{succ}} \sim G(n)]$以及系统状态$n$与分组到达率的关系曲线$(((m-n)q_a) \sim n)$。

其横轴在两个关系曲线中有不同的意义：在系统状态n与分组到达速率的关系曲线$(((m-n)q_a) \sim n)$中表示系统状态n，在一个时隙内平均传输的分组数与该时隙内平均被成功传输

分组数的关系曲线[$P_{succ} \sim G(n)$]中表示一个时隙内平均传输的分组数$G(n)=(m-n)q_a+nq_r$。

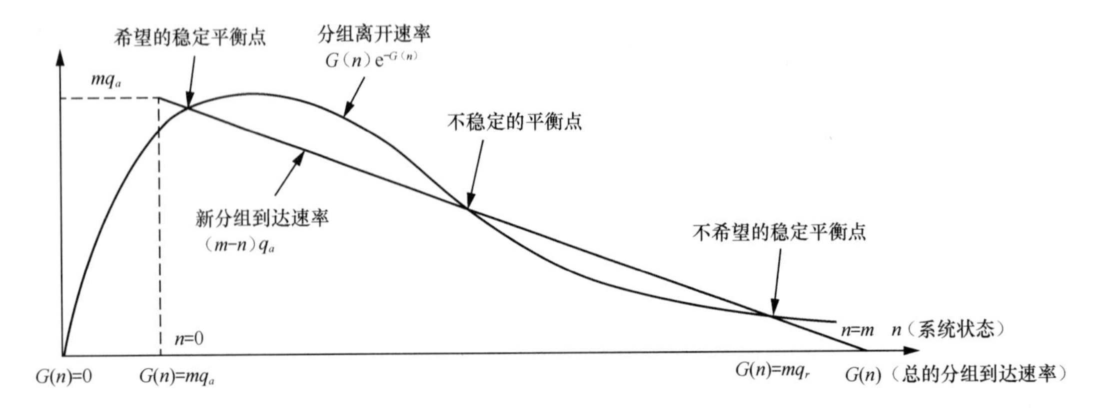

图 7-11　时隙 ALOHA 的动态性能曲线

如图7-11所示，$D(n)$为分组离开速率曲线与分组到达速率曲线之差。这两条关系曲线存在三个交叉点，这三个交叉点就是三个平衡点。

当系统处于第一个交叉点与第二个交叉点之间的状态时，分组离开速率大于分组到达速率，此时$D(n)$为负值，从而会导致系统的状态减少。这意味着$D(n)$的方向为负，因此若第二交叉点存在任意负的扰动都将使得系统趋向第一个交叉点。

当系统处于第二个交叉点与第三个交叉点之间的状态时，分组离开速率小于分组到达速率，此时$D(n)$为正值，从而会导致系统的状态增加。这意味着$D(n)$的方向为正，因此若第二交叉点存在任意负的扰动都将使得系统趋向第三个交叉点。

通过上述分析可知，第一和第三个交叉点是稳定的平衡点，而第二个交叉点是不稳定的平衡点。

对图7-11进行深入分析，第一个交叉点的吞吐量是较高的，然而第三个交叉点的吞吐量很低。因此，第一个交叉点是系统所期望的稳定平衡点，而第三个交叉点是系统所不希望的稳定平衡点。

若重传概率q_r增加，则重传的时延将会减小。若保持图7-11的横坐标n不变，则$G(n)=(m-n)q_a+nq_r$的取值会增加，$G(n)$对应的曲线$G(n)e^{-G(n)}$的值会降低，即曲线向左压缩，第二个交叉点向左移。因此退出不稳定区域的可能性增加，但到达不希望的稳定点的可能性增大。且因为此时n值很小，所以都可能使系统进入不稳定区域。

若重传概率q_r减小，则重传的时延将会增大。若保持图7-11的横坐标n不变，则$G(n)$取值将减小，而曲线$G(n)e^{-G(n)}$的值将会增加，这意味着曲线将向右进行扩展。在向右扩展到一定程度后，系统将有且仅有一个稳定平衡点。

下面采用假设B来讨论系统的动态行为。

在假设B中系统中有无穷多个节点，因此有$G(n)=\lambda+nq_r$，图7-11的到达过程中所对应的到达率将变为常量。在这种情况下，系统所不希望的稳定平衡点将会消失，从而剩下一个不稳定平衡点和一个希望的稳定平衡点。当系统状态超过不稳定平衡点时，系统的吞吐量趋于0，时延将会趋于∞。

综上所述，可知重传概率q_r很大程度上影响系统的动态行为。

需要注意的是，在时隙ALOHA的基础上又发展出一种被称为预约ALOHA（R-ALOHA）的协议，它改善了纯ALOHA和时隙ALOHA这两者较低的吞吐量动态范围和时延的稳定性，较前两者更实用。不过由于其申请预约需要系统资源、增加传输延时，如果数据报文与预约请求本身的数据相差不大，将会造成资源浪费并降低系统的实时性，因此R-ALOHA不适合短数据包传输的情况。

在基于ALOHA竞争方式的多址协议中，数据包的碰撞概率会随着同时请求接入的卫星终端数量的增加而急剧增大，影响系统的稳定性，极大限制其在卫星通信系统中的应用。另外，竞争接入的方式对卫星的存储容量提出了苛刻要求，额外消耗了有限的星载资源。

7.4 载波监听型多址接入技术（I）——CSMA 概述

由于ALOHA协议信道利用率不高，因此需要进一步研究载波监听型的多址接入协议，它可以有效地减少待发送分组对正在传输分组的影响。

7.4.1 CSMA 的基本原理与实现形式

在前面章节所讨论的ALOHA协议中，网络中的节点不考虑当前信道的状态（空闲或是繁忙），只要有分组到达就各自独立地决定将分组发送到信道。这种控制策略一定存在盲目性，需要进行优化。然而，目前对于时隙ALOHA协议的改进结果只能使其最大吞吐量达到0.368左右。若想进一步优化系统的吞吐量，则需要减少节点间发送冲突的概率。

缩小易受破坏区间可以减少节点间发送冲突的概率，然而这存在一定的限度。因此，可以考虑从减少发送的盲目性着手，在节点发送前先进行“载波监听”（即观察信道是否有用户在传输）从而来确定信道忙闲状态，然后根据信道状态来决定分组是否发送。这就是CSMA的基本原理。

CSMA是从ALOHA协议演变出的一种改进型协议，它额外配置了硬件装置，使得每个节点都能够检测（监听）到信道的状态（即空闲或是繁忙）。假设一个节点有分组要传输，它首先进行“载波监听”，若信道正在传输其他分组，则该节点将等到信道空闲后再进行传输，这种方式可以有效减少要发送的分组与正在传输分组之间的碰撞，从而提高系统的吞吐量。

CSMA协议可细分为几种实现形式：非坚持型CSMA、1-坚持型CSMA以及p-坚持型CSMA。

非坚持型CSMA：当分组到达时，若信道处于空闲状态，则立即发送分组；若信道处于忙状态，则该节点将延迟分组的发送，同时该节点不再对信道的状态进行跟踪（即该节点暂时不进行信道的检测），当延迟结束后，该节点将再次对信道的状态进行跟踪，并重复上述过程，直到将该分组发送成功。

1-坚持型CSMA：当分组到达时，若信道处于空闲状态，则立即发送分组；若信道处于忙状态，则该节点一直坚持对信道的状态进行跟踪，直至跟踪到信道处于空闲状态后，立即发送该分组。

p-坚持型CSMA：当分组到达时，若信道处于空闲状态，则立即发送分组；若当分组到达时，信道处于忙状态，则该节点一直坚持对信道的状态进行跟踪，跟踪到信道处于空闲状态后，以概率p发送该分组。

在后续章节中将重点讨论非坚持型CSMA的性能。

因为电信号在介质中存在传播时延，所以同一信号状态（即出现或消失）在不同的观察点上监测到的时刻是并不相同的。由此，在CSMA多址接入技术中，影响系统性能的主要参数为（信道）载波的检测时延（τ）。该检测时延由两部分组成：一部分是发送节点到检测节点的传播时延，另一部分是物理层检测时延（即检测节点从开始检测到检测节点给出信道状态所需的时间）。设信道速率为C（bit/s），分组长度为L（bit），则归一化的载波监听（检测）时延为$\beta = \tau(C / L)$。

7.4.2 隐藏终端问题与暴露终端问题

由于自组织网络具有动态变化的网络拓扑结构，且采用异步通信技术，使得各个移动节点共享同一个通信信道，这就存在信道分配和竞争问题。由于移动节点的频率和发射功率都比较低，并且信号受无线信道中的噪声、信道衰落和障碍物的影响，因此移动节点的通信范围是有限的。一个节点发出的信号，网络中的其他节点不一定都能收到，从而会出现“隐藏终端”和“暴露终端”问题。

隐藏终端是指在接收接点的覆盖范围内而在发送节点的覆盖范围外的终端。隐藏终端由于监听不到发送节点的发送而可能向相同的接收节点发送分组，因此分组在接收节点处会冲突。如图7-12所示，A与B为两个节点，这两个节点都关联在接入节点（access point，AP）上。图7-12中虚线分别代表A与B的发送范围。由于图7-12中A与B发送范围无法互相覆盖，即无法通过物理载波监听的方法探测对方是否有发送数据，因此A与B可能会误以为信道空闲，从而同时发送，继而造成冲突。

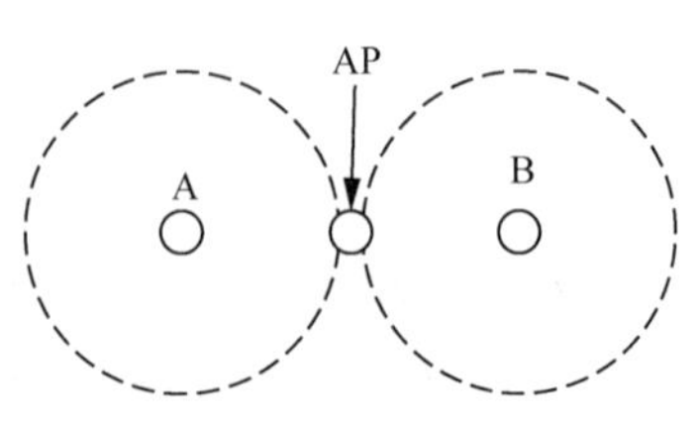

图7-12 隐藏终端拓扑

如图7-13所示，根据分布式协调工作模式（distributed coordination function，DCF）中CSMA/CA的工作机制，A与B在等待分布式帧间隙（distributed interframe spacing，DIFS）之后，分别选取一个随机数进行随机回退。B由于随机数选择较少，从而首先倒数至0，并发送数据。当B发送数据后，由于A监听不到B已经占用信道，其依旧误以为信道是空闲的，因而继续进行随机回退。当A的随机回退计数值倒数至0时，A也会发送数据。

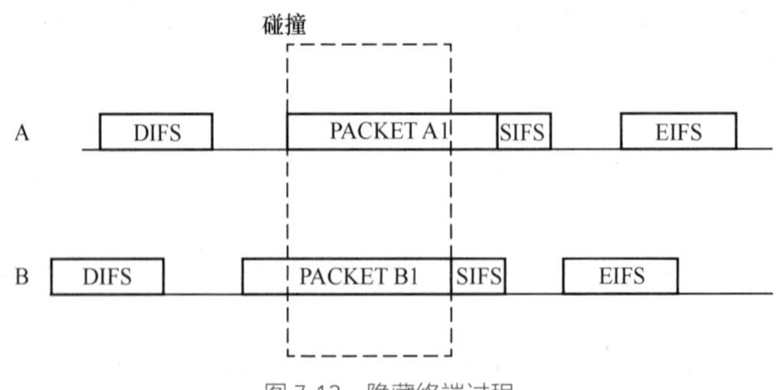

图7-13 隐藏终端过程

由于A与B的同时发送，即AP接收时存在重叠区域，发生了冲突，最终这一轮传输失败。当这一轮传输失败之后，A与B采用二进制指数退避算法（binary exponential backoff，BEB）重新选择随机数进行回退，但后续过程中两者依旧无法互相监听，所以很容易再次出现同时传输的现象。在“隐藏终端”的情况下，网络是近似瘫痪的，即A与B的吞吐量都趋近于0。

暴露终端是指在发送节点的覆盖范围内而在接收节点的覆盖范围外的终端。暴露终端可能因监听到发生节点的发送而延迟发送。因为暴露终端在接收节点的通信范围外，所以它的发送并不会造成冲突，只是会引入不必要的时延。如图7-14所示，A与B为两个节点，其中A关联在AP1上，B关联在AP2上。图7-14中虚线代表A与B的发送范围。AP1处于A的覆盖范围内，而不再B的覆盖范围内。AP2处于B的覆盖范围，而不在A的覆盖范围内。换言之，AP1只能接收到A的数据，AP2也只能接收到STA 2的数据。当A与B同时发送时，接收节点AP1或者AP2处均不会发生冲突，故其是可以同时传输的。但是由于这样的拓扑具备特殊性以及DCF中CSMA/CA的工作机制，A与B会无法同时传输，该问题则是暴露终端问题。

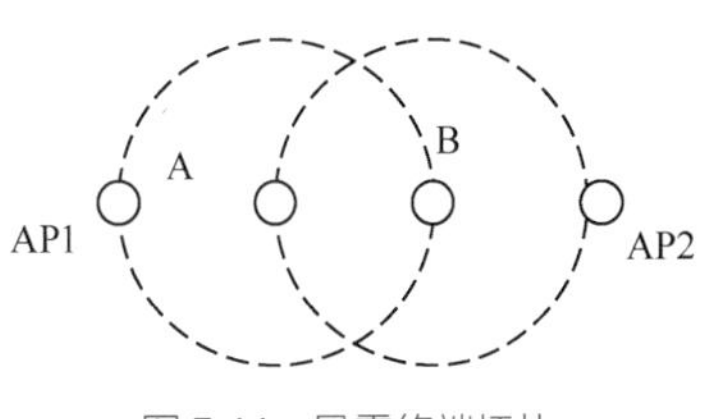

图 7-14 暴露终端拓扑

在CSMA/CA中，接入是遵守先听后发（listen before talk，LBT）机制的。我们在DCF的介绍中所述，每一个节点在接入信道之前都需要进行随机回退。在该过程内，若信道空闲，则每经过1个时隙，随机倒数计数器进行一次倒数。若信道非空闲，则节点不会对随机倒数计数器进行倒数，并对其进行悬挂。只有当其倒数至0时，才可以发起传输。其中信道空闲与否是通过载波监听机制进行判断的，而在DCF中，存在物理载波监听和虚拟载波监听两种模式，这两种监听方式都有可能引起“暴露终端”问题。下面介绍物理载波监听引起“暴露终端”问题的过程。

如图7-15所示，A与B可以互相监听。由于B选择了较小的随机数进行倒数，因而其最先倒数至0，并进行发送。当B首先发送数据包给AP2后，A监听信道为忙状态，从而无法发送信息。对于拓扑而言，A是可以传数据给AP1的，但是监听B正在传输，会导致信道忙，故A悬挂随机倒数计数器，无法继续倒数，从而无法传输。

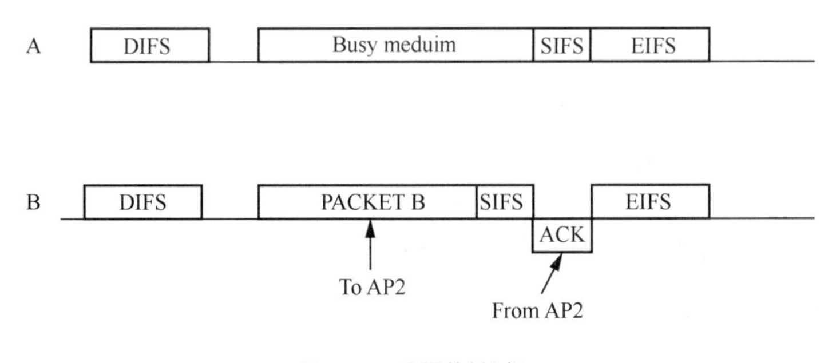

图 7-15 暴露终端过程

隐藏终端和暴露终端的存在，会造成自组织网络时隙资源的无序争用和浪费，增加数据碰撞的概率，严重影响网络的吞吐量、容量和数据传输时延。在自组织网络中，当终端在某一时隙内传送信息时，若其隐藏终端在此时隙发生的同时传送信息，就会产生时隙争用冲突。受隐藏终端的影响，接收端将因数据碰撞而不能正确地接收信息，造成发送端有效信息的丢失和大量的时间浪费（数据帧较长时尤为严重），从而降低了网络的吞吐量。当某个终端成为暴露终端后，由于它会监听到另外的终端对某一时隙的占用信息，因此就会放弃预约该时隙进行信息传送。其实，因为源终端节点和目的终端节点都不一样，暴露终端是可以占用这个时隙来传送信息的。这样就造成了时隙资源的浪费。

解决隐藏终端问题的思路是使接收节点周围的邻居节点都能了解到它正在进行接收，目前实现的方法有两种：一种是接收节点在接收的同时发送忙音来通知邻居节点，即忙音多路访问协议系列；另一种方法是发送节点在数据发送前与接收节点进行一次短控制消息握手交换，以短消息的方式通知邻居节点它即将进行接收，也就是请求发送/允许发送（request to send/clear to send，RTS/CTS）协议方式。

7.5 载波监听型多址接入技术(Ⅱ)——非时隙 CSMA 与时隙 CSMA

对于非坚持型CSMA，按照其是否将时间轴进行分隙，可分为非时隙CSMA协议与时隙CSMA协议[12]。本节将介绍两者的工作过程并对性能进行分析。

7.5.1 非时隙 CSMA 协议的工作过程

当分组到达节点时，节点进行信道检测。若信道处于空闲状态，则立即发送该分组。若信道处于忙状态，则分组被延迟一段时间，延迟后节点将重新检测信道。若信道处于忙状态或者在发送时与其他分组碰撞，则该分组将变成等待重传的分组。每个等待重传的分组将重复地进行重传尝试，每个等待重传的分组的重传间隔相互独立且服从指数分布。其具体的控制算法描述如下。

（1）若有分组等待发送，则转到第（2）步，否则处于空闲状态，等待分组到达。

（2）检测信道：若信道处于空闲状态，启动发送分组，发完返回第（1）步；若处于忙状态，放弃检测信道，选择一个随机时延的时间长度t开始延时（此时节点处于退避状态）。

（3）延时结束，转至第（1）步。

图7-16给出了整个过程的示意图。

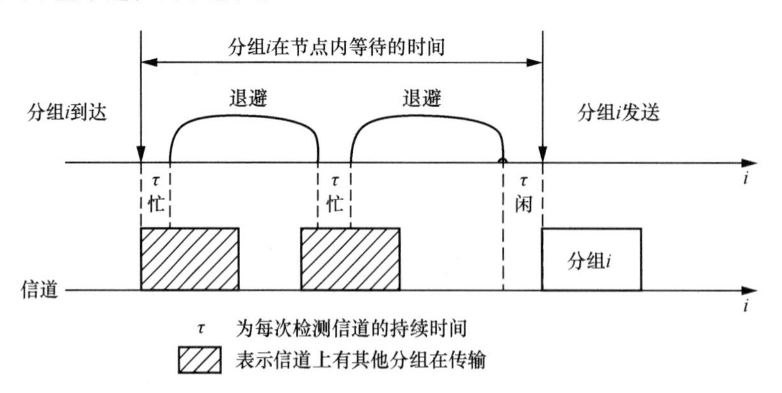

图7-16　非坚持型非时隙 CSMA 协议的控制过程示意图

非坚持型非时隙CSMA多址接入技术的主要特点是节点在发送数据前会进行信道的检测，若检测到信道忙时，能主动延迟分组的发送，同时暂时放弃检测信道。非坚持型非时隙CSMA多址接入技术的系统吞吐量表达式如下。

$$S=\frac{Ge^{-\beta G}}{G(1+2\beta)+e^{-\beta G}} \tag{7-21}$$

7.5.2 时隙 CSMA 协议的工作过程

在时隙CSMA协议中，时间轴被分成宽度为β的时隙（时隙ALOHA中时隙的宽度为一个分组的长度，这里的时隙宽度为归一化的载波检测时间）。如图 7-17（a），若分组在一个空闲的时隙中到达，该分组将在下一个空闲时隙开始传输。若分组到达某节点时，信道上有分组正在传输，则该节点将变为等待重传的节点，该节点将在当前分组传输结束后的后续空闲时隙中以概率 q_r 进行传输，如图 7-17（b）所示。

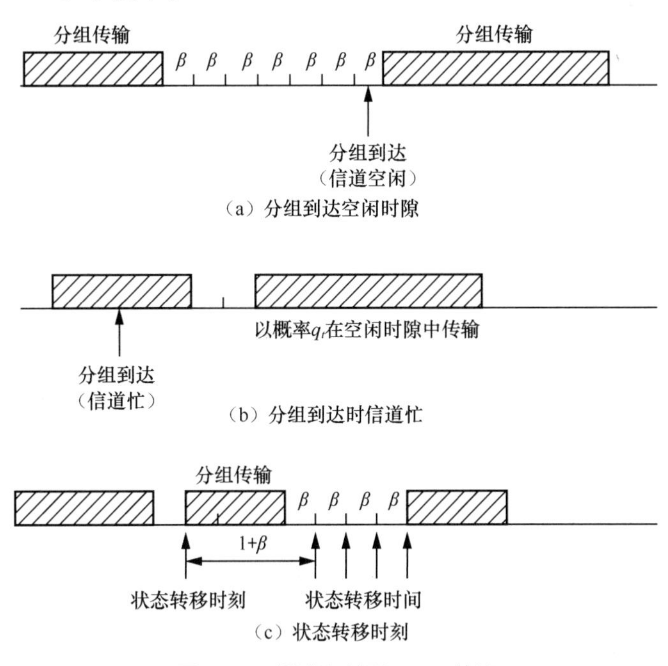

图 7-17 时隙非坚持型 CSMA 协议

通过马尔可夫链来对时隙非坚持型CSMA协议的性能进行分析，并进行以下假设：

（1）分组长度为1个单位长度，且其总的到达过程是速率为λ的泊松过程；

（2）网络中有无穷多个节点（假设B）；

（3）信道状态0、1、e的反馈时延最大为B。

设每一个空闲时隙结束时刻等待重传的分组数n为系统的状态，因此相邻的两个状态转移的时间间隔为β或β+1，如图 7-17（c）所示。

设D_n为一个状态转移间隔内n的平均变化数，则有

$$\begin{aligned} D_n &= E\{\text{状态转移间隔内到达的分组数}\} - 1\times P_{\text{succ}} \\ &= \lambda E\{\text{状态转移间隔}\} - 1\times P_{\text{succ}} \end{aligned} \tag{7-22}$$

其中有

$$\begin{aligned} E\{\text{状态转移间隔}\} &= \beta P(\text{时隙空闲}) + (1+\beta)(1-P(\text{时隙空闲})) \\ &= \beta + 1 - P(\text{时隙空闲}) \\ &= \beta + 1 - \mathrm{e}^{-\lambda\beta}(1-q_r)^n \end{aligned} \tag{7-23}$$

时隙空闲的概率应与前一时隙内无分组到达同时n个等待重传的节点没有分组在当前时隙发送的概率一致。分组的成功传输存在两种情况：一种情况是在前一时隙内有一个分组到达且n个等待重传的节点没有分组在当前时隙发送；另一种情况是在前一时隙内没有新分组到达但n个等待重传的节点在当前时隙有一个分组传输。则

$$P_{\text{succ}} = \lambda\beta\mathrm{e}^{-\lambda\beta}(1-q_r)^n + \mathrm{e}^{-\lambda\beta} n q_r (1-q_r)^{n-1} \tag{7-24}$$

将式（7-23）和式（7-24）代入式（7-22），得

$$D_n = \{\lambda[\beta + 1 - e^{-\lambda\beta}(1-q_r)^n]\} - \left(\lambda\beta + \frac{q_r}{1-q_r}n\right)e^{-\lambda\beta}(1-q_r)^n \tag{7-25}$$

当q_r较小时，有$(1-q_r)^{n-1} \approx (1-q_r)^n \approx e^{-q_r n}$，因此

$$D_n \approx \lambda(\beta + 1 - e^{-g(n)}) - g(n)e^{-g(n)} \tag{7-26}$$

其中，$g(n) = \lambda\beta + q_r n$，它反映的是重传分组数和到达分组数之和，即试图进行传输的总分组数。

使D_n为负的条件为

$$\lambda < \frac{g(n)e^{-g(n)}}{\beta + 1 - e^{-g(n)}} \tag{7-27}$$

$g(n)e^{-g(n)}$表示在每个状态转移区间内的平均被成功传输的分组数，$\beta + 1 - e^{-g(n)}$表示平均状态转移区间的长度，不等式右侧公式表示单位时间内的吞吐量。它与$g(n)$的关系如图7-18所示。从图7-18中可以看出，最大的吞吐量为$1/(1+\sqrt{2\beta})$，它对应的$g(n) = \sqrt{2\beta}$。

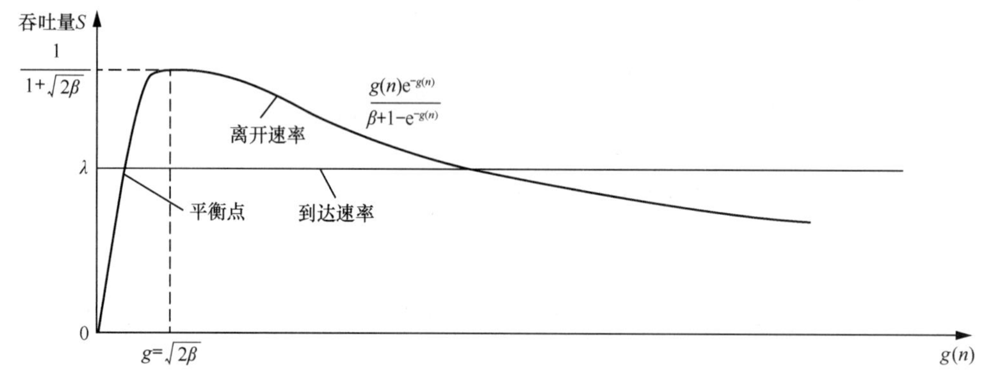

图7-18 时隙CSMA协议的平均离开速率（通过率）

CSMA协议也同样存在着稳定性的问题。图7-19给出了几种典型的随机多址接入协议的性能曲线。非坚持型CSMA协议可以大量降低分组碰撞的概率，从而使得该通信系统的最大吞吐量可以超过信道容量的80%，并且时隙非坚持型CSMA协议的性能更好。由于1-坚持型CSMA并没有退避的措施，在业务量很小时，数据的发送机会更多，响应也更快。然而，若节点数增大或总的业务量增加，碰撞的概率急速增大，系统的吞吐量急剧减少，其最大吞吐量只能达到信道容量的53%左右。综上所述，CSMA协议的性能优于ALOHA协议的性能。

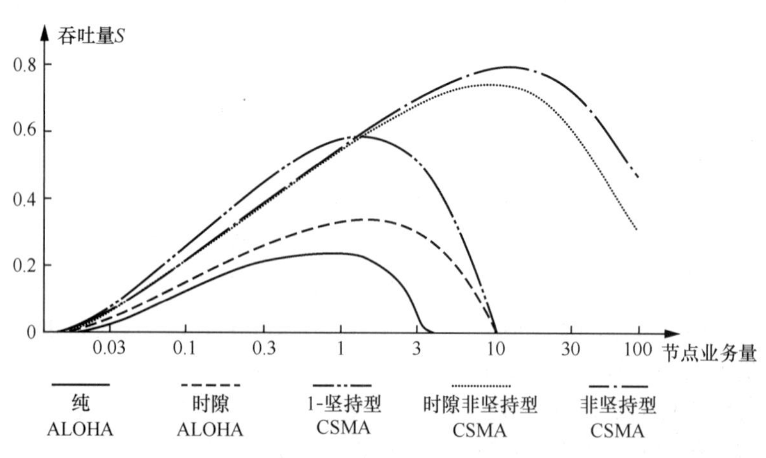

图7-19 典型CSMA协议的吞吐量性能曲线

7.6 载波监听型多址接入技术(Ⅲ)——CSMA/CD 与 CSMA/CA

虽然CSMA可以降低节点间发送冲突的概率，但是其只在发送数据前检查是否存在冲突，而数据发送过程中是有可能出现冲突的，这时 CSMA 会继续将剩下的数据发送完，导致时间、带宽的浪费，所以出现了CSMA/CD协议。CSMA/CA是对CSMA/CD协议的修改，把冲突检测改为冲突避免。CSMA/CD、CSMA/CA都是对 CSMA 的不同思路的改进。

7.6.1 有碰撞检测功能的载波监听型多址接入技术

前面章节所介绍的CSMA协议主要是通过节点在分组发送之前进行信道检测，从而降低节点间发送冲突的概率。然而，传播时延的存在使得冲突仍旧不可避免。一旦发生冲突，信道资源就会被浪费。因此，在CSMA的基础上，CSMA/CD增加了冲突检测的功能。一旦检测到信道上发生了冲突，冲突的节点就必须停止发送，使得信道快速进入空闲状态，减少信道的时间资源的浪费，从而使信道的利用率提高。这种边发送边监听的功能称为冲突检测。

CSMA/CD的工作过程如下。

当一个节点有分组到达时，节点首先监听信道，看信道是否处于空闲状态。若信道处于空闲状态，则立即发送分组；若信道处于忙状态，则继续监听信道，直至处于空闲状态后立即发送分组。该节点在发送分组的过程中，将进行δs的信道检测，用于确定本节点的分组是否与其他节点发生碰撞。若没有发生碰撞，则该节点会无冲突地占用该总线，直至分组传输结束；若发生碰撞，则该节点立即停止发送，并随机时延一段时间后重复上述过程（在实际应用中，发送节点在检测到碰撞以后还须产生一个阻塞信号来阻塞信道，以防止其他节点没有检测到碰撞而继续传输）。

在CSMA多址接入协议的基础上，CSMA/CD接入协议增加了以下控制规则。

（1）“边说边听”。即任意一个发送节点在发送其分组的同时，需要一直检测信道的碰撞情况。一旦检测到碰撞发生，该节点应立即中止发送，而不管目前正在发送的分组是否发完。

（2）“强化干扰”。即发送节点在检测到碰撞并停止发送后，立即改为发送小段的“强化干扰信号”来增强碰撞检测的效果。

（3）“碰撞检测窗口”。即任意一个发送节点若能完整地发完一个分组，则需要停止一段时间（两倍的最大传播时延），同时进行信道情况检测。若在此期间未发生碰撞，则视为该分组传输成功。这个时间区间可以称为“碰撞检测窗口”。

第（1）点保证尽快确知信道中碰撞发生和尽早停止分组碰撞发生后的相关节点的无用发送，从而提高信道利用率。第（2）点有利于提高网络中所有节点的碰撞检测功能的可信度，从而保证了分布式控制的一致性；第（3）点可以提高单个分组发送成功的可信度。若接收节点在此窗口内发送应答帧——确认字符（acknowledge character，ACK）或否定应答（negative acknowledgment，NAK），则可保证应答传输成功的可信度。

下面分析CSMA/CD协议的性能。为了简化分析，假定一个局域网工作在时隙状态下，以每个分组传输的结束时刻作为参考点，将空闲信道分为若干个微时隙，用分组长度进行归一化的微时隙的宽度为β。所有节点都同步在微时隙的开始点进行传输。若在一个微时隙开始点有分组发送，则经过一个微时隙后，所有节点都检测到在该微时隙上是否发生碰撞。若发生了碰撞，则立即停止发送。

利用时隙CSMA协议性能对相同的马尔可夫链进行分析。设网络中有无穷多个节点（假设

B），每个空闲时隙结束时的等待重传的分组数为n，每个等待重传的节点在每个空闲时隙后发送的概率为q_r。在一个空闲时隙发送分组的节点数为$g(n)=\lambda\beta+q_r n$。

在一个空闲时隙后存在三种可能的情况：一是仍为空闲时隙，二是完成了一个分组的成功传输（归一化的分组长度为1），三是信道中发生了碰撞传输。三者对应的到达下一个空闲时隙结束时刻的区间长度分别为β、$1+\beta$和2β。因此，两个状态转移时刻的平均间隔为

$$E\{\text{状态转移时刻的间隔}\}=\beta+1\times g(n)\mathrm{e}^{-g(n)}+\beta\{1-[1+g(n)]\mathrm{e}^{-g(n)}\} \tag{7-28}$$

式（7-28）中第一项表示在任何情况下基本的间隔为β，$1\times g(n)\mathrm{e}^{-g(n)}$是成功传输造成的平均间隔的增加，$\beta\{1-[1+g(n)]\mathrm{e}^{-g(n)}\}$是碰撞造成的平均间隔的增加。

设D_n为在一个状态转移区间内n的变化量，则有

$$D_n=\lambda E\{\text{状态转移时刻的间隔}\}-1\times P_{\text{succ}} \tag{7-29}$$

其中

$$P_{\text{succ}}=g(n)\mathrm{e}^{-g(n)} \tag{7-30}$$

要使$D_n<0$，则有

$$\lambda<\frac{g(n)\mathrm{e}^{-g(n)}}{\beta+g(n)\mathrm{e}^{-g(n)}+\beta\{1-[1+g(n)]\mathrm{e}^{-g(n)}\}} \tag{7-31}$$

由式（7-25）可知，该不等式右侧为分组离开系统的概率，其最大值为$1/(1+3.31\beta)$，它对应的$g(n)=0.77$。因此，若CSMA/CD是稳定的（如采用伪贝叶斯算法），则系统稳定的最大分组到达率应小于$1/(1+3.31\beta)$。

例7.5 某局域网采用CSMA/CD协议实现介质访问控制，数据传输速率是10 Mbit/s，主机甲和主机乙之间的距离是2 km，信号传播速度是2×10^5km/s。若主机甲和主机乙发送数据时发生冲突，则从开始发送数据时刻起，到两台主机均检测到冲突时刻止，最短需要经过多长时间？最长需要经过多长时间（假设主机甲和主机乙发送数据过程中，其他主机不发送数据）？

解：CSMA/CD 协议是带载波监听带冲突检测的1-坚持访问控制协议，两台主机同时发送数据时，两台主机检测到冲突的时间最短，需要$2/(2\times10^5)$=10 μs，而在甲（乙）主机检测到信道空闲时发送数据帧，在数据帧到达乙（甲）前的一瞬间，乙（甲）主机也开始发送数据帧，此时两台主机均检测到冲突需要20 μs，用时最长。

7.6.2 有碰撞避免功能的载波监听型多址接入技术

在无线系统中，硬件设备并不能在相同的频率（信道）上同时进行接收和发送，因此无法利用碰撞检测技术。只能通过冲突避免的方法来减少冲突出现的可能性。在CSMA的基础上，CSMA/CA增加了冲突避免的功能。在IEEE 802.11无线局域网的标准中便采用了CSMA/CA协议。它可以同时支持全连通的网络拓扑和多跳连通的网络拓扑。

在IEEE 802.11中的CSMA/CA的基本工作过程如下。

一个节点在发送数据帧之前先对信道进行预约。假定A要向B发送数据帧，发送节点A先发送一个请求发送帧（RTS）来预约信道，所有收到RTS帧的节点将暂缓发送。而真正的接收节点

B在收到RTS后，发送一个允许发送的应答帧（CTS）。在RTS和CTS帧中均包括要发送分组的长度。在给定信道传输速率及RTS和CTS长度的情况下，各节点就可以计算出相应的退避时间，该时间通常称为网络分配矢量（network allocation vector，NAV）。CTS帧有两个作用：一是表明接收节点B可以接收发送节点A的帧；二是禁止B的邻节点发送，从而避免了B的邻节点的发送对A到B的数据传输造成的影响。RTS和CTS帧很短，如它们分别可为20和14 byte，而数据帧最长可以达到2 346byte。相比之下，RTS和CTS引入的开销不大。RTS/CTS的传输过程如图7-20所示。

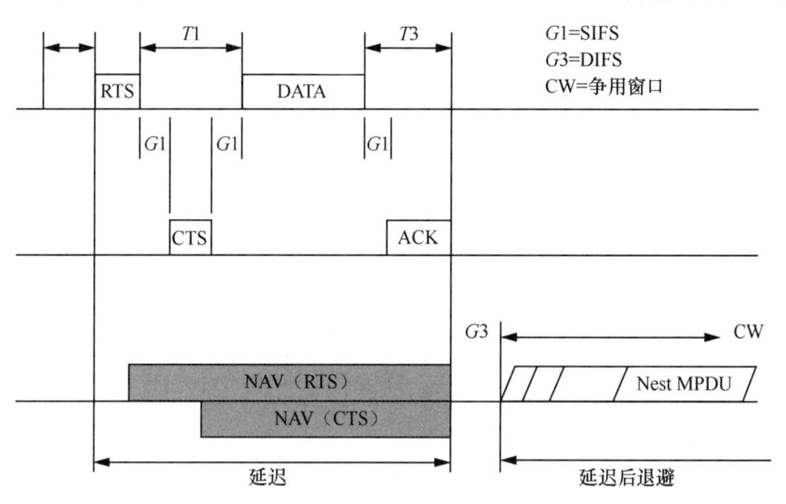

图 7-20　RTS/CTS 的传输过程

为了尽量避免冲突，IEEE 802.11标准给出了三种长短各不相同的帧间隔（interframe space，IFS）。如图7-20所示，假设短帧间隔（short interframe space，SIFS）、分布式帧间隔（distributed interframe space，DIFS）不加以区分，给出只使用一种IFS时的CSMA/CA接入算法。

（1）发送帧的节点先进行信道检测。若发现信道处于空闲状态，则继续监听一段时间IFS，看信道是否仍处于空闲状态。如果是，则立即发送数据。

（2）若发现信道处于忙状态（开始阶段或IFS时间内发现），则继续监听信道，直到信道处于空闲状态。

（3）一旦信道变为空闲，此节点延时另一个时间IFS。若信道在时间IFS内仍为空闲，则按照二指数退避算法（对一分组的重发退避时延的取值范围与该分组的重发次数进行二进制指数关系的构建，即随着分组遭碰撞而重发次数的增加，其退避时延的取值范围按2的指数增大）延时一段时间。只有在退避期间信道一直处于空闲状态的条件下，该节点才能发送数据。这可在网络负荷很重的情况下，大大地降低发生冲突的概率。

IEEE 802.11协议中定义了三种帧间隔：

（1）SIFS，典型的数值只有10 μs；

（2）点协调功能中的帧间隔（point interframe space，PIFS），比SIFS长；

（3）DIFS，是最长的帧间隔，典型数值为50 μs。

7.7 冲突分解算法与预约多址协议

对于有竞争的多址接入协议而言，存在一个非常重要的问题：如何解决冲突而使所有碰撞用户都可以成功完成传输？通过前面章节的讨论可知，可以通过对等待重传队列长度的估值的调整来改变分组重传的概率，进而有效地减缓碰撞。然而这种方式存在一定的极限，因此可以考虑一种更有效的解决冲突的方式：若系统发生碰撞，则让新到达的分组在系统外等待，在参与碰撞的分组均成功传输结束后，再让新分组传输，即冲突分解（collision resolution，CR）。此外，基于预约的多址接入协议也可以有效避免冲突的问题。7.7.1小节介绍了冲突分解算法，之后在7.7.2小节对预约多址协议进行了分析。

下面以ALOHA协议为例进行讨论，以两个分组碰撞的情况来简要说明冲突分解的过程和好处。

例7.6 设两个分组在第i个时隙发生碰撞，若每个分组独立地以1/2的概率在第i+1和第i+2个时隙内重传，求在这次冲突分解过程的吞吐量。

解：在第i+1个时隙内有一个分组成功传输的概率为1/2。若成功，另一个分组在第i+2个时隙内被成功传输，此时需2个时隙解决碰撞。若第i+1个时隙空闲或再次碰撞，则每个分组再独立地以概率1/2在第i+2和第i+3个时隙内重传。这样在第i+2个时隙内有一个分组被成功传输的概率为1/4。若成功，另一个分组在第i+3个时隙被成功传输，此时共需3个时隙解决碰撞。以此类推，需要k个时隙完成冲突分解的概率为$2^{-(k-1)}$。设一个分组被成功传输所需的平均时隙数为$E[t]$，由于每个分组需要被传输i次才能成功传输（其中i–1次重传，1次正确传输），而分组正确被传输的概率是1/2，所以有

$$E[t]=\sum_{i=1}^{\infty}i\times\left(\frac{1}{2}\right)^{i-1}\times\frac{1}{2}=\sum_{i=1}^{\infty}i\times\left(\frac{1}{2}\right)^{i}=2$$

一旦有一个分组被成功传输，则另一个分组在下一时隙必然被成功传输，所以平均需要3个时隙才能成功发送2个分组。故在冲突分解的过程中，吞吐量为2/3。

例7.6说明冲突分解可以有效地提高系统的吞吐量。下面给出两种具体的冲突分解算法：树状分裂算法（tree splitting algorithm，TSA）和先到先服务的分裂算法（first come first service splitting algorithm，FCFS）。

7.7.1 树状分裂算法

假设在第k个时隙发生碰撞，碰撞节点的集合为S。所有未介入碰撞的节点进入等待状态，S被随机地分成两个子集，用左集（L）和右集（R）表示。左集（L）先在第k+1个时隙中传输。若第k+1个时隙中传输成功或空闲，则R在第k+2个时隙中传输。若在第k+1个时隙中发生碰撞，则将L再分为左集（LL）和右集（LR），LL在第k+2个时隙中传输。若第k+2个时隙中传输成功或空闲，则LR在第k+3个时隙中传输。以此类推，直至集合S中所有的分组传输成功。从碰撞的时隙（第k个时隙）开始，直至S集合中所有分组成功传输结束的时隙称为一个冲突分解期（collision resolution period，CRP）。

例7.7 一共有3个节点在第k个时隙发生碰撞，其碰撞后的分解过程如图7-21所示，图中集合的分割是采用随机的方式，即在每次集合分割时，集合中的节点通过扔硬币的方法决定自

己属于左集还是右集。

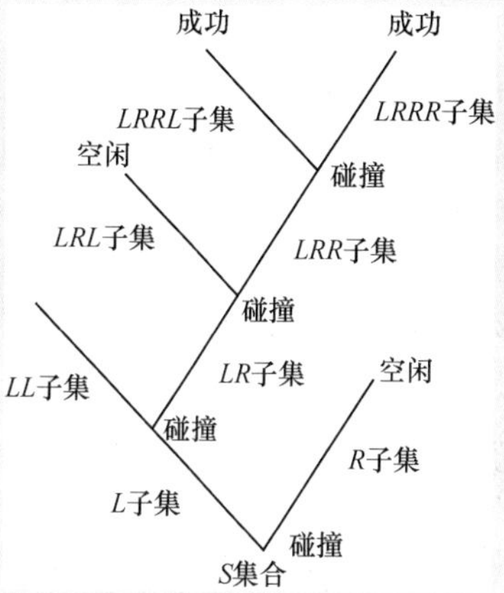

时隙	发送集合	等待集合	反馈
1	*S*	—	e
2	*L*	*R*	e
3	*LL*	*LR*，*R*	1
4	*LR*	*R*	e
5	*LRL*	*LRR*，*R*	0
6	*LRR*	*R*	e
7	*LRRL*	*LRRR*，*R*	1
8	*LRRR*	*R*	1
9	*R*	—	0

图 7-21　树状冲突分解算法举例

该图中用了8个时隙完成了冲突分解。

该算法中，在给定每个时隙结束时立即有（0，1，e）反馈信息的情况下，各个节点能构造一个相同的树，并确定自己所处的子集，确定何时发送自己的分组。具体的方法如下。

树状算法中的发送顺序可对应于一个数据压入堆栈的顺序。当一个碰撞发生后，碰撞节点的集合被分为子集，形成的每一个子集作为一个元素压入堆栈。在发送时，堆栈顶端的子集从堆栈中移出并进行发送。每个节点采用一个计数器来跟踪它的分组所在的当前子集处于堆栈中的位置。若该子集处于堆栈的顶端，则立即发送。当该节点的分组传输发生碰撞（冲突分解开始），计数器的初值置0或1（取决于该分组被放在哪个子集中，简单分析可得若该分组被放入左子集，则初值被置为0；若该分组被放入右子集，则初值置为1）。在冲突分解过程中，当计数器的值为0时，则发送该分组。若计数器的值非0，则在冲突分解过程中，每次时隙发生碰撞，计数器值加1，而每次成功传输或时隙空闲，计数器值减1。

对树状算法进行分析可知，若在第k个时隙碰撞以后，第$k+1$个时隙是空闲的，则第$k+2$个时隙必然会再次发生碰撞。这表明将碰撞节点集合中的所有节点都分配到了右集（*R*），自然会再次发生碰撞。其改进的方法是：当碰撞后出现空闲时隙，则不传送第二个子集（*R*）中的分组，而是立即将*R*再次分解，然后传输分解后的第一个子集（*RL*），若再次空闲，则再次进行分解，然后传送*RLL*集合中的分组，以此类推。这样的改进可以使每个时隙的最大吞吐量达到0.46个分组。

7.7.2 预约多址接入协议性能分析

在前面介绍的几种随机多址接入技术中，可以看到它们共同的关键技术是最大限度地减少发送冲突，从而尽量提高信道利用率和系统吞吐量。7.7.1小节所述的冲突分解算法虽然可以一定程度上缓解冲突，但难以适配空间信息网络。具体而言，在空间信息网络中，星间和星地链路的传播时延很大，如果采用随机竞争的方式，将会导致冲突分解过程很慢。因此除了7.7.1小节所述的冲突分解算法之外，本节要讨论的预约多址接入协议也是一个不可或缺的冲突解决方案，对于空间信息网络建立具有重要的意义。预约多址接入协议旨在减少或消除随机因素，避免发送竞争所带来的对信道资源的无秩序竞争，使系统能按各节点的业务需求合理地分配信道资源。所以预约方式有时又被称为按需分配方式，前文所述CSMA/CA便是一种预约多址接入协议。

具体地，在传统随机多址协议中，当数据分组发生碰撞时，整个分组都被破坏。如果分组较长，则信道的利用率较低。当数据分组较长时，可以在数据分组传输之前，以一定的准则发送一个很短的预约分组，为数据分组预约一定的系统资源。如果预约分组被成功传输，则该数据分组在预约到的系统资源（频率、时隙等）中无冲突地传输。由于预约分组所浪费的信道容量很少，因而提高了系统效率。设数据分组的长度为1，预约分组的长度为v，并设在预约期内，预约分组的最大通过量为S_r，则在单位时间内数据分组的最大通过量为$S=(1+v/S_r)^{-1}$。下面以空间卫星网络为例讨论一种基于时隙的预约多址协议。

这一协议采用与TDMA类似的帧结构，在一帧当中有一个预约的区间（其长度为$A=mv$），该预约区间由m个小的预约时隙组成。在该区间中，为每个节点固定分配一个预约时隙。一帧中的另一部分为数据区间，它由若干个数据分组的传输时隙（时隙的长度等于每个分组的长度）组成。设卫星链路的来回传播时延为2β，则最小帧长应大于2β，这样在一前帧中传输的预约分组将用于预约下一帧中的数据分组传输的时隙。或者说，在当前帧中进行预约的分组，在下一帧中才能进行传输。假定每个预约的时隙仅预约一个分组传输的时隙，这时系统可达到的最大通过量为$\frac{1}{1+v}$。如果假定每个预约的时隙可以预约多个分组传输的时隙，这时帧长较长，则预约区间所占的比例很小，因而系统的通过量将趋于1。

假定分组的到达是泊松到达，分组的平均长度$\bar{X}$为1，$1/\mu=1$。由于传播时的影响，卫星系统中当前帧中预约的分组只能在下一帧中进行传输，则卫星系统中第i个分组的平均等待时延为

$$\mathbb{E}\{W_i\}=\mathbb{E}\{R_i\}+\frac{\mathbb{E}\{N_i\}}{\mu}+2A \tag{7-32}$$

式（7-32）中，R_i为第i个用户到达时的剩余服务时间，N_i为第i个用户到达时处于等待状态（排队）的分组数，$A=mv$为预约传输的平均区间，$2A$表示在卫星通信系统中分组必须经历两个预约期后才能进行传输。利用第3章的排队论知识，可以得到系统的平均等待时延为

$$W=\frac{\lambda\bar{X}^2}{2(1-\lambda)}+\frac{A}{2}+\frac{2A}{1-\lambda} \tag{7-33}$$

上面的分析中采用了可变帧长的方案，该方案会带来两个方面的问题：一是如果某些节点在接收预约分配信息时发生错误，则这些节点将无法跟踪下一个预约期，即出现不同用户之间的不同步，系统将无法工作；二是系统中会出现不公平的现象，非常繁忙的节点可能在每一帧中预约

了很多时隙，从而使得帧长很长，这样会使许多节点无法接入系统。为了解决上述问题，可采用固定帧长的方案，每一个节点仍在预约时隙中进行预约，每个节点有一个预约的时隙。如果在当前帧中分组传输不完，可推迟到下一帧中进行传输。这样从概念上讲，在系统中就形成了一个已获得预约的分组队列。该队列可以采用任何服务的规则进行服务，如先到先服务、轮询或优先等方式。只要已获得预约的分组队列不空闲，每一个数据时隙中就有分组传输，并且服务规则与分组长度无关，则平均时延与服务规则无关。直接对该系统的性能进行分析仍是比较复杂的，对原模型稍作修改，可以得到一个很好的简单近似分析结果。

假定帧长为2β，则预约期占的比例为$r=\dfrac{mv}{2\beta}$。现在假定把系统的带宽分为两部分：一部分用于预约分组的传输，其所占带宽的比例为γ；另一部分用于数据分组的传输，其所占带宽的比例为$1-\gamma$。每个预约分组的传输时间为$r=\dfrac{2\beta}{m}$，接收到预约分配信息（应答）所需的时延为2β。而一个新到达的分组平均要等待β才能开始进行预约分组的传输，因此一个分组从它到达系统至获得预约分配信息（或加入已获得预约的公共分组队列）的平均时延（称为预约时延）为$\beta+\dfrac{2\beta}{m}+2\beta=3\beta+\dfrac{2\beta}{m}$。

假定已获得预约的公共分组队列是泊松到达，其平均分组的传输（服务）时间为$\dfrac{\bar{X}}{1-\gamma}=\dfrac{1}{\mu}$，则$\rho=\dfrac{\lambda}{\mu}=\dfrac{\lambda}{1-\gamma}$。系统总的等待时延为该等待时延与预约时延之和，则利用第3章的排队论知识可得

$$W=3\beta+\frac{2\beta}{m}\beta+\frac{\lambda\bar{X}^2}{2(1-\rho)} \tag{7-34}$$

这种多址协议中，采用了专门的预约区间，为每一个节点分配了一个预约时隙，这样就给节点数的增加和减少带来了困难。随着m的增加，预约将耗费较多的资源。可以采用的改进方案包括：（1）在预约的小时隙中采用竞争的方式，用于预约的小时隙数比节点数m要少得多，这样，当m较大且λ较小时，可以降低时延；（2）不设专门的预约小时隙，当发送节点要发送一条消息（每条消息通常包括多个分组）时，发送节点在某一个空闲时隙以该消息的第一个分组作为预约分组进行预约，如果预约成功，则该节点就预约了后续各帧中相应的时隙，直至消息中的所有分组传输完毕。上述改进方案仅为举例，欢迎读者思考并提出其他改进方案。

习　题

7.1　请讨论固定多址接入协议的优缺点是什么？

7.2　在ALOHA协议中，为什么会出现稳定的平衡点和不稳定的平衡点，重传概率对系统的性能有何影响？

7.3　设在一个S-ALOHA系统中每秒共发送分组120次，其中包括原始发送和重发，每次发送需要占用一个12.5ms的时隙。请回答下列问题。

（1）系统的归一化总业务量是多少？

（2）第一次发送就成功的概率是多少？

（3）在一次成功发送前，刚好有两次碰撞的概率是多少？

7.4 设在一个S-ALOHA系统中有6 000个站，平均每个站每小时需要发送分组30次，每次发送占一个500 μs的时隙。试计算该系统的归一化总业务量。

7.5 试证明纯ALOHA系统的归一化通过量的最大值为1/2e，此最大值发生在归一化总业务量等于0.5处。

7.6 设在一个纯ALOHA系统中，分组长度$\tau = 20\text{ms}$，总业务到达率$\lambda_t = 10\text{pkt/s}$，试求一个消息成功传输的概率。

7.7 若题7.6中的系统改为S-ALOHA系统，试求这时消息被成功传输的概率。

7.8 在题7.7的S-ALOHA系统中，试求一个消息分组传输时和另一个分组碰撞的概率。

7.9 设一个通信系统共有10个站，每个站的平均发送速率等于2分组/s，每个分组包含1 350bit，系统的最大传输速率（容量）R=50bit/s，试计算此系统的归一化通过量。

7.10 在三种ALOHA系统（纯ALOHA、S-ALOHA和R-ALOHA）中，哪种ALOHA系统能满足题7.9的归一化通过量要求？

7.11 在一个纯ALOHA系统中，信道容量为64kbit/s，每个站平均每10s发送一个分组，每个分组包含3 000bit。即使前一分组尚未发出（因碰撞留在缓存器中），后一分组也照常产生。若各站发送的分组按泊松分布到达系统，求该系统能容纳的最多站数。

7.12 一个纯ALOHA系统中共有三个站，系统的容量是64bit/s，3个站的平均发送速率分别为7.5bit/s、10bit/s和20bit/s，每个分组长100bit，分组的到达服从泊松分布，试求出此系统的归一化总业务量、归一化通过量、成功发送概率和分组成功到达率。

7.13 设在一个S-ALOHA系统中，测量表明有20%的时隙是空闲的。请回答下列问题。

（1）该系统的归一化总业务量是多少？

（2）该系统的归一化通过量是多少？

（3）该系统有没有过载？

7.14 设一条长度为10km的同轴电缆上接有1 000个站，信号在电缆上的传输速度为3.42m/ μs，信号发送速率为10Mbit/s，分组长度为5 000bit。请回答下列问题。

（1）若用纯ALOHA系统，每个站最大可能发送分组速率是多少？

（2）若用CSMA/CD系统，每个站最大可能发送分组速率是多少？

第8章 路由技术及性能分析

通信网络用于在分处异地的用户之间传递信息。由于网络中两个终端节点之间的通信可以通过多条路径进行，因此需要有合理的路由方案，以便在网络中选择最优路径，提高传输信道的利用率，满足用户沟通需求，即路由技术的优劣直接影响网络的通信效率和服务质量。

路由方案通常分为固定路由、迂回路由、随机路由和适应路由。固定路由提前规定一个路由，控制简单但路由选择僵化；迂回路由提前规定多个路由，按照特定顺序选取，控制较为复杂，广泛应用于电话通信网；随机路由无须提前规定路由，而是随机选择路由，业务处理效率不高，但是受到网络状态影响较小，可应用于军事通信网；适应路由根据网络环境动态选择路由，常应用于数据通信网。在数字业务逐渐成为主导的现状下，以电话网为代表的传统电信网络融合到以因特网为代表的互联网协议数据网络成为主要发展趋势。

需要注意的是，以卫星为代表的空间信息网络相较于地面网络，最大的不同点就在于，卫星网络中的每个节点均为不断绕地球运转的卫星，卫星节点间的通信链路因为相对运动处于间断连通状态，所以在卫星网络运行过程中网络的拓扑结构是不断变化的。但卫星网络存在与其他类型动态网络的明显区别，即单颗卫星的轨道运动具有周期性，因而整个网络的拓扑变化相应也呈现周期性变化规律。基于此种特征，可以在卫星网络中采用静态路由方法。

本章简单概述电话通信网的路由技术，着重介绍数据通信网络的路由技术。针对数据通信网络，首先介绍路由技术基础，涵盖路由器的功能、结构、工作原理，路由表的查找、建立、维护、更新过程，以及两种最为常见的路由表匹配原则；然后基于因特网的层次化路由体系结构，分别介绍内部网关协议和外部网关协议的基本功能与常用路由算法；最后详细介绍4种常用路由协议的报文和其工作原理。

8.1 路由技术基础

路由技术是通信网络中为不同节点的数据提供传输路径的技术，路由器是实现路由技术的基础设备，路由表是路由器进行路由选择时依据的若干条路由数据的集合，路由器使用精准匹配原则或最长前缀匹配原则对目标地址与路由表项进行对比，从而获得匹配项并转发分组。本节将对路由技术中的路由器、路由表以及路由表匹配原则进行介绍。

8.1.1 路由器简介

路由器是用来连接两个或多个网络进行路由的硬件设备。路由器通过配置解析不同的协议并分析目标地址，根据数据包首部字段值做出转发决定。

1．路由器功能

路由器作为网关设备，是通信网的枢纽，其主要功能即为路由和转发。

路由是路由器控制层面的功能，它决定了数据包的路由路径。路由器首先根据数据包的报头找到目标地址，通过路由表分析两台主机是否在同一网段内。在同一网段内则按照对应接口发送给下一路由器直到发送至目的端，否则将数据包通过网关送至另一网段，这个过程就称为路由。路由按计算方式分为静态路由和动态路由，静态路由通过网络管理员使用静态表手动配置和选择网络路由，在网络设计或参数保持不变情况下应用，然而静态路由通常会降低网络的适应性和灵活性而限制网络性能。动态路由根据实际网络条件在运行时创建和更新路由表，采用动态路由协议找到最快路径，可以适应不断变化的网络条件。路由器的路由功能通过管理数据流量使得网络能够尽可能多地使用其容量而不会造成拥塞，最大限度地减少网络故障，有效提高网络通信效率。

转发是路由器数据层面的功能。转发是将数据包从一台路由器的输入端口传递至适当的输出端口的过程。路由器收到数据包后将在路由表中寻找下一节点，若不知道通过哪个输出端口转发至节点就丢掉数据包，否则就把数据包转发到相应的输出端口，这个过程就称为转发。转发分为基于目的地转发和通用转发两类。其中，基于目的地转发是根据IP地址转发，然而路由转发表有很多项IP地址，基于目的地转发不具有普遍性；通用转发通过首部字段值集合和计数器集合对动作集合进行匹配，不限制于IP地址进行转发。

路由器除路由与转发两个最主要的功能外，同时还具备其他功能，如隔开广播域、将不同网段上的设备进行互通、子网间速率适配等。

2．路由器结构

图8-1展示了路由器体系结构的视图，包括输入端口、输出端口、交换结构、路由选择处理器4个组件。如图8-1所示，路由器体系结构被分成了2个层面，分别为控制层面和数据层面。下面主要关注转发功能，将对路由器体系结构组件及功能进行详细阐述。

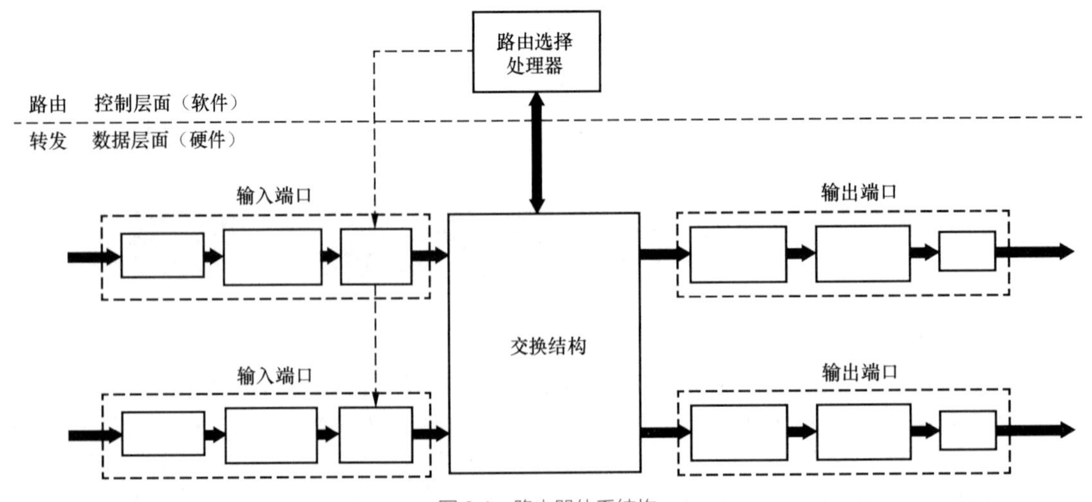

图8-1　路由器体系结构

图 8-2 描述了路由器中输入端口的工作流程。输入端口具备许多功能，如输入端口通过线路端接收输出链路上的数据包进入输入端口、停止传入物理链路的物理层功能、进行数据链路层处理功能、进行查找和转发功能、将数据包从交换结构转发到合适的输出端口。

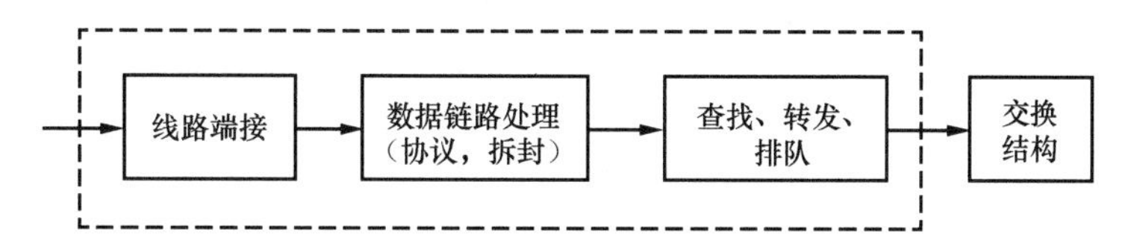

图 8-2 路由器中输入端口的工作流程

交换结构位于路由器的核心部位，数据包通过交换结构分组从一个输入端口转发到另一个输出端口。交换包括经内存交换、经总线交换、经互联网络交换这三种交换技术。

图 8-3 描述了路由器中输出端口的工作流程。输出端口的功能主要是将存放在输出端口内存中的分组发送到输出链路上。此过程还执行所需的链路层和物理层传输功能。

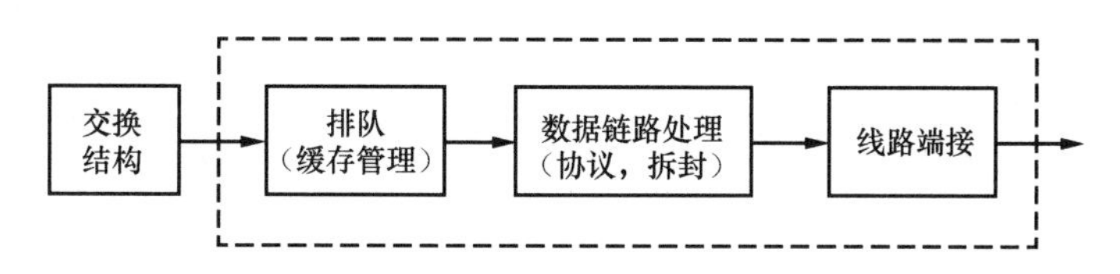

图 8-3 路由器中输出端口的工作流程

3．路由器工作原理

在路由器功能和路由器结构的基础上，下面将路由器各部分组件功能进行串联以介绍路由器的工作原理。

在路由器工作的过程中，当路由器收到一个数据包，数据包将进入输入端口处理。输入端口首先通过线路端接功能和链路层处理实现用于各个输入链路的物理层和链路层，之后在输入端口执行查找操作，也即路由器使用转发表来查找输出端口，使得数据包能经过交换结构转发到该输出端口。数据包经过三种交换方式之一实现端口转发，转发到输出端口。最终输出端口把数据发送到输出链路上，执行链路层和物理层的传输功能。

在路由器数据层面工作运行时，路由器的控制功能也在同步执行。控制功能包括执行路由选择协议、执行管理等功能。路由器的控制功能在路由选择器上实现执行。

8.1.2 路由表建立

在数据传输的过程中，每个数据包经过路由器时，路由器都会为其寻找一条最佳的传输路径，使得数据包能够有效地传送到目标地址。路由器中的路由表是一个存储在路由器或者互联网计算机中的电子表格（文件）或类数据库。保存了周边网络的拓扑信息和各种指向特定网络地址的路径可以实现路由协议和静态路由选择，从众多传输路径中选择最佳的一条。

1．RIB/FIB

在每一个路由器设备中，通常都维护着两张比较相似的表：路由表（routing table）或称路由择域信息库（routing information base，RIB）；转发表（forwarding table）或称转发信息库（forwarding information base，FIB）。

RIB用来存储所有的路由信息，路由器通过运行的路由协议来学习新的路由并把它保存在路由表中，通常用来决策路由传输路径。路由表中一般有三类路由：

（1）直连路由，即链路层协议发现的路由；

（2）静态路由，由系统管理员事先设置好的固定的路由；

（3）动态路由，路由器根据网络系统的运行情况而自动调整的路由（路由器有时需要自动计算数据包的最佳传输路径，主要是根据路由选择协议，自动更新网络的运行情况和参数）。

FIB用来转发分组，利用FIB表中每条转发项，数据包可以转发到路径的下一个路由器，或者直接传送到相连的网络中的目的主机而不经过别的路由器。

在网络传输过程中，首先由RIB决策选出最佳路由，并将筛选的路由下发到FIB。之后，FIB接收到RIB下发的路由表，指导转发每个转发条目，比如需要到达某子网目标地址或是通过路由器的哪个物理接口发送报文等。如果出现的路由表信息不在FIB中，再由RIB生成，并重新更新FIB表。

2．路由表记录信息

路由表包含着路由器进行路由选择时所需要的关键信息，这些信息构成了路由表的总体结构。在对路由进行维护和检错时往往需要注意这些信息。路由表中的信息内容包括如下几项。

destination：网络地址（目标地址），用来标识IP包的目标地址或者目标网络。

mask：网络掩码，与目标地址一起标识目标主机或者路由器所在的网段地址，将目标地址和网络掩码“逻辑与”后可得到目标主机或路由器所在网段的地址。

gateway：网关，又称为下一跳地址，与承载路由表的路由器相邻的路由器的端口地址。

interface：接口，说明IP包将从该路由器哪个接口转发。

pre：标识路由加入IP路由表的优先级。可能到达一个目的地有多条路由，往往选用优先级高的路由进行利用。

cost：路由开销，也称跃点数（metric）。当到达一个目的地的多个路由优先级相同时，路由开销最小的将成为最优路由。

8.1.3 路由表匹配

路由器收到数据包后，在输入端口处理阶段会使用路由转发表来寻找输出端口，从而实现转发功能。在查找输出端口时，路由器用数据包的目标地址与路由表中的表项进行匹配，如果存在匹配项，则路由器向与该匹配项相关联的链路转发分组。本小节将介绍两种匹配规则，即精准匹配原则与最长前缀匹配原则。

1．精准匹配原则

路由表中包含了路由器可以到达的目标网络，而精准匹配原则是将路由表中的各项地址与数据包的目标地址进行每一位的精准匹配。整个过程大致如下：当输入端口处理数据包时，路由器会先查询路由表，将数据包的32位目标IP地址与路由表的每一个32位地址进行逐位比对，目标IP地址若不在路由表中则数据包被丢弃，若存在于路由表中则会经过交换到达输出端口处理，从而进入传出链路进行数据传递。

2．最长前缀匹配原则

最长前缀匹配原则是指在IP协议中，被路由器用于在路由表中进行选择的一个算法。路由表中的每个表项都指定了一个网络，所以一个目标地址可能与多个表项匹配。众多表项中最精确的一个，即子网掩码最长的一个，这种匹配就叫作最长前缀匹配。因为在多条目标网段相同的路由中，掩码越长的网络地址，表示的网段就越小，匹配也就越精确。最长前缀匹配又称为最长匹配或最佳匹配。

如图8-4的路由过程，当路由器R_1收到一个到达172.16.2.1的数据包时，按照R_1的路由表，它将把数据包转发给哪台路由器呢？

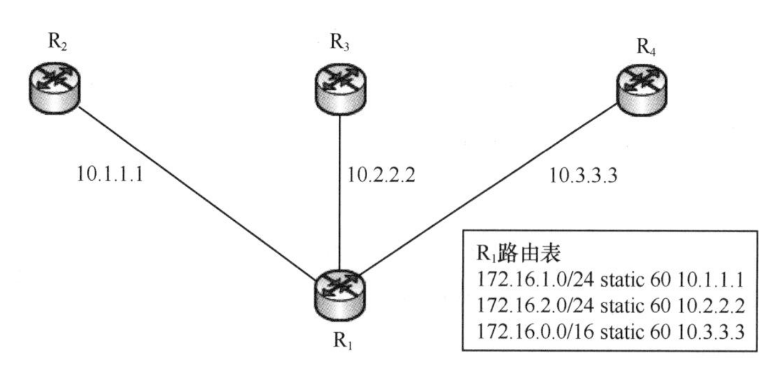

图 8-4　R_1 路由示意图

按照最长前缀匹配原则，R_1依次按照路由条目将报文的目标IP地址172.16.2.1和路由条目标网络掩码（24位或16位）进行逻辑与运算。

运算结果与路由条目1的目标网络地址的前24bit进行对比，如表8-1所示。结果发现有两个比特位不相同，因此判断出这个目标IP与路由条目1不匹配，R_1将不使用这条路由转发到达172.16.2.1的数据包。目标IP地址与路由条目1不匹配，会继续与路由条目2、路由条目3匹配。

表 8-1　R_1 和路由条目 1 匹配结果

destination	10101100	00010000	00000010	00000001	172.16.2.1
mask	11111111	11111111	11111111	0000000	255.255.255.0
结果	10101100	00010000	00000010	0000000	172.16.2.0
路由条目1	10101100	00010000	00000001	0000000	172.16.1.0

将运算结果与路由条目2的目标网络地址的前24bit对比（见表8-2），发现每一个比特位都相同，因此该目标IP匹配这条路由，而且匹配结果是172.16.2.0/24，也就是说匹配长度是24。继续进行路由条目匹配。

表 8-2　R_1 和路由条目 2 匹配结果

destination	10101100	00010000	00000010	0000001	172.16.2.1
mask	11111111	11111111	11111111	0000000	255.255.255.0
结果	10101100	00010000	0000010	0000000	172.16.2.0
路由条目2	10101100	00010000	0000010	0000001	172.16.2.0

将运算结果与路由条目3的目标网络地址的前16bit进行对比（见表8-3），发现每一个比特位都是相同的，因此该目标IP匹配此路由，匹配结果是172.16.0.0/16，匹配长度16。在要查找地址172.16.2.1的时候，有两个条目都"匹配"。也就是说，两个条目都包含着要查找的地址。根据最长前缀匹配原则，路由条目2匹配度更长（掩码更长），因此R1将采用路由条目2来转发到达172.16.2.1的数据包。

表8-3　R_1和路由条目3匹配结果

destination	10101100	00010000	00000010	00000001	172.16.2.1
mask	11111111	11111111	00000000	00000000	255.255.0.0
结果	10101100	00010000	00000000	00000000	172.16.0.0
路由条目3	10101100	00010000	00000000	00000000	172.16.0.0

8.2 层次路由方法

8.2.1 分层网络架构

在简单化网络拓扑模型中，所有因特网路由器被视为等价，整个网络拓扑被视为一个图结构。这种所有路由器等价的网络结构模型过于理想化，与实际网络需求存在较大出入，在实际应用中会产生以下两个严重的问题。

1．规模问题

随着网络规模的膨胀，网络拓扑图迅速扩大，在整个因特网上运行路由选择算法会产生庞大的开销。因特网目前规模极其巨大，上百万台路由器互相连接，目标网络数以亿计，简单化网络结构下，所有路由器需要维护整张网络所有的路由信息，庞大的路由交换信息容易使网络陷入瘫痪状态。

2．自治问题

某些组织或单位不愿意让外界了解自己的网络架构和使用的路由协议，希望按自己的意愿管理组织内部的网络架构和路由器，但又需要与因特网连接，简单化网络结构难以实现此类需求。

因此，在通信网络中提出通过划分自治系统（autonomous system，AS）的路由技术来解决上述问题。在标准文献中，因特网工程任务组把自治系统AS定义为：处在单个管理机构的控制下，使用同一路由策略的一组路由器。其中，每个AS分配一个全局唯一的自治系统号码（autonomous system number，ASN），用来标识不同的自治系统。

自治系统AS由处于单一技术管理下的众多网络、IP地址以及路由器组成。路由器使用一种自治系统内部的路由选择协议和共同的度量以确定分组在该AS内的路由。不同的自治系统AS可以使用多种内部路由选择协议和多种度量，但是每一个自治系统AS内部的路由器需要使用一致的路由选择协议和度量。同时，AS之间需要交换信息，不同AS之间通过路由器相连，使用一种AS之间的路由选择协议交换信息。负责向本AS之外的目标网络转发分组的路由器称为网关路由器。

如图8-5所示，该分层网络架构共有3个AS。其中，同一AS下的路由器被划分到一个阴影部分之下，AS外部网关路由器之间的链路连接由最粗线表示，AS内部路由器之间的链路连接由较粗线表示，路由器与子网之间的连接由最细线表示。可以看到，AS_1内部共有4台路由器，分别为x_1、y_1、z_1和k_1，它们使用同一种内部路由选择协议。自治系统AS_2和AS_3内部各有4台和3台路由器。路由器k_1、k_2、z_2和y_3为网关路由器。运行在AS_1、AS_2和AS_3中的AS内部路由选择协议不需要相同，但每个自治系统内所有的路由器运行的路由选择协议是相同的。

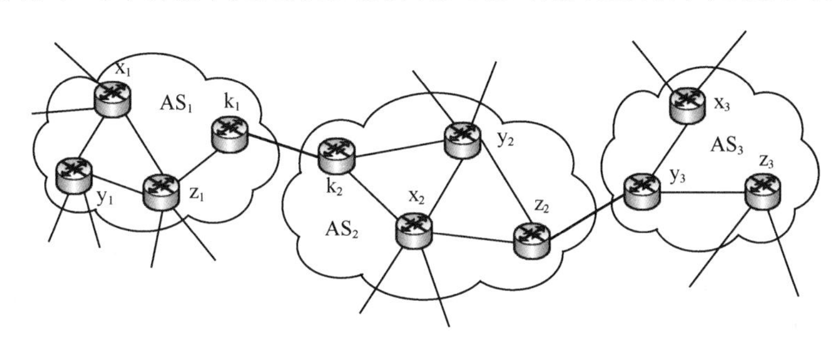

图 8-5　一个简单的分层网络架构示例

综上可知，自治系统可以较好地解决简单化网络存在的规模问题和自治问题。同一AS内部，所有路由器运行同样的自治系统内部路由选择协议。不同AS之间，网关路由器运行AS间路由选择协议以连接AS。那么一个自治系统AS内部的路由器仅需要进行内部的IP数据报的分组转发，需要维护的路由信息规模大幅降低，而一个AS内部的网络架构和路由协议也可以对外隐藏。

目前，大部分组织或单位都已将拥有的路由器封装成一个自治系统AS，自治系统内部使用自己的网络架构和路由协议，在自治区域边界选择若干台路由器作为网关路由器，使用自治系统之间的路由协议与因特网中其他自治系统相连。

8.2.2　内部网关协议

基于自治系统概念，因特网的路由协议可分为自治系统内部和自治系统之间两类。其中，内部网关协议（interior gateway protocol，IGP）又称内部路由选择协议，运行于自治系统AS内部，用于确定在一个AS内执行路由选择的方式，主要功能是计算AS内部节点之间的最短路由路径并对AS内部的IP数据包进行转发。

路由协议的核心是路由选择算法，不同的路由协议使用不同的算法计算路由表中的信息，将更新的路由信息发送给邻居节点以及确定源节点到目标节点的最短路径。IGP通常采用距离矢量路由算法或链路状态路由算法。

1．距离矢量路由算法

距离矢量由距离和方向构成。其中，距离按跳数等度量来定义，方向则是下一跳的路由器或路由信息送出接口，用来通告路由信息。距离矢量（distance vector，DV）路由算法是美国高级研究计划署（advanced research project agency，APRA）网络中最早使用的路由算法，属于分散式路由选择算法的一种。

距离矢量路由算法采用迭代式更新、分布式计算的方法计算源节点到目标节点的最短路径。网络中所有节点均不拥有整个网络拓扑的路由信息，每个节点维护一张矢量表，矢量表中的每一行都记录了从当前节点能到达的目标节点的最佳出口（接口）和距离（跳数）。网络中的节点通过与邻居节点交换路由信息，迭代计算出到达目标节点的最短路径，以此更新矢量表。使用距离矢量路由选择算法的典型协议为路由信息协议（routing information protocol，RIP）。

距离矢量路由算法存在一些典型的共同特征。

（1）定期更新：距离矢量路由算法按照一定的时间间隔发送更新，例如RIP协议间隔30s更新一次，即使网络拓扑结构保持不变，网络中的节点依然会向自己的所有邻居节点发送定期更新。

（2）仅维护邻居节点的路由信息：网络中每个节点路由器只维护自身接口的网络地址以及能够通过其邻居节点到达的远程网络地址，并不维护整个网络拓扑的路由信息，即单一节点无法得知全局拓扑结构。

（3）广播更新：当节点路由器运行路由协议时，会向网络中发送广播更新信息，配置了相同路由协议的节点路由器收到广播数据包时会做出相应响应，不关心路由更新的主机或运行其他协议的路由器会在第1、2、3层处理此类更新，然后将其丢弃。广播更新的发送地址为255.255.255.255。某些特殊的距离矢量路由协议不使用广播地址，而是使用组播地址。

（4）全路由选择表更新：大多数距离矢量路由协议广播路由信息时，会向邻居节点发送整个路由表，邻居路由器只会选择自己路由表中没有的信息加入该表中，丢弃其他信息。

从上述特征可以看出，距离矢量路由算法运行时简单、清晰，新节点加入网络拓扑时可以迅速与其他节点建立联系获得补充路由信息。但是距离矢量路由算法每次更新信息时发送整个全局路由表，网络开销较大且占用内存较多，同时，算法收敛时间较长，导致网络中某些路由器的路由表更新较慢，从而有一定概率引发路由环路。综上所述，距离矢量路由算法适用于以下情形：

（1）网络拓扑结构简单、扁平，无特殊的层次化架构；

（2）网络对算法收敛时间不敏感；

（3）特定类型的网络拓扑结构，如集中星形（hub-and-spoke）网络；

（4）管理员不熟悉链路状态协议配置和故障排查。

Bellman-Ford算法是典型的距离矢量算法之一，由理查德·贝尔曼（Richard Bellman）和莱斯特·福特（Lester Ford）创立，是一种典型的最短路径算法，用于计算一个节点到其他节点的最短路径。该算法的基本原理为：若y为x至z的最短路径上的一个节点，则x->y和y->z分别为x到y以及y到z的最短路径。算法在执行中对图中每一条链路去迭代计算当前节点到其他所有节点的最短路径，执行n遍，最终得到源节点到其他所有节点的最短路径。其中，n为网络拓扑图中节点的个数。具体执行步骤如下。

（1）给定一个网络拓扑，设x为源节点，z为目标节点，y为z的邻居节点，y到z的链路权重是W，初始化源节点到其他所有节点的距离为d，x到x的距离为d=0，x到其他节点的距离为$d=\infty$。

（2）进行n–1次循环，遍历网络拓扑中所有的链路，进行松弛计算，迭代更新最短路径，$d(\mathrm{x,z})=\min(d(\mathrm{x,z}),d(\mathrm{x,y})+W)$。

（3）遍历图中所有的边，检验是否出现这种情况：$d(\mathrm{x,z}) > d(\mathrm{x,y})+W$，若出现则返回false，没有最短路。

以图8-6为例，假设路由器E为源节点，则Bellman-Ford算法运行结果如表8-4所示。

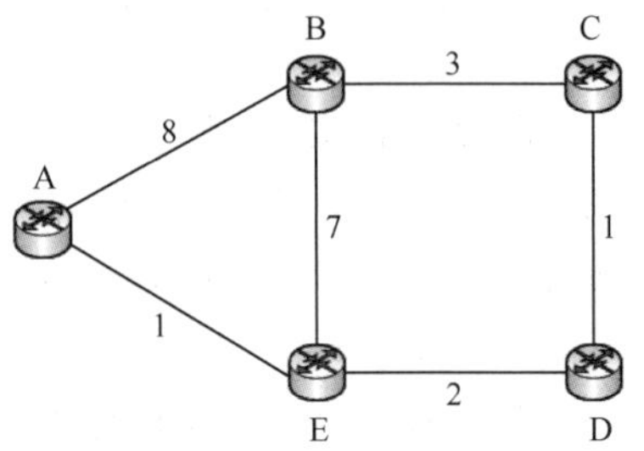

图8-6　一个AS内部拓扑图1

表 8-4　Bellman-Ford 算法运行结果

$d(\ )$	经过邻居节点的成本		
	A	B	D
A	1	14	5
B	8	7	6
C	5	10	3
D	4	11	2

表8-4计算了节点E对于其他所有节点的距离矩阵。该表上边A、B、D为节点E的邻居节点，侧边为其他所有节点。每一行是节点E经过不同邻居节点到达目标节点的距离。

由上可知，在一个含有n个节点、m条链路的网络拓扑图中，Bellman-Ford算法的时间复杂度为$O(mn)$。

2．链路状态路由算法

与距离矢量路由算法不同，链路状态（link state，LS）路由算法是一种全局式路由选择算法（global routing algorithm，GRA）。链路状态路由算法的输入是所有节点的连接状态以及所有链路的费用，只通告链路状态不通告路由表。使用链路状态路由选择算法的典型协议为开放式最短路径优先（open shortest path first，OSPF）协议，该协议内容将在后续章节中详细介绍。

链路状态路由算法运行时主要分为以下4个步骤。

（1）每个节点搜索自己的邻居节点，获取邻居节点的网络地址，通过发送Hello分组，建立一个协议的邻居关系，同时测量到每个相邻节点的开销及延迟。

（2）收集用于交换的路由信息，并构造包含这些路由信息的链路状态更新分组，即链路状态分组（link status packet，LSP），或称链路状态数据包。创建链路状态更新分组的时机分两种：一种为定期创建；另一种为事件发生时创建。

（3）使用洪泛（Flood）算法向其他节点发送链路状态数据包。Flood算法的实现优劣在一定程度上会影响链路状态路由算法的性能。

（4）根据收到的所有节点的连接状态以及所有链路的费用等路由信息来创建网络的完整拓扑结构，并在拓扑结构中计算选择从源节点到达所有目标节点的最短路由路径。

链路状态路由算法存在以下一些典型的共同特征。

（1）需要创建完整拓扑图：链路状态路由算法运行时会创建网络结构的完整拓扑图，网络中的节点均得知完整拓扑图，距离矢量路由算法则不需要，运行距离矢量路由算法的路由器仅维护一个网络列表，其中列出了通往各个节点的距离以及当前节点的下一跳路由器。

（2）收敛速度快：节点收到一个链路状态数据包LSP后，链路状态路由算法便立即将该LSP从除了接收该LSP的端口以外的所有端口洪泛出去。运行距离矢量路由算法的路由器需要对每个路由更新进行处理，并且在更新完路由表后才能将更新分组从路由器端口洪泛出去，触发更新也不例外。因此链路状态路由算法的收敛时间更短。

（3）事件驱动更新：链路状态路由协议是事件驱动更新，发生变化即触发更新。在初始LSP泛洪之后，链路状态路由算法在运行时仅在网络拓扑结构发生改变时才会发出LSP，该LSP由发生变化的路由器洪泛自身的链路状态更新分组到其他的节点路由器。与距离矢量路由算法不同，链路状态路由算法不会定期发送更新。

（4）采用层次式设计：链路状态路由算法使用了区域的原理，多个区域形成了层次状的网络结构，这样有利于在一个区域内隔离路由问题。

由上述对链路状态路由算法的介绍可以看出，链路状态路由算法需要获取整张网络的链路状态信息，获取、管理并处理这些链路信息需要强大的CPU处理能力以及足够的内存，所以链路状态路由算法并不适用于所有网络。链路状态路由算法主要适用于以下情形：

（1）网络结构为层次状的网络结构，通常大规模网络会采用分层设计结构；

（2）网络对收敛速度的要求很高；

（3）管理员熟悉网络中采用的链路状态路由算法。

链路状态路由算法的典型代表为Dijkstra算法。Dijkstra算法是用来解决单源最短路径问题的经典算法，单一源节点到其余各个节点的最短路径叫作“单源最短路径”。Dijkstra算法运行步骤如下。

（1）给定网络拓扑G，将源节点s作为当前节点开始计算，设置集合S，将源节点加入集合S，此时集合S中只有源节点。

（2）将距离当前节点的距离最短的路由节点u加入集合S中。

（3）令节点u为中继点，优化起点s与所有从u能到达的节点v之间的最短距离，更新源节点到集合S之外所有路由节点的路径。

（4）判断集合S外节点列表是否为空，如果为空则算法计算结束，否则回到步骤2，直至所有节点加入集合S，源节点到其他所有节点最短路径被找出，算法结束运行。

以图8-7为例，假设路由器A为源节点，则Dijkstra算法运行结果如表8-5所示。

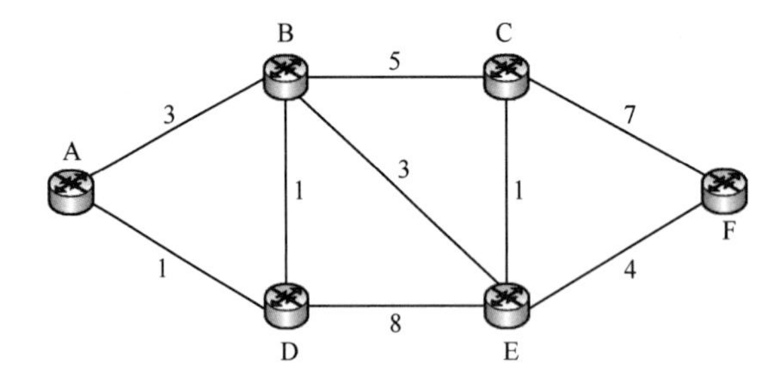

图 8-7　一个 AS 内部拓扑图 2

表 8-5　Dijkstra 算法运行结果

n	d(A,A)	d(A,B)	d(A,C)	d(A,D)	d(A,E)	d(A,F)
1	0	3（AB）	∞	1（AD）	∞	∞
2	0	2（ADB）	∞	1（AD）	9（ADE）	∞
3	0	2（ADB）	7（ADBC）	1（AD）	5（ADBE）	∞
4	0	2（ADB）	6（ADBEC）	1（AD）	5（ADBE）	9（ADBEF）
5	0	2（ADB）	6（ADBEC）	1（AD）	5（ADBE）	9（ADBEF）

在上述例子中，Dijkstra算法经过5轮迭代，计算出了源节点到5个目标节点的最低费用路径。

由上可知，当网络中存在n个节点（不算源节点）时，最多需要经过n次迭代才能计算出从源节点到所有目标节点的最短路径。在最坏情况下，所有迭代中共需要搜寻$n(n+1)/2$个节点，因此链路状态算法的时间复杂度为$O(n^2)$。

8.2.3　外部网关协议

之前介绍的内部网关协议用于一个自治系统AS内部的路由寻路，而整个网络中不同自治系统AS之间则通过网关路由器使用外部网关协议连通。外部网关协议（external gateway protocol，EGP）是一种在自治系统的相邻两个网关主机间交换路由信息的协议，为两个相邻的位于各自域边界上的网关路由器提供一种交换消息和信息的方法。

EGP通过在自治系统网络中交换信息来连接两个网关主机，每个网关主机都有自己的边界路由器。相邻的EGP路由器均属于独立的AS，用交换路由表的方式进行AS间路由。EGP的代表协议是边界网关协议（border gateway protocol，BGP）。

EGP通过获取邻居、监视邻居可达性和以Update消息形式交换网络可达性信息。EGP是一个轮询协议，基于使用Hello/I-Heard-You（I-H-U）消息交换来监视邻居可达性和Poll命令，征求更新响应的周期性轮询。EGP能让每个网关控制和接收网络可达性信息的速率，允许每个系统控制它自己的开销，同时发出命令请求更新响应。使用EGP的网关路由器的路由表包含一组已知路由器及这些路由器的可达地址和路径开销，从而可以选择最佳路由。每间隔120s或480s网络中的每个节点路由器会访问其邻居节点一次，邻居节点路由器响应此访问并发送完整的路由表。

外部网关协议EGP有以下一些典型的特征：

（1）EGP用于由许多因特网服务提供商（Internet service provider，ISP）支持的广域网中的路由器，支持不同服务提供者网络之间的路由寻路；

（2）EGP通过实现支持数据同时在不同ISP之间传输的路由策略，实现网络路径的冗余；

（3）EGP通过将数据分布在两条或多条不同的路径上实现流量负载均衡；

（4）EGP维护从源到目的地的各种路径的信息，知道与每条路径相关的开销；

（5）EGP可以扩展到非常巨大的网络，如因特网。

外部网关协议EGP通常采用路径矢量路由算法。路径矢量路由算法结合了距离矢量路由算法和链路状态路由算法，在对等的实体交换路由信息的时候使用类似距离矢量路由的算法，而在建立网络拓扑关系图时则采用了类似链路状态路由的算法。结合了两种算法的特点，可以达到较少信息传输量和降低处理复杂度的目的，但是也有着路径选择非最佳、收敛速度较慢的缺点。

8.3　经典路由协议

8.3.1　OSPF 协议

20世纪80年代中期，路由信息协议（routing information protocol，RIP）已难以适应大规模异构网络的互连，网间工程任务组织（the Internet engineering task force，IETF）的内部网关协议工作组为IP网络开发了开放式最短路径优先（OSPF）协议。

OSPF是一种基于链路状态的路由协议。在该协议中，网络运营商为每个链路分配一个权重，从每个路由器到每个目的地的最短路径使用这些权重作为链路的长度来计算。在每个路由器中，到所有可能目的地的所有最短路径上的下一个链路都存储在路由表中，进入路由器的请求通过在到达目的地的最短路径上的链路之间分割流来发送到目的地。

OSPF会将一个AS划分为区，根据源与目的地是否在同一区有两种类型的路由选择方式：区内路由选择和区间路由选择。当源和目的地在同一区时，采用区内路由选择；当源和目的地在不同区时，则采用区间路由选择。此方案可以有效减少网络开销，并提高网络的稳定性。当区内路由器出现故障时，AS内其他区的路由器仍可以正常工作不受影响，这有利于网络的管理与维护。然而，OSPF路由的质量很大程度上取决于权重的选择。

1. OSPF协议报文

OSPF协议报文直接封装在IP报文中，IP报文头部中的协议字段值为89。如图8-8所示，OSPF协议报文包括8个字段，各字段作用如表8-6所示。

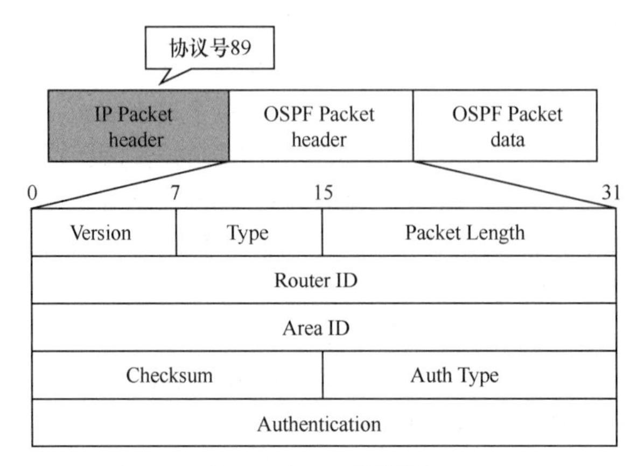

图8-8 OSPF协议报文

表8-6 OSPF协议报文各字段作用

字段	长度	作用
Version	1字节	OSPF协议版本
Type	1字节	标识OSPF报文类型，取值1~5
Packet length	2字节	标识OSPF报文长度，单位为字节
Router ID	4字节	标识该报文发送者的身份
Area ID	4字节	标识路由器（接口）所处区域
Checksum	2字节	校验字段，用于校验数据包的准确性，校验从OSPF Header开始除Authentication以外的字段
Auth Type	2字节	用于路由器之间加密协商，为0时表示不认证，为1时表示简单的明文密码认证，为2时表示加密（MD5）认证
Authentication	8字节	认证所需的信息

OSPF报文类型分为5种，分别是Hello、Database Description（DD）、Link State Request（LSR）、Link State Update（LSU）和Link State Ack（LSAck），各类型对应的作用如表8-7所示。

表8-7 OSPF协议类型及其作用

类型标识	报文类型	报文功能
1	Hello	用于建立和维护邻居关系
2	Database Description	用于互相传递链路状态数据库摘要信息

续表

类型标识	报文类型	报文功能
3	Link State Request	用于请求特定的链路状态信息
4	Link State Update	用于传递完整的链路状态信息
5	Link State Ack	发送确认报文，通过封装链路状态广播的头部信息完成链路状态信息传递的确认

2．OSPF协议工作原理

OSPF协议是一种基于链路状态的路由协议，该协议的核心思想是各路由器将链路状态传递给其他路由器，然后各路由器根据收集到的链路状态信息计算出去往不同目的地的路由。下面介绍OSPF协议的相关概念。

（1）链路状态

OSPF路由器收集其所在网络区域上各路由器的链路状态信息，生成链路状态数据库（link-state database，LSDB）。自治系统的链路状态数据库描述一个有向图，图的顶点由路由器和网络组成。当两个路由器通过物理点对点网络连接时，图中会连接它们。将路由器连接到网络的边表示路由器在网络上具有接口。路由器掌握该区域上所有路由器的链路状态信息，即了解整个网络的拓扑状况。在此基础上，OSPF路由器将利用最短路径优先（shortest path first，SPF）算法，计算到达任意目的地的路由。

（2）区域

OSPF协议引入“分层路由”的概念。OSPF会将网络分割成一个“主干”和多个相互独立的“区域”，一个“区域”由连续网络、主机和连接所包含网络的路由器组成，“主干”则连接多个相互独立的“区域”。每个区域都有独立的LSDB和相应的图示，各LSDB只保存该区域的链路状态，并且每个区域都运行基本链路状态路由算法的单独副本。区域外部不可见区域内的拓扑，在给定区域内的路由器也不知道区域外的详细拓扑。这种信息隔离能够显著减少协议的路由流量，每个路由器的LSDB都可以保持合理的大小，路由计算的时间、报文数量都不会过大。

（3）OSPF网络类型

根据路由器所连接的物理网络不同，OSPF协议所支持的网络分为以下四种类型：广播型（broadcast）、非广播多路访问型（non-broadcast multi-access，NBMA）、点到多点型（point-to-multipoint，P2MP）、点到点型（point-to-point，P2P）。当链路层协议是Ethernet或FDDI（fiber distributed data interface）时，OSPF协议默认的网络类型是broadcast。当链路层协议是帧中继、ATM或x.25时，OSPF协议默认的网络类型是NBMA。P2MP类型的网络必须是由其他网络类型强制更改的。当链路层协议是PPP、HDLC和LAPB时，OSPF协议的默认网络类型是P2P。

（4）路由器类型

OSPF定义了三种路由器，分别是指派路由器（designate router，DR）、备份指派路由器（backup designate router，BDR）和自治系统边界路由器（autonomous system boundary router，ASBR）。

DR与BDR只适用于广播网络和NBMA网络。在广播网络或NBMA网络中，DR和BDR会与其他路由器建立邻接关系。互为邻接关系的路由器之间可以交互所有信息，其他路由器之间不建立邻接关系可以避免路由器之间建立完全相邻关系而引起的大量开销。DR收集所有的链路状态信息，并发布给其他路由器。BDR是备份DR，在DR失效时，迅速替代DR的角色。

ASBR负责与其他自治系统交换路由信息，只要一台OSPF路由器引入了外部路由的信息，它就会成为ASBR。

基于上述基础概念，OSPF的运行机制主要分为5个步骤：通过交互Hello报文形成邻居关系；通过泛洪链路状态公告（link-state announcement，LSA）来通告链路状态信息；通过组建LSDB形成带权有向图；通过SPF算法计算并形成路由；维护和更新路由表。

（1）通过交互Hello报文形成邻居关系

路由器运行OSPF协议后，将发送Hello报文。如果两台路由器共享一条公共数据链路，并且成功协商各自Hello报文中所指定的某些参数，即可形成邻居关系，如图8-9所示。

（2）通过泛洪LSA通告链路状态信息

如图8-10所示，形成邻居关系的路由器之间进一步交互LSA形成邻接关系。每台路由器根据自己周围的网络拓扑结构生成LSA，路由器通过交互链路信息来获取整个网络的拓扑信息。

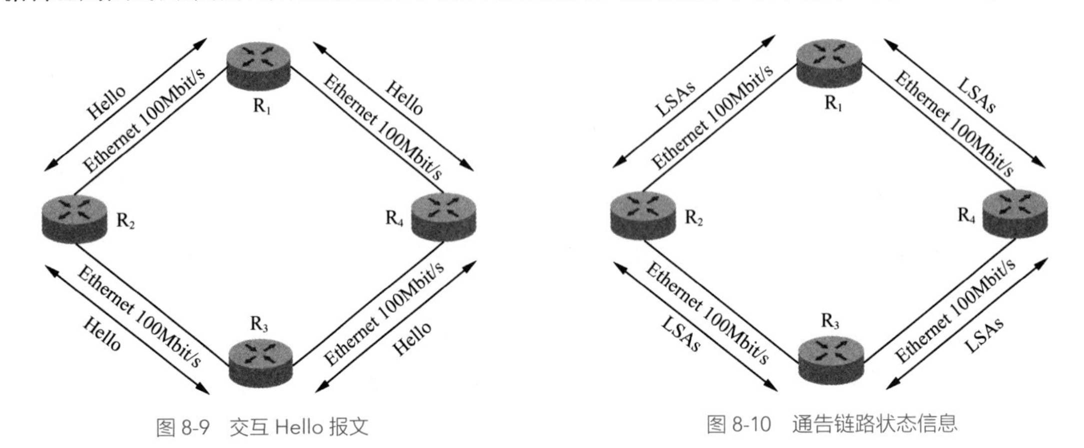

图 8-9　交互 Hello 报文

图 8-10　通告链路状态信息

（3）通过组建LSDB形成带权有向图

路由器把收到的LSA汇总记录在LSDB中，LSDB是对整个AS的网络拓扑结构的描述。最终，所有路由器都会形成同样的LSDB，并形成带权有向图，如图8-11所示。

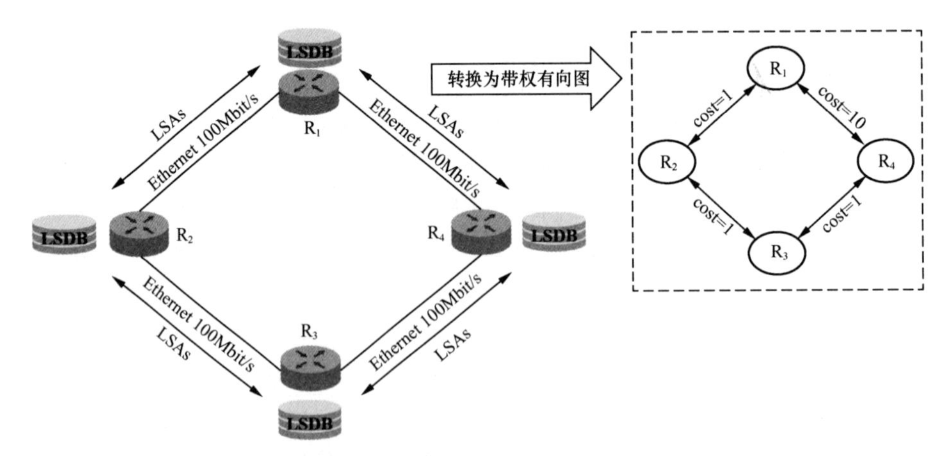

图 8-11　形成带权有向图

（4）通过SPF算法计算并形成路由

当LSDB同步完成之后，每一台路由器都将以其自身为根，运行SPF算法计算出其到达每一个目的地的最短路径，并采用一个无环路的拓扑图来描述这些信息。这个拓扑图就是最短路径树，根据该图路由器就得到了到达AS中各个节点的最优路径，如图8-12所示。

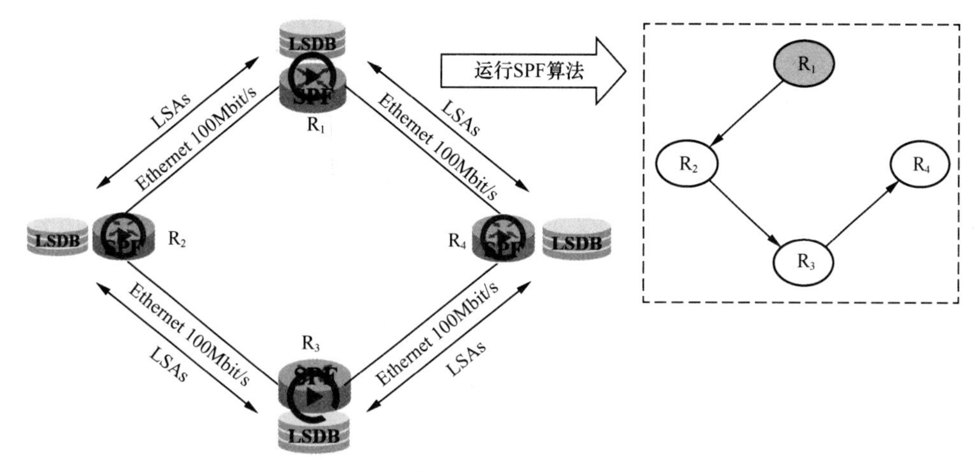

图 8-12　形成路由

（5）维护和更新路由表

每台路由器将计算得出的最短路径加载到OSPF路由表，并实时更新。同时，邻居之间还将交互Hello报文进行保活，维持邻居关系或邻接关系，周期性地重传LSA，如图8-13所示。

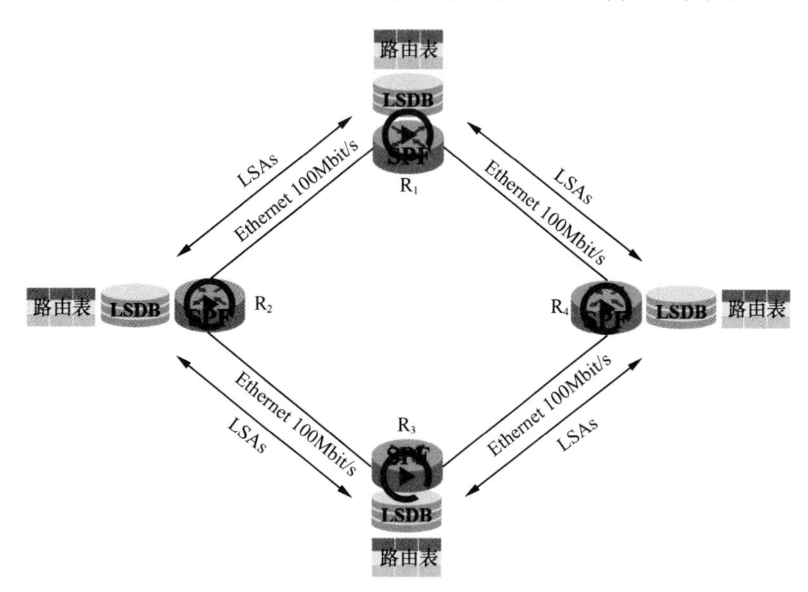

图 8-13　维护和更新路由表

8.3.2　IS-IS 协议

中间系统到中间系统（intermediate system-to-intermediate system，IS-IS）路由协议最初是由国际标准化组织（the International organization for standardization，ISO）设计提出的，以实现对无连接网络协议（connection less network protocol，CLNP）进行路由选择。

随着TCP/IP的发展，通过对IS-IS进行扩充和修改，形成了集成IS-IS路由协议，集成IS-IS协议能够同时应用在TCP/IP和OSI环境中。现在IP网络中广泛使用集成IS-IS路由协议，提到的

IS-IS协议都是指集成化的IS-IS协议。

IS-IS协议是一种链路状态协议，采用SPF算法来计算通过网络的最佳路径。与OSPF协议相似，IS-IS协议也将一个自治域分为一个骨干虚拟区域和多个路由区域，提供两层级路由。

1. IS-IS协议报文

IS-IS协议定义了心跳报文（Hello）、链路状态报文（link state PDU，LSP）、全时序协议数据报文（complete sequence numbers PDU，CSNP）和部分时序数据报文（partial sequence number PDU，PSNP）4种数据报文。如图8-14所示，所有的IS-IS协议报文可以分为报文头部和变长字段的部分，报文头部又可以分为通用报文头部和专用报文头部两部分，4种数据报文的通用报文头部相同，如图8-15所示。

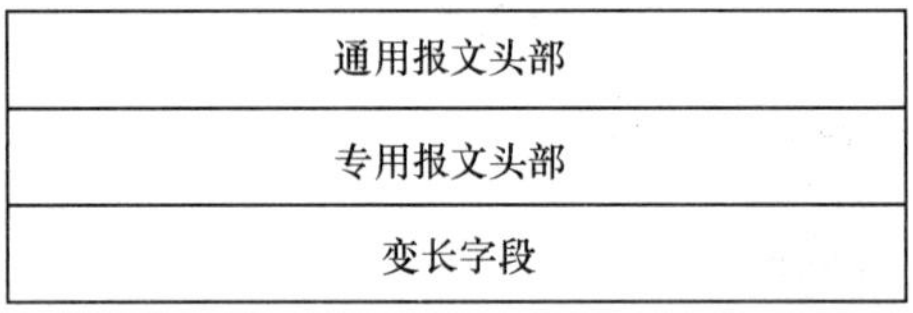

通用报文头部
专用报文头部
变长字段

图 8-14　IS-IS 协议报文组成

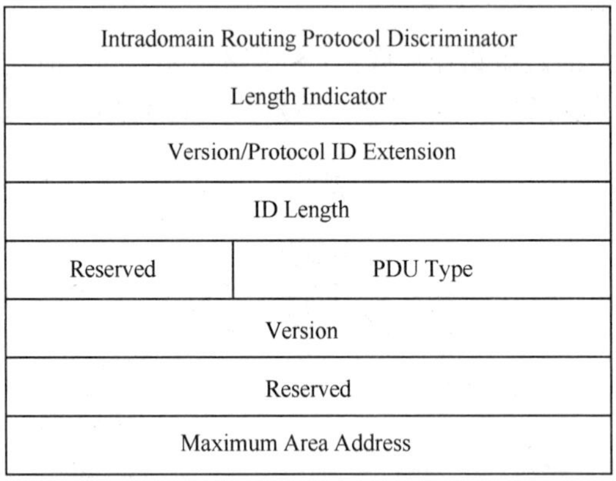

<table>
<tr><td colspan="2">Intradomain Routing Protocol Discriminator</td></tr>
<tr><td colspan="2">Length Indicator</td></tr>
<tr><td colspan="2">Version/Protocol ID Extension</td></tr>
<tr><td colspan="2">ID Length</td></tr>
<tr><td>Reserved</td><td>PDU Type</td></tr>
<tr><td colspan="2">Version</td></tr>
<tr><td colspan="2">Reserved</td></tr>
<tr><td colspan="2">Maximum Area Address</td></tr>
</table>

图 8-15　IS-IS 协议通用报文头部字段

IS-IS协议通用报文头部各字段的作用如表8-8所示。

表 8-8　IS-IS 协议通用报文头部各字段的作用

字段	长度	作用
Intradomain Routing Protocol Discriminator	1字节	域内路由协议鉴别符，IS-IS协议固定为0x83
Length Indicator	1字节	标识IS-IS报文头部长度，单位为字节，包括通用报文头部和专用报文头部
Version/Protocol ID Extension	1字节	标识版本/协议标识扩展，固定为0x1
ID Length	1字节	标识NSAP地址中，System ID区域的长度
Reserved	11比特	保留字段，恒为0
PDU Type	5比特	IS-IS PUD报文类型，共9种
Version	1字节	标识IS-IS版本，恒为0x1
Maximum Area Address	1字节	标识同时支持的最大区域地址数

Hello报文用于在链路中探测邻居路由器和建立邻居关系，在邻居关系建立后维持邻居关系。其专用报文头部各字段及其说明如图8-16所示。

<table>
<tr><td colspan="2">层级类型 Circuit Type</td></tr>
<tr><td colspan="2">始发路由器标识Source ID</td></tr>
<tr><td colspan="2">发送间隔 Holding Time</td></tr>
<tr><td colspan="2">协议数据单元长度PDULength</td></tr>
<tr><td colspan="2">本地链路标识Local Circuit ID</td></tr>
<tr><td>P</td><td>接口优先级Priority</td></tr>
<tr><td colspan="2">局域网标识LANID</td></tr>
<tr><td colspan="2">……</td></tr>
</table>

图 8-16　Hello 报文专用报文头部各字段及其说明

LSP报文用于传递链路状态信息。一个LSP包含了一个路由器的所有基本信息，如邻接关系、OSI终端系统、区域地址等。LSP报文专用报文头部各字段及其说明如图8-17所示。LSP报文具体内容存储在报文变长字段部分，即TLV字段部分。

<table>
<tr><td colspan="4">协议数据单元长度PDULength</td></tr>
<tr><td colspan="4">剩余生存时间Remaining Lifetime</td></tr>
<tr><td colspan="4">链路状态包标识符LSPID</td></tr>
<tr><td colspan="4">序列号 Sequence Number</td></tr>
<tr><td colspan="4">校验和 Checksum</td></tr>
<tr><td>P</td><td>区域关联字段ATT</td><td>过载OL</td><td>路由器类型 IS Type</td></tr>
<tr><td colspan="4">……</td></tr>
</table>

图 8-17　LSP 报文专用报文头部各字段及其说明

CSNP报文用于路由器向全网通告本机所有LSP信息摘要，其他路由器根据摘要信息请求缺少的链路信息。CSNP报文专用报文头部各字段及其说明如图8-18所示。

PSNP报文用于一个路由器收到其他路由器发送的CSNP报文后请求指定的链路信息。PSNP报文专用报文头部各字段及其说明如图8-19所示。

协议数据单元长度PDULength
始发路由器标识Source ID
本地链路状态包起始标识符 Start LSPID
本地链路状态包结束标识符End LSPID
……

图 8-18　CSNP 报文专用报文头部各字段及其说明

协议数据单元长度PDU Length
始发路由器标识Source ID
……

图 8-19　PSNP 报文专用报文头部各字段及其说明

2. IS-IS协议工作流程

IS-IS协议是一种链路状态选择协议，该协议基于如下的假设：区域内的节点交换链路信息得到一致的区域内拓扑描述，通过SPF算法计算出该区域内到达任意节点的最优路径。一致的区域内拓扑描述使得每台路由器可以独立地计算到达区域内任何目的地的最优路由和无自环路由。

IS-IS协议遵循OSI规范中定义的Level0、Level1、Level2三种路由级别工作。Level0级别负责局域网内的数据传输，Level1级别负责区域内的路由，Level2级别负责区域间路由。IS-IS路由选择通常是指区域内和区域间的路由，即Level1和Level2。

配置IS-IS协议的路由器在启动以后，会以一个固定的间隔向各个启用IS-IS协议的接口发送握手的Hello报文数据，该Hello报文数据会携带本路由器的区域号、系统标识、接口IP、IS-IS层级等信息。

当链路上的其他IS-IS路由器收到链路上的Hello报文时会对数据报文信息进行解析，核对对方路由器的区域号和IS-IS层级是否与自己接口的区域号和IS-IS层级相同，如相同则核对邻居关系是否已经存在，如未存在则使用类型为6的TLV字段将对方路由器的MAC地址加入自己发送的Hello包中，向对方回应，待收到对方带有自己路由器接口MAC地址的回应时正式建立邻居关系。若已存在则刷新这个邻居的holdingTime。路由器会定时清理holdingTime为0的邻居关系，并对这个邻居接口和网段进行失效通告。路由器邻居关系建立过程如图8-20所示。

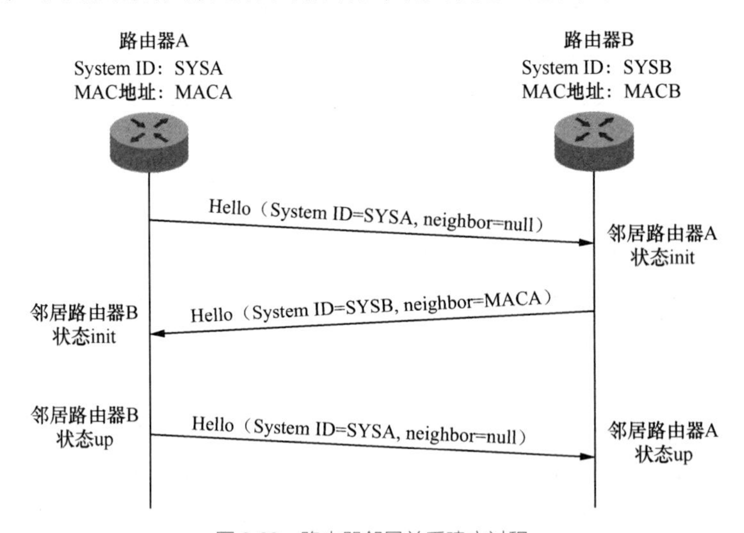

图8-20　路由器邻居关系建立过程

IS-IS协议网络环境中的路由器使用CSNP报文向全网内其他路由器广播本路由器上的链路摘要信息，使用LSP报文向全网内其他路由器广播发送本路由器上的链路数据信息，使用PSNP报文向其他路由器请求本地缺少的链路数据信息。在两台邻接的IS-IS协议路由器建立邻居关系后，它们都会使用链路状态数据包LSP向对方发送本路由器上本地存储的链路状态信息，通过这种链路状态交换两台邻居路由器的本地链路状态数据库达到一致。在这次交换以后，如果链路不发生变化，路由器间会通过全时序协议数据报文CSNP确保邻居间的链路状态一致，若出现不一致则通过部分时序协议数据报文PSNP进行增量更新。路由信息交换过程如图8-21所示。

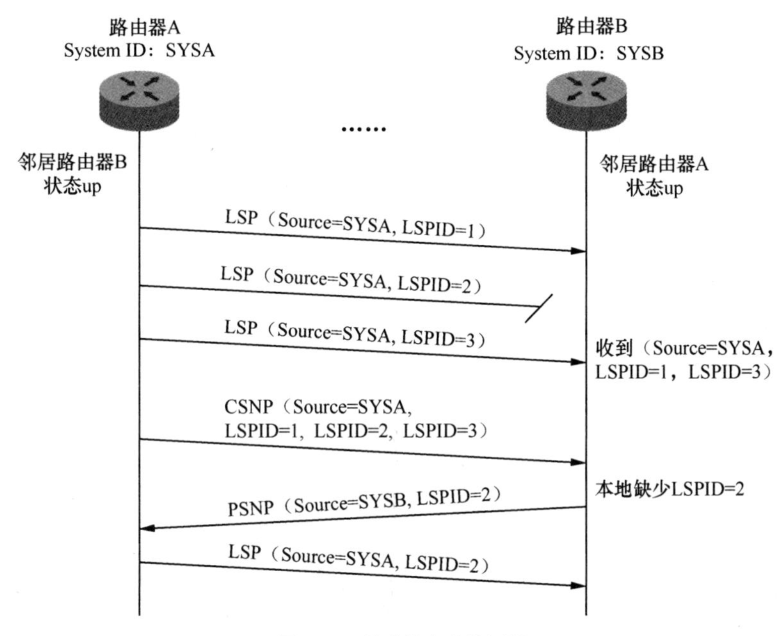

图 8-21　路由信息交换过程

8.3.3　RIP 协议

RIP是一种内部网关协议，用于一个AS内的路由信息传递。RIP协议是一种分布式的、基于距离向量的路由选择协议，网络中的每一台路由器都要维护其到其他每一个目标网络的距离记录。从一个路由器到直接连接的网络的距离定义为1，从一个路由器到非直接连接的网络的距离定义为所经过的路由器数加1。RIP协议认为好的路由就是通过的路由器数目少的路由，其允许的一条路径最多只能包含15个路由器，距离为16时，即为不可达。

RIP协议共有两个版本，RIPv1与RIPv2的区别如表8-9所示。

表 8-9　RIPv1 与 RIPv2 的区别

区别	RIPv1	RIPv2
是否为有类路由协议	有类路由协议	无类路由协议
是否支持可变长子网掩码（variable length subnet mask，VLSM）	不支持	支持
是否有认证功能	无	有
是否有手工汇总功能	无	有
信息传输方式	广播更新	组播更新
对路由是否有标记功能	无	有
发送的update可携带路由条目	25	24
发送的updata包中是否有next-hop属性	无	有

1．RIP 协议报文

RIPv1协议报文格式如图8-22所示，各字段及其作用如表8-10所示。

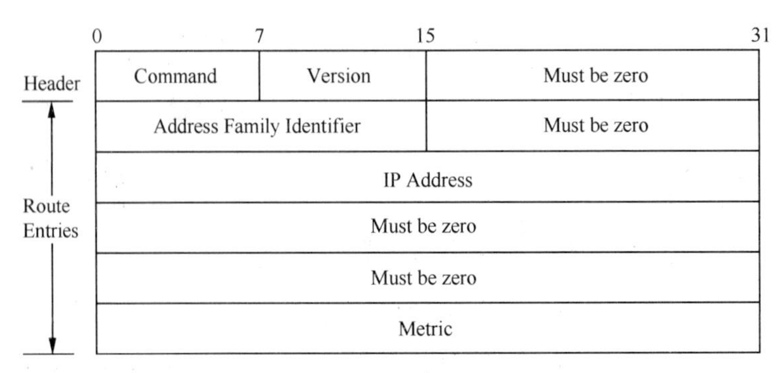

图 8-22　RIPv1 协议报文格式

表 8-10　RIPv1 协议报文各字段作用

字段	长度	作用
Command	1字节	标识报文类型：1为request报文，向邻居请求全部或部分路由信息；2为response报文，发送自己的全部或部分路由信息
Version	1字节	标识RIP协议版本号
Must be zero	2字节/4字节	必须为0字段
Address Family Identifier	2字节	地址族标识
IP Address	4字节	该路由的目标IP地址
Metric	4字节	标识路由的开销值

RIPv2协议报文格式如图8-23所示。

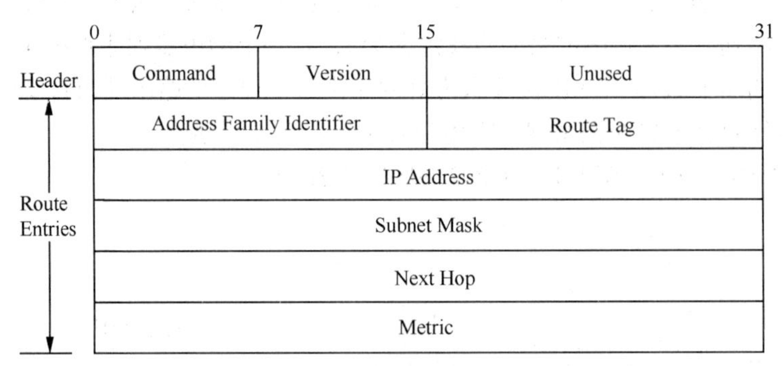

图 8-23　RIPv2 协议报文格式

RIPv2协议报文中部分字段与RIPv1一致，不一致的字段如下。

Route Tag：用于为路由设置标记信息，缺省为0。当一条外部路由被引入RIP而形成一条RIP路由时，RIP可以为该路由设置路由标记。当这条路由在整个RIP域内传播时，路由标记不会丢失。

Net Mask：路由的目标网络掩码，RIPv2定义了该字段，能够支持VLSM。

Next Hop：下一跳，RIPv2定义了该字段，以避免路由器在多路访问网络上出现次优路径现象。

2．RIP协议工作流程

RIP协议工作流程如图8-24所示。

刚开始工作时，路由器只有到直接连接网络的距离信息，路由表中也只存储了到直连网络的直连路由。之后，每一次更新，各路由器也与有限数目的相邻路由器交换并更新路由信息。经过多次更新后，所有的路由器都会获得到达本AS中任何一个网络的最短距离和下一跳路由器的地址。路由器在收到相邻路由器发送的路由表后将执行距离矢量路由算法。

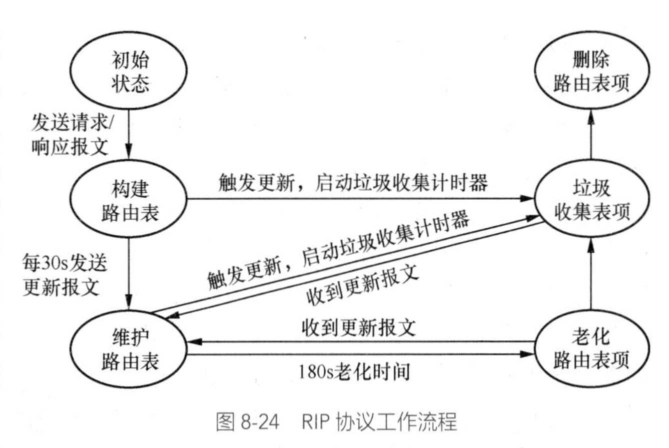

图 8-24　RIP 协议工作流程

RIP协议在整个工作流程中主要使用更新定时器（update timer）、老化定时器（age timer）、垃圾收集定时器（garbage-collect timer）和抑制定时器（suppress timer）4个定时器。当更新定时器超时时，立即发送更新报文。RIP设备如果在老化时间内没有收到邻居发来的路由更新报文，则认为该路由不可达。如果在垃圾收集时间内不可达路由没有收到来自同一邻居的更新，则该路由将被从RIP路由表中彻底删除。当RIP设备收到对端的路由更新，其开销为16时，对应路由进入抑制状态，并启动抑制定时器。为了防止路由振荡，在抑制定时器超时之前，即使再收到对端路由开销小于16的更新，也不接受。当抑制定时器超时后，就重新允许接收对端发送的路由更新报文。

8.3.4　HQRP 协议

卫星节点环绕地球进行周期性轨道运动，在给卫星网络带来高动态性的同时，也使其拓扑动态变化呈现周期性和可预测性，这是卫星网络明显区别于其他陆地通信网络的重要特征。当前的主流卫星网络路由协议依据此种特性，采取拓扑控制的方式屏蔽拓扑动态变化，再针对近似固定的拓扑结构进行路由计算。卫星网络路由中的拓扑控制方法主要有虚拟拓扑、覆盖域划分、数据驱动以及虚拟节点等，如表8-11所示。

表 8-11　拓扑控制方法

方法	基本思路	优点	缺点
虚拟拓扑	基于时间片划分	实现简单，路由计算开销小	存储量大，实时性适应能力较差
覆盖域划分	基于地球表面覆盖区域划分	隐藏式卫星的移动性、存储量小	路由优化性差，星上处理能力要求高
数据驱动	利用数据包到达触发拓扑更新	正常网络流量下性能优于普通算法	网络流量过大时性能较差
虚拟节点	将真实卫星和虚拟节点相映射	算法简单、路由决策时间短	健壮性较差，适于极轨道LEO星座

在多层卫星网络路由协议中应用较多的是虚拟拓扑方法，其主要思路是根据卫星网络拓扑变化的周期性与可预测性，采用适当的算法进行时间片划分，将网络整体运行周期离散化为连续的时间片段，星间链路的变化仅仅发生在每个时间片段的末尾处，即在每个时间片周期内，卫星网络拓扑视作是相对稳定的，则星际链路（inter satellite link，ISL）链路代价也是固定值，就可以

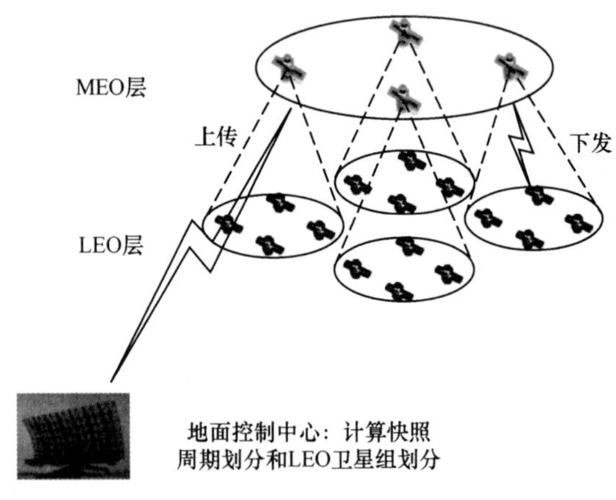

图 8-25 组划分方法

采用最短路径算法找到最优路径以及备选路径，其中以快照周期算法为典型代表。其缺点在于依据卫星参数进行时间片划分的设计过于理想化，卫星实际运行轨道与星座设计存在误差。

针对多层卫星网络的结构特点，在拓扑控制方法基础上，提出了组划分方法。如图8-25所示，地面运控中心依据卫星星座参数进行时间片划分，并在每个时间片内，依据高层卫星的覆盖范围对低层卫星进行组划分。相应的高层卫星为对应组的管理星，负责收集其组员的拓扑信息进行路由计算，再分发给低层卫星。其优点在于提高了低层网络路由收敛速度，降低了低层卫星算力负担，缺点在于拓扑信息的汇集与路由信息的分发耗时长。

分层QoS路由协议（hierarchical QoS routing protocol，HQRP）通过将路由计算从LEO层移到MEO层的方式，利用MEO卫星相对较强的星上处理能力，实现路由的快速计算和收敛，同时减小LEO卫星路由计算的负担。其具体处理过程（见图8-26）:（1）LEO卫星相邻节点间通过层内星间链路交互拓扑状态信息;（2）LEO卫星通过跨层星间链路将自身所获取的拓扑状态信息发送到MEO卫星;（3）MEO卫星之间进行信息交互与汇总，从而获取整个网络的拓扑结构信息，进行路由计算;（4）将计算得到的路由表分别下发给对应的LEO卫星。

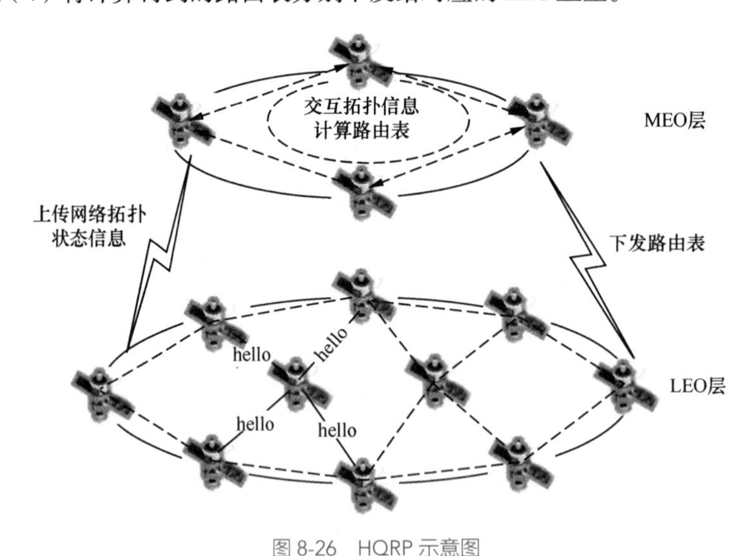

图 8-26 HQRP 示意图

8.3.5 MLSRP 协议

多层卫星路由协议（multilayered satellite routing protocol，MLSRP）是针对GEO、MEO、LEO三层卫星网络而设计的。该协议的核心是分组设计，即高层卫星覆盖范围内的低层卫星构成一个分组，组管理星汇集组内的网络拓扑信息，逐层上传汇集到GEO卫星，统一进行路由计算后再逐层下发。

MLSRP协议整合了卫星分组和组管理的思想：任一时刻，在同一颗GEO卫星覆盖范围所有MEO卫星构成一个MEO分组，在同一颗MEO卫星覆盖范围内的所有LEO卫星构成一个LEO分组，其中对应的GEO卫星和MEO卫星分别为相应分组的组管理者，负责为组成员提供路由计算和流量转发等服务。其基本的工作方式（见图8-27）：（1）LEO组内相邻节点间交互链路状态信息；（2）LEO分组中的卫星节点向组管理MEO卫星发送拓扑状态信息；（3）MEO分组中的卫星节点向组管理GEO卫星发送拓扑信息；（4）GEO之间通过星间链路进行拓扑信息交互，汇总得到全网的拓扑结构，进行路由计算得到全网路由表；（5）GEO下发路由表给组内MEO卫星，MEO卫星再精简路由表，分发给组内LEO卫星。

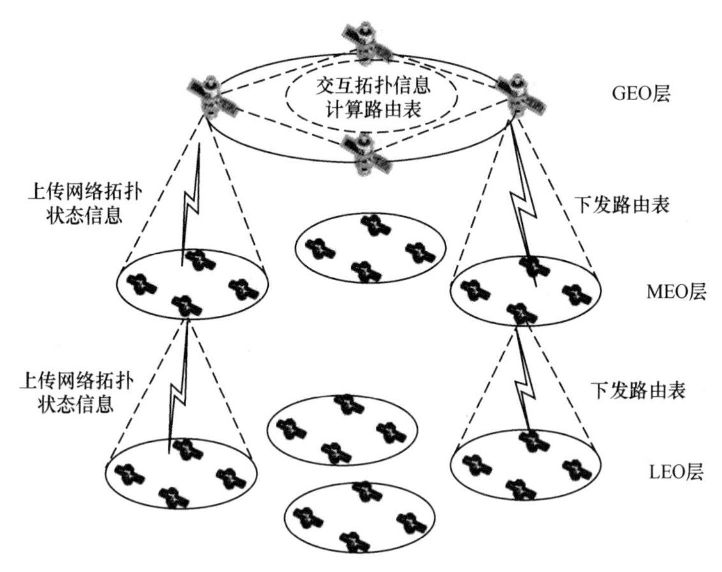

图 8-27　MLSRP 示意图

在MLSRP协议的基础上，又进一步发展了卫星分组概念，设计了针对双层LEO/MEO卫星网络的卫星分组路由协议（satellite grouping and routing protocol，SGRP）。SGRP是基于拓扑控制思想和组划分思想提出的，按星座参数进行快照周期划分的方法，再根据快照周期内MEO卫星覆盖范围对LEO卫星进行分组，由组管理MEO星为组员LEO卫星进行路由计算服务。通常需要在地面站提前计算好周期划分结果以及对应的组划分信息，在系统初始化的时候分发到对应的卫星节点。

SGRP协议采用快照周期的分组机制周期性进行路由更新，实现了LEO层最短时延路由以及对链路拥塞与卫星失效状况的快速反应。SGRP协议依旧采用了虚拟拓扑的设计思想，只是由于网络结构的差异，网络中只有LEO分组，没有MEO分组，整体结构更加扁平化，系统实现的难度大大降低。协议中采用快照周期进行组划分，LEO卫星选择星间链路维持时间最长的MEO卫星作为组管理星，因此其快照周期的划分并不是均匀的，每个快照周期开始时均需要进行全网的路由更新。路由更新的过程如下：（1）LEO卫星向组管理MEO卫星上报拓扑状态信息；（2）MEO管理者进行拓扑状态信息交互与路由计算；（3）MEO卫星分发路由表至LEO组员。

习　题

8.1　请简述集中式路由和分布式路由的优缺点，并举例说明其适用场景。

8.2　请简述静态路由和动态路由分别的优缺点，并举例说明其适用场景。

8.3 请简述网络层的转发和路由选路两个重要功能的区别与联系。

8.4 基于目的地转发意味着什么？这与通用转发有什么不同？

8.5 描述在输入端口会出现分组丢失的原因。描述在输入端口如何消除分组丢失（不使用无限缓存）。

8.6 描述在输出端口会出现分组丢失的原因。通过增加交换结构速率，能够防止这种丢失吗？

8.7 考虑使用8bit主机地址的数据报网络，假定一台路由器使用最长前缀匹配并具有表8-12所示的转发表，为该表中这4个接口给出相关的目标主机地址的范围和该范围中的地址数量。

表8-12　转发表1

前缀匹配	接口
00	0
01	1
10	2
11	3

8.8 考虑使用8bit主机地址的数据报网络，假定一台路由器使用最长前缀匹配并具有表8-13所示的转发表，为该表中这4个接口给出相关的目标主机地址的范围和该范围中的地址数量。

表8-13　转发表2

前缀匹配	接口
1	0
11	1
111	2
其他	3

8.9 给定一个源节点，Dijkstra算法可以寻找到达所有目标节点的最短路径，算法首先寻找哪些目标节点？

8.10 IGP和EGP这两类协议的主要区别是什么？

8.11 OSPF和RIP这两类协议的主要区别是什么？

8.12 试简述OSPF、IS-IS、RIP和BGP路由选择协议的主要特点。

8.13 IS-IS协议的Hello、LSP、CSNP、PSNP四种报文的主要作用分别是什么？传递的信息有什么不同？

8.14 RIP协议的工作流程中需要几个定时器？试简述各定时器的作用。

8.15 RIP使用UDP，而BGP使用TCP，这样做有什么优点？

8.16 为什么RIP周期性地和邻站交换路由信息，而BGP却不这样做？

8.17 BGP协议中，BGP对等体是指什么？路由器之间如何能建立这种关系？

8.18 在BGP会话建立后，对等体之间如何保持连接状态？本地在运行中发现错误如何告知对等体？

第 9 章

基于随机几何的网络性能分析

随机几何在网络性能分析方面展现了强大的实力，可以为不同类型的网络提供统一的数学范式、对网络性能进行表征，因此被广泛应用于无线网络领域。随机几何的主要优势在于能够捕捉节点位置的空间随机性。此外，在进行相关分析时，还可以耦合小尺度衰落、阴影衰落、功率分配、队列中数据包到达和离开等其他因素造成的随机性。因此，在某些场景下，可以基于随机几何得到网络性能的闭式表达式，从而为网络设计和部署提供参考。

9.1 空间点过程

在随机几何理论中，为了捕获网络的空间特性，节点的位置通常被抽象为空间点过程（point process）。考虑一个d维欧几里得空间$\mathbb{R}^d$，空间点过程Φ是定义在$\mathbb{R}^d$上的一个随机、有限或可数无限（countably-infinite）集。该集合中不存在聚点（accumulation point）。$\Phi=\{x_i\}$可以被理解为一个计数测度，即$\Phi=\sum_i \varepsilon_{x_i}$，其中$\varepsilon_x$是$x$的狄拉克测度（Dirac measure）。对于$A\subset\mathbb{R}^d$，如果$x\in A$，则有$\varepsilon_x(A)=1$，否则$\varepsilon_x(A)=0$。集合$\Phi$中位于$A$中的点数记为$\Phi(A)$。网络的类型和特征不同，适配的点过程也有所不同。

1．泊松点过程（poisson point process，PPP）

泊松点过程是随机几何理论中最为常用的空间模型之一。强度测度为Λ的泊松点过程Φ通过有限维分布来定义

$$\mathbb{P}\{\Phi(A_i)=n_1,\cdots,\Phi(A_k)=n_k\}=\prod_{i=1}^{k}\exp[-\Lambda(A_i)]\frac{\Lambda(A_i)^{n_i}}{n_i!} \tag{9-1}$$

其中$k\in\{1,2,\cdots\}$；$A_i\subset\mathbb{R}^d\,(i=1,2,\cdots,k)$有界且互不相交。若$\Lambda(\mathrm{d}x)=\lambda\mathrm{d}x$是$\mathbb{R}^d$上勒贝格测度（Lebesgue measure）的倍数，则Φ是一个齐次（homogeneous）泊松点过程，λ称为Φ的密度。由于其易处理性，泊松点过程是所有的点过程中最受欢迎的，通常用于对大规模网络中基站或用户的位置进行建模。根据定义可知，$A_i\subset\mathbb{R}^d$中

的点数服从参数为λ的泊松分布，即

$$\mathbb{P}\left[\Phi\left(A_i\right)=n\right]=\exp\left(-\lambda\left|A_i\right|\right)\frac{\left(\lambda\left|A_i\right|\right)^n}{n!} \tag{9-2}$$

其均值为

$$\begin{aligned}\mathbb{E}\left[\Phi\left(A_i\right)\right]&=\sum_{n=0}^{\infty}n\exp\left(-\lambda|A|\right)\frac{\left(\lambda|A|\right)^n}{n!}\\&=\lambda|A|\end{aligned} \tag{9-3}$$

其中$|\cdot|$为勒贝格测度。在二维空间中，$|A_i|$可以理解为区域A_i的面积。若空间信息实体位置建模为泊松点过程，区域A_i中实体的数量特征可由上面两个公式确定。

2．硬核点过程（hard core point process，HCPP）

硬核点过程为一种空间点过程，用于描述在给定区域内点的随机分布。硬核点过程具有以下两种性质。

（1）排斥性：硬核点过程中的点与点之间存在排斥性，即如果两个点之间的距离小于某个固定的阈值（硬核半径，$r_h>0$），则它们无法同时存在。这种排斥性可以用于模拟具有一定空间排斥性的现象。

（2）随机性：硬核点过程是一种随机过程，点的位置是随机分布的，但受到排斥性的限制。

由此可见，硬核点过程的密度可以通过调节排斥半径，影响点的分布密度来实现控制。

硬核点过程可以看作是泊松点过程的一种特例，即在泊松点过程的基础上加入了排斥性。例如，对于泊松点过程，为其每一个点随机分配一个[0,1]区间内的标记，如果两个点之间的间距小于r_h，则保留两个点，否则删除标记较大的点。最后，任意两个点满足$\|x_i-x_j\|\geqslant r_h,\forall x_i,x_j\in\Phi$，$i\neq j$，则该泊松点过程成为硬核点过程。而当硬核点过程的硬核半径r_h趋近于0时，硬核点过程将退化为泊松点过程，即在极端情况下，硬核点过程就是泊松点过程。

在一个真实的空间信息网络中，两个实体不会随意靠近。例如，可以通过硬核点过程对基站的位置进行建模，以反映蜂窝网络部署中的基本规划原则。其中硬核半径r_h反映了基站间距离的要求。和泊松点过程相比，硬核点过程能够更好地模拟实体位置的空间分布。然而，这种建模方式是以牺牲易处理性为代价的。例如，硬核点过程中共存节点的密度还无法被精确捕捉，且估计值和真实密度之间的差异随基线泊松点过程密度的增大而增大。

3．泊松簇过程（poisson cluster process，PCP）

通常情况下，基线泊松点过程中的每个点都用一个子过程中的点代替后，将形成泊松簇过程。Matern簇过程中的子过程点围绕基线泊松点过程中的点在某一固定半径的圆内均匀分布，Thomas簇过程中的子过程点围绕基线泊松点过程中的点呈固定方差正态分布。泊松簇过程描述了节点聚集部署的特性，一般用于对用户位置的建模。假设簇的中心为$z_0\in\mathbb{R}^2$，该簇中坐标为z的点相对中心位置z_0的坐标为$z_u=z-z_0$，则对于Matern簇过程，z_u的概率密度函数为

$$f_{z_u}\left(z_u\right)=\begin{cases}\dfrac{1}{\pi\mathcal{R}^2} & \|z_u\|\leqslant\mathcal{R},\ z_u\in\mathbb{R}^2\\0 & \text{其他}\end{cases} \tag{9-4}$$

其中$\mathcal{R}$为预设的半径；对于Thomas簇过程，z_u的概率密度函数为

$$f_{z_u}(z_u)=\frac{1}{2\pi\sigma^2}\exp\left(-\frac{\|z_u\|^2}{2\sigma^2}\right),\ z_u\in\mathbb{R}^2 \tag{9-5}$$

其中σ^2为预设的方差。

4．二项点过程（**binomial point process**，**BPP**）

考虑紧集$B\in\mathbb{R}^2$，若有限的N个独立的点均匀分布于B所对应的区域内，则对于任意的紧集$C\subset B$所对应的区域，其中的点数为一个二项式随机变量。依据二项分布的相关性质，可以得出$\Phi(C)$的概率分布函数为

$$\mathbb{P}[\Phi(C)=n]=\binom{N}{n}\left(\frac{|C|}{|B|}\right)^n\left(1-\frac{|C|}{|B|}\right)^{N-n} \tag{9-6}$$

即$\Phi(C)\sim\mathrm{Bin}\left(N,\frac{|C|}{|B|}\right)$。由式（9-6）可以看出，二项点过程可以对节点数量已知的有限区域网络进行建模。

由概率论的先导知识可知，在特定的极限情况下，即$N\to\infty$，$\frac{|C|}{|B|}\to 0$且$N\frac{|C|}{|B|}$为常数时，该二项分布可近似为泊松分布，即

$$\mathbb{P}[\Phi(C)=n]=\frac{\left(N\frac{|C|}{|B|}\right)^n}{n!}\exp\left(-N\frac{|C|}{|B|}\right) \tag{9-7}$$

取$\lambda=\frac{N}{|B|}$，可以得到

$$\mathbb{P}[\Phi(C)=n]=\frac{(\lambda|C|)^n}{n!}\exp(-\lambda|C|) \tag{9-8}$$

显然，式（9-8）描述的是密度为λ的齐次泊松点过程。

9.1.1　齐次泊松点过程的性质

本小节以最常见的齐次泊松点过程为例，分析空间点过程的基础性质。通过类似方法可推导其他点过程的性质。

首先考虑点过程中“和”的性质，即Campbell（坎贝尔）定理。

定理9.1　（**Campbell 定理**）考虑密度为λ的泊松点过程Φ，若$f(x):\mathbb{R}^2\mapsto\mathbb{R}^+$为正测度函数，则有

$$\mathbb{E}\left[\sum_{x\in\Phi}f(x)\right]=\lambda\int_{\mathbb{R}^2}f(x)\mathrm{d}x \tag{9-9}$$

证明: 将圆心为o、半径为r的圆记为$\mathcal{B}(o,r)$，区域$\mathcal{B}(o,r)$中的点数记为$n=\mathcal{B}(o,r)$，n个节点的位置相互独立。因此，给定n时有

$$\mathbb{E}\left[\sum_{x\in\Phi\cap\mathcal{B}(o,r)}f(x)\,|\,n\right]=n\int_{\mathcal{B}(o,r)}\frac{f(x)}{|\mathcal{B}(o,r)|}\mathrm{d}x \tag{9-10}$$

对n进行平均可以得到

$$\mathbb{E}\left[\sum_{x\in\Phi\cap\mathcal{B}(o,r)} f(x)\right] = \mathbb{E}[n]\int_{\mathcal{B}(o,r)} \frac{f(x)}{|\mathcal{B}(o,r)|}\mathrm{d}x \\ = \lambda\int_{\mathcal{B}(o,r)} f(x)\mathrm{d}x \tag{9-11}$$

令$r\to\infty$，可以得到

$$\mathbb{E}\left[\sum_{x\in\Phi} f(x)\right] = \lim_{r\to\infty}\mathbb{E}\left[\sum_{x\in\Phi\cap\mathcal{B}(o,r)} f(x)\right] \\ = \lambda\int_{\mathbb{R}^2} f(x)\mathrm{d}x \tag{9-12}$$

假设空间信息实体的位置为二维平面上的泊松点过程，所有空间信息实体均采用单位发射功率。为了描述方便，下面用相同的变量描述一个节点的位置和该节点本身。忽略小尺度衰落，节点y受到的总干扰记为$I_y = \sum_{x\in\Phi} l(x-y)$，其中$l(x-y)$为路径损耗函数。根据Campbell定理，干扰$I_y$的均值和方差分别为

$$\mathbb{E}[I(y)] = \lambda\int_{\mathbb{R}^2} l(x-y)\mathrm{d}x = \lambda\int_{\mathbb{R}^2} l(x)\mathrm{d}x \tag{9-13}$$

$$\begin{aligned}\mathbb{D}[I(y)] &= \mathbb{E}\left[\sum_{x\in\Phi} l(x-y)\sum_{z\in\Phi} l(z-y)\right] - \mathbb{E}^2[I(y)] \\ &= \mathbb{E}\left[\sum_{x\in\Phi} l^2(x-y)\right] + \mathbb{E}\left[\sum_{x,z\in\Phi} l(x-y)l(z-y)\right] - \mathbb{E}^2[I(y)] \\ &= \lambda\int_{\mathbb{R}^2} l^2(x-y)\mathrm{d}x + \lambda^2\int_{\mathbb{R}^2}\int_{\mathbb{R}^2} l(x-y)l(z-y)\mathrm{d}x\mathrm{d}z - \mathbb{E}^2[I(y)] \\ &= \lambda\int_{\mathbb{R}^2} l^2(x)\mathrm{d}x\end{aligned} \tag{9-14}$$

9.1.2 泊松点过程的性质

除了“和”外，点过程中的“乘积”也具有一定特性，通常称为PGF（probability generating function，概率生成函数）定理。

定理9.2 （**PGF 定理**）考虑密度为λ的泊松点过程Φ，若$f(x)$：$\mathbb{R}^2\mapsto[0,1]$为实值函数，则有

$$\mathbb{E}\left[\prod_{x\in\Phi} f(x)\right] = \exp\left\{-\lambda\int_{\mathbb{R}^2}[1-f(x)]\,\mathrm{d}x\right\} \tag{9-15}$$

证明： 将区域$\mathcal{B}(o,r)$中的点数记为$n=\Phi(\mathcal{B}(o,r))$，这n个节点的位置相互独立，因此

$$\begin{aligned}\mathbb{E}\left[\prod_{x\in\Phi\cap\mathcal{B}(o,r)} f(x)\right] &= \mathbb{E}_n\mathbb{E}\left[\prod_{x\in\Phi\cap\mathcal{B}(o,r)} f(x)\Big| n\right] \\ &\overset{(a)}{=} \mathbb{E}_n\left[\frac{1}{\pi r^2}\int_{\mathcal{B}(o,r)} f(x)\mathrm{d}x\right]^n \\ &\overset{(b)}{=} \exp\left\{-\lambda\pi r^2\left[1-\frac{1}{\pi r^2}\int_{\mathcal{B}(o,r)} f(x)\,\mathrm{d}x\right]\right\} \\ &= \exp\left\{-\lambda\int_{\mathcal{B}(o,r)}[1-f(x)]\,\mathrm{d}x\right\}\end{aligned} \tag{9-16}$$

其中，步骤（a）来源于各节点位置的独立性；步骤（b）的理论依据是n为泊松随机变量。令

$r \to \infty$即可以得到定理9.2。

由于泊松点过程的特殊性质，对其进行叠加（superposition）、细化（thinning）或变换（transformation）等操作后形成的点过程仍为泊松点过程。为解释其原理，首先给出点过程的拉普拉斯函数的定义。

定义9.1 假设f为$\mathbb{R}^d$上的非负函数，泊松点过程Φ的拉普拉斯函数定义为

$$\mathcal{L}_{\Phi}(f)=\mathbb{E}\left\{\exp[-\int_{\mathbb{R}^d} f(x)\Phi(\mathrm{d}x)]\right\} \tag{9-17}$$

泊松点过程的拉普拉斯变换满足以下定理。

定理9.3 假设f为$\mathbb{R}^d$上的非负函数，强度测度为Λ的泊松点过程Φ的拉普拉斯函数为

$$\mathcal{L}_{\Phi}(f)=\exp\left\{-\int_{\mathbb{R}^d} 1-\exp[-f(x)]\Lambda(\mathrm{d}x)\right\} \tag{9-18}$$

证明： 定义函数$g(x)=f(x)\varepsilon_x(A)$，其中$A$有界，则有

$$\begin{aligned}\mathcal{L}_{\Phi}(g) &\overset{(a)}{=} \exp[-\Lambda(A)]\sum_{n=0}^{\infty}\frac{[\Lambda(A)]^n}{n!}\frac{1}{[\Lambda(A)]^n} \\ &\quad \int_A\cdots\int_A \exp\left[-\sum_{i=1}^{n} f(x_i)\right]\Lambda(\mathrm{d}x_1)\cdots\Lambda(\mathrm{d}x_n) \\ &= \exp[-\Lambda(A)]\sum_{n=0}^{\infty}\frac{1}{n!}\left\{\int_A \exp[-f(x)]\Lambda(\mathrm{d}x)\right\}^n \\ &= \exp\left\{-\int_{\mathbb{R}^d} 1-\exp[-g(x)]\Lambda(\mathrm{d}x)\right\}\end{aligned} \tag{9-19}$$

其中，步骤（a）来源于泊松点过程的定义。

接下来介绍泊松点过程的叠加、细化和变换。首先给出叠加操作的定义。

定义9.2 考虑一系列相互独立的点过程Φ_k，其中$k \in \mathbb{R}^+$。这些点过程叠加后形成

$$\Phi=\sum_k \Phi_k \tag{9-20}$$

以上定义表示点过程在计数测度上的叠加。根据泊松点过程的定义，可以得到叠加定理。

定理9.4 （**叠加定理**）考虑一系列强度测度分别为Λ_k的相互独立的泊松点过程Φ_k，其中$k \in \mathbb{R}^+$。若这些点过程叠加后的总和Φ为局部有限测度，则Φ是强度测度为$\sum_k \Lambda_k$的泊松点过程。

证明： 根据定义9.1，Φ的拉普拉斯函数为

$$\begin{aligned}\mathcal{L}_{\Phi}(f) &= \mathbb{E}\left\{\exp\left[-\sum_k\int_{\mathbb{R}^d} f(x)\Phi_k(\mathrm{d}x)\right]\right\} \\ &= \mathbb{E}\left\{\prod_k \exp\left[-\int_{\mathbb{R}^d} f(x)\Phi_k(\mathrm{d}x)\right]\right\} \\ &= \prod_k \exp\left\{-\int_{\mathbb{R}^d} 1-\exp[-f(x)]\Lambda_k(\mathrm{d}x)\right\} \\ &= \exp\left\{-\int_{\mathbb{R}^d} 1-\exp[-f(x)]\sum_k \Lambda_k(\mathrm{d}x)\right\}\end{aligned} \tag{9-21}$$

例如，两层异构网络中，如果宏基站和微基站的位置为相互独立的泊松点过程，那么所有基站的位置仍为泊松点过程。

接下来给出点过程的细化操作。

定义9.3　考虑泊松点过程$\Phi=\{x_i\}\subset\mathbb{R}^d$和函数$p$：$\mathbb{R}^d\mapsto[0,1]$，$\Phi$基于函数$p$进行细化后得到点过程$\Phi_p$，对应的表达式为

$$\Phi_p=\sum_i \delta_i \varepsilon_{x_i} \tag{9-22}$$

其中，随机变量$\{\delta_i\}_i$相互独立，且满足$\mathbb{P}\left[\delta_i=1|\Phi\right]=1-\mathbb{P}\left[\delta_i=0|\Phi\right]=p(x_i)$。

细化操作保留了泊松点过程的特性，细化定理说明了这一点。

定理9.5　（**细化定理**）考虑强度测度为Λ的泊松点过程$\Phi=\{x_i\}\subset\mathbb{R}^d$和函数$p$：$\mathbb{R}^d\mapsto[0,1]$，$\Phi$基于函数$p$的细化过程是一个强度测度为$p\Lambda$的泊松点过程。其中$(p\Lambda)(A)=\int_A p(x)\Lambda(\mathrm{d}x)$，$A$为$\mathbb{R}^d$上的有界子集。

证明：根据定义9.1，Φ^p的拉普拉斯函数为

$$\begin{aligned}\mathcal{L}_{\Phi^p}(g)&=\mathrm{e}^{-\Lambda(A)}\sum_{n=0}^{\infty}\frac{(\Lambda(A))^n}{n!}\cdot\frac{1}{(\Lambda(A))^n}\int_A\cdots\int_A\prod_{i=1}^{n}\left(p(x_i)\mathrm{e}^{-f(x_i)}+1-p(x_i)\right)\Lambda(\mathrm{d}x_1)\cdots\Lambda(\mathrm{d}x_n)\\&=\mathrm{e}^{-\Lambda(A)}\sum_{n=0}^{\infty}\frac{1}{n!}\left(\int_A\left(p(x)\mathrm{e}^{-f(x)}+1-p(x)\right)\Lambda(\mathrm{d}x)\right)^n\\&=\mathrm{e}^{-\int_{\mathbb{R}^d}\left(1-\mathrm{e}^{-g(x)}\right)p(x)\Lambda(\mathrm{d}x)}\end{aligned} \tag{9-23}$$

通俗地讲，Φ^p的一个实现（realization）可以通过随机、独立地移除Φ中的一部分点得到，其中位于位置x的点没有被移除的概率为$p(x)$。例如，如果一些节点的位置服从泊松点过程，并独立抛硬币决定自己是否接入信道，那么所有活跃节点的位置仍为泊松点过程。

最后给出点过程的变换操作。考虑从$\mathbb{R}^d$到$\mathbb{R}^{d'}$的概率核（probability kernel）函数$q(x,B)$，其中d'>1。也就是说，对所有的$x\in\mathbb{R}^d$，$q(x,B)$是$\mathbb{R}^{d'}$上的概率测度。点过程的变换操作定义如下。

定义9.4　通过概率核函数$q(x,B)$对泊松点过程$\Phi=\{x_i\}\subset\mathbb{R}^d$进行转移，可以得到空间$\mathbb{R}^{d'}$上的点过程$\Phi_q$，记为

$$\Phi_q=\sum_i \varepsilon_{y_i} \tag{9-24}$$

其中，随机变量$\{y_i\}_i$相互独立，且满足$\mathbb{P}\left[y_i\in B\,|\,\Phi\right]=q(x_i,B)$。

换句话说，Φ_q可以通过将Φ中的每个点都独立、随机地根据概率核函数q从空间$\mathbb{R}^d$转移到$\mathbb{R}^{d'}$得到。这个操作保留了泊松点过程的特性，如以下定理所述。

定理9.6　（**变换定理**）考虑强度测度为Λ的泊松点过程Φ和$\mathbb{R}^d$到$\mathbb{R}^{d'}$的概率核函数q，通过q对Φ进行转移，形成的点过程Φ_q是一个强度测度为$\Lambda'(A)=\int_{\mathbb{R}^d}q(x,A)\Lambda(\mathrm{d}x)$的泊松点过程，其中$A\subset\mathbb{R}^{d'}$。

证明：给定测度函数f，Φ_q的拉普拉斯函数为

$$\begin{aligned}\mathcal{L}_{\Phi_q}(f)&=\mathbb{E}\left\{\exp\left[-\sum_i f(y_i)\right]\right\}\\&=\mathbb{E}\left\{\int_{\mathbb{R}^d}\cdots\int_{\mathbb{R}^d}\left\{\exp\left[-\sum_i f(y_i)\right]\right\}\prod_j q(x_j,\mathrm{d}y_j)\right\}\\&=\mathbb{E}\left\{\prod_j\int_{y_j\in\mathbb{R}^{d'}}\exp\left[-f(y_i)\right]\prod_j q(x_j,\mathrm{d}y_j)\right\}\\&=\mathbb{E}\left\{\exp\left\{\sum_j\log\left\{\int_{y_j\in\mathbb{R}^{d'}}\exp\left[-f(y_j)\right]q(x_j,\mathrm{d}y_j)\right\}\right\}\right\}\end{aligned} \tag{9-25}$$

给定$g(x)=-\log\left\{\int_{y\in\mathbb{R}^{d'}}\exp[-f(y)]q(x,\mathrm{d}y)\right\}$，则$\Phi_q$的拉普拉斯函数满足

$$\begin{aligned}\mathcal{L}_{\Phi_q}(f)&=\mathcal{L}_{\Phi}(g)\\&=\exp\left\{-\int_{\mathbb{R}^d}\left\{1-\exp\left\{\log\int_{\mathbb{R}^{d'}}\exp[-f(y)]q(x,\mathrm{d}y)\right\}\right\}\Lambda(\mathrm{d}x)\right\}\\&=\exp\left\{-\int_{\mathbb{R}^d}\left\{1-\int_{\mathbb{R}^{d'}}\exp[-f(y)]q(x,\mathrm{d}y)\right\}\Lambda(\mathrm{d}x)\right\}\\&=\exp\left\{-\int_{\mathbb{R}^d\mathbb{R}^{d'}}1-\exp[-f(y)]q(x,\mathrm{d}y)\Lambda(\mathrm{d}x)\right\}\\&=\exp\left\{-\int_{\mathbb{R}^{d'}}1-\exp[-f(y)]\Lambda'(\mathrm{d}y)\right\}\end{aligned}\qquad(9\text{-}26)$$

定理9.6也称为位移定理（displacement theorem），它描述了节点的位置变化特性。

9.1.3 Palm 理论

本小节给出随机几何最为重要的定理之一，Slivnyak–Mecke（斯利夫尼亚克-美克）定理，它是随机几何应用于无线网络性能分析的基础。首先给出和点过程相关的两个测度，即均值测度和简化Campbell测度（reduced Campbell measure）。

定义9.5　点过程Φ的均值测度定义为

$$M(A)=\mathbb{E}[\Phi(A)]\qquad(9\text{-}27)$$

Φ的简化Campbell测度定义为

$$C^!(A\Gamma)=\mathbb{E}\left[\int_A 1\left(\Phi-\varepsilon_x\in\Gamma\right)\Phi(\mathrm{d}x)\right]\qquad(9\text{-}28)$$

其中，$A\subset\mathbb{R}^d$；Γ为点的测度；$1(E)$为指示函数，当且仅当事件E发生时该函数取值为1，否则取值为0。

均值测度$M(A)$反映了集合Φ位于区域A中的点数的期望，简化Campbell 测度$C^!(A\Gamma)$则反映了集合Φ位于区域A中满足特定条件的点个数的期望：移除该点后Φ中剩余点满足特性Γ。基于拉东-尼科迪姆导数（Radon–Nikodym derivative），简化Campbell测度可以表示为

$$C^!(A\Gamma)=\int_A P_x^! M(\mathrm{d}x)\qquad(9\text{-}29)$$

其中，$P_x^!$为Φ给定点x时的简化Palm分布。根据以上定义可以得到Slivnyak–Mecke定理。

定理9.7　（**Slivnyak–Mecke定理**）考虑强度测度为Λ的泊松点过程Φ，对$x\in\mathbb{R}^d$，有$P_x^!(\Gamma)=\mathbb{P}[\Phi\in\Gamma]$。

证明：该定理来源于式（9-29）。此处略。

Slivnyak–Mecke定理说明一个泊松点过程的简化Palm 分布等于该点过程的分布。换句话说，泊松点过程的统计特性和观测位置无关，在空间中任一点$x\in\mathbb{R}^d$处观察到的泊松点过程具有相同的性质。为此，在基于随机几何的无线网络性能分析中，常假设存在一个位于原点的典型用户或基站节点，分析它的性能即可得出普适性的结论。

9.1.4 强马尔可夫特性

考虑一个点过程Φ，当紧集$W=W(\Phi)\subset\mathbb{R}^d$是$\Phi$的一个实现的函数时，$W$称为$\Phi$的随机紧集

（random compact set）。接下来给出停集（stopping set）的概念。

定义9.6 假设$W(\Phi)$是点过程Φ的随机紧集，如果只知道Φ属于集合K中的点就可以判断事件$W(\Phi)\subset K$是否成立，则称$W(\Phi)$为Φ的停集。

考虑一个圆心为原点o、半径为R_k的球，记为$\hat{\mathcal{B}}(o,R_k)$。其中R_k表示从原点o到点过程Φ中第k近点的距离。给定一个紧集$K\subset\mathbb{R}_d$，接下来让球$\hat{\mathcal{B}}(o,R_k)$的半径从0开始增大，直到以下两个事件之一发生：

（1）球$\hat{\mathcal{B}}(o,R_k)$中包含了k个点过程Φ中的点；

（2）球$\hat{\mathcal{B}}(o,R_k)$碰到了K的补集。

如果事件（1）发生，可以判断$\hat{\mathcal{B}}(o,R_k)\subset K$；如果事件（2）发生，那么$\hat{\mathcal{B}}(o,R_k)\not\subset K$。由此可以判断，$\hat{\mathcal{B}}(o,R_k)$是$\Phi$的停集。

泊松过程是马尔可夫过程，因此一个泊松点过程Φ在任意一个随机停集$W=W(\Phi)$上都具有强马尔可夫特性。

例如，假定泊松点过程Φ的强度测度为Λ，根据强马尔可夫特性，有

$$\mathbb{P}\left[R_k>t\mid R_{k-1}=s\right]=\begin{cases}\exp\{-\Lambda[\mathcal{B}(o,t)]-\Lambda[\mathcal{B}(o,s)]\} & t>s\\ 1 & t\leqslant s\end{cases}\tag{9-30}$$

9.1.5 平稳性和遍历性

本小节将使用如下的表示方式。对于所有的$v\in\mathbb{R}^d$和$\Phi=\sum_i\varepsilon_{x_i}$，有

$$v+\Phi=v+\sum_i\varepsilon_{x_i}=\sum_i\varepsilon_{v+x_i}\tag{9-31}$$

定义9.7 若一个点过程Φ在平移$v\in\mathbb{R}^d$后保持不变，即对于任意$v\in\mathbb{R}^d$和$\Gamma\subset\mathbb{R}^d$，有$\mathbb{P}\{v+\Phi\in\Gamma\}=\mathbb{P}\{\Phi\in\Gamma\}$，那么称该点过程为平稳的。

利用拉普拉斯函数等工具不难证明，本章中主要研究的齐次泊松点过程（强度测度$\lambda\mathrm{d}x$中的λ为常数且$0<\lambda<\infty$）是一种平稳点过程。平稳点过程的一个重要性质：给定一个平稳点过程Φ，其均值测度为勒贝格测度的倍数，即$M(\mathrm{d}x)=\lambda\mathrm{d}x$。

显然，$\lambda=E[\Phi(B)]$对任意勒贝格测度为1的$\mathbb{R}^d$中的集合B成立。平稳点过程Φ的$\mathbb{R}^d\times\mathbb{M}$上的Campbell–Matthes测度可定义为

$$\begin{aligned}\mathcal{C}(A\Gamma)&=\mathbb{E}\left[\int_A\mathbf{1}(\Phi-x\in\Gamma)\Phi(\mathrm{d}x)\right]\\&=\mathbb{E}\left[\sum_i\mathbf{1}(x_i\in A)\mathbf{1}(\Phi-x_i\in\Gamma)\right]\end{aligned}\tag{9-32}$$

若$\lambda<\infty$，则可定义$\mathbb{M}$上的概率测度P^0，对任意Γ有

$$\mathcal{C}(A\Gamma)=\lambda\,|A|\,P^0(\Gamma)\tag{9-33}$$

平稳点过程的遍历性是无线网络仿真中值得研究的性质之一。对于一个平稳点过程Φ和函数f: $\mathbb{M}\to\mathbb{R}_+$，考虑如下的空间平均。

$$\lim_{n\to\infty}\frac{1}{|A_n|}\int_{A_n}f(v+\Phi)\mathrm{d}v,\ |A_n|\to\infty\tag{9-34}$$

粗略来说，如果最终的极限存在，并且对于所有Φ的实现、所有的可积函数和一些“好”的集合A_n，例如$A_n = B_0(n)$，极限值等于$\mathbb{E}\left[f(\Phi)\right]$，那么$\Phi$是遍历的。遍历性是进行仿真的要求之一。

对于遍历性的研究也可定义其他均值计算方式，例如

$$\lim_{n\to\infty}\frac{1}{n}\sum_{k=1}^{n} f(vk+\Phi) \tag{9-35}$$

其中，$v\in\mathbb{R}^d, v\neq 0$。若$f(vk+\Phi)$，$k=1,2,\cdots$为独立的随机变量，则该极限值的存在将遵循强大数定律。

定义9.8　对于一个平稳点过程Φ，若对于所有取决于点过程实现的集合Γ和$\varDelta$，满足当$|v|\to$时，$\mathbb{P}\{v+\Phi\in\Gamma,\Phi\in\varDelta\}\to\mathbb{P}\{\Phi\in\Gamma\}\mathbb{P}\{\Phi\in\varDelta\}$，则$\Phi$是混合的；若对于以上集合$\Gamma$和$\varDelta$，满足$\lim\limits_{t\to\infty}\frac{1}{(2t)^d}\int_{[-t,t]^d}\mathbb{1}(v+\Phi\in\Gamma,\Phi\in\varDelta)\mathrm{d}v=\mathbb{P}\{\Phi\in\Gamma\}\mathbb{P}\{\Phi\in\varDelta\}$，则$\Phi$是遍历的。

定义9.8中，依据勒贝格控制收敛定理可以看出，一个混合的点过程也是遍历的。考虑齐次泊松点过程Φ，对于定义9.8中的集合Γ和$\varDelta$，$\Gamma-v=\{-v+\phi:\phi\in\Gamma\}$，$\varDelta$依赖于$\mathbb{R}^d$多个不相交子集的具体配置，因此，依据齐次泊松点过程的定义，$\mathbb{1}(v+\Phi\in\Gamma)=\mathbb{1}(\Phi\in\Gamma-v)$和$\mathbb{1}(\Phi\in\varDelta)$是独立的，故齐次泊松点过程是混合的，也是遍历的。

9.2 网络性能指标

网络性能指标是用来评估和衡量网络运行质量和效率的指标。常见的网络性能指标包括中断概率、覆盖概率、接入概率、遍历容量、中断容量等。不同类型的网络和应用可能会关注不同的性能指标，以满足其特定的需求。

9.2.1 中断概率

在无线网络中，中断概率是指在某一特定区域或时间段内，由于信号衰落、干扰等原因造成接收方所接收信号的SINR（signal to interference plus noise ratio，信号噪声干扰比）低于某一阈值，进而导致最基本的数据速率或误码率等指标难以满足的概率。通常情况下，中断概率可以用来衡量系统的稳定性和可靠性。

针对用户与基站通信的下行链路，若发生中断的SINR阈值为κ，则一般化的中断概率为

$$P_{\text{out}}=\mathbb{P}[\text{SINR}<\kappa] \tag{9-36}$$

在信号传播特性已知时，利用随机几何捕捉节点空间位置的随机性有望得到中断概率等指标的闭式表达式，常用的一种推导方式为

$$\begin{aligned}P_{\text{out}}&=\mathbb{P}[\text{SINR}<\kappa]\\&=\mathbb{E}_r[\mathbb{P}[\text{SINR}<\kappa]\mid r]\\&=\int_{r>0}\mathbb{P}\left[\frac{S(r)}{\sigma^2+I(r)}<\kappa\right]f_r(r)\mathrm{d}r\end{aligned} \tag{9-37}$$

其中，r为用户到基站的距离，$f_r(r)$为r的概率密度函数，$S(r)$和$I(r)$分别表示在此距离下的用户所接收信号的功率，两者的概率密度函数取决于系统的电磁波传播特性，σ^2为噪声功率。利用已知的路径损耗和小尺度衰落等电磁波传播特性可以推导$S(r)$和$I(r)$的概率密度函数。针对部分常用的空间位置分布，基于随机几何可以完成$f_r(r)$的推导，进而有望得到中断概率的闭式表达式。

9.2.2 覆盖概率

在无线通信网络中，覆盖概率是指终端收发信号的SINR达到一定阈值而实现可靠通信的概率。此外，也可以从时间和空间层面上将覆盖概率分别理解为用户的SINR高于阈值的时间占比和区域内任意时间被覆盖的面积比例。覆盖概率体现了无线通信网络在覆盖范围上的性能，也是重要的网络性能指标之一。

采用以上定义，针对用户与基站通信的下行链路，若发生中断的SINR阈值为κ，则一般化的覆盖概率与中断概率有如下相似的推导过程。

$$\begin{aligned} P_{\text{cov}} &= \mathbb{P}[\text{SINR} > \kappa] \\ &= \mathbb{E}_r[\mathbb{P}[\text{SINR} > \kappa] \mid r] \\ &= 1 - \int_{r>0} \mathbb{P}\left[\frac{S(r)}{\sigma^2 + I(r)} < \kappa\right] f_r(r)\mathrm{d}r \end{aligned} \tag{9-38}$$

其中各变量的含义与9.2.1小节中相同。

9.2.3 接入概率

无线通信网络中，接入概率是指终端与特定的无线接入点建立连接的概率。接入概率可用于表征终端与某一类型的接入点建立连接的频率或难易程度，可应用于具有不同层次无线接入点的异构网络，对终端接入各层无线接入点的概率进行分析。

以具有k层的蜂窝网络为例，考虑下行链路，用户终端以接收到的信号功率作为选择基站的主要指标，当k层基站的信号强度指标由于在其他层时即接入k层基站，用户终端接入k层基站的概率为

$$\mathcal{A}_{\text{DL},k} = \mathbb{P}\left[\bigcap\nolimits_{j\in\mathcal{K}\setminus k} B_k S_k > B_j S_j\right] \tag{9-39}$$

其中，用户接收到的最近的k层基站所发射信号的功率，B_k为针对k层基站的偏好系数，可用于调整接入概率。与9.2.1小节中类似，利用随机几何推导接入概率时，有如下表达式。

$$\begin{aligned} \mathcal{A}_{\text{DL},k} &= \mathbb{P}\left[\bigcap\nolimits_{j\in\mathcal{K}\setminus k} B_k S_k > B_j S_j\right] \\ &= \mathbb{E}_{r_k}\left[\mathbb{P}\left[\bigcap\nolimits_{j\in k\setminus k} B_k S_k(r_k) > B_j S_j(r_j)\right] \mid r_k\right] \\ &= \int_{r_k>0} \prod\nolimits_{j\in\mathcal{K}\setminus k} \mathbb{P}\left[S_j(r_j) < \frac{B_k S_k(r_k)}{B_j}\right] f_{r_k}(r_k)\mathrm{d}r_k \end{aligned} \tag{9-40}$$

其中，k层基站与j层基站在用户终端处的信号强度分别被表示为r_k和r_j，即相应的用户到基站距离的函数。显然，此处计算异构网络的接入概率时需要考虑不同层基站各自的空间随机性。

9.2.4 遍历容量

遍历容量是一个在信息论和通信原理中使用的概念。它指的是在随机信道条件下，信道能够支持的最大信息速率的时间平均值。遍历容量的计算涉及对信道状态进行统计，并计算出在所有可能衰落状态下的瞬时容量，然后取这些瞬时容量的平均值。

考虑简单的点对点通信过程，遍历容量可表示为

$$C_{\text{erg}} = \int_{\gamma} B\log_2(1+\gamma)p(\gamma)\mathrm{d}\gamma \tag{9-41}$$

其中，γ 表示接收方的SINR，$p(\gamma)$为SINR的概率密度函数，这里将随机信道条件抽象为SINR的变化并计算了最大信息速率期望值。

遍历容量描述的是在所有可能的信道衰落状态下的最大传输速率的时间平均，适用于研究时延不敏感的业务，如电子邮件等。

9.2.5 中断容量

中断容量是在给定的中断概率下，信道能够以一定概率承载的传输速率。中断容量适用于信道状态缓慢变化的场景，即在大量符号传输期间，信道的衰落状况没有明显改变。在计算中断容量时，需要考虑通信链路的中断概率P_{out}和所需的最小信干扰比$\gamma_{\min}$，如9.2.1小节所述，$P_{\text{out}} = \mathbb{P}\left[\gamma < \gamma_{\min}\right]$。考虑发送方无法感知信道状态信息的场景，发送方始终保持$C_{\text{out}} = B\log_2\left(1+\gamma_{\min}\right)$的发送速率。在$\gamma < \gamma_{\min}$时，接收方无法以概率值1对符号成功解码，即出现中断现象。在此场景下，中断容量为

$$R_{\text{out}} = \left(1-P_{\text{out}}\right)B\log_2\left(1+\gamma_{\text{out}}\right) \tag{9-42}$$

与遍历容量的分析不同，中断容量考虑了信道状况较差时连续的数据丢失的情况，以中断容量为设计指标的无线通信系统是允许这一现象存在的。语音等实时性业务的编码帧往往较短，所经历的信道衰落状态有限，相比于分析其最大速率的长期平均遍历容量，适用于慢衰落信道并考虑了中断概率的中断容量是更加合理的选择。

9.3 网络容量分析

基于随机几何的网络容量性能分析是一种利用数学工具和理论模型来研究无线网络性能的方法。这种方法采用随机点过程描述无线网络中的节点（如基站、用户设备等）的分布，使用概率论和几何分析来评估网络的整体性能。

9.3.1 网络容量性能分析的关键技术

网络容量性能分析的关键技术如下。

（1）网络密集化（network densification）：通过增加基站的数量和类型，可以提高网络的容量和覆盖范围，但这也会引入更多的干扰。

（2）异构网络（heterogeneous network）：结合不同类型的基站（如宏基站、微基站、皮基站等）可以提供更灵活的网络部署和更好的服务质量。

（3）多址接入（multiple access）：例如，非正交多址接入（NOMA）和设备到设备（D2D）通信可以提高频谱利用率，但也会增加干扰和复杂性。

9.3.2 应用场景和挑战

网络容量分析的应用场景和挑战如下。

（1）5G和B5G网络：新一代的无线通信技术需要更高效的方式来处理大量数据和连接更多的设备。

（2）超密集网络：在这类网络中，基站数量大幅增加，导致干扰管理变得更加复杂。

（3）异构网络的集成：如何有效地整合不同类型的网络节点和技术，以实现最佳的网络性能。

随机几何为我们进行网络容量性能分析提供了一个强大的工具，以更好地理解和优化无线网络的行为，从而构建更高效、更可靠的无线通信网络。

9.3.3 基于随机几何的复杂网络建模方法

在复杂通信网络中，用户节点与基站节点均大量随机分布在系统各处。对于一个具体的节点来说，其位置是随机的；但从宏观来看，某一类节点的整体分布却有一定的规律。在理论研究中，对一类无确定距离与聚集分布关系的平面节点，通常使用二维的泊松点过程来描述。

对于在半径为r的圆形限定区域$C=R\times[0,r)$内密度为λ的二维泊松点过程，其区域内节点个数服从参数为λ的泊松分布，每个具体节点的位置则服从均匀分布，具体的参数化定义如下。

（1）对于限定区域C内的任意子区域C'，一确定节点处于该区域内的概率为

$$\mathbb{P}\left(x\in C'\right)=\int_{C'}f(x)\mathrm{d}x=\frac{s(C'\cap C)}{s(C)} \tag{9-43}$$

其中$s(\cdot)$函数为取对应区域的面积。

（2）对于限定区域C内的任意子区域C'，其区域内节点总个数$N(C)$服从参数为$\lambda s(C')$的泊松分布，其概率密度函数（probability density function，PDF）为

$$\mathbb{P}\left[N(C')=n\right]=\left[\lambda s(C')\right]^{n}\mathrm{e}^{\frac{-\lambda s(C')}{n!}} \tag{9-44}$$

（3）在相互不重叠的多个区域$C_1,C_2,\cdots,C_k$中，各区域内总节点$N_1,N_2,\cdots,N_k$个数间分布相互独立。

同时，基于二维泊松点过程性质，可以分析得出以下定理或结论。

定义9.9 **（节点与用户之间的距离分布）** 若二维平面内存在参数为λ的二维泊松点过程节点，取空间内任意一点以及与其距离最近的节点x。以u为圆心、r为半径作圆$C(u,r)$，则节点x与u间距离小于值r的概率为

$$\mathbb{P}[\mathrm{d}(u,x)\leqslant r]=1-\mathrm{e}^{-\lambda s(C(u,r))} \tag{9-45}$$

图9-1是用户与节点间距离关系的示例。当前情况下，以u为圆心、r为半径的圆内不含有任

何节点。但随着半径逐渐增大，圆形区域逐渐扩大并最终与节点u'相切。此时，对应半径即是用户与最近节点间的距离。求导可以得出节点与用户之间距离的概率密度函数为

$$f_R(r) = \lambda 2\pi r \mathrm{e}^{-\lambda\pi r^2} \tag{9-46}$$

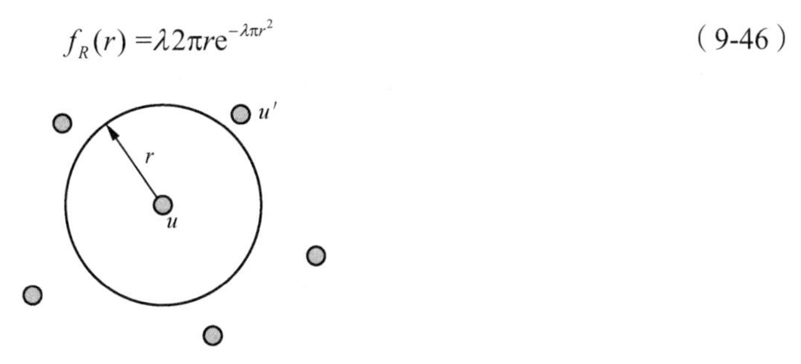

图 9-1　用户与节点间距离关系的示例

定义9.10 （**泊松-费列罗里模型**）泊松点过程的生成本质上是一个随机过程。在使用实际的数值仿真/蒙特卡洛仿真生成用户和基站等节点的位置时，我们一般使用泊松-费列罗里（Poisson-Voronoi）模型来描述这一过程。泊松-费列罗里模型用于建模一组在费列罗里图中随机分布的泊松点，依据特定的接入方式，这些点动态地将二维平面划分为多个小区域，每个小区域即代表一个节点的覆盖范围。从理论角度分析，若二维区域C中存在二维泊松点过程$\varPhi$，对于其中的任意节点x，其费列罗里区域表示为

$$s_x(\varPhi) = \left\{ y \in C : \| y - x \| < \inf_{x_i \in \varPhi, x_i \neq x} \| y - x_i \| \right\} \tag{9-47}$$

对于二维泊松点过程的一次确定泊松点，其费列罗里镶嵌即为区域内所有费列罗里区域组成的集合。其中每个费列罗里区域由区域内的节点与各边界组成。

9.3.4　同构网络场景

同构网络（homogeneous network）是指网络中所有节点具有相同功能的网络，用户之间可以相互切换。同构网络的容量特征取决于其结构和连接方式，主要表现为五大特征：拓扑结构、节点密度、覆盖范围、干扰衰减、传输速率。

覆盖性能是评估网络中节点部署对覆盖范围和效率的影响的重要指标。假设内容集合表示为$F = \left\{ f_1, f_2, \cdots, f_{N_f} \right\}$，包含$N_f$个内容，设置内容大小均为$F$。大量统计结果表明内容流行度随时间变化缓慢，可近似认为是静态的。假设内容的流行度预先已知，服从ZIPF分布。将内容按照流行度从高到低的次序进行排序，第n个内容的流行度可以表示为

$$q_n = \frac{n^{-\gamma}}{\sum_{m=1}^{N_f} m^{-\gamma}} \tag{9-48}$$

其中，γ是形状参数，表示流行度分布的偏斜度。γ越大，流行度分布的偏斜度越高，内容流行度分布集中。γ越小，流行度分布的偏斜度越低，内容流行度分布均匀。

由于基站缓存容量有限，只能缓存N_c个内容，缓存容量表示为$N_c F$。采用最流行缓存放置策略，基站选择流行度高的N个内容依次进行缓存直到基站缓存容量耗尽，缓存内容表示为$\left\{ f_1, f_2, \cdots, f_{N_c} \right\}$。

采用面向连接传输策略。用户发起内容请求时，选择最强接收信号的基站接入。服务基站的覆盖范围可以用泊松泰森多边形表示。如果请求的内容已经缓存在接入基站中，则缓存命中，基站直接向用户传输内容，缓存命中率表示为P_{hit}。

同构蜂窝网络中，覆盖率定义为标记用户请求的内容可以从接入基站中获得，并且内容的传输速率大于用户业务量的概率。结合用户的内容请求分布，覆盖率具体表示为：

$$P_i = \sum_{n=1}^{N_f} q_n \mathbb{P}，R_n > C \tag{9-49}$$

内容传输策略采用面向连接传输策略，覆盖率由两个因素共同决定：第一个因素是缓存状态，取决于用户的请求内容是否缓存在服务基站中；另一个因素是无线传输，取决于内容的传输速率是否达到用户业务量需求，内容的传输速率等于标记用户从服务基站接收的下行可达速率，与内容的类别无关，R_n可以简化为R。由于两个因素相互独立，覆盖率等效于两个因素同时满足条件的概率乘积，具体表示为

$$P_c = P_{\text{hit}} \mathbb{P}(R > C) = P_{\text{hit}} P_{\text{t}} \tag{9-50}$$

其中，P_{hit}为缓存命中率，P_{t}为传输速率的覆盖率。

9.3.5 分层异构网络场景

随着对网络容量和数据速率的要求越来越高，传统的同构蜂窝网络不再能够满足用户的需求，因此，异构组网的方式逐渐被研究人员所认可，分层异构网络的基本结构是在传统的宏基站部署中嵌入部署一些低功率节点，按照发射功率的不同区分网络的层级，能在扩大网络整体容量的同时，尽可能降低部署成本与小区间干扰。网络中低功率节点和宏基站相比拥有低得多的发射功率。一般而言，有微基站、微微基站、家庭基站和中继节点几类。

分层异构网络系统模型的示意图如图9-2所示。

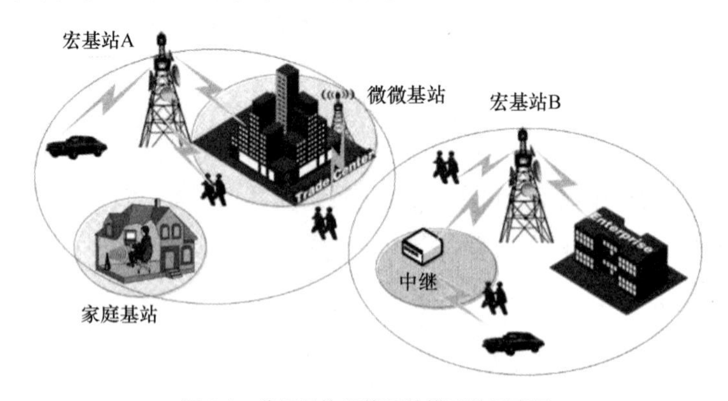

图9-2 分层异构网络系统模型的示意图

在多层基站覆盖情景下，建立分层异构网络空间结构模型以及衡量网络平均性能指标变得十分关键。将分层异构网络中同类型基站归为同一层，各层基站密度和发射功率不同。假设用Φ_i来表示异构网络中第i层基站的分布，其中$i = 1,2,\cdots,k$，Φ_i为齐次泊松点过程，并且当$m \in i$，$n \in i$，$m \neq n$时，Φ_m与Φ_n相互独立。λ_i表示第i层网络的基站密度。P_i表示第i层网络的基站发射功率。β_i表示第i层网络的基站通信门限，如果用户接收该层基站信号时的SINR＞β_i，则认为

用户能与该基站保持通信。x_i表示第i层网络中的基站，且$x_i \in \Phi_i$。相互独立的移动用户的分布也服从泊松点过程。分层异构网络基站和用户的分布示意图如图9-3所示，菱形代表宏基站，倒三角形代表微基站，五角星形代表家庭基站，黑点代表移动用户。

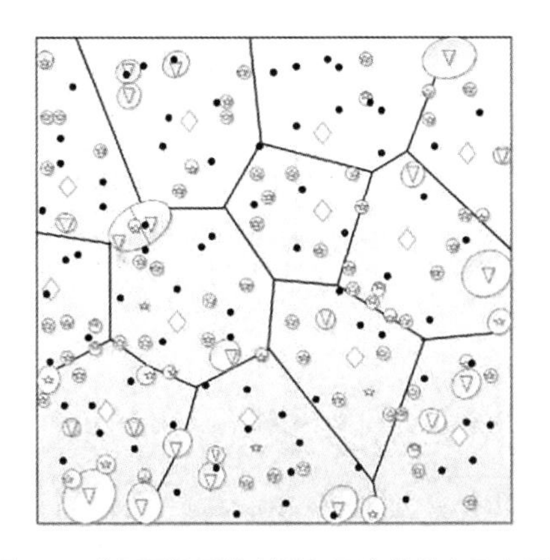

图 9-3 分层异构网络基站和用户的分布示意图

在上述异构蜂窝网络模型及假设下，推导下行链路的覆盖概率表达式。定义覆盖概率为

$$P_c(\lambda,\beta,P)=P[\mathrm{SINR}>\beta] \tag{9-51}$$

由于在无线通信网络中许多传输是同时发生的，通信场景较为复杂，此时信号噪声干扰比（SINR）常常被用来作为评判信息通信系统优劣的关键指标。其数学表达式如下。

$$\mathrm{SINR}\left(x_i\right)=\frac{S}{I+N} \tag{9-52}$$

其中，x_i是二维平面上目标用户接收最强基站信号的基站位置，S是接收信号中有用信号的功率，I为用户接收到信号中的干扰功率，N为噪声。

假设一个移动用户的位置坐落于原点，与异构蜂窝网络中的基站进行通信，目标用户能够至少与一个基站保持通信的概率即为覆盖概率，采用用户最大SINR接收方法，用户与异构网络中提供最大SINR的基站相连。对于位于原点的移动用户，其与其连接的基站x_i之间的路径损耗可以表示为$l\left(x_i\right)=\left\|x_i\right\|^{-\alpha}$，其中$\alpha$为路径损耗因子，一般情况下有$\alpha>2$，$\left\|x_i\right\|$表示基站$x_i$距离原点用户的距离。位于原点的移动用户从基站$x_i$处接收到的功率可以表示为$P\left(x_i\right)=P_i h_{x_i} l\left(x_i\right)$，处于原点的移动用户接收总干扰为$I_{x_i}=\sum_{j=1}^{K}\sum_{x\in\Phi_j\backslash x_i}P_j h_x l(x_i)$。根据式（9-52）可得该移动用户从基站$x_i$处接收到的SINR为

$$\mathrm{SINR}\left(x_i\right)=\frac{P_i h_{x_i}\left\|x_i\right\|^{-\alpha}}{\sum_{j=1}^{K}\sum_{x\in\Phi_j\backslash x_i}P_j h_x\|x\|^{-\alpha}+\sigma^2} \tag{9-53}$$

对于最大SINR方案，由于异构网络中基站分布复杂，不能够用用户与基站间的距离来选择通信基站，而需要用户从基站接收到的信号强度与基站阈值进行比较。SINR若大于基站门限值，则认为用户能够与基站之间进行通信。可以知道的是，与用户通信的基站必然是提供最大SINR的基站。

引入推论：整个异构网络中至多有一个基站，其提供的SINR大于1。

根据上述的推论，设异构网络中各层通信门限值$\beta_i \geqslant 1$(0dB)，对于此时的网络，至多只有一个基站能够满足该门限值，用户即与此基站保持通信，且此基站必是网络中提供的最大SINR。

因此在开放式接入的情况下，分层异构网络中的覆盖概率如下

$$\begin{aligned} P_c\left(\{\lambda_i\},\{\beta_i\},\{P_i\}\right) &= \mathbb{P}\left[\bigcup_{i\in k, x_i\in\Phi_i} \mathrm{SINR}\left(x_i\right) > \beta_i\right] \\ &= \mathbb{E}\left[\mathbf{1}\left(\bigcup_{i\in k, x_i\in\Phi_i} \mathrm{SINR}\left(x_i\right) > \beta_i\right)\right] \end{aligned} \tag{9-54}$$

由于$\beta_i \geqslant 1$，整体网络中至多只有一个基站能够满足门限要求，又有各层泊松点过程Φ_i相互独立，式（9-55）可以展开为

$$\begin{aligned} P_c &\overset{(a)}{=} \sum_{i=1}^{K} \sum_{x_i\in\Phi_i} \left[\mathbf{1}\left(\mathrm{SINR}\left(x_i\right) > \beta_i\right)\right] \\ &\overset{(b)}{=} \sum_{i=1}^{K} \lambda_i \int_{\mathbb{R}^2} \mathbb{P}\left(\frac{P_i h_{x_i} \left\|x_i\right\|^{-\alpha}}{I_{x_i} + \delta^2} > \beta_i\right) \mathrm{d}x_i \end{aligned} \tag{9-55}$$

其中步骤（a）根据推论和阈值大于1而来，步骤（b）根据Campbell Mecke理论而来。又因为假设信号传播过程衰落为瑞利衰落，即信道增益h_{x_i}服从瑞利分布，式（9-55）可变为

$$P_c = \sum_{i=1}^{K} \lambda_i \int_{\mathbb{R}^2} \xi_{I_{x_i}} \left(\frac{\beta_i \left\|x_i\right\|^{\alpha}}{P_i}\right) \mathrm{e}^{\frac{-\beta_i \|x_i\| \alpha_\sigma^2}{P_i}} \mathrm{d}x_i \tag{9-56}$$

式（9-56）中I_{x_i}是干扰$\xi_{I_{x_i}}$的拉普拉斯变换，表达式为$\xi_{I_{x_i}}(s) = E[\exp(-sI_{x_i})]$，可以得到

$$\xi_{I_i}(s) = \prod_{j=1}^{k} \mathbb{E}_{\phi_i}\left[\prod_{x_j\in\Phi_j/x_i} \frac{1}{1 + sP_j l\left(x_j\right)}\right] \tag{9-57}$$

根据泊松过程的概率生成函数（PGF），式（9-57）可变成

$$\zeta_{I_{x_i}(s)} = \prod_{j=1}^{k} \exp\left(-2\pi\lambda_i \left(sp_j\right)^{2/\alpha} \int_0^{\infty} r \int_0^{\infty} \exp\left(-t\left(1 + r^{\alpha}\right)\right) \mathrm{d}t\mathrm{d}r\right) \tag{9-58}$$

根据Gamma函数相关性质，式（9-58）最终可变化为

$$\zeta_{I_{sj}}(s) = \exp\left(-s^{2/a} \frac{2\pi^2 \csc\left(\dfrac{2\pi}{\alpha}\right)}{\alpha} \sum_{i=1}^{k} \lambda_i P_i^{2/\alpha}\right) \tag{9-59}$$

将式（9-59）代入式（9-56）可以得到

$$P_c = \sum_{i=1}^{K} \lambda_i \int_{\mathbb{R}^2} \exp\left(-\frac{2\pi^2 \csc\left(\dfrac{2\pi}{\alpha}\right)}{\alpha} \left(\frac{\beta_i}{P_i}\right)^{2/\alpha} \left\|x_i\right\|^2 \sum_{m=1}^{K} \lambda_m P_m^{2/\alpha}\right) \exp\left(-\frac{\beta_i \sigma^2}{P_i} \left\|x_i\right\|^{\alpha}\right) \mathrm{d}x_i \tag{9-60}$$

式（9-60）即为分层异构网络覆盖概率表达式，有阈值$\beta_i > 1$。

9.3.6 联合业务队列场景

联合业务队列场景具有多种业务类型并存、各业务具有不同的服务要求和优先级的特征。在这样的场景中，随机几何方法能够有效地建模网络中节点的空间分布、考虑节点之间的随机性和异构性，并提供灵活、高效的性能分析框架。为优化资源分配、提高业务服务质量提供科学依据。

假设衰落信道是独立同分布的，则源于其他基站的累积干扰可以表示为

$$I=\sum\nolimits_{i\in\Phi\backslash o}PH_ir_i^{-\alpha} \tag{9-61}$$

其中，P为基站的发射功率，H为衰落变量，α为路径损耗因子，基站位置分布为空间点过程Φ。

利用泊松点过程的PGF可以推导干扰的拉普拉斯变换，从而得到干扰的统计分布特性。相应的数学过程表示为

$$\begin{aligned}\mathcal{L}(s)&=\mathbb{E}\mathrm{e}^{-st}\\&=\mathbb{E}\left(\prod_{i\in\Phi}\mathrm{e}^{-s}H_ir_i^{-\alpha}\right)\\&=\exp\left\{-\lambda\int_{\mathbb{R}^d}\left(1-\mathcal{L}_H\left(sr_i^{-\alpha}\right)\right)\mathrm{d}x\right\}\\&=\exp\left\{-\pi\lambda s^{\delta}\Gamma(1-\delta)\mathbb{E}[H^{\delta}]\right\}\end{aligned} \tag{9-62}$$

其中，$\delta=2/\alpha$和$\mathbb{E}(H^{\delta})$是影响累积干扰信号统计分布的重要特征指数，$\Gamma(x)$代表完全伽马函数。

根据Blaszczyszyn等人的结论，在Rayleigh信道衰落模型下，衰落变量服从瑞利分布

$$\mathbb{E}\left(H^{\delta}\right)=\epsilon^{\delta}\Gamma(\delta+1) \tag{9-63}$$

在Nakagami信道衰落模型下，有

$$\mathbb{E}(H^{\delta})=\left(\frac{\epsilon}{k}\right)^{\delta}\frac{\Gamma(\delta+k)}{\Gamma(k)} \tag{9-64}$$

则可以得到最终的干扰特性为

$$\begin{aligned}\mathcal{L}_{\text{Ray}}(s)&=\exp\left\{-\pi\lambda s^{\delta}\epsilon^{\delta}\Gamma(1-\delta)\Gamma(1+\delta)\right\}\\\mathcal{L}_{\text{Nak}}(s)&=\exp\left\{-\pi\lambda s^{\delta}\Gamma(1-\delta)\left(\frac{\epsilon}{k}\right)^{\delta}\frac{\Gamma(k+\delta)}{\Gamma(k)}\right\}\end{aligned} \tag{9-65}$$

其中，ϵ为伽马分布尺度参数，k为形状参数。

（1）接入性能分析：用户平均可达速率是在设计网络时所考虑的关键性能指标，反映了基站为用户服务时的信道容量。基于香农容量公式和覆盖率公式，用户平均可达速率可表示为

$$\mathcal{R}=\mathbb{E}[\log(1+\text{SINR})]=\int_0^{\infty}\frac{\mathbb{P}[\text{SINR}\geqslant t]}{1+t}\mathrm{d}t \tag{9-66}$$

基于典型用户的SINR表达式结论$\text{SINR}=\dfrac{PH_0r_0^{-\alpha}}{\sum\limits_{i\in\Phi\{o\}}PH_ir_i^{-\alpha}+\sigma^2}$，可以得到基础的泊松点过程中典型用户的平均可达速率为

$$\mathcal{R}=\int_0^{\infty}\frac{1}{1+t}\exp\left\{-\frac{tr_0{}^{\alpha}\sigma^2}{P}-\frac{2\pi\lambda tPr_0{}^2}{\alpha-2}{}_2F_1(1,1-\delta;2-\delta;-t)\right\}\mathrm{d}t \tag{9-67}$$

其中，${}_2F_1(a,b;c;z)=\sum_0^{\infty}\frac{a^{(n)}b^{(n)}z^n}{c^{(n)}n!}$是由幂级数定义的高斯超几何函数，$\sigma^2$为高斯白噪声谱密度。

除此之外，用户平均可达速率还可以通过容量计算引理推导。为方便后续章节计算，在这里引出相关结论如下。

$$\ln\left(1+\frac{X}{Y}\right)=\int_0^{\infty}\frac{1-\mathrm{e}^{-tX}}{t}\mathrm{e}^{-tY}\mathrm{d}t \tag{9-68}$$

（2）覆盖性能分析：覆盖率可以定义为用户一次传输成功的概率，也可以表示在覆盖区域内任意每个用户均可以达到目标SINR的概率。若SINR门限值为ϑ，则覆盖率可表示为

$$\mathcal{P}_S\triangleq\mathbb{P}(\mathrm{SINR}>\vartheta) \tag{9-69}$$

其中，对于干扰受限场景有（SINR > ϑ）。假设泊松点过程的密度为λ，且服务基站和用户之间的距离r_0已知，采用瑞利衰落模型，得到覆盖率为

$$\mathcal{P}_S\triangleq\mathbb{P}\left(\frac{PH_0r_0^{-\alpha}}{I+\sigma^2}>\vartheta\right)=\exp\left\{-\frac{\vartheta r_0^{\alpha}\sigma^2}{P}-\mathcal{L}_T\left(\frac{\vartheta r_0^{\alpha}}{P}\right)\right\} \tag{9-70}$$

进一步地，有累积干扰信号的拉普拉斯变换为

$$\mathcal{L}_I(s)=\mathbb{E}_{\Phi}\left\{\prod_{i\in\Phi\backslash\{r_0\}}\mathbb{E}_H\left\{\exp\left\{-sPH_ir_i^{-\alpha}\right\}\right\}\right\} \tag{9-71}$$

根据该覆盖率推导公式，还可得典型用户的覆盖率解析表达式为

$$\mathcal{P}_s=\exp\left\{-\frac{\vartheta r_0^{a}\sigma^2}{P}-\frac{2\pi\lambda\vartheta Pr_0{}^2}{\alpha-2}{}_2F_1(1,1-\delta;2-\delta;-\vartheta)\right\} \tag{9-72}$$

例9.1 试根据覆盖率表达式［式（9-69）］及由累积干扰信号的拉氏变换完成典型用户覆盖率解析表达式［式（9-72）］的推导。

解：由式（9-71），此处有

$$\begin{aligned}\mathcal{L}_I(s)&=\mathbb{E}_{\Phi}\left\{\prod_{i\in\Phi\backslash r_0}\mathbb{E}_H\left\{\exp\left\{-sPH_ir_i^{-\alpha}\right\}\right\}\right\}\\&=\exp\left\{-\int_{R^2}\left(1-\mathbb{E}_H\left\{\exp\left\{-sPHr^{-\alpha}\right\}\right\}\right)\Lambda(\mathrm{d}r)\right\}\\&=\exp\left\{-2\pi\lambda\int_{r_0}^{\infty}\left(1-\frac{sP}{r^{a}+sP}\right)r\mathrm{d}r\right\}\\&=\exp\left\{\frac{-2\pi\lambda sP\left(r_0\right)^{2-\alpha}}{\alpha-2}\right\}{}_2F_1\left(1,1-\delta;2-\delta;-\frac{sP}{r_0^{\alpha}}\right)\end{aligned} \tag{9-73}$$

代入高斯超几何函数${}_2F_1(a,b;c;z)=\sum_0^{\infty}\frac{a^{(n)}b^{(n)}z^n}{c^{(n)}n!}$，有

$$\begin{aligned}\mathcal{L}_1(s) &= \exp\left\{\frac{-2\pi\lambda sP\left(r_0\right)^{2-\alpha}}{\alpha-2}\right\}{}_2F_1\left(1,1-\delta;2-\delta;-\frac{sP}{r_0^{\alpha}}\right)\\&=\exp\left\{\frac{-2\pi\lambda sP\left(r_0\right)^{2-\alpha}}{\alpha-2}\right\}\sum_0^{\infty}\frac{(1-\delta)^n\left(-sP/r_0^{\alpha}\right)^n}{(2-\delta)^n n!}\end{aligned} \tag{9-74}$$

代入式（9-72），有

$$\begin{aligned}\mathcal{P}_s &= \exp\left\{-\frac{\vartheta r_0^{\alpha}\sigma^2}{P}-\mathcal{L}_I\left(\frac{\vartheta r_0^{\alpha}}{P}\right)\right\}\\&=\exp\left\{-\frac{\vartheta r_0^{a}\sigma^2}{P}-\frac{2\pi\lambda\vartheta Pr_0^2}{\alpha-2}{}_2F_1(1,1-\delta;2-\delta;-\vartheta)\right\}\\&=\exp\left\{-\frac{\vartheta r_0^{a}\sigma^2}{P}-\frac{2\pi\lambda\vartheta Pr_0^2}{\alpha-2}\sum_0^{\infty}\frac{(1-\delta)^n\left(-sP/r_0^{\alpha}\right)^n}{(2-\delta)^n n!}\right\}\end{aligned} \tag{9-75}$$

故得证。

习　题

9.1　请描述一个不能直接使用齐次泊松点过程对节点位置进行建模的场景，并说明原因。

9.2　请阐述随机几何应用于无线网络分析的优势。

9.3　考虑多个基站，其位置分布服从密度为λ的齐次泊松点过程Φ，推导用户与基站距离R的概率密度函数。

9.4　考虑密度为λ的齐次泊松点过程Φ，对于其中任意节点，求该节点的第n个最近邻居节点与该节点间的距离R_n的概率密度函数。

9.5　利用Campbell定理验证，对于密度为λ的平稳泊松点过程Φ，有$E[\Phi(A)]=\lambda|A|$。

9.6　针对密度为λ的平稳泊松点过程Φ，利用PGF定理计算区域A内无节点分布的概率。

9.7　考虑若干个服从密度为λ的平稳泊松点过程Φ的节点，节点i的坐标为x_i，每个节点以单位功率1发射信号，仅考虑路径损耗$g(r)=r^{-\alpha}$，其中$\alpha>2$。推导原点处的干扰信号功率并讨论应做何种限定使得表达式是有意义的。

9.8　考虑有界的路径损耗$g(r)=\min\left\{1,r^{-\alpha}\right\}$与有界的半径为$D$的区域$b(O,D)$，其中$O$为原点，研究区域$b(O,D)$上服从密度为$\lambda$的平稳泊松点过程的节点，每个节点以单位功率1发射信号，推导原点处的干扰信号功率。

9.9　多个节点服从密度为λ的平稳泊松点过程Φ，每个节点以单位功率1发射信号，考虑路径损耗$g\left(r\right)=r^{-\alpha}$与小尺度衰落功率系数$h$，计算原点处干扰功率的拉普拉斯变换。

9.10　假定节点正常通信的SIR阈值为κ，多个节点服从密度为λ的平稳泊松点过程Φ，每个节点以单位功率1发射信号。若距某节点R处有一发射机（独立于该点过程存在），以单位功率1发射信号。考虑路径损耗$g(r)=r^{-\alpha}$与小尺度衰落功率系数h，衰落类型为瑞利衰落，不考虑噪声，其中$\mathbb{E}[h]=1$。推导该节点正常接收信号的概率。

第 10 章 软件定义网络与网络功能虚拟化

随着用户数量和网络应用急剧增加，网络规模不断扩大，网络设备承载了过多复杂的网络协议。与此同时，网络设备的封闭性增加了网络管理的难度，使得现有网络架构的局限性愈发凸显，亟须进行网络架构的重构。代表技术包括软件定义网络（software defined network，SDN）和网络功能虚拟化（network functions virtualization，NFV）。

10.1 SDN和NFV概述

2008年，尼克·麦基翁（Nick Mckeown）等人发表的“*OpenFlow: Enabling Innovation in Campus Networks*”一文中对SDN架构进行了系统的阐释，OpenFlow标准接口就此形成。SDN技术提出了交换设备数据层面和控制层面相分离的网络体系架构。通过逻辑上集中的控制器和开放、标准的交换设备编程接口，网络的转发行为可以由控制器上根据业务逻辑编写的应用程序来灵活、快速地定制，极大地方便了网络管理，促进了网络领域的研究和创新。

2012年10月，AT&T、BT、DT、Orange、中国移动等运营商在欧洲电信标准组织（European Telecommunications Standards Institute，ETSI）成立了一个新的标准工作组——NFV工作组，并发布了NFV技术白皮书。NFV技术将网络功能从专用硬件设备中解耦出来，将其转移到通用设备上以软件的形式运行，重点在于网络功能的虚拟化。将网络功能虚拟化，可以更容易地部署、配置和管理网络功能，而无须依赖特定硬件设备，网络的灵活性和可扩展性都得到了提升。

作为新型网络变革技术，SDN和NFV在近些年得到了快速发展。一方面，借助5G东风，SDN和NFV快速在运营商网络实现了大规模商用，比如5G核心网就是基于SDN和NFV的理念设计的，我国运营商构建了全球较大规模的云化5G核心网。另一方面，以SDN和NFV技术作为依托，新的网络热点不断涌现，比如意图网络、移动边缘计算（mobile edge computing，MEC）、网络切片等，加快了SDN和NFV技术向网络各个领域的渗透。

10.1.1　SDN 架构与组成

SDN的体系架构如图10-1所示，主要包括数据层面、控制层面和应用层面，以及南向接口和北向接口。

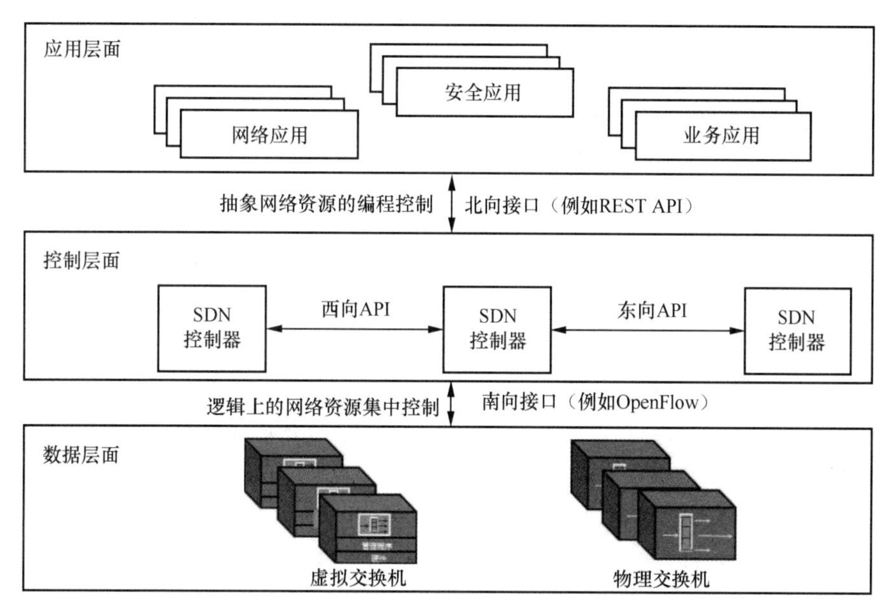

图 10-1　SDN 的体系架构

（1）数据层面：也称为转发层面，主要包括各类网络设备，如路由器、物理交换机和虚拟交换机，因此这一层也可以称为基础设施层。此层负责处理和转发用户的数据报文，网络设备存储所有的转发表项，通过南向接口接收控制层面的指令产生转发表项并向控制层面实时上报事件。

（2）控制层面：主要由SDN控制器组成。SDN控制器是SDN的大脑，也称作网络操作系统。控制平面内的SDN控制器可能有一个，也可能有多个。控制器之间通过横向（东向/西向）API接口进行通信和协作，从而同步状态以达到更高的实时性。

（3）应用层面：主要对应网络功能应用，通过北向接口与控制层面通信，实现对数据层面网络设备的配置、管理和控制。该层也可能包括一些服务，如负载均衡、安全、网络监控等。它可以与控制器在同一台服务器上运行，也可以在其他服务器上运行，并与控制器通信。该层面的应用和服务往往通过SDN控制器实现自动化。

（4）南向接口：负责控制器与网络设备之间的通信，也就是控制层面和数据层面之间的接口。最广泛使用南向接口的例子是OpenFlow。

（5）北向接口：北向接口指的是控制层面和应用层面之间的接口。北向接口是开放编程接口，可以将数据层面资源和状态信息抽象成统一的开放编程接口。北向接口尚未标准化。当前，基于描述性状态迁移（representational state transfer，REST）的API是网络用户容易接受的方式，已成为北向接口的主流。

10.1.2　NFV 架构与组成

虚拟化指的是利用多种技术在软件和物理硬件之间提供一个抽象层，从而实现计算资源的管理。这些技术能有效地在软件中模拟或仿真一个硬件平台，例如服务器、存储设备或网络资源。虚拟化技术将物理资源转换为逻辑或虚拟的资源，并使得运行在抽象层上的用户、应用或管理软件能在不需要掌握底层资源物理细节的情况下管理和使用这些资源。

在此基础上，NFV被定义为运行在虚拟机上且利用软件实现网络功能的虚拟化技术。在NFV中，网络单元成为独立的应用程序。这些应用程序可以灵活地部署在标准服务器、存储设备、交换机等构成的统一平台上。由于软件和硬件分离，每个应用程序的处理速度能够随着分配给它的虚拟资源数量而相应地提高或降低。

国际标准化组织制定的NFV参考体系结构框架如图10-2所示，其中主要包括以下四个模块：网络功能虚拟化基础设施（network functions virtualization infrastructure，NFVI）、虚拟网络功能（virtual network functions，VNF）/单元管理系统（element management system，EMS）、网络功能虚拟化管理与编排（network functions virtualization management and orchestration，NFV-MANO）、运营支撑系统（operation support system，OSS）/业务支撑系统（business support system，BSS）。

- NFVI：包括创建出能部署VNF环境的软硬件资源。NFVI将物理的计算、存储、网络进行虚拟化，并将它们放置在资源池中。
- VNF/EMS：指由软件实现且运行在虚拟计算、存储和网络资源上的VNF集合，以及管理这些VNF的单元管理系统集合。
- NFV-MANO：对NFV环境中的所有资源进行管理与编排的组件，这里的资源包括计算、网络、存储和虚拟机资源。
- OSS/BSS：由VNF服务提供商实现的运维和业务支持系统。

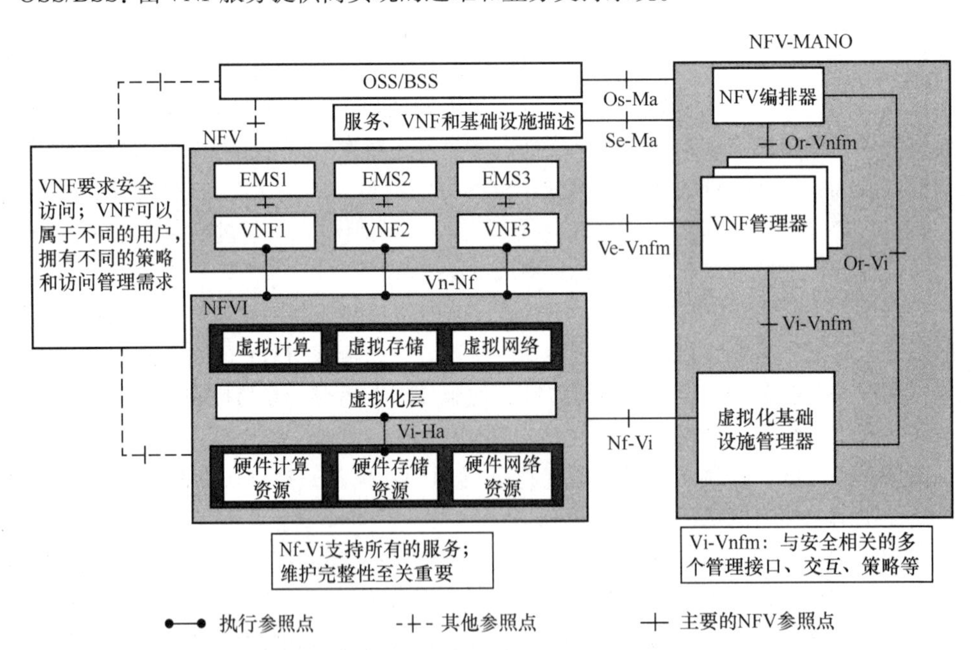

图10-2 NFV参考体系结构框架

此外，也可以认为这个体系结构包含三个层次，其中NFVI和虚拟化基础设施管理器对虚拟资源环境及其底层的物理资源进行分配和管理，VNF和EMS以及一个或几个VNF管理器提供网络功能的软件实现，最后OSS/BSS和NFV编排器构成了NFV-MANO。

其中NFV的管理与编排设施包括以下功能模块。

- NFV 编排器：主要负责网络服务（network service，NS）和虚拟网络功能包的安装与配置，以及NS生命周期管理、全局资源管理、NFVI资源请求的确认与授权。
- VNF 管理器：监视 VNF 实例的生命周期管理。
- 虚拟化基础设施管理器：对 VNF 及其权限内的计算、存储、网络资源的交互进行管理和控制，也包括这些资源虚拟化的管理。

图 10-2 中还定义了一些参照点，这些参照点构成了功能模块之间的接口，主要的参照点和执行参照点用实线表示，它们属于NFV的范畴，也是可能的标准化对象。用虚线描绘的参照点在当前的部署中是可用的，但是可能需要进行扩展以实现网络功能虚拟化。用点线描绘的参照点目前还不是NFV关注的焦点。主要的参照点包括以下部分。

- Vi-Ha：标识了与物理硬件的接口。一个定义良好的接口规范会让管理员很方便地为不同目标对物理资源进行共享和再分配，独立地改进软件和硬件，从不同厂商获取软硬件组件。
- Vn-Nf：主要是用于VNF在NFVI上运行的API接口。应用开发者无论是迁移现有的网络功能还是开发新的VNF，都需要统一的接口来提供指定性能，满足可靠性和扩展性需求。
- Nf-Vi：标识了NFVI和虚拟化基础设施管理器之间的接口。该接口能够方便地推动NFVI为虚拟化基础设施管理器提供的功能规范。虚拟化基础设施管理器必须能承担所有的NFVI虚拟资源管理工作，包括资源分配、系统利用率监测和故障管理等。
- Or-Vnfm：用于给 VNF 管理器发送配置信息，并收集 VNF 在网络服务生命周期管理中必要的状态信息。
- Vi-Vnfm：用于 VNF 管理器资源的分配请求，以及资源配置和状态信息的交互。
- Or-Vi：用于 NFV 编排器资源的分配请求，以及资源配置和状态信息的交互。
- Os-Ma：用于 NFV 编排器与 OSS/BSS 系统之间的交互。
- Ve-Vnfm：用于 VNF 生命周期管理的请求，以及配置和状态信息的交互。
- Se-Ma：NFV 编排器和数据集之间的接口，其中数据集用于提供VNF部署模板、VNF转发图、服务相关信息、NFV 基础设施信息模型等相关信息。

10.1.3 SDN 与 NFV 协同

SDN和NFV具有相似的目的，即简化网络，但它们是以不同的方式完成的。SDN使用了从网络设备、交换机和数据层面中抽象出控制层面的概念，可以将控制和管理功能集中在专用软件控制器中。相反，NFV从底层硬件设备中抽象出网络设备中的网络功能，并创建每个功能的软件实例，这些实例可以在虚拟机中使用，也可以作为非虚拟机服务器上的应用程序使用。这两种简化网络的方法有很大的不同，但相互兼容。因此，SDN和NFV经常一起使用，以最大限度地发挥彼此的潜力。二者协作的主要优势有以下三点。

（1）提高网络的灵活性与可编程性。其中SDN通过将网络的控制层面与数据层面分离并中央化，提供了对网络流量和设备的精细控制，并且提供了允许开发人员和网络管理员编写应用程序来动态配置网络的编程接口；而NFV通过在标准化的虚拟化服务器上实现网络功能（如防火墙、负载均衡器等），提高了网络服务的灵活性和可扩展性。

（2）简化了网络功能的部署与管理。其中SDN控制器的集中式管理简化了网络策略的实施和更新，提供了网络的全局视图，包括流量行为和设备状态；而NFV技术通过利用标准的虚拟化技术和商用硬件，降低了成本支出，并且使得部署新的网络服务或功能变得更加迅速、灵活。

（3）支持多租户和网络切片。SDN和NFV的协同使得网络可以更灵活地支持多租户环境和网络切片，这对于满足不同用户和应用的特定需求非常关键，特别是在5G和物联网等场景中。

总体来说，SDN和NFV是两项革新性的网络技术。它们改变了网络设计、运营和管理的方式，为未来虚拟化网络技术的发展提供了新的方向。

10.2 SDN实现

在探讨SDN技术时，了解其组网方法和路由通信流程是至关重要的。SDN不仅通过其独特的网络架构转变实现了网络控制与数据转发的分离，还通过分布式控制器架构有效提升了网络管理的灵活性和系统的整体稳定性。在接下来的讨论中，我们将深入分析SDN的不同组网策略，包括集中式组网和分布式组网的技术架构。此外，我们还将探讨SDN中的路由转发和工作流程来深入理解SDN的通信过程。这些知识不仅是理解SDN技术的核心，还是实现网络现代化的关键步骤。

10.2.1 SDN组网

SDN是一个融合了信息与通信技术（information and communication technology，ICT）的复杂网络系统工程。将控制功能从网络设备中解耦出来之后，控制层面和数据层面形成两张独立的网络。处于系统核心的控制层面决定着整个网络的规模和性能。在虚拟化网络内部，SDN的控制层面是整个虚拟化网络系统的核心，它的作用类似于计算机操作系统，用于管理和控制底层网络资源，同时为应用程序提供使用网络资源的接口。

1．集中式组网

SDN的集中式组网，或称为单一控制器模型，其基本架构如图10-3所示。它是SDN网络的一种基本组网方式。

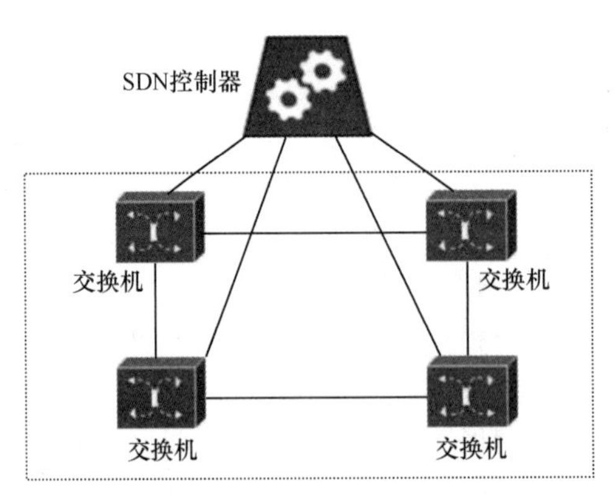

图10-3 集中式组网基本架构

集中式组网使用单一控制器作为网络的“大脑”，负责处理包括路由计算、策略执行、安全管理等所有高级网络功能。它通过开放的接口（如OpenFlow）与网络中的各个交换机或路由器进行通信，下发控制指令和路由决策。

同时，集中式控制架构使得网络管理员可以从单一点监控和管理整个网络。这种方式提供了网络状态的全局视图，使得网络的配置、优化和故障排查变得更加高效和直接。

SDN架构的控制层面在设计之初的理念就是将所有的控制功能都转移到单一控制器上，这些控制器都具有较高的性能、效率。在大多情况下，单一控制器能够很好地管理一个较大的网络。随着SDN技术的持续升温，它的应用场景从数据中心、局域网逐步扩展到云计算等领域。

2．分布式组网

在大规模网络中，使用单一控制器对其进行管理面临着很多问题。首先，控制器中需要存储的数据量很大，需要处理的请求事件过于频繁必将导致SDN控制器流表的爆炸式增长，流表的映射及查询开销剧烈增加；同时，单一控制器的处理能力及I/O能力均有限，面对大规模网络的复杂应用，必然会产生系统性能瓶颈；更严重的是，单一控制器在故障处理方面表现出极大的不可靠性，一旦单一控制器出现故障，整个网络都将瘫痪，这在网络中是绝对不允许的。

（1）域内组网

面对单一控制器的扩展问题，学术界和工业界提出了分布式控制器架构，进而提出了几种SDN域内组网方式。利用多控制器协同管理整个网络，能够解决单一控制器的性能瓶颈问题。

SDN域内组网方式取决于分布式控制器并行任务的划分，即确定分布式控制器的控制范围。目前，SDN域内组网有以下几种可行的划分方式。

① 根据应用划分控制器，不同控制器节点负责运行不同的应用。

② 根据用户划分控制器，不同控制器负责维护不同用户的网络逻辑。

③ 根据网络资源或地理位置划分控制器，不同控制器负责管理和控制不同的交换机子集。

④ 根据业务逻辑层次划分控制器，将控制器分为全局节点和本地节点。全局节点拥有全局视图，负责运行全局任务；本地节点负责运行无须知道全网状态的本地任务。

第①种、第②种划分方式通过减轻控制器负载的方式提高控制器的处理性能，需要控制器控制所有网络设备，本质上不能解决因地理位置导致的控制器控制范围问题。第②种划分方式多见于数据中心多租户环境下的网络虚拟化应用，如FlowVisor。

第③种划分方式根据地理位置将网络分区管理，每个区域由一个或多个控制器控制，控制器间水平组网，如图10-4所示。这种划分方式需要在控制器间维持全网统一的视图，基于具体实现方式，分区控制器可以对区域内网络信息进行汇聚，然后以单一网络实体的形式对外呈现，从而屏蔽区域网络细节，减少与其他区域控制器的信息交互。该方式也是目前业界主流分布式控制器采用的划分方式，代表方案有ONIX和HyperFlow。

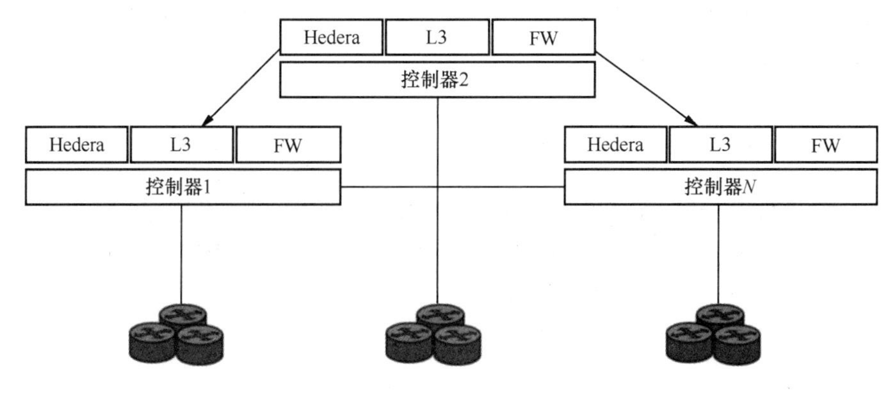

图10-4　第③种划分方式组网示意图

第④种划分方式以层次的方式对控制器进行组网，通常将控制器划分为两层，底层为一组本地控制器，负责运行不需要全局网络视图的网络功能，如链路发现、交换机学习功能和本地策略等，本地控制器间无须交互，如图10-5所示。上层为全局控制器，拥有全局网络视图，负责运行全局网络功能，如路由计算、流量工程等。全局控制器根据业务需求编排和控制本地控制器。Kandoo是典型的层次化分布式控制器。

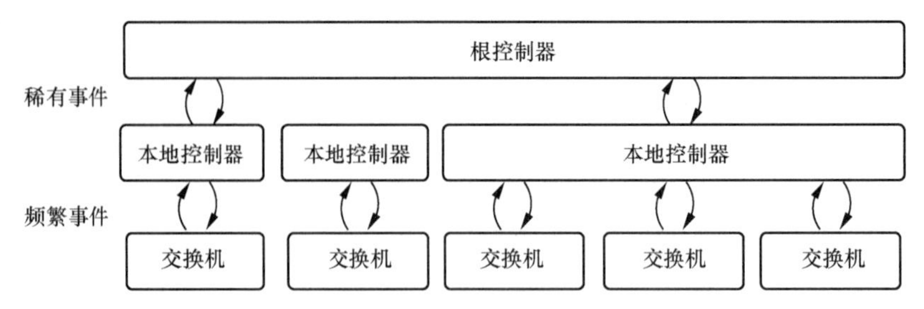

图10-5　第④种划分方式组网示意图

对于分布式组网，不同的控制器指派方式也影响着网络结构与性能。在集群系统内部，控制器节点间有两种可能的结构，主/从（master/slave）结构和对等（peer-to-peer）结构。在主/从结构下，主控制器负责维护全网范围内的控制器和交换机的状态信息，当主控制器失效时，需要从其他控制器中选举出新的主控制器。在对等结构下，控制器扮演平等的角色，共同维护网络和交换机的状态信息。

控制器指派方法取决于集群的实现方式。最简单的方式是通过人工方式在交换机中静态配置控制器的IP地址，但在大规模网络环境下，这种方式并不可取，因为集群系统可能频繁地发生变化，例如新增或减少控制器节点后需要重新分配控制器的控制范围；某个控制器节点可能出现故障停止服务，从而需要为交换机分配新的控制器；为了优化网络性能，可能需要在控制器节点间进行负载均衡。因此，需要更为灵活的动态控制器服务发现方法。

当存在主控制器时，可以由主控制器为交换机指派最终的服务控制器。交换机默认连接到主控制器，由主控制器根据集群负载情况，分配一台或多台控制器给交换机，主控制器同时指定多台控制器充当交换机的角色（控制器角色包括master、slave和equal）。交换机根据主控制器提供的IP地址，与服务控制器建立连接。

在对等模式下，可以借助虚拟IP和重定向技术为交换机动态分配控制器，如图10-6所示。分布式控制器集群对外发布一个或多个虚拟控制器IP地址，交换机静态配置虚拟控制器的IP地址。当交换机发起到虚拟控制器的连接时，交换机被重新定向到绑定了该虚拟IP的实际控制器。在控制器出现故障时，虚拟IP可以快速切换到其他控制器。通过这种方式，可以实现控制器集群的高可用性，以确保组网的可靠性。

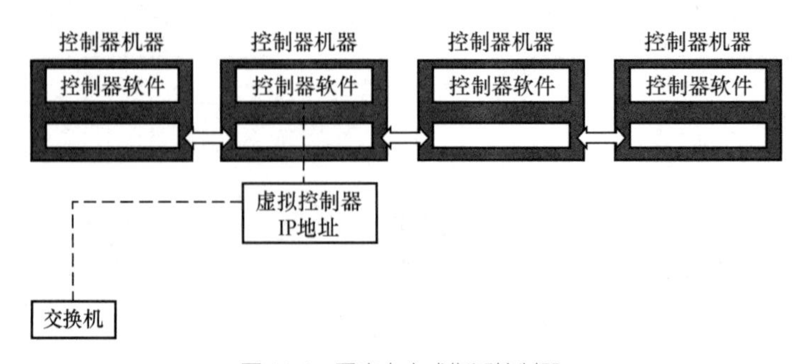

图10-6　重定向方式指派控制器

（2）域间组网

SDN在和其他网络，尤其是和传统网络进行互通时，需要一个东西向接口。比如和传统网络互通时，SDN控制器必须和传统网络通过传统的路由协议对接，需要控制器支持传统的边界网关协议（border gateway protocol，BGP）。也就是说，控制器需要实现各种类似传统的跨域协议，以便和传统网络进行互通。

由于现在的运营商网络已经大规模部署了传统的分布式网络，传统网络到SDN网络的升级存在一个过渡的阶段，因此在这个阶段，SDN网络在现网部署时必须逐步验证、逐步部署。

为了支持域间组网，SDN控制器必须能够支持各种传统的跨域路由协议，以便解决和传统网络的互通问题。这是因为控制器在部署时，推荐采用按原来网络的自治系统方式来部署，也就是通常按照一个域来部署一个控制器。这样做是因为网络规模巨大，不可能用一台独立的控制器把一个运营商的全部网络控制起来。一方面，传统网络按照区域划分进行管理已经是一个成熟的方法，也积累了丰富的管理经验。因此，按照传统的自治系统来划分控制器控制域也就更加容易利用成熟丰富的经验来进行网络的管理和控制。另一方面，SDN网络需要有东西向协议，并且运行于控制器上。这是因为东西向协议只能在控制器或转发器上运行，但当域间的协议运行在转发器上时，控制器只能对域内的网络交换路径进行控制，而不能对网络边界的接入业务进行控制，因为这些网络边界接入业务的转发表并不是在控制器上生成的，而是由运行在转发器上的边界业务路由协议进行控制和生成的。如果把这个边界的接入协议都集中在控制器，那么简单地通过修改或升级这些控制器上的程序就可以提供新业务。

分层（layered）模型是SDN域间组网比较经典的模型，如图10-7所示。

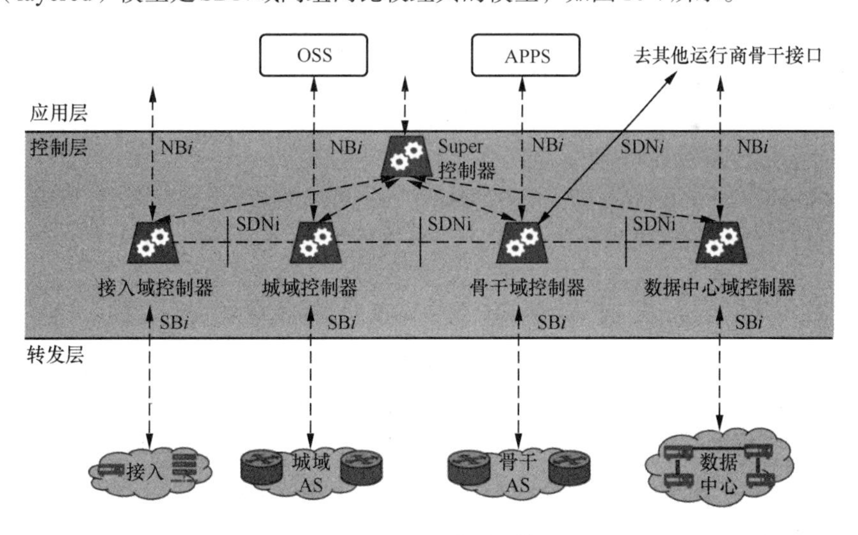

图 10-7 SDN 网络分层模型

这种分层模型下，由于域控制器之间的数据交互都通过一个父控制器（Super控制器）完成，因此域控制器之间没有东西向接口，都被控制层南北向接口协议SDNi（SDN interface）替代了。分层模型有效地把东西向接口转换为南北向接口，这种架构符合SDN基本理念。当然，父控制器和其他运营商网络之间的对接接口仍须留意，该接口代替了东西向接口的职责，要和其他运营商网络互通，因此东西向协议接口仍是必需的。即使分层模型成功地使域控制器之间不需要运行东西向接口协议，但是由于涉及跨运营商网络，因此，控制器还是需要实现传统的跨域协议来支持运营商网络之间的互通。

分层模型使用SDNi南北向接口对接，如果把域控制器和父控制器看成一个控制器系统，从模型上看，该控制器系统和单自治系统的一个控制器没有区别。分布式控制器集群系统（包含域控制器和父控制器）在未来有可能成为运营商网络系统的唯一的集中式控制器。这个控制器集群系统管控着所有的运营商网络，就如同目前网络中的域名系统（domain name system，DNS）一样，可以理解为Intermet网络一共就一个DNS，但其实它是一个分层的集群系统。

综上所述，SDN网络想要完成传统网络以及跨运营商网络之间的对接，其控制器需要考虑东西向接口，并且需要实现传统的跨域协议，比如BGP等。

10.2.2 路由转发与工作流程

从宏观上来说，SDN的基本工作流程如下。

（1）建立控制器和转发器之间的控制通道，通常使用传统的IGP来打通控制通道。

（2）控制器和转发器建立控制协议连接后，需要从转发器收集网络资源信息，包括设备信息、接口信息、标签信息等，控制器还需要通过拓扑收集协议收集网络拓扑信息。

（3）控制器利用网络拓扑信息和网络资源信息计算网络内部的交换路径，同时控制器会利用一些传统协议和外部网络运行的一些传统路由协议，包括BGP、IGP等来学习业务路由并向外扩散业务路由，把这些业务路由和内部交换路径转发信息下发给转发器。

（4）转发器接收控制器下发的网络内部交换路径转发表数据和业务路由转发表数据，并依据这些转发表进行报文转发。

（5）当网络状态发生变化时，SDN控制器会实时感知网络状态，并重新计算网络内部交换路径和业务路由，以确保网络能够继续正常提供业务。

1．控制器和转发器的控制通道建立过程

在SDN网络架构下，引入了集中的SDN控制器。SDN控制器是SDN网络中的“大脑”，是控制单元，而转发器是SDN网络中的“手脚”，是执行单元。SDN控制器和转发器之间通信通道的建立和维护非常关键，如果通信通道出现故障，“大脑”和“手脚”将会失去联系，导致SDN网络瘫痪。

大多数场景下，控制通道本身不能通过控制器来计算路径和生成路由，而是需要部署一个传统的分布式控制协议来完成。其中对于三层网络和二层网络，需要采用不同的协议来负责打通控制通道。比如，三层网络可以采用传统的IGP（比如OSPF、ISIS路由协议）来进行路由学习和打通控制通道，二层网络可以采用MSTP协议来协助建立二层连接。

（1）二层网络控制通道的建立

主要应用场景为数据中心内部。在数据中心内部，控制器和交换机之间可以部署在同一个子网内，也就是控制器的IP地址和交换机的IP地址都在同一个网段，这样它们之间可以通过二层路由寻址，不需要进行三层路由寻址。二层网络内部重点是要解决转发环路问题。在传统二层交换网络中，通常使用MSTP来解决这个问题，如图10-8所示。在管理网络VLAN内部，仍可以使用MSTP对该VLAN进行破坏。

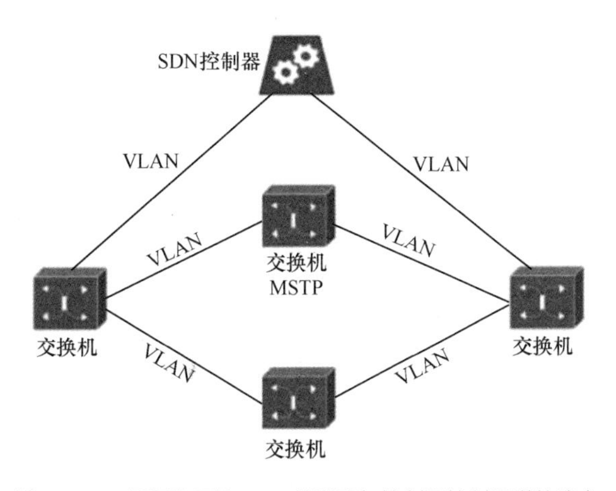

图 10-8 二层网络下的 SDN 转发器与控制器控制通道的建立

（2）三层网络控制通道的建立

通常，基于SDN的广域网会使用三层网络来打通控制器和转发器之间的控制通道。三层网络中SDN转发器与控制器控制通道的建立和维护通常是在控制器和转发器之间运行IGP，比如ISIS或OSPF协议，这样控制器就和下面的转发器网络形成了一个IGP域，此时的控制器左右就仅仅是普通的路由器，如图10-9所示。既然是普通的路由器，控制器就会学习所有IGP的拓扑，并生成它们之间的互联路由。这样一来，控制器和转发器之间的通信关系自然就如同一个传统分布式网络，利用传统的分布式路由技术，控制器和转发器之间保持了高可靠的连通性，达到了有路就能通信的目的。

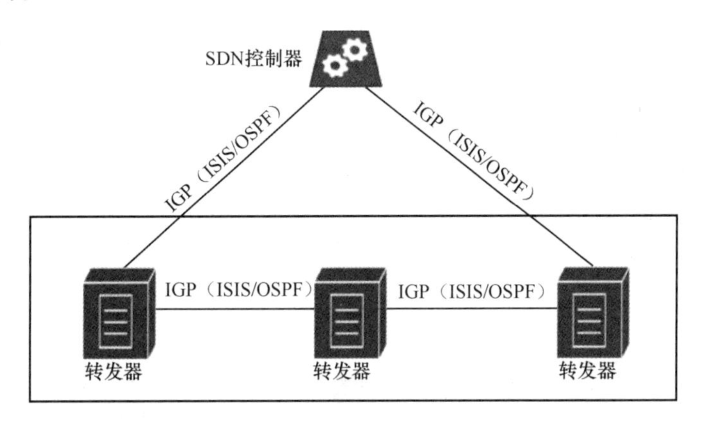

图 10-9 三层网络下的 SDN 转发器与控制器控制通道的建立

用上面描述的方法建立的控制通道，当网络发生状态变化时，由于采用了传统分布式控制网络技术作为控制通道建立的技术，因此能够达到任何时刻只要拓扑上有连接，通信就能够打通的要求，同时故障感知到的收敛时间也都在1s以内。通常主流的IGP都可以满足这一要求。

2．资源收集过程

一旦控制器和转发器的控制通道建立完成，控制器和转发器之间就可以建立控制协议的连接了，比如OpenFlow等协议。通常的控制器会作为控制协议的服务端，转发器会主动向控制器发起建立控制协议的请求，控制器接收到转发器的请求，通过认证之后，控制协议的连接就建立起来了。接下来是转发器向控制器注册信息、上报资源的过程。

（1）网元资源信息收集

注册信息包括设备各种资源信息，比如标签资源、接口信息、VLAN资源等；也包括设备厂家相关信息，比如ID、设备类型和设备版本号等。

控制器需要收集标签信息，这里的标签信息是指MPLS资源。这是因为控制器控制的网络内部交换技术通常采用MPLS交换。另外，网络在实际部署SDN时，为了解决现网平滑迁移到SDN的问题，存在分布式控制和SDN控制器控制混合组网的情况，分布式控制面本身会占用一部分标签，控制器并不能使用这些被占用的标签，这样转发器需要把那些可以由控制器分配的标签上报给控制器。同时，标签资源是一种协议资源，需要相关的转发器、控制器之间保持标签资源的唯一性，不太可能采用虚拟化机制（控制器分配虚拟标签，在转发器上转换为物理标签的一种机制）。

控制器需要获得转发器的接口资源信息，每台转发器需要把本转发器上的接口信息上报给控制器。接口信息数据中需要包括接口名字、接口类型、接口带宽资源等。这些接口在逻辑上分为两组，其中一组是网络的外联业务接口（外联口），这些接口连接到SDN网络外部的网络设备上，这些外部网络设备并不归属于SDN控制；另一组是连接网络的内部接口（内联口），这些接口是SDN控制的网络设备之间的接口。

控制器还需要收集一些其他资源信息，比如VLAN信息和一些隧道ID等信息。网络部署SDN和分布式控制面混合组网时，一些资源被分布式控制面占用，控制器只能获得一部分可用资源，比如VLAN资源只在外联口的业务接入时使用，如果这个接口的一些VLAN已经被使用，控制器就不能使用这些VLAN了。所以转发器需要上报可用VLAN资源给控制器。

（2）网络拓扑信息收集

资源收集过程结束后，控制器还需要收集网络拓扑信息。网络拓扑信息是描述网络中节点和链路以及节点之间的连接关系的信息。网络拓扑信息通常由三个对象组成：节点对象、接口对象（terminal point，TP）、链路对象。节点对象就是转发器对象，由节点ID标记，该节点信息在转发器上报设备ID时生成。接口对象是转发器上的接口，用节点ID+接口ID标记，接口信息也由转发器上报给控制器。链路对象是由两个接口标记的，就是左接口+右接口，其ID是（左节点,左接口,右节点,右接口）。但是这个拓扑信息不能通过各个转发器上报信息，转发器可以上报设备对象和接口对象，但是不能上报拓扑信息，如拓扑中的链路对象。拓扑中的链路对象如图10-10所示。

图 10-10　拓扑中的链路对象

在图10-10中，控制器可以获得转发器A、接口A1和接口A2的信息，也可以获得转发器B、接口B1和接口B2的信息，但是转发器A和B都不知道这些接口之间的连接关系，不能把这种连接关系上报给控制器。控制器必须有一个方法来收集这种连接关系以确定链路对象信息，才能获得完整的拓扑信息。如果控制器从每台转发器都获得类似的信息，最后控制器就获得了完整的二层网络拓扑信息。

三层拓扑收集协议通常利用传统的IGP完成，比如ISIS/OSPF，这些传统路由协议为了计算路由，原本就收集网络的拓扑信息。这样通过控制器和转发器之间运行IGP，可以直接把网络拓扑信息收集到控制器。IGP为了解决扩展性问题，都采用了划分区域的设计，比如ISIS的 level 设计及IETF的多域拓扑协议BGP-LS（BGP Link-State，参考 IETF 协议 draft-ietf-idr-ls-distribution-10）。总之，通过各种拓扑收集协议，控制器能够获得全网的拓扑信息。

通过上述过程，控制器已经获得了完整的拓扑信息，并已经从转发器收集到了必要的转发器网元资源信息，比如接口、标签、VLAN 等信息。有了这些信息，控制器就可以进行下一步的路由计算过程了。

3．流表计算和下发过程

下面介绍控制器为转发器计算流表的过程。通信是双向的，以一个单方面的流量路径的建立和业务路由的建立为例，回程的流量路径和业务路由建立过程是一致的。

（1）SDN网络内部交换路由的生成

现在控制器已经收集到了网元资源信息和网络拓扑信息，控制器将利用这些信息来完成转发器的转发流表的计算和下发。其中控制器所控网络的组成如图 10-11 所示。

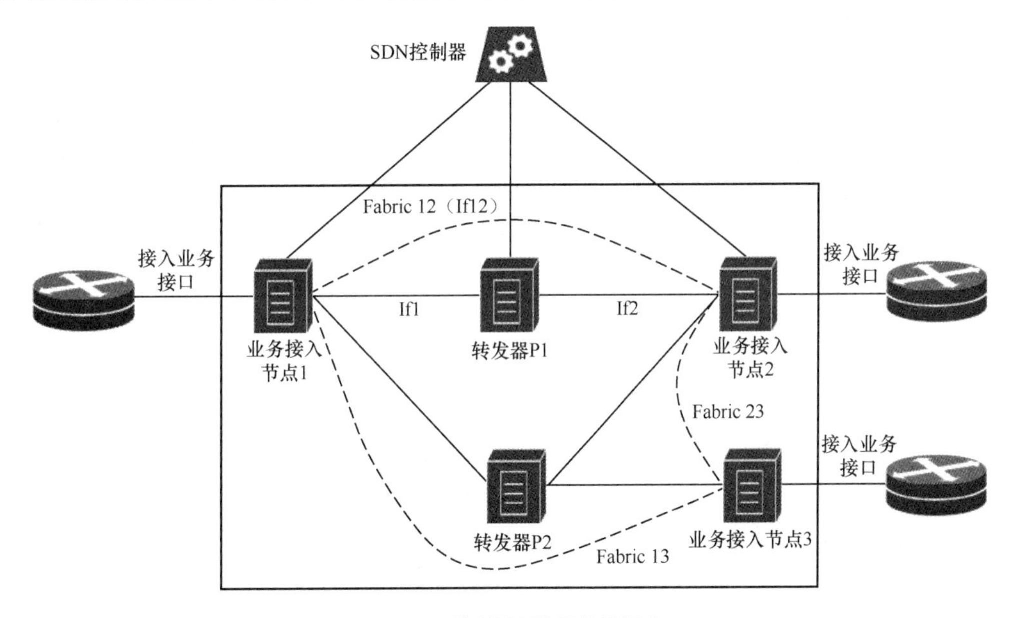

图 10-11　控制器所控网络的组成

把SDN控制器控制的网络看成两个组成部分：一部分是边界的业务接入节点（位于SDN网络边界，负责业务接入的转发器，传统网络称为PE，provider edge），对应图10-11中的业务接入节点 1、业务接入节点 2、业务接入节点 3；另外一部分是内部的 Fabric 交换网（网络内部交换路径，用于SDN 网络内部设备业务接入节点之间全连接的互联虚链路），对应图 10-11 中的Fabric 12、Fabric 13、Fabric 23。中间的Fabric 交换网是控制器根据边界业务接入点之间的关系自动建立的一个交换网，以便用户业务从一个业务接入点进入控制器网络后，能够通过这些 Fabric 转发到另外一个业务接入点，然后离开控制器所控制的网络。

Fabric交换网可以经过多个转发器，控制器会为这些转发器生成内部交换网的交换路由数据。通常内部交换网的实际交换技术采用MPLS交换，所以控制器会从本地MPLS标签资源中分配标签，这些标签是转发器上报给控制器使用的标签。具体过程是控制器从本地维护的转发器P1标签空间中为这个Fabric 12分配标签，比如标签10，这个标签将用于指示业务接入节点1把需要进入Fabric 12的报文压入标签10，并发送到接口If1上；同时也将用于指示转发器P1，当从If1接口上收到标签10的报文，是Fabric 12的一个报文，控制器从本地维护的业务节点2标签空间中为这个Fabric 12分配标签，比如标签20，然后分别为业务接入点1、转发器P1和业务接入点2生成内部交换路由信息。这样，控制器就为业务接入节点1和业务接入节点2创建了一条内部交换路径Fabric 12，在业务接入节点1看来有一个接口If12可以直接到达业务接入节点2了。

（2）边缘业务接入路由的处理

边缘业务接入节点是用于接入网络业务的，所有的用户流量都需要通过边缘业务接入节点进入网络，然后穿过内部交换网，到达另外一个边缘业务接入节点。边缘业务接入节点必须知道进入的报文到底该送给哪个边缘业务节点才是正确的。在图10-12中，一个目标地址为11.8.9.12的报文从CE1侧进入业务接入节点1后，业务接入节点1该把这个报文转发给业务接入节点2还是业务接入节点3呢？这个过程是业务路由（是指那些外部网络的路由，SDN需要学习这些业务路由所在的网络位置，以便能够正确地把用户业务数据报文转发给正确的边缘业务接入节点。另外，SDN控制器还需要把这些业务路由向其他外部网络传递扩散）的计算过程。业务路由计算过程是控制器和外部网络交互路由的过程。控制器首先需要和网络外部的CE1、CE2、CE3建立外部路由协议，本例采用BGP。通过这些BGP，控制器会学习到网络的网段所在的位置。有了这些转发表，一个从业务接入节点1进入网络的目标地址为11.8.9.12的IP报文，可以经过业务接入节点1转发到业务接入节点2，然后转发器可以顺利地把报文从业务接入节点1转发到业务接入节点2，然后由业务接入节点2转发给CE2，CE2就可以把报文转发给目的地了。

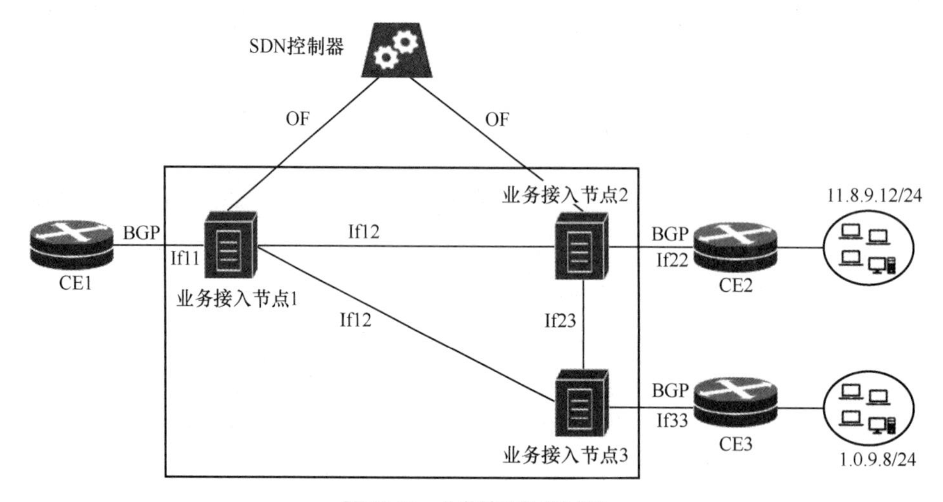

图10-12　业务路由计算过程

4．报文转发过程

控制器一旦完成这些业务路由信息和内部交换转发信息的计算，就可以把这些信息下发给每个转发器，以便指导转发器完成用户流量转发。有多种协议支持转发表的下发，如PCE、BGP、Netconf的协议在很多演进场景非常有价值，这些协议可以在SDN控制与转发分离的架构中扮演关键角色。而OpenFlow则是一种标准的转控分离协议，伴随着SDN的诞生而生，有极大的应用价值。

控制器在为转发器生成了内部交换路由信息和业务路由信息后，转发器就可以根据这些信息进行用户数据报文转发了。当一个目标IP地址为11.8.9.12的报文进入业务接入节点1（转发器）

时，该转发器会查找业务路由表，获得的路由为

IP prefix 11.8.9.12/24 Nexthop 务接入节点2 Outgoing Interface If12

于是转发器会把该报文转发给出接口If12。出接口If12不是一个物理接口，而是一个逻辑接口，于是转发器会查找对应的内部交换路由信息，获得数据为

Interface If12 actionpushLabel label 10 outgoing interface If1

根据这些数据，转发器就会把这个报文压入标签10，并把该携带标签10的MPLS报文发送给物理出接口If1。

随后报文会被转发给转发器P1，转发器P1收到该报文后，会在本地查找交换路由表并获得信息为

Interface lf7 in-label 10 action swap out-label 20 outgoing interface If2

转发器P1会把报文的入标签10交换为标签20，并发送到物理出接口If2。

报文会继续被转发到业务接入节点2，业务接入节点2会查找本地交换路由表，获得信息为

Interface If2 in-label 20 action pop

根据这些数据，业务接入节点2会弹出MPLS 的标签20，发现该标签已经是MPLS标签栈底，所以直接送给IP查找业务路由表，获得路由信息为

IP prefix 11.8.9.12/24 Nexthop CE2 Outgoing Interface lf22

根据这些数据，业务接入节点2会把目标IP地址 11.8.9.12 的报文发送给出接口If22。这样，目标IP地址为11.8.9.12的报文会通过 CE2转发给目标主机，从而完成整个转发流程。

5．网络状态变化处理

前面讨论了SDN网络收集资源信息，利用这些资源信息，SDN控制器会计算网络内部交换路径；SDN控制器还会和外围设备进行交互，学习和扩散业务路由，并在业务接入节点生成业务路由表。SDN网络通过控制器实现了网络的集中控制。当网络发生故障时，网络状态发生变化，SDN控制器会自动完成网络交换路径和业务路由的重新计算，并更新转发器的转发表。通常网络故障分为两种：一种是网络内部节点故障或链路故障；另一种是网络业务接入节点故障或业务接入接口故障。

对于第一种故障，通常控制器会实时感知到这些故障。故障通告主要来自转发器上报故障和拓扑变化通告。当控制器获得这些故障信息时，会自动对网络内部受到影响的交换路径进行重新计算，以保证网络内部的交换路径恢复到工作状态。

第二种故障通常会影响业务路由的计算。控制器一方面会对受到影响的业务路由进行重新计算，并生成业务路由表下发给转发器，以恢复业务；另一方面必要时也会把这种故障通告给其他外部网络，扩散这种业务路由信息，以便外部网络可以选择其他网络进行数据转发。

10.3 基于SDN/NFV的网络性能评估

随着SDN和NFV的快速发展与广泛应用，对其性能进行全面评估变得尤为重要。本节将重点探讨SDN/NFV的网络路由性能评估和服务功能链性能评估。通过深入研究和理解SDN/NFV系统的性能特征，可以确保SDN/NFV系统能够在不同负载条件下表现出良好的稳定性和可靠性，从而提高整体网络的效率和可管理性。

10.3.1 路由性能评估

评估SDN中的路由性能是关键的一环，尤其是在设计和部署网络时。这种评估通常涉及多个方面，包括路由的计算效率、响应时间、带宽利用率等。以下是SDN路由性能评估的几个重要指标。

（1）路由计算效率

假设共有n位用户，用户i路径计算发起时间为$t_{\text{start},i}$，该用户路径计算完成并准备好下发给交换机的时间为$t_{\text{end},i}$，则平均路径计算时间为

$$\bar{T}_{\text{path}}=\frac{\sum_{i=1}^{n}\left(t_{\text{end},i}-t_{\text{star},i}\right)}{n} \tag{10-1}$$

平均路径计算时间衡量了SDN控制器计算最优路径所需的平均时间。该指标反映了网络控制器的算力和算法效率。

（2）响应时间

在多用户SDN环境中，响应时间是一个关键性能指标，它衡量网络控制器响应网络事件或用户请求并计算新的路由决策所需的时间。响应时间的优化对于保证网络服务质量和用户体验至关重要。

假设控制器检测到网络事件或请求的事件为T_{detect}，控制器计算新的路由决策所需时间为T_{compute}，控制器将决策传输到网络设备所需时间为T_{transmit}，所以用户响应时间T_{response}为

$$T_{\text{response}}=T_{\text{detect}}+T_{\text{compute}}+T_{\text{transmit}} \tag{10-2}$$

通过计算平均响应时间来得到控制器对多用户环境中不同请求的平均处理能力，若$T_{\text{response},i}$表示用户i的用户响应时间，则系统平均响应时间$\bar{T}_{\text{response}}$为

$$\bar{T}_{\text{response}}=\frac{\sum_{i=1}^{n}T_{\text{response},i}}{n} \tag{10-3}$$

通常还会计算出最大响应时间$T_{\text{response,max}}$，最大响应时间是指在所有处理的请求或事件中观测到的最长响应时间。这个指标有助于识别潜在的瓶颈和最差的用户体验。

（3）带宽利用率

在多用户环境中，SDN的带宽利用率是一个重要的性能指标，它反映了网络资源的分配效率和效果。通过该指标可以更精确地监控和管理SDN环境中的带宽资源，确保资源按照用户需求和业务优先级有效地分配，从而提高整体网络效率和用户满意度。

设B_{total}是网络的总带宽容量，$B_{\text{used},i}$是用户i或服务使用的带宽量，则总带宽利用率U_{total}为

$$U_{\text{total}}=\frac{\sum_{i=1}^{n}B_{\text{used},i}}{B_{\text{total}}}\times 100\% \tag{10-4}$$

假设用户i的权重为ω_i，则SDN网络带宽分配效率$E_{\text{bandwidth}}$为

$$E_{\text{bandwidth}}=\frac{\sum_{i=1}^{n}\omega_i B_{\text{used},i}}{B_{\text{total}}} \tag{10-5}$$

其中，权重可能是基于用户的优先级、服务等级协议（service level agreement，SLA）或实际需求确定。网络据此来对用户或服务的需求进行动态调整和分配带宽资源。

10.3.2　服务功能链性能指标

服务功能链（service function chaining，SFC）是由多个业务功能（service function，SF）按照一定顺序串联提供组合的复合业务，数据流按顺序通过这一复合业务。SF负责对收到的数据流进行特定处理，如网络地址转换、防火墙、恶意软件检测、合法拦截、负载平衡等，进行这些SF功能的硬件被称为中间盒（middle box），在过去大多为实现特定SF功能的专用硬件设备。由于成本居高不下，功能更新困难，middle box亟须结合SDN/NFV技术，将SF功能迁移到可以通过虚拟化实现共享的通用硬件平台上，使之成为由软件定义的网络服务，实现按照需求在适当时间和位置的部署。SFC是形成链的SF序列，可看作复合服务的拓扑结构，每一个SFC指定了自身代表的复合服务所需的SF集合及其被执行的顺序。与传统的基于物理拓扑和配置的服务节点部署相比，SFC利用虚拟网络将服务业务更好地融合进来，将物理设备与网络功能解耦，提高了转发效率，并实现了服务设备的共享。

SFC可分为静态和动态两种。静态SFC将增值业务服务器及middle box部署在网关后面，以串行方式进行处理。动态SFC将middle box从路由拓扑中抽离出来，使得middle box的部署不再依赖拓扑而能够自由插入、删除和移动，同时采用虚拟化技术使得middle box根据流量负载弹性地完成扩缩容，并通过SDN技术结合控制策略，根据不同维度、不同粒度的需求来编排不同的服务链及服务链转发路径。

对SFC的性能分析主要考虑在确保网络可靠性的同时最小化端到端时延并最大化网络资源利用率。基于一个物理网络实例，可以给出SFC的性能评价指标的定义：物理网络表示为无向图$G^S=(N^S,L^S)$，其中N^S表示物理节点集合，每个物理节点可以承载一个SF节点，L^S表示物理链路集合。对于任意物理节点$n\in N^S$，C_n^s、$C_{n,\text{use}}^s$分别表示其总CPU资源、已占用CPU资源；F_n^s、$F_{n,\text{use}}^s$分别表示其总转发资源、已占用转发资源。$h_{n,m}$表示物理节点n和m之间的跳数。r_n表示其可靠性。

SFC请求表示为有向图$G_v^g=(S_g,D_g,N_v^g,L_v^g,T_g)$，其中$S_g$和$D_g$分别表示第$g$条SFC的源节点和目标节点，对于任意一条SFC$_g$，部署$S_g$和$D_g$的物理节点是确定的；$N_v^g=\{f_i\mid i=1,2,\cdots,|N_v^g|\}$表示SFC$_g$所有SF节点的集合，对于任意一个$f_i\in N_v^g$，$C_{g,i}^v$和$F_{g,i}^v$分别表示其CPU资源需求和转发资源需求；$L_v^g$表示SFC$_g$的路由集合；$T_g$表示SFC$_g$的生存时间。

（1）可靠性：由于SFC$_g$上的每一个SF节点i都需要部署在一个物理节点n上，那么显然这条SFC$_g$的可靠性就由组成它物理拓扑的物理节点r_n的可靠性所决定。假设SFC$_g$的节点总数为k，其表达式如下。

$$R_g=\prod_{i=1}^{k}r_{n_{g,i}} \tag{10-6}$$

（2）端到端时延：针对某条SFC$_g$，其端到端时延包括了物理链路的传输时延和SF节点的业务处理时间，其表达式如下。

$$\text{Del}_{s_g}=\sum_{n=1}^{h}\text{Del}_{\text{trans},n}+\sum_{m=1}^{k}\text{Del}_{\text{cal},m} \tag{10-7}$$

其中，h为SFC_g部署的物理链路总跳数，k为SFC_g部署的SF节点数，$Del_{trans,n}$为物理链路第n跳的传输时延，$Del_{cal,m}$为第m个SF节点的业务处理时间。

（3）网络资源利用率：针对某条SFC_g，其CPU资源利用率为其部署的所有物理节点的CPU占用资源与部署物理节点的CPU总资源之比，其表达式如下。

$$C_{g,nor}^{s}=\frac{\sum_{n=1}^{k}C_{n,\ use}^{s}}{\sum_{n=1}^{k}C_{n}^{s}} \tag{10-8}$$

其中，k为SFC_g部署的SF节点数。

同理，针对某条SFC_g，其转发资源利用率为

$$F_{g,nor}^{s}=\frac{\sum_{n=1}^{k}F_{n,\ use}^{s}}{\sum_{n=1}^{k}F_{n}^{s}} \tag{10-9}$$

上文已给出了SFC三大性能指标的定量计算公式。对于某一条SFC来说，它的稳定性越高、端到端时延越小、网络资源利用率越高，那么它的性能就越好。为了追求更为卓越的性能，调整SFC各个SF节点的部署方法策略、优化物理链路特性等都是可行的方法。

10.4 SDN/NFV应用示例

在全球通信领域，5G技术的快速推广和部署正日益凸显SDN和NFV的重要性。5G不仅承诺提供前所未有的数据传输速度和连接能力，还预示着网络架构必须更加灵活和智能，以支持日益增长的数据需求和新兴的技术应用。SDN和NFV在这一变革中扮演着核心角色，它们使网络从传统的硬件依赖转变为软件驱动，提供了无与伦比的网络切片、动态资源管理和服务自动化能力。本节将详细探讨SDN/NFV技术在接入网和5G核心网中的应用，展示它们如何塑造未来的通信网络，以适应日益复杂的网络环境和用户需求。

10.4.1 SDN/NFV在5G核心网中的应用

随着通信技术领域受到IT领域技术的深入影响，在4G网络时代，核心网已经开始使用基于IP的分组交换技术，将计算机网络中的技术应用到了电信网络中。4G的核心网EPC网络的架构如图10-13所示。图中将移动性管理（mobile management entity，MME）抽象成独立的网元，使得分组核心网（evolved packet core，EPC）网络的控制和转发分离，从而使MME得到了更好的可扩展性。但是EPC网还是针对单一服务所设计的集中式架构，所以仍然存在一定的缺陷，即“耦合”。这一缺陷主要表现为两点：一是业务网关（serving gateway，SGW）和公共数据网络网关（public data network gateway，PGW）的控制层面和用户层面耦合，二是硬件和软件耦合。这两点紧耦合带来了诸多的限制，随着终端和业务类型的不断增多，SGW和PGW的耦合使得网络和扩展性变得很差，硬件和软件的耦合使得新业务的部署和管理变得非常复杂。随着业务需求的不断增长，网络的运维管理变得日益复杂，同时网络性能在下降。

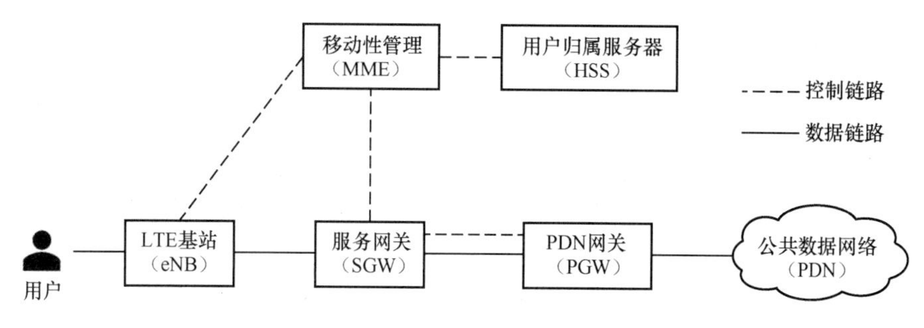

图 10-13 4G 核心网 EPC 网络的架构

SDN技术和NFV技术正好能够完美地解决“耦合”所带来的这两点缺陷。SDN技术的思想是将网络设备的控制层面和转发层面分离，以此解决SGW和PGW控制层面和用户层面耦合的问题。NFV技术的思想是将设备的软件和硬件分离，使得不同的网络都能运行在通用的硬件上，这又恰好解决了EPC网中将硬件和软件耦合的问题。综上，SDN和NFV能解决当前EPC网络的痛点，因此在5G网络的设计中，SDN和NFV成了重点技术。

SDN技术和NFV技术催生了5G核心网架构，如图10-14所示。5G网络和EPC网络最明显的区别就是SGW和PGW的控制层面和用户层面，分成了SGW-C、SGW-U和PGW-C、PGW-U。控制层面和用户层面分离后可以使得用户层面的功能变得更加灵活，例如，5G的核心网中可以将SGW的用户层面，即SGW-U，部署在离用户无线接入网更近的地方，从而提高服务用户的质量，降低用户业务的时延。5G核心网的架构设计还可进行改进，即5G核心网中的大部分网络功能设备，例如SGW-U、PGW-U等都将基于NFV技术来实现，NFV技术所带来的网络功能软件化和管理智能化将极大地提升核心网部署的灵活性。在虚拟化的环境中，网络功能变成了软件，可以在通用服务器形成的资源池中直接加载、扩缩容和灵活调度，从而使得核心网中业务的上线和更新的时间大幅度缩短。

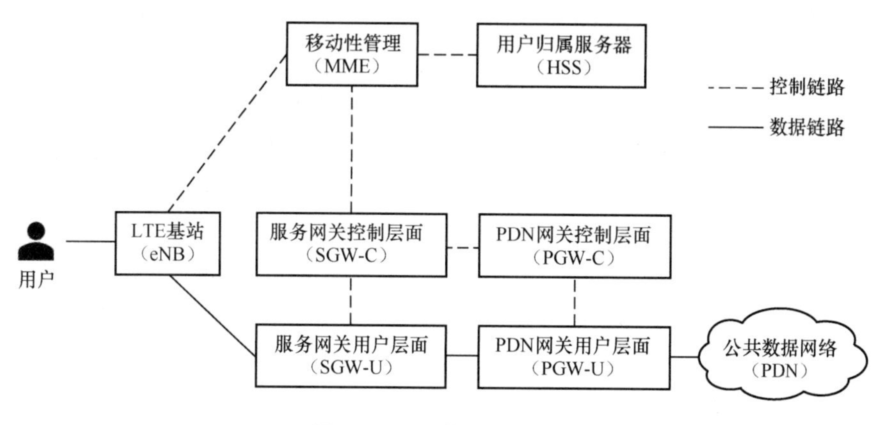

图 10-14 5G 核心网的架构

10.4.2 SDN/NFV 在接入网中的应用

快速增长的新型网络业务和层出不穷的网络应用场景不断冲击着现有网络架构，高清视频、移动设备、高速下载等对固定网络和移动网络提出了更高的带宽要求，物联网云计算、能源互联网等新型网络应用场景则需要更加泛在、开放、灵活的网络环境。作为用户接入网络资源的“入口”，接入网所面临的网络带宽压力和管控压力尤为巨大。同时，相较于已经探索开放化和软件定义化的传送网和数据中心网络，接入网受自身网络架构复杂、成本敏感等因素限制，逐渐成为全网优化过程中最为薄弱的一环。

为解决上述问题，运营商开始考虑在接入网中引入SDN/NFV，实现接入节点的统一管理，从而减轻运维压力，以便新业务的快速部署。该方案典型应用场景如具有潮汐变化的住宅区、商业区等。

图10-15所示为基于多波长系统的软件定义接入网系统整体架构，主要包括支持软件定义的灵活 ONU（optical network unit，光网络单元）、OLT（optical line terminal，光线路终端）、ODN（optical distibution network，光分发网络）及集中式控制器。用户侧包括以PON为支撑的有线与无线两种接入方式。根据网络规模，ONU通过灵活ODN与OLT池相连，OLT池通过路由器连接至 BRAS 以支持基本的鉴权功能，并最终通过 BRAS（broadband remote access server，带宽接入服务器）与骨干网相连。

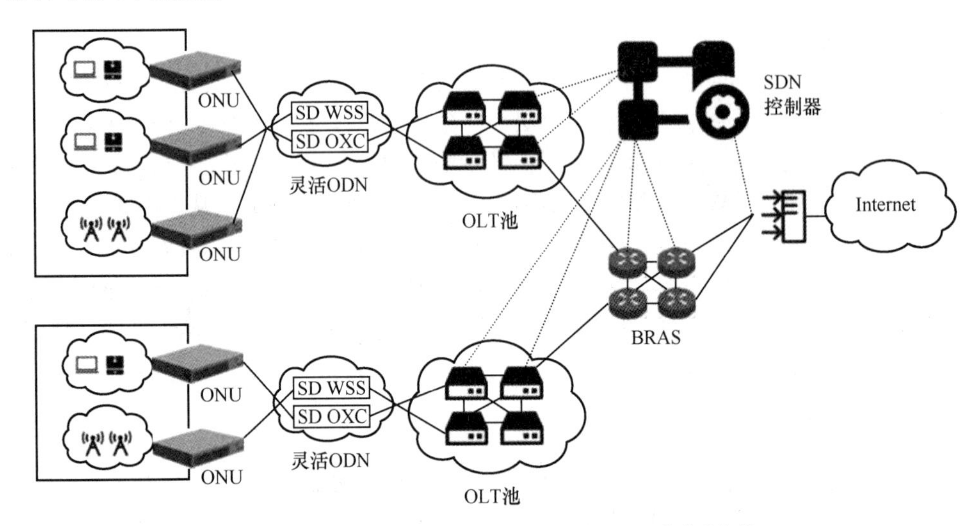

图 10-15　基于多波长系统的软件定义接入网系统整体架构

通过引入 SDN /NFV 理念，目标架构在多波长系统上加入了SDN控制器，并与 OLT路由器、BRAS等设备直接相连，负责监听设备的状态，获得下层设备的基本信息，生成虚拟拓扑，提供网络全局视图。同时，在虚拟拓扑的基础上，收集下层设备的反馈信息，实时了解同一时间内不同用户的不同需求，以此进行多维、多域资源动态分配及灵活调度来避免网络资源浪费，提升网络效率。控制层同时可提供全网功能模块引擎功能，为上层应用开发提供控制接口。除此之外，控制器还可以通过与BRAS之间进行通信，将用户的鉴权功能转移到 SDN 控制器端，因此 SDN 控制器就能通过统计用户流量使用情况进行计费，减轻 BRAS 的压力。由于 ONU 数目过多，SDN 控制器不与 ONU 直接相连，而是在 OLT与 ONU 的基本通信功能上，通过控制 OLT来间接控制 ONU，形成虚拟连接。其中包含一项关键技术，vOLT技术，即OLT虚拟化技术。

OLT虚拟化技术如图10-16所示。其中OLT设备的控制层面和转发层面进一步分离，强化控制层面，引入虚拟化，实现网络切片。通过管理层面多视图技术将单一的物理设备逻辑切片为多个虚拟设备，针对用户订购和定制的差异化网络资源与业务，从而实现网络资源的开放和高效运维。同时，通过设备虚拟化，支持PON的平滑升级，实现对现有零散OLT的整合，也有利于技术升级，避免对IT和放装流程的变更，降低维护压力，提高维护效率。

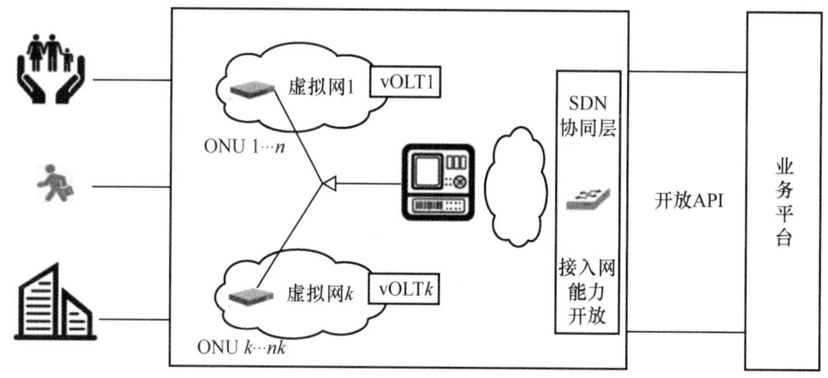

图 10-16 OLT 虚拟化技术

基于灵活分配流量、节能等需求，未来接入网需要将OLT池化，将多个OLT集中到一起，使多个 OLT 共享电源、背板等硬件资源，共同提供波长、频谱等带宽资源，便于上层控制器集中化管理；同时，控制器也可以灵活调度OLT连接不同用户，并为用户合理分配带宽。为此，OLT需要支持动态光功率调节、可变调制解调、可调谐收发，相应地，ONU侧也需要支持可变调制解调、应用无色技术来实现无差别接入各个设备的功能。

习 题

10.1 SDN的主要设计思想是什么？SDN相比于传统网络优势在哪里？SDN会带来哪些问题？

10.2 什么是网络功能虚拟化？

10.3 请简要叙述SDN与NFV协同应用的优势和挑战。

10.4 在SDN环境中，如何处理网络拓扑变化以确保网络稳定性和业务连续性？请详细描述控制器如何感知网络状态的变化，并解释其对转发策略的调整过程。

10.5 假设存在一条SFC，其详细信息如下：SFC由μ个SF节点组成，分别部署在物理节点A、B、C、D上；物理节点的可靠性分别为A=0.99，B=0.95，C=0.97，D=0.98；物理链路的传输时延（单位：ms）A到B为10ms，B到C为15ms，C到D为10ms；SF节点的业务处理时间（单位：ms）为A=5ms，B=7ms，C=8ms，D=6ms；每个物理节点的总CPU资源为100单位，当前占用资源为A=50，B=60，C=40，D=30；每个物理节点的总转发资源为200单位，当前占用资源为A=100，B=120，C=80，D=90。请计算当前SFC的总可靠性、端到端时延、CPU资源利用率和转发资源利用率，并根据上述分析，提出一项优化措施，以减少端到端时延或提高资源利用率。

10.6 在SDN中，控制器的性能对整体网络的路由性能有什么影响？如何优化SDN控制器以提高路由决策的效率和响应速度？

10.7 请简述SDN/NFV对于5G核心网的作用。

10.8 假设存在一个SDN控制器控制的网络。这个网络包括多个交换机和连接，现需要动态调整网络中两个数据中心之间的带宽分配以满足不断变化的需求。假设有以下三条路径可用于数据中心A和数据中心B之间的通信：路径1为带宽容量 40 Gbit/s，路径2为带宽容量 30 Gbit/s，路径3为带宽容量 20 Gbit/s。总的网络需求变化如下：在工作日（周一至周五），两数据中心间的总带宽需求为 70 Gbit/s；在双休日（周六和周日），需求下降到 50 Gbit/s。请合理分配每条路径的带宽，以便平滑处理工作日和周末的需求变化，同时不超过每条路径的最大带宽容量。

第 11 章 卫星通信网络

卫星通信，简单地说就是地球上（包括地面、水面、低层大气中）的无线电通信站之间利用人造卫星作为中继站转发或发射无线电波来实现两个或多个地球站之间通信的一种通信方式。它是一种无线通信方式，可以承载多种通信业务，例如在军事领域，是指挥、控制、通信、计算机与情报、监视、侦察一体化系统的基础和纽带，在机动通信、边远通信、广播通信、应急通信和航天器通信中也发挥着不可替代的作用。

11.1 卫星通信概述

卫星通信属于空间通信的范畴，空间通信是指以航天器（或天体）为对象的无线电通信。

卫星通信与传统的微波中继通信及其他通信方式相比，具有以下特点：(1) 通信距离远，覆盖范围广，不受地理条件限制；(2) 通信容量大，支持语音、数据、图像、电视广播、传真等多种业务；(3) 通信线路误码率低，传输质量高；(4) 具有广域覆盖和多址连接的特性；(5) 建设周期短，成本低，组网灵活。

相较于陆地移动通信系统，卫星通信也存在一些缺点：(1) 传输时延大，可能会产生回声干扰；(2) 传输链路开放，信号易被干扰窃听；(3) 对卫星的可靠性和寿命要求高；(4) 要求地球站和卫星有大功率发射机、高灵敏度接收机和高增益天线；(5) 与低纬度地区相比，高纬度地区卫星通信的效果相对较差。

11.1.1 卫星通信系统的分类

卫星通信系统可以按照卫星相对于地球的运动状态、卫星轨道高度、卫星通信覆盖范围、卫星通信业务使用的频段、转发器处理能力、多址连接复用方式、卫星通信业务类型和卫星通信系统用途等来分类。

（1）按照卫星相对于地球的运动状态，卫星通信系统可以分为静止轨道卫星通信系统和非静止轨道卫星通信系统。

（2）按照卫星轨道高度，卫星通信系统可以分为低轨卫星通信系统、中轨卫星通信系统和高轨卫星通信系统。

（3）按照卫星通信覆盖范围，卫星通信系统可以分为全球卫星通信系统、国际卫星通信系统、国内卫星通信系统和区域卫星通信系统。

（4）按照卫星通信业务使用的频段，卫星通信系统可以分为UHF、L、S、C、X、Ku、Ka、Q/V及太赫兹频段卫星通信等。

（5）按照转发器处理能力，卫星通信系统可以分为基于透明转发器的卫星通信系统和基于星上处理转发器的卫星通信系统。

（6）按照多址连接复用方式，卫星通信系统可以划分为频分多址卫星通信系统、时分多址卫星通信系统、码分多址卫星通信系统、空分多址卫星通信系统、混合多址卫星通信系统等。

（7）按照卫星通信业务类型，卫星通信系统可以分为固定业务卫星通信系统、移动业务卫星通信系统、广播业务卫星通信系统、宽带多媒体卫星通信系统、跟踪与数据中继卫星通信系统等。

（8）按照卫星通信系统用途，卫星通信系统可分为商用卫星通信系统和军用卫星通信系统两类，或者公用卫星通信系统和专用卫星通信系统两类。

11.1.2 卫星通信系统的组成

如图11-1所示，卫星通信系统由通信卫星、测控管理系统、地面系统三部分组成。通信卫星搭载高通量卫星载荷，实现信号空间段的转发与处理；测控管理系统主要实现卫星端的跟踪及管理；地面系统主要实现信号地面段的接收、转发与管理。

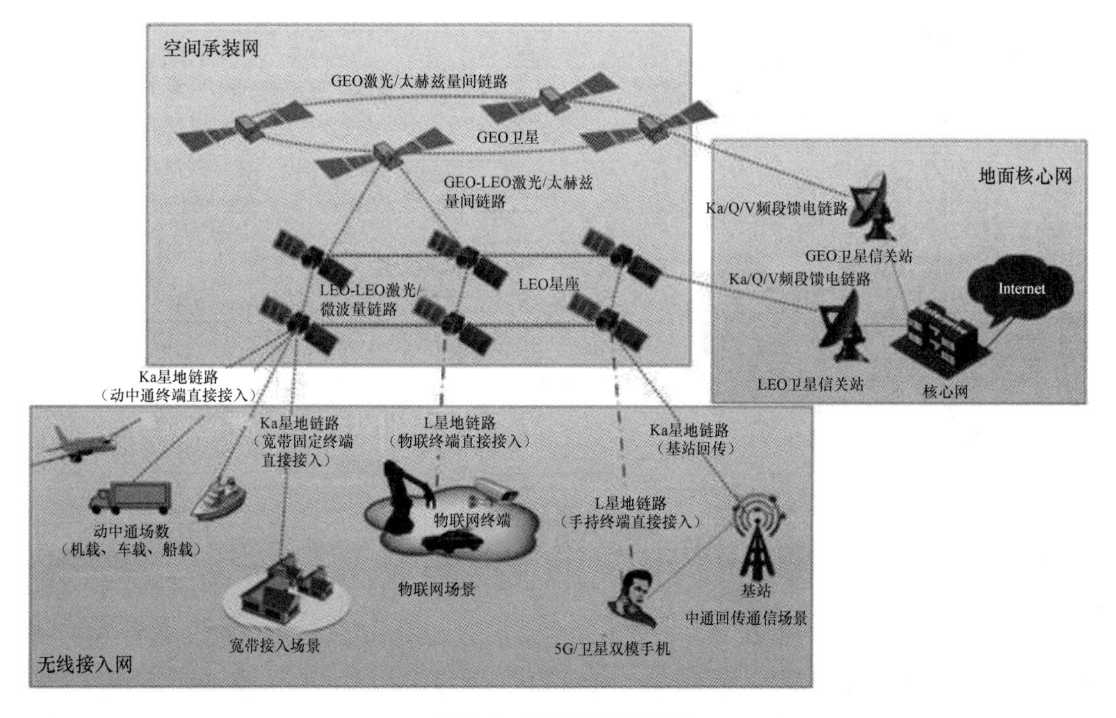

图 11-1 卫星通信系统组成

通信卫星作为空间通信中继站，实现通信数据和测控数据的转发，一般由卫星平台和通信载荷两部分组成。其中卫星平台是由保障系统组成的可支持一种或几种有效载荷的组合体；通信载荷是执行通信任务的分系统，由转发器和卫星天线组成，实现通信数据的转发及处理。

测控管理系统的任务是在业务开通前对通信卫星和地球站进行各项通信参数测定，在业务开通后对卫星和地球站的各项通信参数进行监视和管理，由监测管理分系统和跟踪遥测指令分系统两部分组成。在卫星正式运营前，实现对卫星各项通信参数的入网验证和在轨测试；在卫星正式运营后，实现对卫星各项工程参数、运行环境参数的监测和管理，并对卫星轨道和姿态进行测量和控制。

地面系统由信关站、运营中心和用户终端组成。其中，信关站为所在馈电波束对应的用户波束提供接入服务，实现信号收发与基带处理，并完成与运营中心之间的数据交互；运营中心是卫星应用分系统的管控中心，实现对网络运行的监控管理和对通信业务的运营维护；用户终端为用户业务与信关站或其他用户建立卫星链路，实现用户业务的接收和发送。

11.1.3 典型卫星通信系统

传统的通信卫星主要部署于赤道上空35 786km高度的地球同步轨道，即高轨卫星，其绕地球飞行的周期与地球自转周期一致，星下点保持稳定，一颗卫星可以覆盖地球1/3的面积。为弥补高轨卫星通信传播延时长、轨道资源紧张和难以覆盖高纬度地区等不足，20世纪80年代起，中低轨道卫星通信开始蓬勃发展：自铱星（Iridium）系统投入应用，到以星链（Starlink）为代表的巨型互联网卫星星座规模化部署及商业化运作，逐步实现了高低轨互补和全球化覆盖的新局面，开启了卫星通信业务发展的新时代。低轨通信卫星发展如图11-2所示。

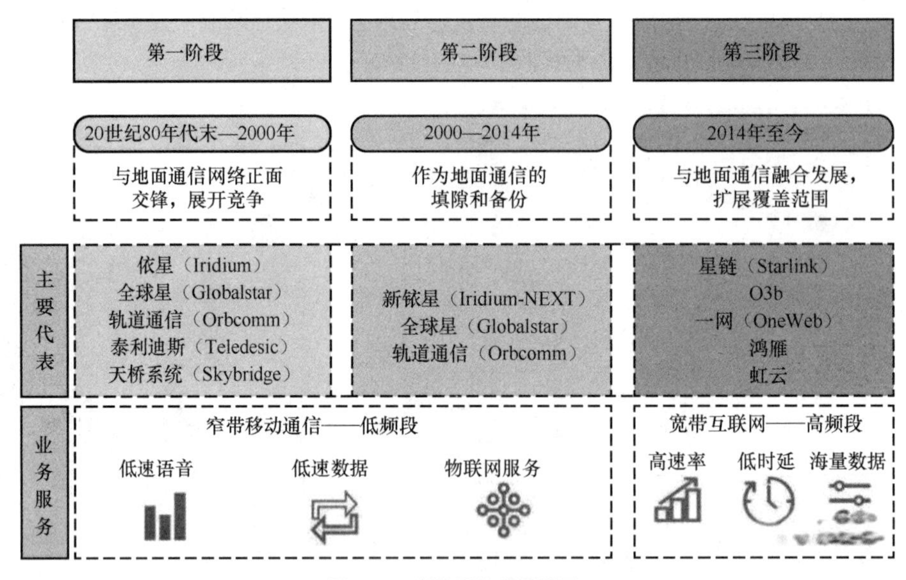

图11-2 低轨通信卫星发展

高轨卫星通信系统和低轨卫星互联网星座各有优越性。低轨卫星互联网星座在覆盖范围、填补数字鸿沟、网络时延、系统容量等方面能力优势明显，用户终端设备更易实现小型化、手持化。高轨卫星通信系统频率协调相对容易，运行寿命更长，系统建设及维护成本相对更低。另外，虽然低轨卫星互联网星座系统容量高于高轨宽带卫星通信，但高轨卫星在通过点波束集中传输高带宽容量方面更具优势，例如为区域用户提供高清球赛直播等服务。由于中低轨星座具有用户多样性、用户容量大、传输时延短、终端设备小、发射功率低等特点，新兴的卫星互联网星座普遍倾向于采用中低轨道，但星座向中低轨道发展将导致系统的复杂化和规模庞大化等问题。

1. 星链低轨星座系统

星链系统是21世纪20年代全球最大的低轨道卫星通信系统，它由美国SpaceX公司建造，旨在通过太空在全球范围内提供移动互联网接入服务，共计划部署41 926颗卫星。如图11-3所示，一代系统由11 926颗卫星组成，分两个阶段进行部署：第一阶段由4 425颗卫星构成，部署在高度为550km的轨道面上；第二阶段由7 518颗卫星构成，部署在高度为345.6km、340.8km、335.9km的轨道面上。二代系统由30 000颗卫星组成，部署在高度为328~614km的轨道面上。

图 11-3 星链系统发展历程

已知的星链搭载载荷主要为对地通信载荷、星间通信载荷和导弹跟踪载荷。其中对地通信载荷主要用于提供互联网通信服务，单颗星链卫星的总吞吐量约为17~23Gbit/s，低轨（low earth orbit，LEO）卫星星座主要采用Ku和Ka频段通信（卫星与网关站间通信采用Ka频段，卫星与用户终端间通信采用Ku频段），极低地球轨道（very low earth orbit，VLEO）星座主要采用V频段进行通信。星间通信载荷主要功能是解决对无网关站部署区域（如沙漠或海上）的通信与覆盖问题，可优化网关站部署，计划采用星间激光链路，每颗星具备4条星间链路，同轨道面前后相连及异轨道面左右相连。星链V1.0未搭载星间通信系统，首次星间激光链路在轨试验已于2020年8月完成，计划在V2.0版增配。

星链系统用户终端为卫星信号转发器，采用相控阵天线跟踪卫星，可将星链卫星Ku频段上下行数据转换为手机和计算机可用的无线网络频段。星链系统规划了以下三个发展阶段。

第一阶段：初步覆盖，即在550km的轨道高度部署Ka/Ku频段卫星，实现初步覆盖。

第二阶段：全球组网，即在1 110km、1 130km、1 275km和1 325km等轨道高度部署Ka/Ku频段卫星，完成全球组网。

第三阶段：能力增强，即在335 ~ 345km轨道高度部署V频段卫星，增加星座容量。

2. “一网”低轨星座系统

“一网”星座系统是一个典型的混合轨道卫星通信系统，它由一网卫星公司（OneWeb Satellites）一手打造，目标是打造低轨卫星星座，为偏远地区或互联网基础设施落后的地区提供价格适宜的互联网接入服务。其共被布局设计包括6 372颗低地球轨道卫星和1 280颗中地球轨道卫星。星上载荷包括两个卫星测控（tracking, telemetry and command，TT&C）天线、两个Ku频段天线和两个Ka频段天线，采用“太阳能板+锂离子电池”供储能系统，推进系统为氙气电推进，在轨工作寿命约为5年。

“一网”的用户终端包括机载、车载、固定安装等多种安装模式，采用热点覆盖形态，将卫星调制解调、地面LTE/3G、Wi-Fi热点集成为一体，为“一网”用户终端周边一定区域内的用户提供互联网接入服务。每颗卫星业务吞吐量约为6Gbit/s，全网总吞吐量约为3.84Tbit/s，系统可以为每一个用户终端提供50Mbit/s的宽带接入服务。

“一网”卫星星座在全球共布设44个信关站使卫星联网，星座采用Ku频段进行用户通信，采用Ka频段进行信关站通信。“一网”卫星在非赤道上空运行时，单颗卫星可产生16个Ku频段波束，实现多重覆盖，保证每个用户至少能在一个卫星的视距（line of sight，LOS）内。每个LEO卫星的覆盖范围为1 080km × 1 080km，交换带宽为7.5Gbit/s，建成后的卫星星座能够覆盖全球，甚至包括高纬度的北冰洋地区。

3．O3b中轨星座系统

“其他30亿人”（other three billion，O3b）星座系统属于中轨卫星通信系统之一，主要为亚洲、非洲和南美洲等一些信息落后区域提供低延迟、高速率和合理价格的互联网接入服务。O3b卫星工作在Ka频段，上行频段范围为27.6~28.4GHz、28.6~29.1GHz，下行频段范围为17.8~18.6GHz、18.8~19.3GHz。每颗卫星配置有12副指向可控的蝶形天线，各形成一个点波束，其中2个为与地面信关站通信的馈电波束，10个为用户波束。每副天线可±26°旋转，跟踪地面固定位置，波束覆盖直径为700km，可覆盖南北纬45°以内的地球表面。卫星上有12个65W行波管放大器，点波束采用左旋和右旋圆极化技术，单波束可用带宽为2 × 216MHz，信息速率高达2 × 800Mbit/s。面对特殊行业用户，可提供最大500Mbit/s的数据接入。O3b星座系统的端到端时延约为150ms，当在链路上采用TCP/IP协议传输信息时，单条TCP连接的速度可以达到2.1Mbit/s。

二代O3b卫星具有灵活的波束形成能力，可实时实现每颗卫星超过4 000个波束的形成、调整、路由和切换，以适应任何地方的带宽需要，性能较一代星有明显提高。O3b二代卫星计划发射22颗，初期将由7颗高通量中轨卫星组网，设3万个宽带互联网服务点波束，总容量将达10Tbit/s。这些新增卫星将会兼用倾斜轨道和赤道轨道，把O3b星座覆盖范围从目前的南北纬50°之间扩展到地球两极，成为一个全球性系统。二代O3b卫星将运行于赤道平面轨道，轨道高度8 062km，使用Ka和V频段，使每颗卫星的容量是一代卫星的10倍以上，具有提供卫星宽带通信的能力，支持海上、航空、移动回传、IP干线和混合IP通信。

11.2 卫星组网设计

卫星组网一般包括通信子网和资源子网，其中资源子网是卫星组网的信息资源部分，包括原始数据和融合数据两大类。通信子网是维系卫星组网的纽带，提供信息传输通道。从网络的角度来考虑，卫星组网主要包括卫星节点和星间链路。

卫星组网模式反映卫星组网网络结构的动态特性，可对其覆盖特性、可用性、物理信道传输等网络性能产生影响。按照网络层次多少，卫星组网模式总体上可分为单层组网和多层组网模式。下面从卫星通信组网设计方法、单层卫星通信组网模式、多层卫星通信组网模式、典型卫星组网覆盖分析等方面对卫星通信组网展开讨论。

11.2.1 卫星通信组网设计方法

卫星通信组网设计需考虑的因素主要包括轨道类型、轨道面数、面内星数、轨道高度、轨道倾角和星间相位关系等。进行卫星通信组网设计时主要考虑以下因素。

（1）尽量避免轨道摄动造成星座变形

为避免拱点进动（也称近地点进动，是因摄动因素造成的椭圆轨道主轴在其轨道平面内发生的进动）造成的变形，卫星通信组网尽量选圆轨道而不是椭圆轨道。为了使所有卫星的交点进动（即升交点进动，是因摄动因素造成的卫星轨道升轨段与赤道相交的升交点在赤道面内发生的进动）相等，卫星通信组网的轨道平面须有相同的倾角和高度（多层组网除外）。

（2）合理分配轨道面数和面内星数

在组网卫星总数确定的前提下，常将较多的卫星布设在较少的轨道面内，并且为了满足组网性能要求，每一个轨道面内都存储一颗备用卫星。卫星组网布设过程中各轨道面内卫星数量尽量同步增加，保证性能平稳提升，即在不同布设阶段提供不同台阶的服务。而备用卫星可保证在个别卫星出现故障时组网仍能降级可靠运行。

（3）权衡设定组网轨道高度

卫星通信组网选择较高的轨道高度时，可减小大气阻力对轨道的摄动影响，而且可为用户提供较长的服务时间，但通信延时会相应较长，布设成本也会较高。对于低轨卫星组网，轨道高度设定须在综合考虑大气阻力、通信延时和布设成本的基础上权衡做出决策。

（4）合理设定星间相位关系

合理设定相邻轨道面间和同一轨道面内的卫星相对位置和相位关系，保证对地覆盖的均匀性，减小最大重访时间。其中，备用卫星的相位关系不在考虑范围内，但须考虑轨道高度、倾角及轨道平面，以确保在用卫星失效后能快速补充力量。

1．组网主要原则

卫星通信组网的基本原则如下：有效利用频段和射频功率；实现连续或区域覆盖；在尽量多的环境和场合下均可提供可靠的通信服务；用户终端尺寸最小、重量最轻、成本最低；研制和发射费用最低；具备不断增加系统容量的能力，并可根据技术发展情况升级改进。

对于卫星通信，传统采用地球静止轨道（geosynchronous orbit，GEO）卫星。随着空间技术的发展和通信需求量的剧增，静止轨道卫星通信已经不能满足卫星通信的需求，采用非静止轨道（non-geosynchronous orbit，NGEO）卫星，包括低地球轨道（low earth orbit，LEO）卫星、中地球轨道（medium earth orbit，MEO）卫星和大椭圆轨道（highly elliptical orbit，HEO）卫星的组网完成新的通信任务已经成为大势所趋。此时，对于卫星通信组网的设计，主要考虑以下原则：（1）对于区域性通信，主要采用地球静止高轨卫星，而对于全球性通信，主要采用中、低轨卫星；（2）GEO卫星对通信功率要求高，链路损失大，单星覆盖范围大，一般需要较少卫星组网满足通信任务要求，但单颗卫星成本相对较高；（3）低轨卫星对通信功率的要求低，链路损失小，单星覆盖范围小，一般需要较多卫星组网满足通信任务要求，但单颗卫星成本相对较低。

2．组网性能指标

卫星通信组网的覆盖范围应主要考虑我国本土，兼顾全球，以达到在对我国区域性连续覆盖的同时，具有实现全球数据通信的功能。为衡量其服务性能，卫星通信的组网设计主要考虑下述指标。

（1）通信服务能力

通信服务能力指标衡量卫星通信组网提供通信服务的整体能力，其定量指标一般包含通信容量和通信时延。通信容量是指卫星通信通道传输信息的可用带宽。数据和视频信息经常用数据率即每秒可传输的比特数表示，一定带宽可达到的数据率与所用调制技术、卫星波束有效辐射功率及地面终端大小有关。通信时延是指从地球站经卫星通信传输到另一地球站所需时间。

（2）覆盖性

覆盖性指标衡量卫星通信服务的地区、时间及空间范围。其定量指标为对分散终端（如航行舰只、潜艇）提供通信服务的地区经纬度、对连续区域提供通信服务的地区经纬度、对航空航天器提供通信服务的轨道覆盖率、对终端提供中继服务的跟踪轨道范围，以及对终端提供中继服务的持续时间。

（3）防护性

防护性指标衡量卫星通信服务经受攻击或抗干扰的能力。其定量指标为抗干扰能力，区分为强、较强和一般三级。

（4）机动性

机动性指标衡量卫星通信服务支持终端在移动过程中正常使用的能力。对于固定终端，按运输方便程度分为固定、可运输、运动平台、便携式4种；对于移动终端，按移动用户的速度分为陆地、海上、空中、太空4种。

（5）服务质量

服务质量指标衡量卫星通信系统满足可靠性、比特误差率、传输吞吐量及停机及时性等标准要求的程度。

11.2.2 单层卫星通信组网

卫星通信组网一般来说都是单层的。只有进行组合运用，才能得到多层组网。单层卫星通信组网存在如下几方面问题。

（1）时延指标过高

随着卫星星座规模不断扩大，每条路径上的卫星节点增加，尤其在远距离传输路径当中，虽然单颗卫星处理时延并不大，但是由路径中包含过多的卫星导致卫星处理时延积累值迅速增加，使得整体单层卫星网络中的卫星处理时延总和过高。其次，随着星座规模不断扩大，路径中包含的卫星星间链路数目也迅速增加，而且卫星间的切换概率较高，导致单层卫星网络路由切换概率增加，重路由的建立严重影响了单层卫星网络的时延指标。

对于MEO星座来说，因为MEO卫星轨道较高，卫星数量较少，主要是星间链路的长度导致的传输时延过长，造成时延指标下降。GEO卫星的路径和时延更长，而且还有覆盖不足的问题。在以上各个方面因素共同影响下，远距离传输过程中，单层卫星组网时延指标较高；而多层卫星网中，由于MEO卫星可接入时间长且GEO卫星位置相对固定，路径中卫星节点数目较少，切换概率也较小，多层卫星通信组网时延明显减小。

（2）网络阻塞概率大

在单层卫星网络中，为实现全球无缝覆盖，通常使用极轨道和近极轨道类型的星座。极轨道星座中星间链路（inter-satellite-links，ISL）在通过极地地区时由于星载跟瞄系统技术原因会暂时关闭，因此该星间链路所承载的流量必须切换到相邻的卫星上。随着卫星星座规模不断扩大，星间链路切换频率将增加，导致单层卫星网络中路由阻塞概率增大，包括一次路由中断概率和重路由中断概率。而在多层卫星网络中，通过高层卫星中继，网络可以降低星间链路切换概率，从而达到降低网络阻塞概率的目的。

（3）网络抗毁性差

在单层卫星网络中，虽然信息传输链路中的源卫星和目标卫星存在多条备用路径，但是能够提供同样时延指标的备选路径不多，因此在所选路径中某颗卫星或某条星间链路出现损毁条件下，单层卫星网络不易找到满足原有要求的替代路径。在多层卫星网络中，源卫星和目标卫星存在差异性很大的备用路由，在所选取的路径中某颗卫星或是某条星间链路出现故障时，多层卫星通信组网能够很容易找到满足原有服务要求（时延等条件）的代替路径。

11.2.3　多层卫星通信组网

不同高度卫星的局限性，促使多层卫星通信组网作为发挥各种卫星优势的综合系统被提出。多层卫星通信组网包含三层意思：首先它是一个完整的网络；其次是以天基网为主干的网络，并根据需要与其他网络（如地面蜂窝移动通信网）连接；另外，这里的天基网是由若干星座组成的，其中每个星座又由若干卫星组成，星座及其卫星的配置不拘一格，可以按照同一轨道高度将若干卫星分配在不同的轨道面上组成星座，也可按照高、中、低不同轨道高度组成星座，按需调节或重新组网。在多层卫星通信组网中，轨道由高到低，每层完成不同的功能，按照不同轨道卫星的特点提供差别服务，满足不同服务要求。多层卫星通信组网路径选择性大，可替换链路多，抗毁性强。

多层卫星通信组网可以分成双层组网（LEO/MEO或LEO/GEO）和三层组网（LEO/MEO/GEO）两类，前者以Kimura的双层卫星星座（double layer satellite constellation，DLSC）模型和Jaeook的“星上星”（satellite over satellite，SoS）模型为代表，后者以多层卫星网络（multi-layer satellite networks，MLSN）模型为代表。上述模型出于对网络稳定性的考虑，都要求多层星座卫星网络的各层卫星间存在“冗余连接”关系，即LEO卫星、MEO卫星和GEO卫星间都必须通过ISL相连接。多层星座卫星网络“强联接”关系直接导致其复杂性过高。首先，为了维持LEO卫星与MEO卫星、GEO卫星及LEO卫星间的连接关系，每颗LEO卫星必须拥有大量星间链路收发设备，造成LEO卫星实现难度增加；其次，“冗余连接”关系使得每对卫星节点间存在多条路由选择，导致路由汇聚功能很繁重，网络拓扑结构每一次微小的变化都将引起网络路由表的大规模更新。解决这类问题，可采用图11-4所示的基于“骨干/接入”网的新型多层卫星网络模型，通过星间链路设计减少冗余连接，简化和优化卫星网络结构。

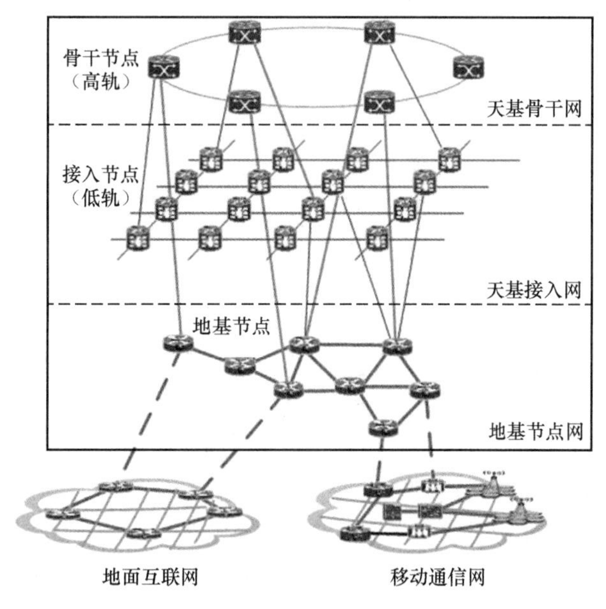

图 11-4　新型多层卫星网络架构示意图

1．多层组网设计

从网络设计的角度来看，一个大规模的网络可以分为几个相对独立又相互关联的部分，网络中因拓扑结构改变而受影响的区域应该被限制到最低程度，节点之间传输的信息应该尽量少。高超声速飞行器的出现使得下面几个要素显得尤为重要，包括全球覆盖的网络拓扑结构、稳定可靠的信息传输链路、信息实时获取。如图11-5所示，多层卫星混合组网结构包括三个层次：核心层、中继层和接入层。

多层卫星组网比单层卫星组网在性能上有很大的提高，但也存在许多的局限性。DLSC结构能提供比LEO网络系统更好的覆盖特性，包括更高的覆盖重数、更好的仰角和更加灵活的星座类型选择。在DLSC系统中，LEO层卫星负责与地面的小型终端通信，以减少链路损失；而与信关站和大型终端通信则由MEO层卫星完成，以降低卫星跟踪的复杂度。SoS网络结构对于短距离业务（short distance dependent，SDD），由LEO卫星通过LEO层的星间链路进行传输；而对于长距离业务（long distance dependent，LDD），则由LEO卫星经过层间星间链路由MEO卫星进行中继。在MLSN模型结构中，MEO卫星与MEO卫星、GEO卫星与MEO卫星、MEO卫星与LEO卫星、LEO卫星与LEO卫星间都存在星间链路，系统实现的高复杂性成为了MLSN结构的缺点。为维持LEO卫星与MEO卫星、GEO卫星和其他LEO卫星间的星间链路连接，LEO卫星必须拥有大量星间链路收发设备，造成LEO卫星实现难度增加。

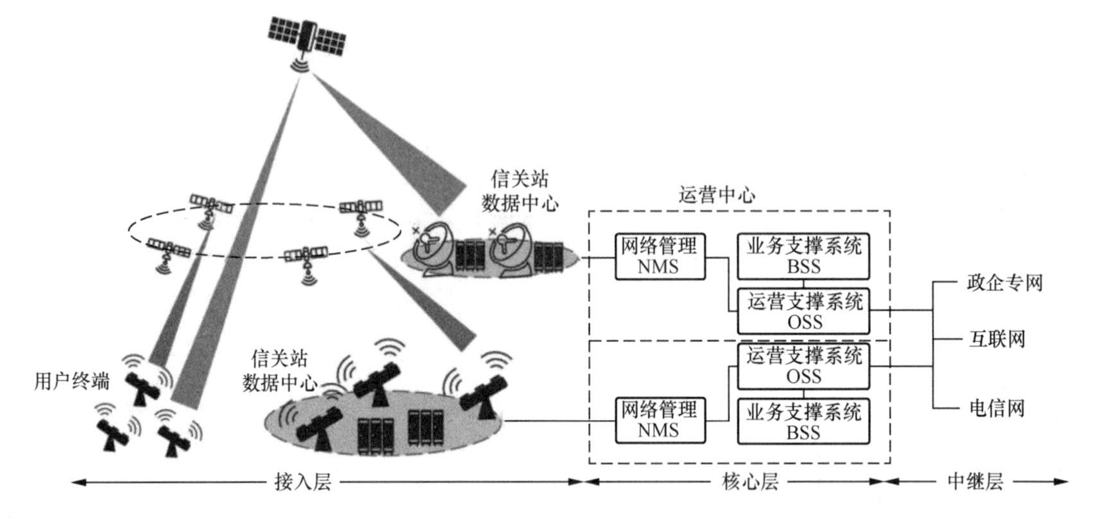

图 11-5　多层卫星混合组网示意图

2．多层组网特点

适当调整、设计多层卫星间的链路关系和功能职责，可得到具备以下优点的多层卫星通信组网。

（1）接入域采用小卫星，既可发挥LEO卫星成本低、延迟小的特点，又可降低对地面终端发射功率和天线增益的要求，同时可提高星座的冗余性和稳定性。

（2）分配小卫星各层功能职责，可使得参与路由计算的节点减少，星座体系设计复杂度降低。可以只让卫星网络中的骨干节点域，如GEO/MEO卫星参与路由计算，把计算结果传递给接入域小卫星，降低小卫星设计复杂度。

（3）采用分域方法减少路由表尺寸，降低更换路由信息所带来的通信开销和维护路由表所消耗的内存开销，从而解决小卫星存储能力小的问题。

（4）核心层相对稳定的拓扑结构，可减少由大量拓扑变化、路由重组对路由协议带来的影响，从而既可保证核心层的可靠性，又可提高接入层的灵活性，并且可兼顾天基综合信息网中多种用户的需求。

11.2.4 典型卫星网络覆盖性能分析

卫星地面覆盖分析最常见的方法为网格点法，该方法将区域划分为若干网格点，通过对网格点的覆盖情况计算对整个区域的覆盖情况，优点是适用于形状不规则区域，可避免重合覆盖区域的多次统计，可考虑各种摄动力影响，并且算法上易于实现。主要缺点是计算效率低，随着区域面积增大和算法精度提高，计算内存和时间会急剧上升。下面主要用网格点法给出不同配置下网络覆盖性能实例。

1．倾斜轨道情况

以“星链”卫星组网为例，在星链卫星轨道高度为550km、倾角为53°、覆盖半锥角约为40°的情况下，约400颗卫星可对纬度[–53°,53°]区域任一地面区域实现分钟级（最长约2min）的重访覆盖。

如图11-6所示，不同数量的“星链”卫星组成的星座覆盖特性如下。

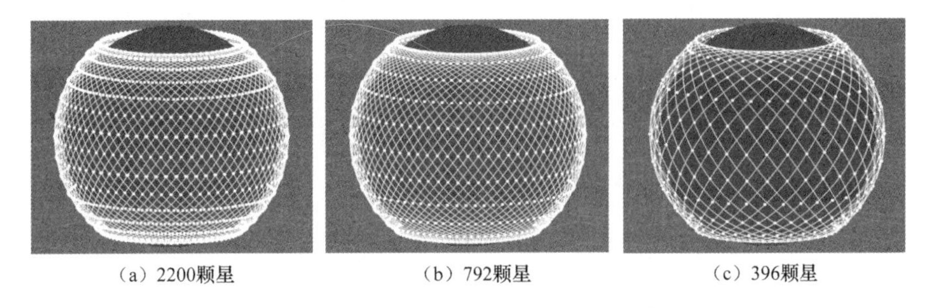

（a）2200颗星　（b）792颗星　（c）396颗星

图11-6　对纬度[–53°,+53°]区域覆盖情况

（1）2 200颗星（截至2022年5月，约72个轨道面，每面30余颗卫星）组成的星座，可实现对基辅地区连续不间断覆盖，并且最小覆盖重数为6重；对我国台湾省台北地区连续不间断覆盖，最小覆盖重数为1重。

（2）792颗星组成的星座（72面×11星/面），可实现对基辅地区连续不间断覆盖，并且最小覆盖重数为4重；对我国台湾省台北地区最大重访时间约1min。

（3）396颗星组成的星座（36面×11星/面），可实现对基辅地区连续不间断覆盖，并且最小覆盖重数为1重；对我国台湾省台北地区最大重访时间约2min。

2．近极轨道情况

以典型的太阳同步轨道卫星组网为例，在卫星轨道高度为550km、倾角为97.6°、覆盖半锥角约为40°的情况下，约400颗卫星可对全球任一地区实现分钟级（最长约5min）的重访覆盖。

如图11-7所示，不同数量的卫星组成的星座覆盖特性如下。

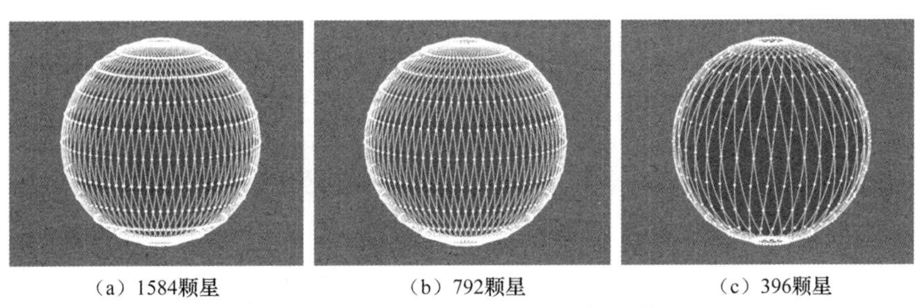

（a）1584颗星　（b）792颗星　（c）396颗星

图11-7　对纬度[–53°,+53°]区域覆盖情况

（1）1 584颗星组成的星座（72面 × 22星/面），可实现对基辅地区连续不间断覆盖，并且最小覆盖重数为2重；对全球任意地区连续不间断覆盖，最小覆盖重数为1重。

（2）792颗星组成的星座（72面 × 11星/面），可实现对全球任一地区约1min最大重访时间的覆盖。

（3）396颗星组成的星座（36面 × 11星/面），可实现对全球任意地区约5min最大重访时间的覆盖。

11.3 卫星通信协议

传统卫星通信系统基于透明转发卫星构建星状网络拓扑结构，所有终端站的通信链路都指向信关站，通过信关站转发实现终端之间的信息互通。在透明转发的卫星网中，卫星仅对信号进行透明或交链转发，所有协议转换均由地面网络完成，其网络架构如图11-8所示。

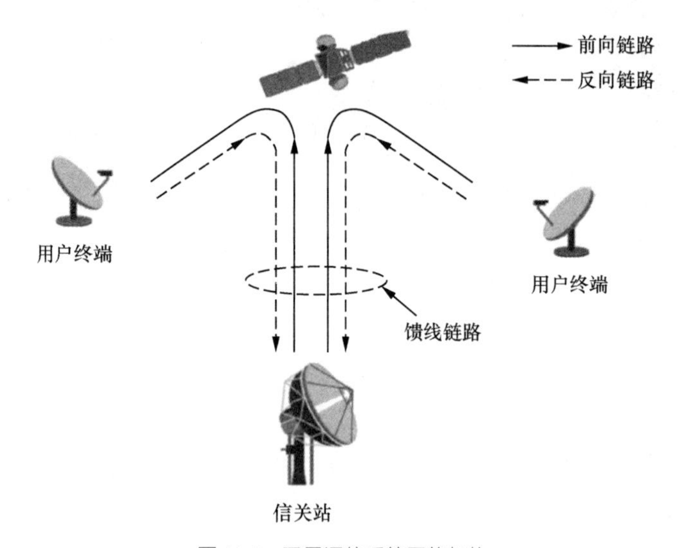

图 11-8　卫星通信系统网络架构

11.3.1　网络协议

卫星通信系统的网络协议包含卫星专用协议、适配协议和互联网协议三类协议，其协议架构如图11-9所示。

卫星通信协议支持透明转发、再生转发等多类高通量卫星的底层通信协议和通信技术，支持定制专用的依赖于卫星的适配功能（satellite dependent adaptation function，SDAF），用以完成系统集成安全协议（systems integration secure agreement protocol，SI-SAP）接口映射，实现与上层协议的信息交换。卫星通信协议架构将卫星相关技术和独立于卫星技术间的功能分离，实现不同接口协议的无差别服务。

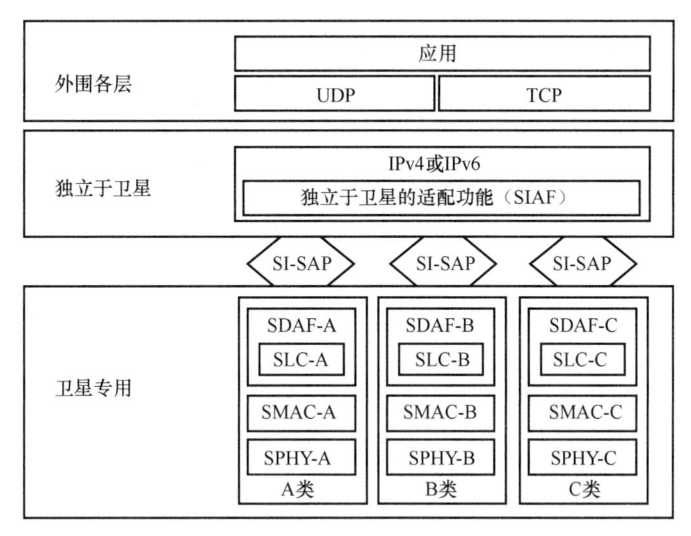

图 11-9 卫星通信系统网络协议架构

11.3.2 卫星通信协议标准

卫星通信网络使用的协议标准包括数字视频广播（digital video broadcast，DVB）、空间数据系统咨询委员会（CCSDS）标准，以及某3GPP NTN等标准。目前国际上应用最为广泛、成熟度最高的卫星系统标准为DVB协议标准。

DVB作为为物理层制定的最重要的标准包括用于卫星电视的卫星数字视频广播（digital video broadcasting-satellite，DVB-S）标准、第二代卫星数字视频广播（DVB-S second generation，DVB-S2）标准和卫星数字视频广播第二代扩展版（DVB-S2 extensions，DVB-S2X）标准、用于有线电视的DVB-C和DVB-C2，以及用于地面电视的DVB-T和DVB-T2。其中，DVB-S是卫星数字视频广播标准的第一代，随着业务需求的不断升级，该传输标准已逐步被DVB-S2所替代。DVB-S2相较于第一代标准，在纠错编码方式和调制体制方面进行了优化升级，并增加了可变编码调制（variable coding and modulation，VCM）和自适应编码调制（adaptive coded and modulation，ACM）等技术，实现了更高的频谱利用率和更高的传输效率。为了进一步提升频谱效率、实现更大的通信速率、适用于更多的高速移动通信场景、整体提升通信及服务能力，推出了DVB-S2X，它在带宽利用率、通信速率、甚低信噪比等性能上均有显著提升。

1．DVB-S2协议

DVB-S2协议是面向广播、交互式服务及宽带卫星应用的第二代卫星数字视频广播标准，该标准具有接收机复杂度低、传输性能优越、使用灵活等特点。DVB-S2相较于第一代DVB-S标准实现了更低的滚降系数，同时采用低密度奇偶校验码（low-density parity check code，LDPC）和博斯-乔赫里-奥康让纠错码（Bose-Chaudhuri-Hocquenghem code，BCH码）级联编码方式，以及ACM和VCM技术，进一步提升系统频谱利用率和传输效率。

（1）LDPC码和BCH码级联编码

DVB-S2协议采用LDPC码和BCH码级联编码，降低系统设计复杂度，提高了系统性能。其提供QPSK、8PSK、16APSK和32APSK调制方式传输负载，码率适配调制方式和通信需求。DVB-S2支持的调制系统效率如图11-10所示。

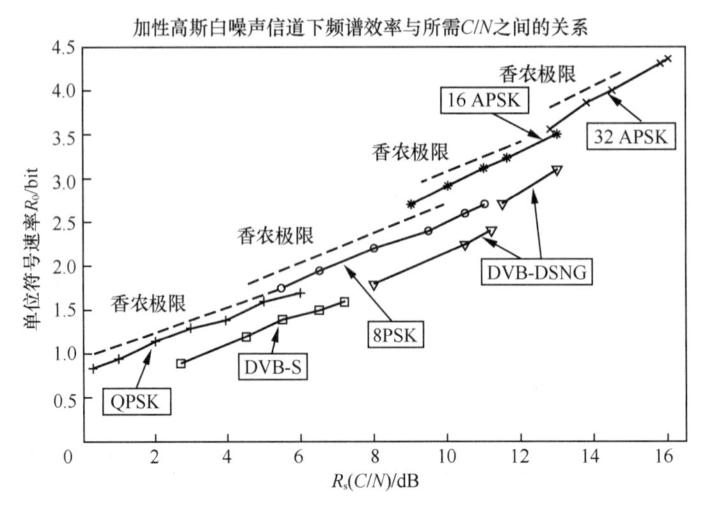

图 11-10　DVB-S2 支持的调制系统效率

（2）ACM技术

ACM是一种使用灵活的自适应载波编码调制技术，根据通信载波的信号质量强度和信道条件动态调整编码调制方式，使其达到最佳的传输匹配性能。

（3）VCM技术

VCM是一种物理层多路复用技术，支持在同一载波上传输采用不同调制编码方式的信号。在VCM技术下，各通信站可在QPSK4/5和16APSK2/3范围内自动选择调制编码方案。当与ACM技术联合使用时，各通信站可在8PSK3/4和16APSK5/6范围内自动选择调制编码方案。

（4）较低的滚降系数

DVB-S2支持0.35、0.25和0.2三种滚降系数。在传输相同信息量的前提下，较低的滚降系数占用更小的通信带宽，从而提升整个系统的传输容量。图11-11给出了DVB-S和DVB-S2不同调制编码方式的性能。

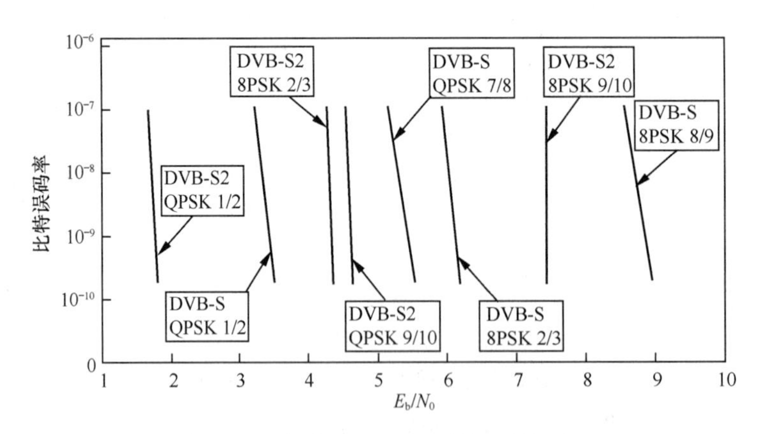

图 11-11　DVB-S 与 DVB-S2 链路性能对比

2．DVB-S2X协议

超清视频和商业互联网的发展对卫星通信系统提出了更高吞吐量的需求，DVB-S2X标准也随之产生。与DVB-S2标准相比，DVB-S2X在带宽效率、传输速率、适用场景等方面均有显著的性能提升，其在线性和非线性区域的性能均优于DVB-S2标准。图11-12给出了DVB-S2X在线性和非线性区域的性能优化。

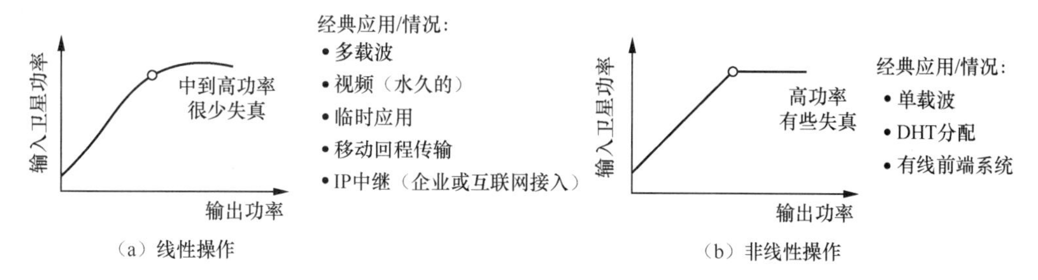

图 11-12　DVB-S2X 在线性和非线性区域的性能优化

DVB-S2X标准采用多种先进技术，支持更低的滚降系数、更先进的滤波技术、更小的MODCOD颗粒度、更高阶的PSK调制、甚低信噪比模式和更大的通信带宽，可获得更高的带宽利用率、频谱效率增益和信号增益。

（1）更低的滚降系数

DVB-S2X在DVB-S2基础上新增了15%、10%和5%的滚降系数，可以提升带宽利用率。在卫星通信传输系统中，传输带宽与符号速率的换算关系为

$$W = 1 + \mathrm{rol\_off} \times \mathrm{SymbolRate}$$

在采用相同符号速率传输信号时，更低的滚降系数rol_off可占用更少的传输带宽。同理，在采用相同的传输带宽传输信号时，更低的滚降系数可获得更高的符号速率。图11-13给出了DVB-S2和DVB-S2X最低滚降系数对比情况。

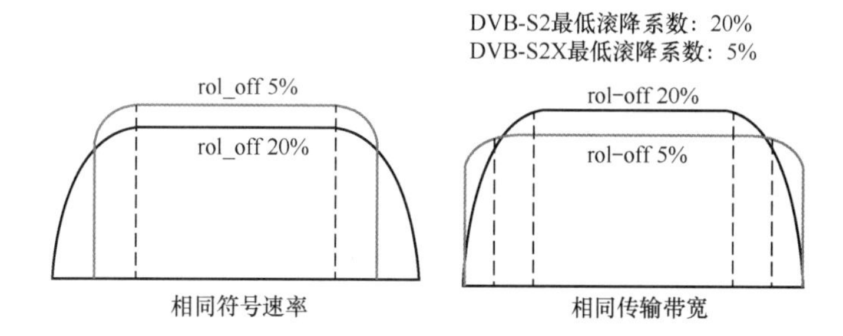

图 11-13　DVB-S2 和 DVB-S2X 最低滚降系数对比情况

（2）更先进的滤波技术

DVB-S2X采用的先进滤波技术可有效抑制相邻载波的旁瓣，节约频道所占用的实际物理带宽，在该技术下相邻载波最小间隔可达到符号速率的1.05倍。与DVB-S2相比，DVB-S2X系统可增加15%的频谱效率。DVB-S2X采用高级滤波技术后的效果如图11-14所示。

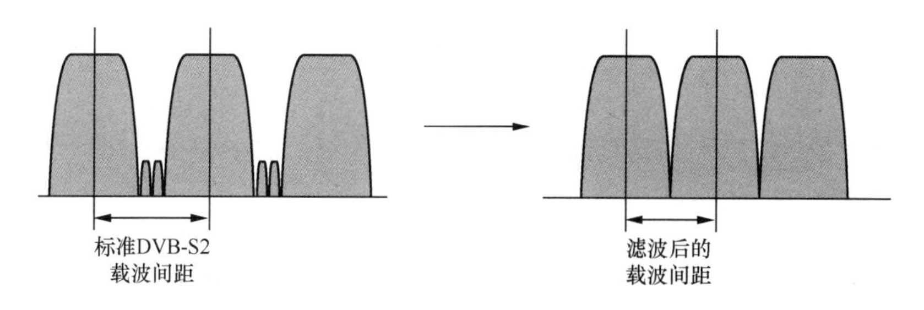

图 11-14　DVB-S2X 采用高级滤波技术后的效果

（3）更小的MODCOD颗粒度及更高阶的PSK调制

DVB-S2X采用更小的MODCOD颗粒度和更高阶的PSK调制方式，使其频谱效率相比DVB-S2提高了51%，更接近香农极限。图11-15给出了DVB-S2X在优化频谱效率方面的优势。

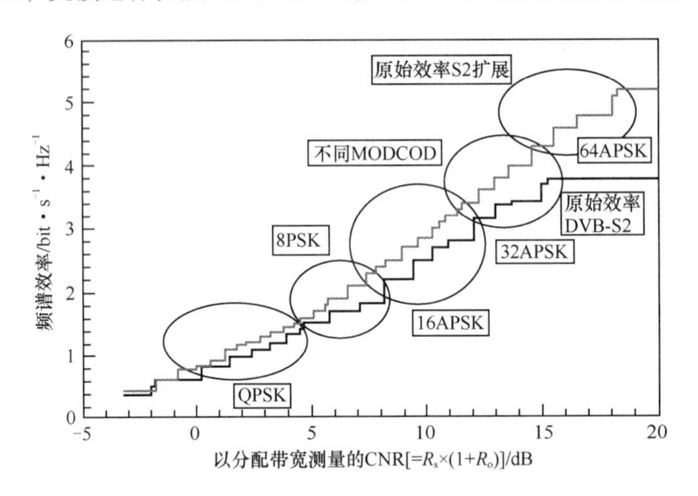

图11-15　DVB-S2X在优化频谱效率方面的优势

DVB-S2X能够区分卫星转发器的线性操作和非线性操作，支持将非线性MODCOD用于饱和转发器，将线性MODCOD用于多载波操作，同时综合考虑E_s/N_o、输出补偿（output backoff，OBO）和非线性退化，对卫星转发器非线性进行补偿，选取最优的MODCOD。

（4）甚低信噪比模式

DVB-S2X采用甚低信噪比（VLSNR）技术，支持车载、船载、机载等空间受限平台加装小口径卫星天线，实现高信噪比的卫星链路通信传输。DVB-S2X在8PSK与QPSK调制中增加了9种MODCOD，并在8PSK的MODCOD中采用扩频技术，以提高抗外部干扰的能力。表11-1展示了DVB-S2X针对不同应用提供的MODCOD和滚降系数。

表11-1　DVB-S2X针对不同应用提供的MODCOD和滚降系数

DVB-S2X（10%滚降系数）	非线性		线性	
	效率/%	MODCOD数量/个	效率/%	MODCOD数量/个
广播业务	9.53	15	12.19	20
专网业务	17.16	18	29.71	13
通用业务	16.24	50	16.5	53

（5）更大的通信带宽

DVB-S2X标准支持宽带宽实现，通常用于处理C频段和Ka频段高通量通信卫星（high throughput satellite，HTS）系统的转发器。DVB-S2X接收机可接收高达500Mbit/s的大载波带宽信号，避免多个窄带信道产生的功率回退，实现高速数据传输和20%的额外效率增益。

3．CCSDS协议

CCSDS制定的空间数据通信协议是分层的，虽然该协议并不完全符合开放系统互连参考模型OSI的七层模型，但一般使用OSI的七层模型来描述，其中OSI模型的表示层和会话层很少在空间链路中使用。之所以说CCSDS制定的空间通信协议不完全符合OSI的七层模型，是因为其中的CCSDS文件传输协议（CCSDS file delivery protocol，CFDP）和临近空间链路协议（Proximity-1）是跨层的。各层可以根据不同用户的不同服务要求采用不同的协议设计。在实际应用中，整个CCSDS协议可以被看作一个混合的、匹配的工具包，可以根据特定任务的处理要求，从这个工具包中选出合适的协议组合进行应用。下面对各层进行简要介绍。

（1）物理层

CCSDS 制定的物理层标准包括两部分：无线射频和调制系统、Proximity-1。其中，无线射频和调制系统对星地之间使用的频段、调制方式等做出了明确定义；Proximity-1临近空间链路协议是一个跨层协议，包含了物理层和数据链路层的协议。物理层主要为同步和信道编码子层提供输入/输出比特时钟和一些状态信息（如载波捕获信号）。而数据链路层又包含五个子层：同步和信道编码子层、帧子层、媒体接入控制子层、数据服务子层和I/O 子层。

（2）数据链路层

CCSDS 把数据链路层分成了两个子层：数据链路子层，同步和信道编码子层。数据链路子层定义了在空间链路上用数据包（例如数据“帧”）传输数据的方法，包含4部分：遥测（telemetry，TM）空间数据链路协议、遥控（tele-control，TC）空间数据链路协议、高级在轨系统（advanced orbiting systems，AOS）空间数据链路协议和Proximity-1空间数据链路协议。同步和信道编码子层定义了在空间链路上传输“帧”的同步和信道编码的方法，包含3部分：TM同步和信道编码、TC同步和信道编码，以及Proximity-1 同步和信道编码。

（3）网络层

CCSDS 为网络层制定了两个协议：空间分包协议（space packet protocol，SPP）和空间通信协议规范-网络层协议（space communications protocol specifications-network protocol，SCPS-NP），实现了空间网络的路由功能。

SPP基于无连接，不保证数据的顺序发送和完整性，其核心是提前配置逻辑数据路径（logical data path，LDP），并用path ID代替完整的端地址来标识LDP，从而提高空间信息传输效率，但只适合静态路由的通信场合。LDP是单向的，可以是点到点或组播路由。不同用户可以利用复用/去复用方法共享逻辑信道。

与标准IP协议相比，SCPS-NP协议有3方面改进：提供4种报头供用户在效率和功能之间选用，既支持面向连接的路由也支持面向无连接的路由，与互联网控制消息协议（Internet control message protocol，ICMP）相比SCPS 控制信息协议（SCPS control message protocol，SCMP），提供了链路中断消息。因特网的IPv4 和IPv6 分组也可以与SPP、SCPS-NP 复用或独用空间数据链路。

（4）传输层

CCSDS 开发了空间通信协议规范–传输层协议（SCPS-transmission protocol），向空间通信用户提供端到端的传输服务，还专门开发了CCSDS 文件传输的协议CFDP，既提供了传输层的功能，又提供了应用层的文件管理功能。另外，广泛应用于因特网的传输控制协议（transmission control protocol，TCP）和用户数据报协议（user datagram protocol，UDP）也可以基于SCPS-NP、IPv4 或IPv6 在空间信息网络协议体系中的传输层使用。

SCPS-TP是在TCP和UDP的基础上发展来的，用于为深空通信提供不同质量的服务。SCPS-TP 可以提供完全可靠的服务、尽力而为的可靠服务和无可靠性保证的服务。完全可靠的服务是由TCP 来提供的，尽力而为的可靠服务是以对TCP的修改来保证的，无可靠性保证的服务由UDP 来提供。

CFDP 能够保证在复杂的深空环境中可靠地传输文件。从内核结构上讲，CFDP 包括两部分协议：核心文件传输协议（core file transfer protocol，CFTP）和扩展文件传输协议（extended file transfer protocol，EFTP）。其中CFTP 负责文件的发送及接收，并负责所传数据的可靠性、有效性和及时性，确保文件在深空网络中点到点的传输；EFTP 主要提供存储、转发功能，是文件传输的核心实现部分，它们共享一个信息管理库（management information base，MIB），其中存储了地址、路由和其他协议管理信息，负责查找要发送文件的目标地址。CFDP 协议是建立在否定应答的基础上，提供了可靠传输服务以满足通信需求。但是，由于其提出的时间较早，在一些方面延用了传统传输协议的机制。同时，由于深空链路连接具有间断性、带宽不对称性，反馈包经常会在相反方向的瓶颈处出现拥塞，CFDP 协议在应对网络状况方面考虑较少，因此在网络适应方面仍然存在一些不足。

在传输层中，安全协议可以与传输控制协议结合使用，提供端到端数据保护功能。为此，CCSDS 制定了空间通信协议规范-安全协议（SCPS-security protocol，SCPS-SP），它和互联网安全协议（Internet protocol security，IPSec）一起提供数据完整性检查、机密性机制、身份认证和接入控制等服务。

（5）应用层

CCSDS 开发了3个应用层协议：图像数据压缩、无损数据压缩和空间通信协议规范–文件协议（SCPS-file protocol，SCPS-FP）。空间任务也可以选用非CCSDS 建议的应用协议，来满足空间任务的特定需求。应用层数据一般由传输层协议负责传输，一些情况下，应用层数据也可以由网络层协议进行传输。值得注意的是，传输层协议CFDP 集成了传输层和应用层功能，支持端到端的文件传输，这些端可以是卫星、地面站或中继星。用户只须确定传输时间和文件的目的地，CFDP 负责随着端到端连接的变化进行动态路由。

11.4 卫星网络路由技术

11.4.1 LEO 屏蔽动态性的路由技术

LEO 网络拓扑不断变化，但与无线自组织网络（mobile ad hoc network，MANET）相比，卫星网络拓扑的变化具有一定的周期性和可预测性。对于网络拓扑这种周期性的变化，如果仅通过卫星节点计算出网络中每颗卫星节点的当前位置，或者预先将计算结果存储在卫星节点上，再由此生成当前的网络拓扑并最终生成卫星节点的路由表；对于LEO 卫星这种处理能力和功耗受限的网络节点来说并不可行。常用的办法是利用网络拓扑变化的周期性，首先屏蔽网络拓扑的动态性，然后利用MANET路由技术。

1．动态虚拟拓扑（dynamic virtual topology，DVT）方法

DVT方法将卫星网络的系统周期（卫星在轨道上飞行一周的时间与地球自转一周的时间之积）划分为固定的时间片，在每个时间片内，可以认为网络的拓扑是不变的，网络拓扑的变化只在每个时间片的开始时发生。由于卫星网络拓扑本身所具有的周期性，经过一个系统周期后，卫星网络的拓扑又回到起始状态。

因此，可以事先离线计算好每个拓扑不变的时间片内卫星网络的路由表，并预先存储在卫星节点上，从而减少卫星节点的处理开销。但这种方法增加了卫星节点的存储需求，并且难以应对网络节点或链路的临时故障。此外，每当用户节点加入卫星网络或发生接入卫星切换时，该用户节点的地址信息如何通告给其他卫星节点，从而使得接入其他卫星节点的用户节点能够访问该节点，也是目前仍未解决的问题。

2．虚拟节点（virtual node，VN）方法

相较于DVT方法，VN方法考虑到了用户节点与卫星节点间接入关系的动态性。该方法将卫星网络可覆盖区域划分成一个个的子区域，每一个子区域在逻辑上称为一个VN，并假设在任何时刻均存在一颗卫星节点，为该子区域的用户节点提供通信服务，处在同一子区域的用户节点，只接入负责该区域通信服务的卫星节点。当为一个子区域提供服务的卫星节点发生切换时，该区域的用户信道分配信息和路由信息，会一同传递给新的为该子区域提供服务的卫星节点。因此，从逻辑上看，卫星网络是由VN组成的，连接方式固定不变的网络，可以使用已有的陆基网络的路由协议，能够更加容易地将卫星网络与地面网络融合在一起。

这种屏蔽法增加了网络中卫星节点操控的复杂性，因为卫星节点必须不断地改变对地通信天线的角度，实现对VN所在区域固定时长的覆盖；同时，如果使用已有的陆基网络的路由协议，还存在节点路由表规模过大和计算复杂度过高等问题。在一些特殊的情况下，例如当用户节点、接入卫星节点和太阳处在一条直线上时（所谓日凌现象），用户节点无法与卫星节点通信，从而造成用户节点无法接入卫星网络的情况。因此，VN方法要在实际中得到应用还需要进一步完善。

11.4.2 LEO 动态路由技术

由于LEO卫星节点相对于地球表面高速运动，因此LEO卫星网络的拓扑，以及用户节点与卫星节点间的接入关系是不断变化的。根据应对LEO卫星网络动态性的方式，可以将组播路由技术的相关研究划分为以下两类。

1．屏蔽LEO卫星网络的动态性

VN方法可以同时屏蔽网络拓扑的时变特性和用户节点与卫星节点间接入关系的动态性。因此，基于屏蔽网络动态性为前提的相关技术，可以使用VN方法对卫星网络的动态性进行屏蔽。屏蔽卫星网络的动态性以后，问题退化为在类似“曼哈顿”网络中的组播路由技术研究。虽然通过VN方法可以屏蔽网络的动态性，已有的针对类似“曼哈顿”网络的组播路由协议可以直接应用于卫星网络，但是使用VN方法屏蔽网络的动态性存在一定的问题：它除了会增加卫星节点的操控开销以外，该方法本身就会引入大量额外的信令和处理开销，并且在一些特殊情况下，该方法无法保证用户节点与卫星网络间的正常通信。

2．使组播路由协议适应LEO卫星网络的动态性

在适应LEO卫星网络动态性的同时，针对协议性能与信令和处理开销之间的平衡问题，可以采用组播路由协议：首先通过一种简单的矢量方法，计算出所有组播用户节点的“位置中心”；然后寻找出一颗距离该“位置中心”最近的卫星节点，作为组播树的“核心”节点；再以这个“核心”卫星节点为根，生成至所有有组播用户接入卫星节点的“组播树”。这种方法虽然简单，但是，LEO卫星网络中组播用户节点与卫星节点间的接入关系不断变化。为了维持“组播树”与接入关系的“一致性”，需要不断地更新组播用户节点与卫星节点间接入关系的信息，并重新生成“组播树”，由此会产生大量的信令和处理开销。并且，由于LEO卫星节点相对地面高速运动，每当“核心”卫星节点发生切换时，随之进行的基于当前“核心”卫星节点的“组播树”的重新生成过程，会产生额外的处理开销。

11.4.3 多层卫星网络路由技术

为了打破单层卫星网络路由协议性能的局限性，多层卫星网络路由协议应运而生，可分为基于IP的路由协议、基于QoS的路由协议、流量均衡路由协议。

1. 基于IP的路由协议

经典的三层卫星网络（LEO、MEO、GEO）路由协议引入了卫星组与组管理的概念，即在MEO卫星的覆盖区域内形成LEO组，在GEO卫星覆盖区域内形成MEO组，GEO卫星对全局卫星网络进行路由计算，MEO卫星对LEO卫星的路由表进行提炼。为了降低整个卫星系统的复杂性，可以采用LEO、MEO双层结构，LEO卫星选择覆盖时间最长的MEO卫星作为其组管理者，它对链路状态信息进行上报，组管理者MEO互相交换链路状态信息，计算路由表，最后发送至LEO卫星，进行路由表的更新。

2. 基于QoS的路由协议

QoS路由协议的提出是为了满足一些多媒体应用的需要，包括音频应用、视频应用、时延敏感型应用、丢包敏感型应用等。此路由协议与上述的基于IP的路由协议相似，不同之处在于设定了一个阈值，对到达的语音分组进行分类传输。如果分组的传输时延小于此阈值，则直接在LEO层传输到目标节点；如果分组的传输时延大于此阈值，则由MEO层进行传输。此方法的缺点在于预测拥塞的能力不足。随着启发式算法的应用，基于QoS的路由协议大大提高了卫星网络的路由性能，可以使用蚁群算法、遗传算法来优化卫星网络路由性能。

3. 流量均衡路由协议

流量均衡路由协议能够提高整个卫星网络的吞吐量，降低网络的丢包率。由于卫星网络拓扑结构具有可预测性和周期性，当某个地区产生流量拥塞时，卫星能够提前预测，调整路由策略。可以将流量分为三类：时延敏感流、视频应用流、尽力而为传输流量。时延敏感流的优先级最高，通过拥塞区域时优先转发；视频应用流在LEO卫星上传输，遇拥塞地区绕道而行；尽力而为传输流量可通过GEO卫星进行转发。此方法的缺点在于在MEO层可能会发生拥塞。为了解决此问题，可以将发生拥塞的LEO卫星流量分散发送到几个MEO卫星上。

11.5 卫星资源管理

卫星资源管理是网络运行管理的基础，卫星通信网的运行好坏、通信情况等直接依赖于卫星资源，而卫星资源管理也是网络规划的主要数据依据。卫星资源管理包括卫星资源的配置管理和卫星资源的监视管理等内容。

11.5.1 卫星资源的配置管理

卫星资源的配置管理包括卫星资源信息的维护和卫星资源的分配、回收等，实现资源信息的获取、录入、修改和查询统计等，并进行可视化呈现。卫星资源的配置管理是卫星资源管理的基础，通过卫星资源的配置管理为卫星资源分配和使用提供数据基础。卫星资源管理涉及卫星相关对象较多，对象关系复杂，为便于卫星资源管理的实现，我们对资源管理中所涉及的对象进行建模。

1．卫星资源信息建模

卫星资源采用树状结构模型，按通信卫星的逻辑层次关系进行卫星资源的组织，包括通信卫星、天线、波束、转发器，卫星资源逻辑层次和信息模型如图 11-16 所示。

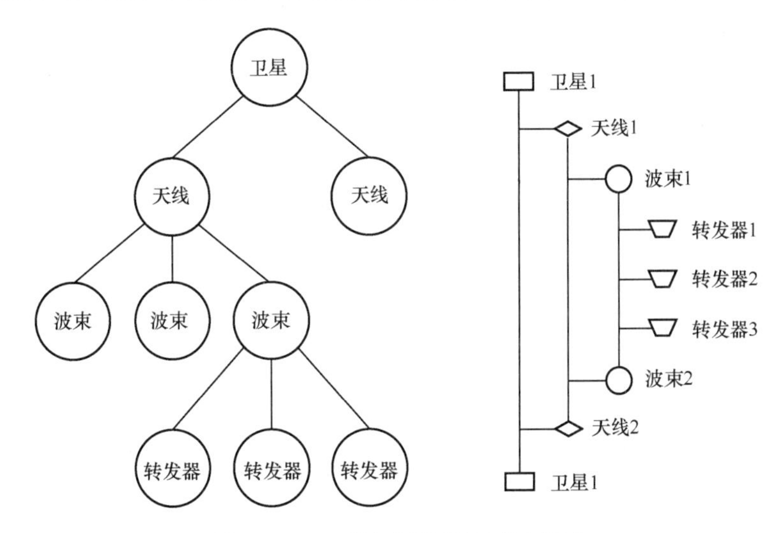

图 11-16　卫星资源逻辑层次和信息模型

2．卫星有效载荷建模

卫星资源还包括通信卫星上的有效载荷资源，有效载荷资源由天线、变频器、分合路器、功放、各类开关和交换设备等构成。对卫星有效载荷信息进行建模，在逻辑信道的层面上，有效载荷的信号处理设备提供了多个频率范围连续的通道，定义为通道 C，将接收信号的处理部分称为上行通道 C_u，将发送信号的处理部分称为下行通道 C_d。每个通道的地理服务范围由其所属的天线形成的特定波束 B 确定。上下行通道通过分合路器、开关和交换设备等形成复杂的铰链关系 R。通信卫星的功放设备可以为多个下行通道提供信号功率放大处理，其功率因素是通道信号转发的重要指标，因此将多个共用功放设备的通道称为转发器 T。因此，一个通信卫星提供的有效载荷资源可以建模为以下五元组标识。

$$S=(B,\ C_u,\ C_d,\ R,\ T)$$

其中，B 为波束集合，用波束中心点 p 及其活动范围来表示；C_u 为上行通道，C_d 为下行通道，每个通道可用中心频点为 f、带宽 c 和所属波束 b 来描述；转发器集合 T 为下行通道集合 C_d 的一个划分；铰链关系 R 为集合 C_u 到集合 C_d 的映射，即 $R \in C_u \times C_d$。

在卫星有效载荷的运行过程中，任一转发器 t 支持的所有通道 C 的信号总功率不能超过其额定功率 P。当卫星有效载荷中的开关状态发生变化时，卫星转发器中的铰链关系 R 将发生改变，通道所属的波束也将发生改变。因此，将通信卫星的一个特定开关状态称为有效载荷的模式 M，M 模式下对应的有效载荷模式 S，也称为通信卫星有效载荷模型 S_m。那么，一个具有多模式的通信卫星的有效载荷资源的信息模型 S_m，应为 $S_m=\{S_{mi}|\text{mi}$ 是通信卫星的一个模式，S_{mi} 为模式 mi 下的有效载荷资源模型$\}$。

3．卫星资源的形式化描述

为便于卫星资源配置管理，正确描述各个对象间的关系，将卫星对象描述为五元组

$Sat=\{si\langle id,type,long,lat,h\rangle \mid i=1,L,n\}$，其中，id为卫星标识，type为卫星类型，long为轨道经度，lat为轨道纬度，h为轨道高度。

将天线对象描述为三元组$Anti=\{ai\langle sid,id,type\rangle \mid i=1,\cdots,n\}$，其中，sid为天线所属的卫星标识，id为天线标识，type为天线类型。

将波束对象描述为六元组$Bean=\{ai\langle sid,aid,id,type,ftype,ang\rangle \mid i=1,\cdots,n\}$，其中，sid为卫星标识，aid为天线标识，id为波束标识，type为波束类型，ftype为波束的频段类型，ang为波束夹角。将转发器对象描述为八元组$Tran=\{ti\langle sid,aid,bid,id,type,ftype,frece,band\rangle \mid i=1,\cdots,n\}$，其中，sid为卫星标识，aid为天线标识，bid为波束标识，id为转发器标识，type为转发器类型，ftype为转发器的频段类型，band为转发器的带宽。

频率资源的需求通过七元组进行描述，定义为$\langle S,T,FB,FE,TB,TE,Net\rangle$。其中，S为卫星编号序列，通过卫星编号与卫星对象建立关联，T为转发器编号，通过转发器编号与转发器对象建立管理，FB为频率起始点，FE为频率结束点，TB为资源开始使用时间，TE为资源结束使用时间，Net为网络需求编号，通过网络需求编号与网络对象关联。对于分配给资源需求的每一段资源都建立一个七元组，通过七元组可从通信网的视角对通信网的卫星资源使用进行分析，通过七元组可从卫星资源的视角对通信网使用卫星资源的情况进行分析。

4．卫星资源的可视化分配

在卫星频率资源分配管理时要考虑频率的带宽和频率的使用时长。为便于从时间和频率两个维度对卫星频率资源进行管理，采用图形化的方式，设计频率资源图形化管理分配工具，图形化工具中用X轴表示时域，用Y轴表示频域，如图11-17所示，图11-17中白色区域为可分配的区域，灰色部分为已分配的区域。

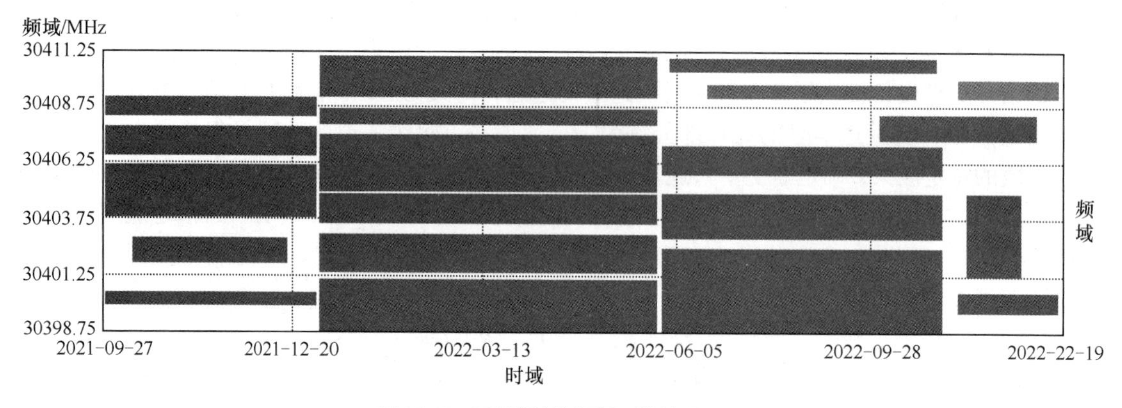

图11-17　卫星频率资源图形化管理工具

11.5.2　卫星资源的监视管理

卫星资源的监视管理是卫星资源分配和规划的基础，为卫星资源规划提供决策依据。卫星资源的监视管理包括卫星波束覆盖监视和卫星频率监视。

1．卫星波束覆盖监视

波束覆盖监视需要实时获取波束中心点的经纬度，根据波束所属卫星的经纬度、卫星高度、波束夹角，通过高斯投影和墨卡托投影计算出波束在地球的覆盖范围，此范围为物理投影，在通信中还要结合天线的有效全向辐射功率（effective isotropic radiated power，EIRP）的值。

2．卫星频率监视

卫星频率监视是对卫星频率资源的态势进行监视，包括通信使用频率的带宽和功率信息，以及载波监视设备所监测的干扰和频谱信息。

通过卫星频率监视功能可监视卫星转发器的频率使用情况，为卫星资源分配和规划提供数据支撑，例如规划时可优先选择空闲频率资源多且干扰较少的转发器。卫星频率监视中频率的使用信息通过网控系统获取实时分配的通信信息，包括业务信道信息和控制信道信息；卫星频率监视中频谱信息则通过载波监视设备获取频谱。频率监视效果图如图 11-18 所示，其中上部分为频率使用信息，下部分为载波监视的频谱信息。

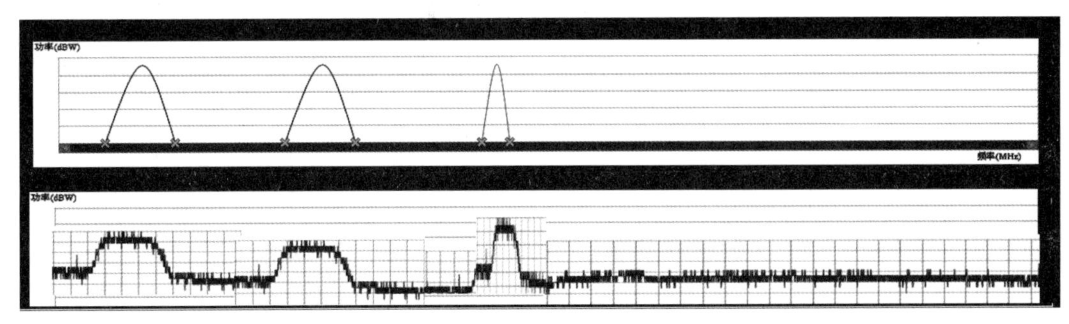

图 11-18　频率监视效果图

通过网控系统获取的频率使用详细监视如图 11-19 所示，其中纵坐标为功率值，横坐标为频率值。通过网控系统获取的频率使用信息包括控制信道分配带宽、功率，业务信道分配带宽、功率、通信终端等信息。

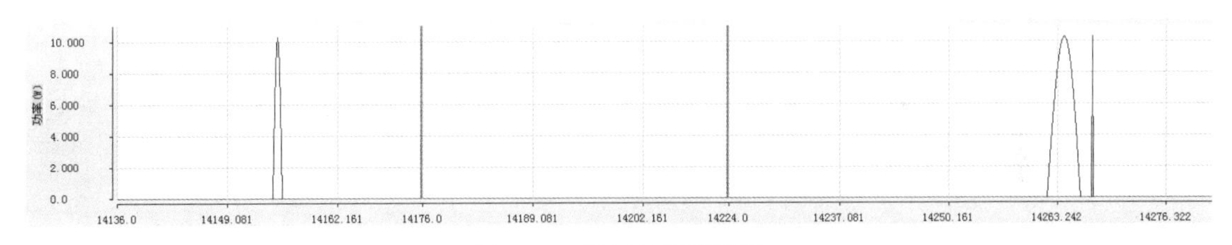

图 11-19　频率使用详细监视

3．频谱监视

频谱监视通过载波监视设备实现对转发器频率的监视，频谱监视效果图如图 11-20 所示，其中纵坐标为功率值，横坐标为频率值。频谱监视的数据主要包括：（1）所有业务载波的关键参数，判别它是否工作在指定范围内；（2）卫星运行期间转发器工作点；（3）搜索非法载波用户和干扰信号；（4）转发器的通信载波的性能；（5）转发器的集合功率；（6）转发器资源使用情况；（7）非法信号和干扰。

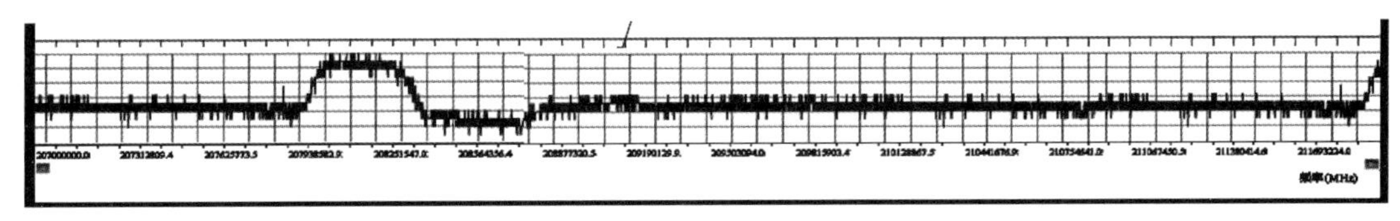

图 11-20　频谱监视效果图

结合频谱监视和网控系统频率使用实时分配信息，可对频率的非法使用进行定位并纠察，非法使用纠察过程如下：实时获取网控通信分配信息、地球站通信信息及载波监视的频谱信息，从载波监视频谱信息中提取非法信号，确定非法信号频点并和地球站使用频点关联，确定频点使用的地球站并对地球站进行纠察。

习　题

11.1　解释什么是卫星通信网络，并简要描述其工作原理。

11.2　请描述地球同步轨道和地球低轨道的特点，并分析它们在卫星通信网络中应用优势。

11.3　介绍一种常见的卫星通信技术，并解释其工作原理。

11.4　说明星座拓扑结构在卫星通信网络中的作用，并简要描述一种常见的星座拓扑结构。

11.5　讨论频谱资源在卫星通信网络中的重要性并提出一种有效的频谱管理策略。

第12章 卫星导航网络

自古以来，导航技术一直是人类文明发展的一个重要方面，对其迫切的需求贯穿于人类的探索和发展历程。早在战国时期，人们便发现了磁石的指向性，并由此创造了中国古代四大发明之一的指南针。到了明代，航海家郑和率领船队下西洋时采用了“过洋牵星术”，即通过测量星辰高度以计算地理纬度，从而确定船只航向，展现了当时天文导航的高度成就。随着时间的推进，特别是在战争和航海航空技术的驱动下，无线电导航系统开始兴起。然而，这些技术仍然无法满足人们对于全天候、全球化、高精度的导航和定位系统的迫切需求，人们开始试图将卫星星座应用于导航定位中。至此，卫星导航应运而生。

12.1 卫星导航概述

卫星导航是指采用导航卫星对地面、海洋、空中和空间用户进行导航定位的技术。现在常见的卫星导航系统有美国的全球定位系统（GPS）、俄罗斯的GLONASS、欧盟的Galileo及中国的北斗卫星导航系统。卫星导航系统综合了传统导航系统的优点，真正实现了在各种天气条件下的全球高精度被动式导航定位。卫星导航的主要优点如下。

- 广泛的覆盖范围：卫星导航系统可以不受地理位置的限制，面向全球提供无缝导航定位服务，促进全球交通、物流和通信发展。如海上船舶可凭卫星导航精确定位和规划航线，确保安全、高效地航行。
- 全天候作业能力：不同于地面导航设施，卫星导航不受天气条件的影响，能够在雨、雪、雾等各种恶劣天气条件下持续提供服务。如确保复杂天气下飞机的安全飞行，在紧急救援中也可指引救援队迅速、准确地抵达目的地提供援助。
- 高精度定位：卫星导航系统可提供高精度定位服务，某些增强型服务甚至能达到厘米级精度。这种高精度对于许多应用至关重要，如无人驾驶拖拉机依赖卫星导航进行精确播种和收割，极大地提高了作业效率和作物产量；自动驾驶汽车使用卫星导航系统进行精确定位，确保安全行驶并准确到达目的地。

- 小型化的导航设备与高度自动化：随着技术的进步，卫星导航设备已经变得越来越小巧，能够集成到智能手机、手表等各类设备中。这种小型化和高度的操作自动化使得卫星导航系统广泛融入人们的日常生活甚至专业领域。如在户外探险运动中，可通过智能手机上安装的卫星导航应用精确定位，规划路线。

12.1.1 卫星导航分类

按照不同分类标准，卫星导航可以划分为不同类型。常见的分类方式如下。

（1）按照定位原理可以将卫星导航系统分为以下5种类型。

- 测距导航系统：通过测量卫星与用户之间的距离进行定位。
- 测距差导航系统：同时测量用户到多颗卫星的距离，或者在几个位置上测量用户到一颗卫星的距离，利用距离差进行定位。
- 多普勒导航系统：卫星在轨道上运行时，卫星和卫星仪之间的距离变化将产生多普勒效应，卫星发射频率和卫星仪接收到的信号频率之间相差一个多普勒频移，利用多普勒频移积分值进行定位。
- 测角导航系统：利用一颗或多颗卫星相对于某一基准方向的夹角来进行定位。
- 混合导航系统：同时采用两种或两种以上的测量方法进行定位。

（2）按照用户是否有源可将卫星导航系统分为有源系统和无源系统。有源系统是指卫星和用户设备都要发射信号；有源系统对卫星和用户设备的要求不高，但隐蔽性不强，不适合在军事领域应用。在无源系统中，只有卫星发射信号，用户设备仅接收信号；无源系统中的卫星和用户设备较为复杂，但隐蔽性较强。

（3）按照卫星轨道的高度可将卫星导航系统分为低地球轨道系统、中地球轨道系统和地球同步轨道系统。低地球轨道系统中的卫星轨道为近地轨道，高度低于2 000km；中地球轨道的高度为20 000~35 786km；地球同步轨道的高度为35 786km。

（4）按照是否可以连续定位可将卫星导航系统分为连续定位系统和断续定位系统。连续定位系统可实现全天候的连续定位，如GPS一次定位一般只需要几秒，可以提供24h的定位。断续定位系统两次导航之间需要很长的间隔，如子午仪卫星导航系统一次定位需要约10min，不同位置的测量站一次定位则需要数小时。

（5）按照服务范围可将卫星导航系统分为区域卫星导航系统和全球卫星导航系统。区域卫星导航系统仅可提供区域性导航服务；全球卫星导航系统则可以提供全球性导航服务，通常需要比区域卫星导航系统更多的卫星以覆盖全球。区域卫星导航系统主要有印度导航星座（navigation with Indian constellation，NavIC）系统、日本的准天顶卫星系统（quasi-zenith satellite system，QZSS）。全球卫星导航系统有中国的北斗、美国的GPS、俄罗斯的GLONASS和欧盟的Galileo。

12.1.2 卫星导航系统组成

如图12-1所示，卫星导航系统由空间段、地面段和用户段3部分组成。

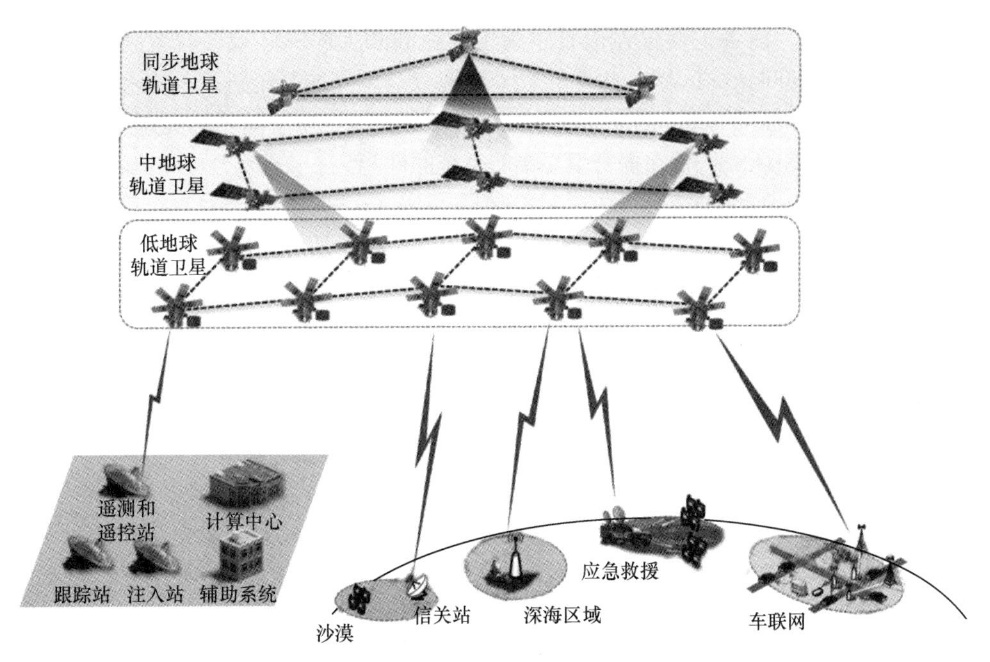

图 12-1　卫星导航系统组成

1．空间段

空间段是指由多颗导航卫星构成的空间导航网络，负责连续发射导航用无线电信号。为了提供全球导航服务，通常需要用20多颗卫星构成网络。例如，美国GPS最初将24颗卫星均匀分布在6个不同的轨道面上，相邻轨道之间的卫星相隔30°，由此保证全球覆盖。此外，为使系统可连续运行，一般除工作卫星外还须部署备用卫星，一旦有卫星发生故障，可以立即替代。

2．地面段

地面段通常由跟踪站、遥测和遥控站、计算中心、注入站及辅助系统等组成，负责跟踪、测量和预报卫星轨道并对卫星上设备的工作进行控制管理。跟踪站用于跟踪和测量卫星的位置坐标。遥测和遥控站接收卫星发来的遥测数据，以供地面监视和分析卫星上设备的工作情况。计算中心根据遥测信息计算卫星的轨道，预报下一段时间内的轨道参数，确定需要传输给卫星的导航信息，并由注入站向卫星发送。注入站负责向卫星注入导航电文和控制指令。辅助系统可实现数据传输等辅助功能。

3．用户段

用户段通常由接收机、卫星天线、定时器、数据预处理器、计算机和显示器等组成，负责从卫星发来的微弱信号中解调并译码出卫星轨道参数和时间信息等，同时测出导航参数（距离、距离差和距离变化率等）。计算机据此计算用户的位置坐标、速度、时间等信息。

12.1.3　典型的卫星导航系统

目前全球主要的卫星导航系统包括中国北斗卫星导航系统、美国GPS、俄罗斯GLONASS、欧盟Galileo、日本QZSS、印度NavIC等。其中，中国北斗卫星导航系统、美国GPS、俄罗斯GLONASS和欧盟Galileo为全球卫星导航系统，使用范围可覆盖全球；日本QZSS和印度NavIC

为区域卫星导航系统，前者主要覆盖以日本为主的亚洲和大洋洲区域，后者则覆盖整个印度本土及其边界以外1 500km的区域。此外，为了对现有卫星导航系统进行补充和增强，需要借助地基增强系统（ground-based augmentation systems，GBAS）和星基增强系统（satellite-based augmentation system，SBAS），旨在提升卫星导航系统的性能。

1．北斗

北斗卫星导航系统是我国自主建设、独立运行的卫星导航系统。早在20世纪70年代，我国就提出了有关卫星导航系统建设的构想。结合当时国内经济和技术条件，陈芳允院士于1983年创新性地提出了双星定位的设想。北斗系统工程首任总设计师孙家栋院士进一步组织研究，提出"三步走"发展战略。

第一步，2000年，建成北斗一号试验系统，为中国用户提供服务。

第二步，2012年，建成北斗二号区域系统，为亚太地区用户提供服务。

第三步，2020年，建成北斗全球系统，为全球用户提供服务。

2020年7月31日，北斗三号全球卫星导航系统正式建成开通。如图12-2所示，北斗三号导航星座是由3颗静止地球轨道（geostationary earth orbit，GEO）卫星、3颗倾斜地球同步轨道（inclined geosynchronous orbit，IGSO）卫星和24颗MEO卫星组成的全球混合星座，其中MEO卫星采用的是Walker 24/3/1星座构型，卫星轨道回归周期为7天13圈，轨道高度为21 528km，轨道倾角为55°。该系统是一个开放的全球卫星导航定位服务系统，在全球范围内提供基本的导航、定位和授时服务，在我国战略重点地区提供高性能导航、定位、授时和短报文服务。

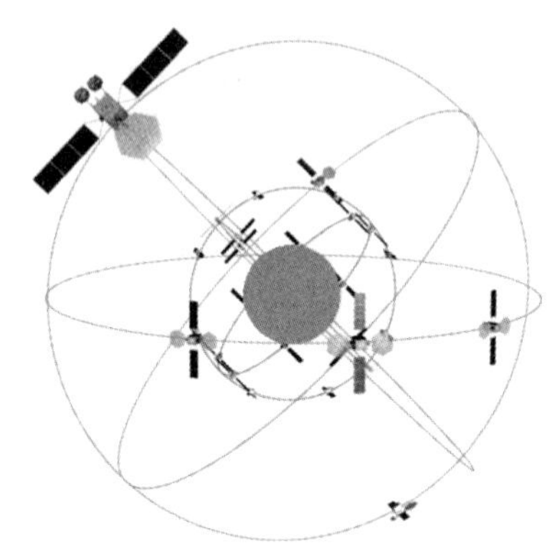

图12-2　北斗三号导航星座示意图

2．GPS

GPS是在美国海军前卫星导航系统的基础上发展起来的新型卫星导航系统，在全世界范围内提供全球性、全天候、高精度和实时连续的定位、导航和定时服务。

该系统由24颗卫星组成，其中21颗为工作卫星，3颗为备用卫星，这些卫星分布在6个中地球轨道上，轨道高度约为20 200km。卫星的轨道面相对于地球赤道面的倾角为55°，各轨道面升交点的赤经相差60°，一条轨道上的两颗卫星之间的升交角距相差90°。每颗卫星的运行周期都是11时58分。由于地球自身的运转，GPS卫星会在约24h后重返其相对于地球的出发位置。用户能够从地球上几乎任何地点、任何时间，在高度角大于15°的条件下观测到4颗以上的卫星。

GPS是一种新旧卫星的混合体。早期的GPS-Ⅰ、GPS-Ⅱ和GPS-ⅡA目前均已退役。表12-1总结了现有GPS卫星的情况。截至2023年7月3日，GPS在轨工作的卫星共有31颗，这些卫星的在轨运行情况及搭载载荷如图12-3所示。

GPS服务分为民用的标准定位服务（standard positioning service，SPS）和军用的精确定位服务（precise positioning service，PPS）两类。由于起步早，技术成熟，GPS系统已成为目前世界上军用和民用领域卫星导航的重要选择。

表 12-1　现有 GPS 卫星情况对比

IIR	IIR-M	IIF	III/IIIF
6颗在轨工作	7颗在轨工作	12颗在轨工作	6颗在轨工作
L1：C/A码； L1、L2：P码； 7.5年设计寿命； 1997—2004年推出； 星载时钟监控	所有传统信号； 增加L2C和M码； 7.5年设计寿命； 2005—2009年推出	所有IIR-M信号； 增加L5C； 先进原子钟； 12年设计寿命； 2010—2016年推出	所有IIF信号； 增加L1C； 无选择性、可用性； 15年设计寿命； 2018年推出

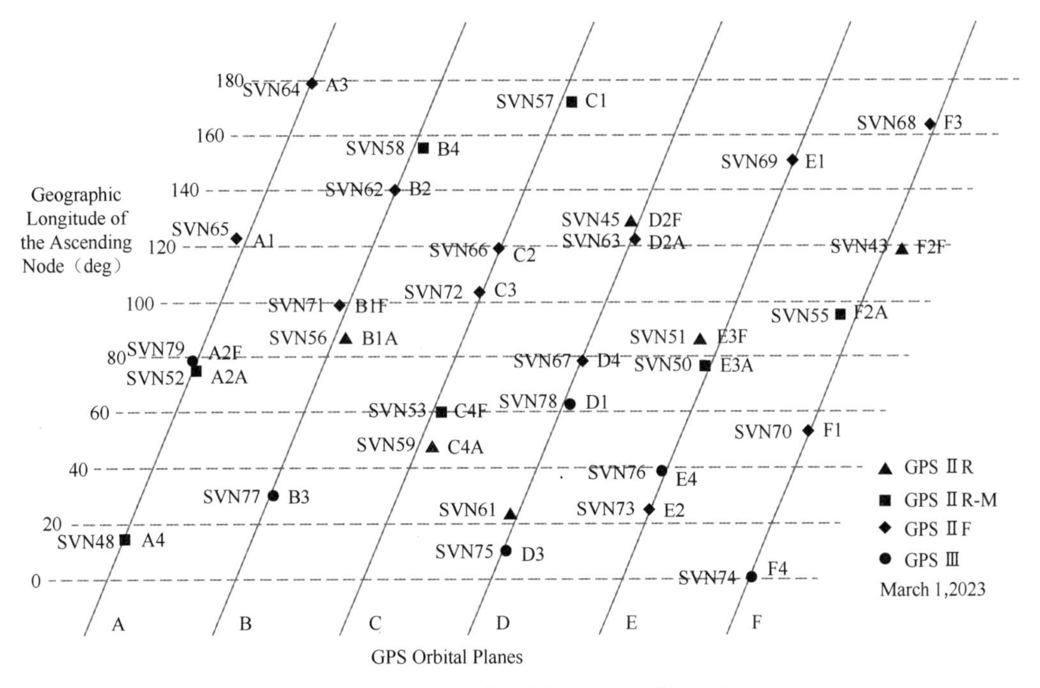

图 12-3　GPS 卫星的在轨运行情况及搭载载荷

3．GLONASS

GLONASS是一种与美国GPS类似的全球卫星导航系统，是具有全球覆盖范围和相当精度的卫星导航系统。GLONASS共有21颗工作卫星和3颗备用卫星，分布在3个等间隔的椭圆轨道面上，各轨道面升交点的赤经相差120°，轨道高度约19 100km，运行周期为11时15分，轨道倾角为64.8°，同平面内的卫星两两相隔45°。较大的轨道倾角使得GLONASS特别适合在高纬度地区使用。

GLONASS可为全球近地空间用户提供全天候、连续、高精度的三维坐标、三维速度和时间信息。但与GPS不同的是，由于卫星发射不同的载波频率，GLONASS系统不会轻易地被敌方同时干扰，具有更强的抗干扰能力。

从1982年发射第一颗卫星至今，GLONASS卫星的设计经过多次改进，可分为三代：第一代卫星发射数目最多，但由于卫星可靠性差、寿命短、系统备份维持成本极为高昂，许多早期发射的卫星很快失效，进而使整个星座迅速退化；第二代卫星为GLONASS-M，于1990年开始研制，并于2003年首次发射，使用寿命延长到7年；第三代卫星GLONASS-K在前几种卫星的基础上有了很大的改进，运行寿命为10年。截至2024年4月，该系统的卫星总数为26颗，在轨可工作的卫星有24颗，另外2颗处于飞行试验阶段。

GLONASS的出现打破了GPS的垄断地位，也消除了美国利用GPS技术给其他各国用户带来的威慑。在俄罗斯，莫斯科智能交通、主要体育赛事的导航支持、国际体育赛事的导航支持等项目都已经对GLONASS进行了应用。

4．Galileo

Galileo卫星导航系统由欧盟通过欧洲航天局和欧洲卫星导航系统管理局建造，旨在为欧盟国家提供一个独立于GLONASS和GPS的高精度定位系统。

Galileo系统的卫星形成Walker 27/3/1的星座构型，其中有3颗作为备用卫星。卫星高度为23 616km，设计寿命为20年。由于卫星数量多，星座经过优化，加上有3颗备用卫星，系统可保证在有一颗卫星失效的情况下也不会对用户产生明显影响。此外，Galileo系统还具有全球搜救与救援功能，可提供一种新的全球搜救方式。通过在卫星上安装转发器，可以把求救信号从事故地点发送到救援协调中心以组织救援。同时，该系统还会发射一个返回信号至事故地点，通知求救人员他们的信号已被接收到且相应的救援正在展开。相比以往的全球卫星搜救系统，Galileo系统这个发送反馈消息的功能被认为是一个重要的升级。

Galileo系统于2016年12月15日在布鲁塞尔举行启用仪式，提供早期服务，于2019年具备完全工作能力。该系统在军事和民用等领域都具有十分广阔的应用前景。虽然Galileo系统提供的信息仍然是位置、速度和时间信息，但其服务种类比GPS多，能够提供以下5种服务。

（1）公开服务：和GPS、GLONASS的类似服务兼容，供所有用户免费使用。

（2）生命安全服务：主要面向陆地车辆、航海航空等危及用户生命安全的领域，提供迅速、及时和全面的完好性信息，高水平的导航定位业务和相关业务。

（3）商业服务：是对公开服务的一种增值服务，以获取商业回报。

（4）公共特许服务：以专门的频率向欧盟各国提供更广泛的连续性定位和授时服务；主要用于欧盟各国的安全保障、应急服务、全球环境和安全监测，某些重要的能源、运输和电信应用，以及对欧洲有战略意义的经济和工业活动等。

（5）搜救服务：与国际通用的卫星搜索救援系统原理相同，但在性能上有了很大的提高，主要用于海事和航空领域。

5．NavIC

NavIC系统是由印度空间研究组织开发的区域卫星导航系统。1999年印巴冲突期间，美国拒绝了印度军方对GPS系统的访问要求，导致印军的制导武器无法使用。这一事件促使印度着力开发属于本国的卫星导航系统。该系统包含7颗卫星及辅助地面设施。其中3颗卫星位于地球静止轨道，4颗卫星位于两个倾斜的地球同步轨道，可覆盖位于印度周围约1 500km的服务区域。该系统由印度完全控制，所有设备均在印度建造，可以同时支持供所有用户使用的未加密标准定位服务和供印度安全部门使用的加密限制性服务。这两项服务都在L5（1 176.45MHz）和S频段（2 492.028MHz）上进行。印度空间研究组织还计划发射五颗下一代卫星，以扩展和补充现有卫星星座。

6．QZSS

QZSS是由4颗人造卫星通过时间转移完成全球定位系统区域性功能的卫星扩增系统，其中3颗为准天顶轨道，在日本附近停留很长时间，1颗为地球同步轨道。从日本本土来看，系统中始终有一颗卫星停留在靠近天空顶点的地方，所以称为准天顶卫星系统。QZSS目前只能提供有限的定位精度，因此被视为全球卫星导航系统的扩增服务。此外，QZSS已于2024年4月1日开始为灾害和危机管理提供卫星报告，并计划于2025年推出亚太地区灾害信息发布服务。日本还计划在2024—2025年继续发射3颗卫星，形成一个由七颗卫星组成的星座，届时至少有四颗QZSS卫星将始终在日本上空，仅靠QZSS即可实现持续定位。

7. 地基增强系统

GBAS通过提供差分修正信号，可达到提高卫星导航精度的目的。随着各个卫星导航系统的发展和完善，各国民航领域正在大力开展基于这些系统的GBAS的应用研究，如美国局域增强系统（local area augmentation system，LAAS）。

8. 星基增强系统

SBAS由大量分布广泛且位置已知的监测站对导航卫星进行监测，由GEO卫星向用户播发改正数信息（星历误差、卫星钟差、电离层延迟）和完好性信息（用户差分距离误差、格网电离层垂直误差），从而实现对卫星导航系统定位精度的改进和对完好性性能的提升。现有星基增强系统主要包括美国广域增强系统（wide area augmentation system，WAAS）、欧洲地球同步卫星导航增强系统（European geostationary navigation overlay system，EGNOS）和俄罗斯差分改正和监测系统（system for differential corrections and monitoring，SDCM）等。

12.2 卫星导航轨道

人造地球卫星轨道就是人造地球卫星绕地球运行的轨迹，它是一条封闭的曲线。这条封闭曲线形成的平面称为人造地球卫星的轨道平面，该平面总是通过地球质心。导航定位卫星通常采用的轨道类型有地球静止轨道、倾斜地球同步轨道、中地球轨道和低地球轨道LEO。其中区域导航定位卫星常采用GEO和IGSO，全球导航定位卫星常采用一般倾角的MEO类型。

12.2.1 地球静止轨道

GEO位于地球赤道面内，是轨道倾角和偏心率均为0的地球同步轨道（geosynchronous orbit，GSO），轨道半径约为42 164km。在此轨道上运行的卫星距离海平面高度约为35 786km，在理想情况下卫星相对于地球没有运动，因此从卫星上观察到的地球表面静止物体总是相同的。

GEO卫星覆盖范围很大，约为40%，只要有3颗间距相等的卫星，就能提供几乎全球的覆盖范围。在其覆盖区域内的任一点，卫星均24h可见。

12.2.2 倾斜地球同步轨道

GSO是以地球为中心，且轨道周期和地球绕定轴自转周期（约23小时56分钟4秒）相一致的轨道。根据卫星偏心率和倾角的不同，GSO存在以下三种典型轨道。

（1）地球同步椭圆赤道轨道

地球同步椭圆赤道轨道是指存在一定偏心率且倾角为0的GSO。偏心率引起的轨迹漂移如图12-4所示。

偏心率引起卫星相对定点位置的偏离运动方程为

$$
\begin{aligned}
y &= -ae\cos[\omega_e(t-t_p)] \\
x &= 2ae\sin[\omega_e(t-t_p)]
\end{aligned} \tag{12-1}
$$

式（12-1）中，y为相对定点位置的径向偏离距离；x为相对定点位置的切向偏离距离；a为轨道半长轴；e为偏心率；t为当前时间；t_p为初始时间。

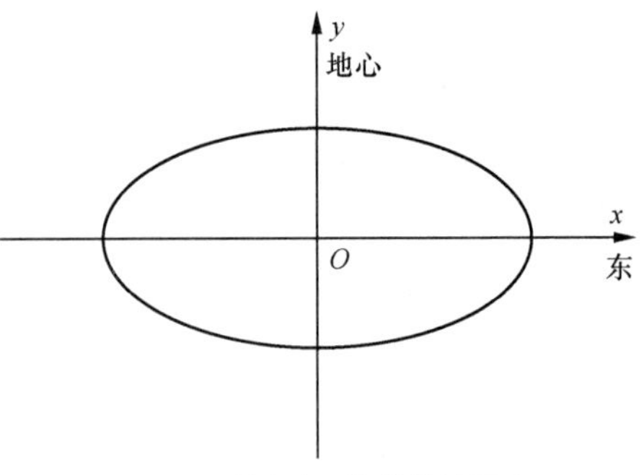

图 12-4　偏心率引起的轨迹漂移

（2）倾斜地球同步圆轨道

IGSO是指存在一定倾角且偏心率为0的地球同步圆轨道。中国的北斗和印度的NavIC均采用这一轨道类型。

由于轨道倾角的存在，卫星每天在东西、南北方向来回漂移。二者的合成运动使星下点轨迹成为一个跨南北半球的8字形。倾角引起的轨迹漂移如图12-5所示。其交叉点在赤道上，8字形在南北方向的最大纬度等于轨道倾角。与GEO相比，IGSO可以扩大覆盖纬度范围，对高纬度提供更好的覆盖。

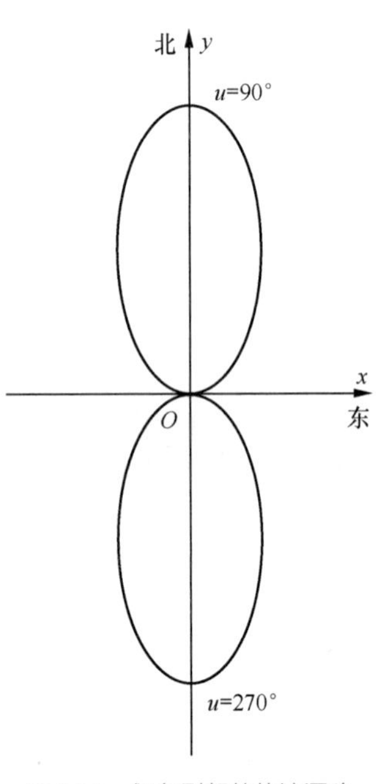

图 12-5　倾角引起的轨迹漂移

（3）倾斜地球同步椭圆轨道

倾斜地球同步椭圆轨道是指偏心率和倾角均不为0的GSO，日本导航星座的卫星采用这一轨道类型。卫星偏离定点位置的运动方程为

$$
\begin{cases}
z = -ae\cos[\omega_e(t-t_p)] \\
x = 2ae\sin[\omega_e(t-t_p)] \\
y = ai\sin[\omega_e(t-t_p)+\omega]
\end{cases} \tag{12-2}
$$

式（12-2）中，y为相对定点位置的法向偏离距离，ω为近地点幅角，i为轨道平面倾角，x为相对定点位置的切向偏离距离，z为相对定点位置的径向偏离距离。

在轨道平面$(\Delta r,\Delta x)$，相对轨迹为椭圆形。在轨道的垂直平面，相对轨迹与近地点幅角有明显关系。在轨道切向垂直平面，相对运动轨迹如图12-6所示。在轨道径向垂直平面，相对运动轨迹如图12-7所示。轨道倾角的作用是将图的椭圆形相对轨迹扭转出轨道平面，扭转方向取决于近地点幅角。

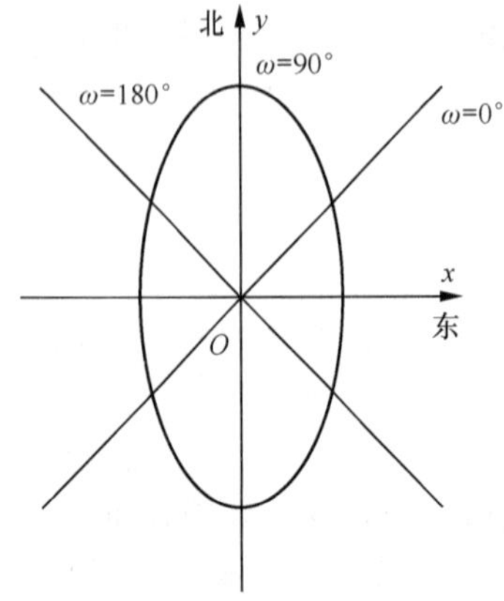

图 12-6　轨道切向垂直平面相对运动轨迹

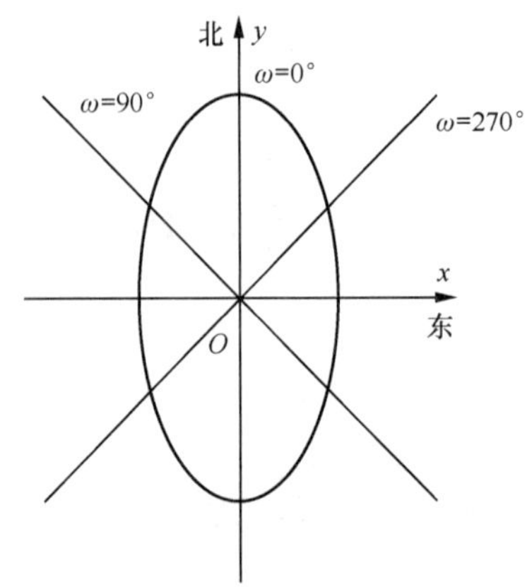

图 12-7　轨道径向垂直平面相对运动轨迹

典型的区域导航IGSO卫星轨道参数如表12-2所示。

表 12-2 典型的区域导航 IGSO 卫星轨道参数

星座系统	所属国家/地区	轨道类型	远地点高度/km	近地点高度/km	偏心率	倾角/°	周期
BDS	中国	倾斜同步圆轨道	35 786	35 786	接近0	55	1恒星日
IRNSS	印度	倾斜同步圆轨道	35 786	35 786	接近0	29	1恒星日
QZSS	日本	倾斜同步椭圆轨道	38 948	32 624	0.075	40	1恒星日

12.2.3 中地球轨道

MEO的轨道高度为2 000~30 000km，轨道周期在2~24h不等。MEO一般应用于导航、通信和对地遥感等任务。美国的GPS、俄罗斯的GLONASS、欧洲的Galileo系统，以及中国的北斗卫星导航（BDS）系统的卫星均工作在20 000km附近的MEO。典型的全球导航MEO卫星轨道参数如表12-3所示。

表 12-3 典型的全球导航 MEO 卫星轨道参数

星座系统	所属国家/地区	轨道类型	平均轨道高度/km	偏心率	倾角/°	回归周期
GPS	美国	一般倾角MEO	20 180	0	55	1天/2圈
GLONASS	俄罗斯		19 100	0	64	8天/17圈
Galileo	欧洲		23 616	0	51	10天/17圈
BDS	中国		21 528	0	55	7天/13圈

与GEO相比，一般倾角MEO因具有一定的倾角，可以扩大覆盖纬度范围，实现对高纬度地区更好的覆盖性能；与LEO相比，一般倾角MEO因轨道高度较高，在相同载荷条件下可以扩大单次对地覆盖范围。因此，为了实现全球覆盖，采用一般倾角MEO所需要的卫星数目远少于采用LEO的星座。此外，在MEO高度附近运行的卫星受到的大气阻力可以忽略，轨道稳定性较好，便于精密定轨和精密星历预报，是卫星导航系统的理想高度空间，因此导航系统均选择19 000~25 000km的MEO星座。

12.2.4 特殊轨道

1. 极轨道和太阳同步轨道

极轨道（polar orbit）的特点是沿此轨道运行的卫星在每次环绕地球的圆周运动中都从两极上空经过，因此这类轨道的倾角是90°或接近90°。地球极轨道通常用于地球测绘、侦察卫星以及一些气象卫星。“铱星”星座也采用了这种轨道，以提供对地的通信服务。

太阳同步轨道（sun-synchronous orbit，SSO）是一种特殊的极轨道。对于地球上的任意给定点，在此轨道上的卫星通过该点的平均太阳时相同。对于承担观测和监视作用的卫星，太阳同步轨道有其独特的优势，原因在于卫星在轨运行的每时每刻，在卫星下方地球表面的光照角几乎相同。

2．高椭圆轨道

高椭圆轨道（highly elliptical orbit，HEO）是具有高度偏心率的椭圆轨道，其近地点较低，远地点极高（远大于36 000km），所以卫星在远地点附近区域的运行速度较慢。这种极度拉长的轨道的特点是卫星到达和离开远地点的过程很长，这使得卫星对远地点下方的地面区域的覆盖时间可以超过 12h，这种特点能够被通信卫星所利用。

12.3 卫星导航星座

卫星星座是指由多颗卫星组成，卫星轨道形成稳定的空间几何构型，卫星之间保持固定的时空关系，用于完成特定航天任务的卫星系统。与单颗卫星不同，卫星星座具有更高的覆盖性能，在卫星数量足够多且布局合适的时候可以达到全球连续覆盖，满足通信、导航或对地观测等任务要求。

12.3.1 星座覆盖类型和基本构型

1．覆盖类型

不同的航天任务对星座的覆盖要求是不同的。大多数航天任务中的覆盖要求可以用覆盖区域、覆盖重数和时间分辨率来表示。覆盖要求中还隐含着对地面仰角的要求，也就是说，从地面一点看卫星的高度角必须大于某个最小仰角才认为该卫星可见。

按照覆盖区域的不同，覆盖类型可以分为全球覆盖、纬度带覆盖和区域覆盖。按照覆盖重数的不同，覆盖类型可以分为一重覆盖、二重覆盖、三重覆盖等。按照时间分辨率的不同，覆盖类型可以分为连续覆盖和间歇覆盖。间歇覆盖还可以取不同的时间分辨率。

覆盖类型不同可以考虑采用不同的星座构型。例如，全球覆盖和纬度带覆盖可以考虑采用Walker-δ星座，区域覆盖可以考虑采用椭圆轨道星座。

2．星座基本构型

按照几何构型，常用的星座类型分为以下5种。

（1）均匀对称星座

均匀对称星座的特点是所有卫星采用高度和倾角相同的圆轨道，轨道平面沿赤道均匀分布，卫星在轨道平面内均匀分布，不同轨道面之间卫星的相位存在一定关系。均匀对称星座常用于要求全球覆盖或纬度带覆盖的航天任务。均匀对称星座也被称为Walker类星座，包括δ星座、σ星座以及玫瑰星座。

（2）星形星座

星形星座的各条轨道具有一对公共节点，相邻的同向轨道之间有相等（或近似相等）的相对夹角。出于实用性的考虑，参考面通常取为赤道面，各轨道倾角均为90°（极轨道）。铱星通信系统就采用了这种星形星座设计。

（3）椭圆轨道星座

椭圆轨道星座是一种由沿着椭圆形轨道运行的卫星组成的星座。John E. Draim提出的Draim星座是典型的椭圆轨道星座，星座中的卫星具有相同的偏心率、轨道倾角和周期，而升交点赤经、近地点幅角和初始时刻的平近点角按一定规律分布。Draim的研究表明，用椭圆轨道实现连续全球n重覆盖所需的最少卫星数目为$2n+2$。

（4）编队星座

编队星座是一种特殊的星座，由两颗或更多卫星组成并保持近距离飞行，在提高对地覆盖性能的同时，协调统一了编队中各颗卫星的工作。与单颗卫星相比，卫星编队可实现长天线基线（虚拟天线）测量，实现了在单颗卫星上不可能安装的大型物理天线的效果。

（5）混合星座

混合星座是由两个或两个以上子星座构成的复合星座。子星座可以由不同类型或不同参数的基本星座构成。Elipso系统就是一个典型的混合星座，由7颗卫星组成的赤道圆轨道子星座覆盖中低纬度地带，由2个轨道平面各5颗卫星组成的椭圆轨道子星座覆盖北半球的中高纬度地带。2个子星座相互配合就能够覆盖人类的主要活动区域，提供通信服务。

12.3.2　星座任务分析

星座设计的本质是优化问题，对星座进行优化设计可以在满足地面覆盖要求的前提下有效地减少卫星总数目和卫星轨道高度，降低飞行任务的总成本。

覆盖目标确定后，星座设计需要在覆盖率和卫星个数之间进行权衡，即在性能和成本之间进行权衡。覆盖率是系统的性能指标，而卫星个数决定系统的成本。此外，不同应用领域的星座任务需求也不尽相同。例如，导航星座要求任意时刻任意位置至少同时可见观测角距足够大的4颗卫星，导航和通信星座要求星座内各颗卫星之间具备星间通信能力等，影响星座设计的主要因素如表12-4所示。

表 12-4　影响星座设计的主要因素

任务要求	重要性	受影响的参数	主要问题或选项
覆盖性能	主要性能参数	高度 最小高度角 倾角 星座构型	不连续覆盖的时间 连续覆盖的同时可见卫星数目
卫星数目	决定成本	高度 最小高度角 倾角 星座构型	高度 最小高度角 倾角 星座
发射能力	决定成本	高度 倾角 卫星重量	最小高度 低成本的最低倾角
空间环境	辐射程度，决定寿命与难度要求	高度	选择位于范艾伦辐射带下方、中间或者上方
轨道摄动（站位保持）	随时见到之星座卫星出现漂移	高度 倾角 偏心率	保持所有卫星位于常见的高度与倾角、避免相对漂移
碰撞规避	星座运行安全	星座构型 轨道控制	整个星座设计应确保碰撞规避
星座部署、补充与离轨	决定服务水平与服务中断	高度 星座构型 星座部署与备份原理	部署：按要求发射 补充：地面备份或在轨备份 离轨：寿命末期离开工作轨道
轨道面数	决定性能稳定程度	高度 倾角	平面数目越少越稳定、更多降级

星座设计过程需要确定的参数及选取原则如表12-5所示。

表 12-5　星座设计过程需要确定的参数及选取原则

变量	参数	影响	选择准则
主要设计变量	卫星数目	成本与覆盖性的主要决定因素	在满足其他要求前提下尽可能少
	星座构型	决定了不同纬度的覆盖性能与稳定性	选择最优覆盖的构型
	最小高度角	决定单星覆盖性能	在满足载荷性能与星座构型的前提下尽可能小
	轨道高度	覆盖性、空间环境、发射、轨道转移成本	成本与性能的综合权衡
	轨道平面数	决定覆盖稳定性、性能增长与降级使用	满足覆盖要求的前提下尽可能少
	碰撞规避参数	防止星座自我解体的关键	增大轨道交点处的卫星间距
其他设计变量	倾角	决定了覆盖区域的纬度分布	考虑发射成本前提下比较覆盖纬度
	相邻轨道相位差	决定覆盖一致性	进行离散相位角选择以实现最优覆盖
	偏心率	任务难度	通常为0，如果不为0可能减少卫星数目
	站位保持盒子大小	覆盖搭接需要，控制频率	满足低成本保持的前提下尽可能小
	寿命末期策略	减少空间碎片	采取任意措施确保任务结束后安全

其中最关键的是理解任务目标、理解实现任务目标所需要的内容，尤其是覆盖类的任务需求。第二关键的内容是性能增长或降级的目标。星座设计是适度的航天动力学与低成本低风险实现任务目标过程的结合，星座设计主要准则如下。

（1）所有卫星倾角相同（除了增加赤道轨道的情况），以避免轨道节点旋转不同。

（2）所有椭圆轨道卫星应位于63.4°或者116.6°的临界倾角轨道，以避免近地点进动。

（3）严格执行碰撞规避，可能成为星座设计的决定性特性。

（4）对称性很重要，但不是星座设计的决定性因素。

（5）高度是所有参数中最重要的，倾角次之；偏心率通常为0，尽管椭圆道可以提高覆盖性能或个别特性。

（6）在决定覆盖性能方面，最小高度角（决定幅宽）与高度同等重要。

（7）当且仅当它们同时可见同一地面点时，2颗卫星能彼此可见。

（8）星座的主要性能指标包括时间覆盖百分比、覆盖所需的卫星数目、平均和最大响应时间（不连续覆盖）、覆盖百分比余量、随纬度的覆盖余量。

（9）站位保持盒子大小取决于任务目标、须克服的摄动力，以及控制方式。

（10）对于长期运行星座，与相对站位保持相比，绝对站位保持具有显著优点。

（11）轨道摄动可按以下步骤处理。

① 不考虑摄动力的影响（仅在必要情况采用）。

② 利用摄动力进行控制（控制可行前提下的最好办法）。

③ 对摄动力不做补偿（用于周期性摄动）。

④ 对摄动力进行控制。

（12）性能稳定性与所需平面数目是以轨道高度为变量的方程。

（13）轨道面内改变位置易于实现，但是轨道平面改变很难，因此轨道面数目越少越好。

（14）星座部署、功能衰减、寿命终止卫星的替代及寿命末期离轨均需要在星座设计中考虑。

（15）为确保长期运行安全、避免碰撞风险，寿命末期将卫星从星座中移除是必不可少的，主要包含降低轨道高度坠入大气层或离开工作轨道保持稳定运行。

12.3.3　特殊轨道在星座的应用

1．回归轨道的应用

在卫星星座的设计中，回归轨道是一种很重要的轨道。所谓回归轨道是经过一段时间后地面轨迹重复的轨道。如果卫星的轨道周期为T_0，经过一圈后星下占轨迹变化为$T_0(\omega_e - \dot{\Omega})$，其中$\omega_e$为地球自转角速度，$\dot{\Omega}$为卫星升交点赤经变化率。如果经过一段时间后，卫星运行了整数圈L，而星下点轨迹变化为2π的整数倍M，则经过一段时间后星下点轨迹开始重复，即

$$LT_0(\omega_e - \dot{\Omega}) = M(2\pi) \tag{12-3}$$

当L与M互质时，回归周期最小，其大小为LT_0。

对区域覆盖星座应尽量使用回归轨道，因为不同卫星轨道参数的组合可以产生对某一区域覆盖较好的星座。为达到区域覆盖的目的，通常高度较高的回归轨道星座都具有一定的区域覆盖特性。高度较低的回归轨道，由于星下点轨迹比较密，对全球同一纬度带的覆盖区别不大。由于星座覆盖性能的重复性，只需在一个回归周期内对星座进行优化设计和评估就可以了。

2．椭圆轨道的应用

椭圆轨道在区域覆盖卫星星座设计中具有重要的意义。由于卫星在椭圆轨道远地点的运行速度较慢，如果将远地点置于感兴趣的目标区上空，则其对目标区的覆盖时间比较长。这种轨道的合理组合可以达到对目标区的无缝覆盖，而对其他地区的覆盖浪费则很少。尽管椭圆轨道在工程实际中有一些不利因素，例如可能会增加卫星系统的技术难度或复杂性，但由于其使用的卫星数较少，同时有一些其他有利因素，例如发射椭圆轨道卫星比发射相同半长轴的圆轨道卫星对运载的要求低一些；星食（地影）时间短，对电源系统的设计比较有利等，因此仍然有不少这一类型的星座被使用。最典型的例子当数苏联的闪电系统，该系统长期使用3颗大椭圆轨道内的卫星进行国内通信。

3．混合型轨道的应用

对区域覆盖星座而言，使用单一轨道类型的星座有时可能达不到很好的覆盖性能，尤其是多重覆盖性能。这时可以考虑采用混合型星座。最常见的是赤道平面内圆轨道与其他轨道的混合，特别是几颗静止轨道卫星与其他轨道的混合。在一个非同步高度星座的基础上增加几颗静止轨道卫星，形成混合轨道星座，可以大大提高星座的覆盖性能，同时兼顾成本、发射、制造等诸多实际问题，是一种非常有效的组合方式。中国的北斗系统和美国Space X公司提出的Starlink卫星互联网星座都是典型的混合轨道星座。

12.4　卫星导航网络组网

为适应导航领域的广泛需求，已经有一系列卫星导航网络成功部署并开始面向广大用户提供服务。其中组网的实现是卫星导航网络顶层、最核心的工作，是影响系统性能、规模、经费、建设周期等的首要因素，与其他系统技术之间存在相互影响、相互制约的耦合关系，贯穿工程研制建设的始终。合理的组网不但能够保证良好的全球覆盖，提升导航系统的性能，而且能够节约系统建设成本和长期维持的费用，具有十分重要的工程意义。

12.4.1 卫星导航组网的考虑因素

在卫星组网过程中须考虑以下因素。

1．卫星数量

卫星数量是决定成本和覆盖效率的关键因素之一。在设计卫星网络时，目标是以最少的卫星数量满足覆盖和导航性能的需求。

2．轨道高度

轨道高度直接影响卫星的覆盖范围和发射成本。更高的轨道能够提供更广泛的覆盖，但也会增加发射的成本和复杂度。卫星在运行期间还可能会受到轨道摄动的影响而偏离预定轨道，因此须对轨道高度进行合理设计，以保证系统性能。

3．轨道平面数量

轨道平面的数量也影响着总体成本。因此在组网设计时希望以最少的轨道平面满足覆盖性能要求。

4．轨道倾角

轨道倾角决定了卫星覆盖的纬度范围。根据所需的性能目标，须对轨道倾角进行精确的设计，以实现特定地理区域的优化覆盖。

5．轨道平面相位

轨道平面的相位差异对于保证卫星网络覆盖的均匀性至关重要。在组网设计过程中，应充分考虑轨道平面相位的配置，以确保覆盖的连续性和一致性。

12.4.2 多星组网模式

多星组网模式，顾名思义，指的是利用多颗卫星构建一个卫星网络，以实现对地球或指定区域的全面覆盖。这些卫星分布在地球轨道上的不同位置，相互配合，共同为地面用户提供导航、定位和时间服务。

多星组网模式的优势在于可以提供更好的覆盖范围和定位精度。通过接收来自多颗卫星的信号，并利用三角定位或者更复杂的定位算法，用户可以获得更准确的位置信息，如GPS、GLONASS等。

随着技术的不断进步和新型卫星的陆续部署，多星组网模式正在得到越来越广泛的使用。我国在《国家民用空间基础设施中长期发展规划（2015—2025年）》中也提出了一星多用、多星组网、多网协同、数据集成发展的思路。多星组网的模式不仅提高了全球定位系统的整体性能，也为未来的导航技术发展铺平了道路。

12.4.3 混合多星组网模式

在混合多星组网模式中，系统同时利用多个不同类型的卫星导航系统来弥补彼此的不足，将它们的信号进行融合，以提高定位的精度、稳健性和可用性。例如，如果某个地区的可见卫星数量较少或者有遮挡物遮挡，可以通过混合多星组网模式来利用其他系统的卫星信号来进行定位，从而提高定位的可用性。混合多星组网模式又可以进一步分为同一网络级别的混合多星组网以及不同网络级别的混合多星组网。

在同一网络级别的混合多星组网模式中，可以使用同一系统中来自不同轨道的卫星实现混合多星组网。世界上首个多轨道混合卫星导航星座由中国的北斗系统独创，并完成工程实现，为全世界卫星导航系统发展提出了新的中国方案。该系统采用3GEO+3IGSO+24MEO的中高轨混合多星组网模式，这是由北斗建设的“三步走”战略决定的。在前两步建设里，北斗分别要为中国和亚太地区提供服务，GEO卫星和IGSO卫星显然更有优势，但是当进入全球组网时，MEO卫星更适合在全球导航服务上发挥作用，而单一的由MEO卫星组成的全球导航星座必须布满全部24颗卫星才能有效地投入运行，如果要满足更高精度的测量需求，还需要GEO卫星进行区域加强或大量增加MEO卫星，并且如果全部采用MEO卫星，就需要在全球范围内部署监测站，对监测系统提出了更高的要求。在此背景下，北斗独创性地使用了多轨道卫星实现混合多星组网，一方面可以充分利用现有技术条件，使系统具有较高的性能；另一方面这种组网模式具有较高的性价比，即使用最低的系统建设成本，满足高精度要求。

在不同网络级别的混合多星组网模式中，可以利用增强型差分GPS或者SBAS等技术，将GPS、GLONASS等多个卫星系统的信号进行融合，为用户提供更高精度的定位服务。差分根据覆盖范围的不同可分为局域差分和广域差分。如图12-8所示，其本质是利用布设在一定范围的多个基准站监测视野内的导航卫星，通过集中数据处理，分类获得误差改正参数和完好性信息，并发送给用户，使用户获得较高定位性能。误差改正参数通常包括星历误差改正、卫星钟误差改正和电离层延迟改正参数等。混合多星组网模式可以弥补单个卫星系统的局限性，提供更可靠和精确的定位服务，在对定位精度要求较高的应用领域尤其重要，如航空导航、精准农业等。

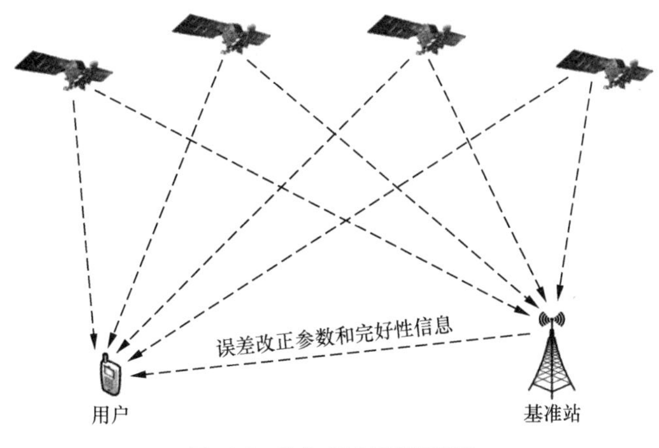

图 12-8　差分 GPS 原理示意图

总体来说，多星组网模式和混合多星组网模式都是卫星导航系统中常见的组网方式，它们能够提供广泛的覆盖范围、高精度的定位和稳健的导航服务，为用户提供了多样化的选择。

12.4.4　卫星导航组网性能

1．覆盖性

卫星导航的覆盖性是指导航系统能够在其服务区域内提供的标准定位服务信号的范围，主要分为单星覆盖性和星座覆盖性两个方面。单星覆盖性关注单一卫星所能提供的信号覆盖范围，其大小受到卫星天线视野、轨道精度、卫星高度和可靠性等因素的影响。星座覆盖性则考虑整个卫星星座提供的覆盖范围，这不仅取决于单星覆盖性，还涉及星座的构型，包括卫星总数、轨道类型和高度、轨道平面和相位等参数。

对于卫星导航系统来说，必须确保在服务区内提供4重以上的连续覆盖；实际应用时，为了应对卫星在轨维护和故障检测，必须确保5重以上的覆盖性；为了应对单颗卫星故障排除，则至少要有6重以上的覆盖性才能确保导航服务。

2．导航定位精度因子

卫星导航定位的精度一般用位置精度因子（position dilution of precision，PDOP）来衡量。PDOP又叫几何定位因子，它是指用卫星导航系统确定用户所在位置的精确程度或误差，用位置的纬度、经度和高程误差平方和的根号值表示，它与卫星的几何分布有关。位置精度因子越小，定位精度越高，因而位置精度因子被看作是导航定位精度的最佳指示器。

3．精度因子可用性

在卫星导航组网设计中，经常采用精度因子作为评价卫星导航性能的指标。在全球覆盖区域范围内按照经纬度划分网格，计算每个网格在一个卫星回归周期内的精度因子时间序列，从而统计得到每个网格点的精度因子可用性。

4．连续性

卫星导航组网的连续性是指卫星导航系统能够在任何时间、任何地点不间断地提供定位、导航和时间服务的能力。这一能力对于维持全球或特定区域内用户的高质量导航服务至关重要。

5．完好性

完好性是指当该系统不能提供正常服务时，向用户及时报告问题，以确保用户接收机输出的正确性和可靠性。完好性增强技术的本质工作是及时有效地识别、剔出导致定位授时结果不可信的各类因素。

12.5 卫星导航网络体系架构

卫星导航网络的性能实现基于网络体系架构的设计合理性和优化程度。合理的网络架构需要考虑可扩展性、灵活性、稳健性及安全性、可管理性等因素，同时也需要重点考虑导航星座的组网特征。卫星导航网络体系架构主要可分为网络协议和网络路由两部分。

12.5.1 卫星导航网络协议

在卫星导航星座系统中，星间链路需满足系统精密定轨与时间同步、自主导航应用等核心需求，支持星地联合定轨使用和自主导航用测量数据的传输能力。这些特性在要求星间链路网络的组网必须满足一定标准的同时，也提高了对卫星导航网络协议建设的要求。目前，国内外在航天任务中研究和使用的网络协议主要可分为基于空间数据系统咨询委员会CCSDS的协议体系、基于容延迟/中断网络（delay /disruption tolerant networks，DTN）的协议体系两大类。

1．基于CCSDS的协议体系

自其成立至今，CCSDS制定了一系列协议系列以满足天地一体化网络的需求。基于CCSDS的网络协议体系结构自下而上包括物理层、数据链路层、网络层、传输层和应用层。其体系结构如图12-9所示。

（1）物理层

CCSDS制定的物理层标准包括两部分：无线射频与调制系统和Proximity-1。无线射频与调制系统对星地之间使用的频段、调制方式等做出了定义。Proximity-1临近空间链路协议是个跨层协议，规定了邻近空间链路物理层特性，包含物理层和数据链路层。

（2）数据链路层

CCSDS数据链路层定义了数据链路协议子层和同步与信道编码子层的标准，后者规定了在空间链路上传送帧的同步与信道编码方法。

（3）网络层

CCSDS开发了两种网络层协议：空间分组协议（space packet protocol，SPP）和空间通信协议规范网络层协议（space communications protocol specifications-network protocol，SCPS-NP）。互联网的IPv4和IPv6分组可与SPP、SCPS-NP复用或独用空间数据链路，也可通过空间数据链路协议传输。

（4）传输层

CCSDS开发了空间通信协议规范——传输层协议，其采取存储转发的方式进行数据的交互并在星上使用大容量存储器来暂存这些数据。CCSDS还专门开发了CCSDS文件传输的跨层协议（CCSDS file delivery protocol，CFDP）。

（5）应用层

应用层空间通信协议向用户提供端到端应用服务。CCSDS开发了SCPS文件协议、无损数据压缩、图像数据压缩3个应用层协议。每个空间任务也可选用非CCSDS建议的特定应用协议，以满足空间项目的特定需求。

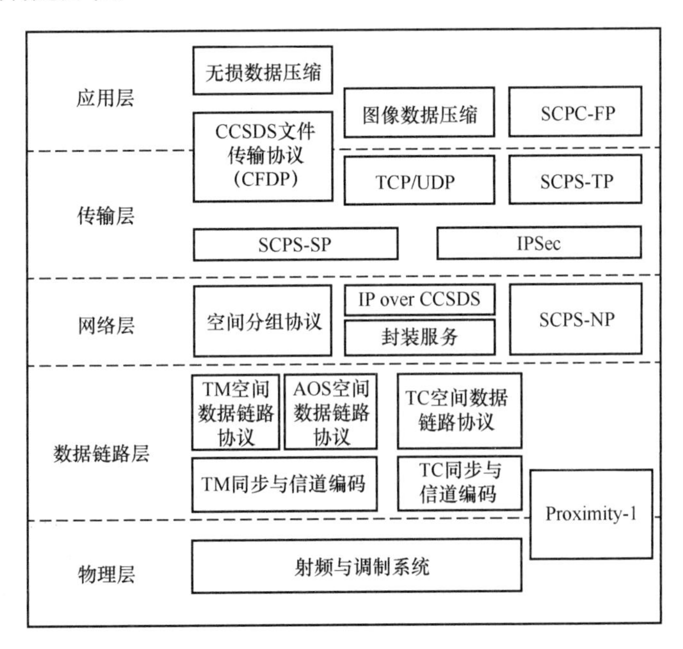

图 12-9 基于 CCSDS 的协议架构

2．基于DTN的协议体系

DTN是指能够在长时延、断续连接等受限网络环境中进行通信的新型网络体系。如图12-10所示，在应用层和下层之间加入束层，束层包括束协议和汇聚层协议，使用束协议数据单元束进行数据传输，使用不同的汇聚层协议，通过汇聚层适配器（convergence layer adapters，CLAs）和不同的更底层相互作用，使束协议适用于所有网络环境。

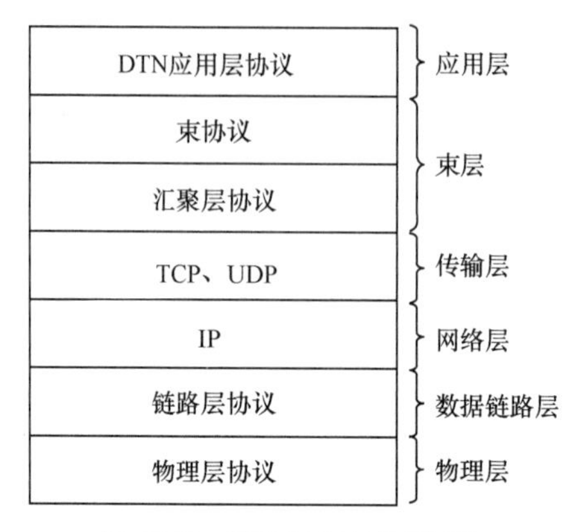

图 12-10　基于 DTN 的协议架构

12.5.2　卫星导航网络路由技术

目前针对地面网络的路由技术已经相当成熟，但是无法直接用于卫星网络。相比于地面网络，导航卫星网络具有拓扑结构变化、时延高的特征。在星间链路中，为能够实时监测全网卫星运行状态，需要为每颗卫星规划一条合理的路径，使卫星遥测信息以最小的时延到达地面站。卫星导航网络路由主要可分为面向连接的星座网络路由和面向无连接的星座网络路由两类。

1．面向连接的星座网络路由策略

面向连接的路由算法中，路由决策过程的代价往往以端到端传输时延来衡量。影响端到端传输时延最大的是链路传播时延，也包括星上信息的处理时间和交换时间。面向连接的路由根据卫星的空间位置和地面信号源及目的地位置目标，按照最短时延路径算法求出最小的传输时延及其对应的链路，大致可分为以下两类。

（1）基于虚拟拓扑的路由算法

基本思想是充分利用卫星星座运转的周期性和可预测性，将星座周期分为若干个时间片，在每个时间片内网络拓扑被看作是一个虚拟的固定拓扑，从而可以根据可预测的网络信息提前为各节点计算所有时间片内的连接表。M. Werner和C. Delucchi等人提出的一种基于异步转移模式卫星网络的路由算法将卫星星座的运行周期等分成足够小的时间间隔，用于覆盖所有的拓扑变化。这种路由算法由于执行了优化处理，能够较好地减少链路切换。

（2）基于覆盖域划分的路由算法

基于覆盖域划分的路由算法假设切换完全是由卫星移动引起的，让地面终端参与切换后新的源端卫星和目的端卫星的选择，在空间段不重新执行完全重路由操作的情况下，按照卫星覆盖域的邻接关系计算切换后的最优路径。覆盖域切换重路由协议和平行冗余协议均属于基于覆盖域划分的路由协议。这类路由算法的特点是切换发生后，不用复杂的算法而根据卫星的覆盖域特性计算新的最佳路径。

面向连接的路由在卫星网络中建立了一个稳定的连接，确保数据能够从源头准确、无误地送达目的地。然而，这类算法的星上存储开销大，且不能处理卫星节点失效等意外情况；在实现与地面IP网络的融合过程中，还需要经过额外的协议转换、数据格式转换等中间过程。为此，研究者将研究重点逐渐转向基于面向无连接的卫星网络路由。

2．面向无连接的星座网络路由策略

与面向连接的卫星网络相比，基于面向无连接的卫星网络的优点是可以把空间段的星间链路路由与上下行链路路由分开来讨论，而不必考虑因切换而引起的重路由问题。另外，在与地面网络融合和集成方面，基于面向无连接的卫星网络也有较大优势。面向无连接的卫星星座网络路由可分为以下三类。

（1）基于数据驱动的路由算法

基于数据驱动的路由算法基于大量的数据分析和机器学习方法，通过对网络中的数据进行实时监测和分析，从而实现对路由策略的自动化优化和实时决策。例如Darting算法以降低拓扑频繁更新而引起的通信开销为设计目标，其基本思想是延迟拓扑更新信息的传输，直到需要更新时再传输更新信息。当数据报到达时触发两次拓扑更新：一次更新数据报要送达的下个节点的拓扑信息，一次更新数据报的上个节点的拓扑信息。Darting算法并不阻止路由环路的产生，而是在环路产生时动态地检测并消除。

（2）基于覆盖域划分的路由算法

基于覆盖域划分的路由算法充分利用了极轨道卫星星座运转的规则性，它把地球表面覆盖域划分成不同区域，并给各个区域赋予不同的固定逻辑地址。在给定时刻，对于最靠近区域中心的卫星，其逻辑地址就是该区域的逻辑地址。卫星在运行过程中根据覆盖区域的变化动态改变其逻辑地址。Y. Hashimoto等人提出一种基于IP的卫星网络路由框架，各导航卫星保存了整个网络系统的拓扑结构图，在任何时刻都知道自己及邻居卫星所在的地理位置，并使用卫星分组头中目标终端的地址信息计算出下一跳的转发方向。

（3）基于虚拟节点的路由算法

基于虚拟节点的路由算法是基于覆盖域划分路由算法的改进方法。在这种方法中，卫星网络首先被模型化为一个由虚拟卫星节点组成的网络，每个虚拟节点都被分配给固定的地理坐标。在星座运行过程中，虚拟节点的坐标不发生改变，而真实卫星网络中的卫星节点的位置被认为是距离该卫星最近的虚拟节点的位置。在卫星切换时，路由表或链路队列等状态信息从当前卫星连续转移到其后续卫星上。通过从卫星真实位置到与地球表面相对静止的地理坐标的转换，屏蔽了卫星星座的动态性，卫星网络中的路由问题转换为在一个由虚拟的静态地理坐标构成的逻辑平面内计算最短路由的问题。

习　题

12.1　解释什么是卫星导航网络，并列举几个常见的卫星导航网络。

12.2　描述卫星导航网络的架构和卫星星座的组成。

12.3　解释卫星信号的传输过程及其在卫星导航网络中的作用。

12.4　讨论差分定位技术在卫星导航网络中的作用和原理。

12.5　探讨卫星导航网络在航空、海上、车辆导航和个人定位等领域的应用。

第13章 卫星遥感网络

遥感（remote sensing，RS），即“遥远的感知”，最初是由美国海军科学研究院的Evelyn L. Pruitt于20世纪60年代提出的，当初定义为“以摄影方式或非摄影方式获得被探测目标的图像或数据的技术”，现在一般描述为不直接接触物体，应用各种传感仪器对远距离目标所辐射和反射的电磁波信息进行收集、处理，并最后成像，从而实现对地面各种景物进行探测和识别的一种对地观测综合技术。卫星遥感是一种利用轨道卫星上的传感器远距离获取目标特征信息的技术。还需要说明的是，本书所讨论的卫星遥感是近地空间空域内的卫星遥感。因此，本书的卫星遥感也称为空间对地观测。相应地，卫星遥感系统也称为空间对地观测系统，简称对地观测系统。

13.1 卫星遥感概述

卫星遥感系统的优点主要有时效性、周期性和数据综合性强。具体表现为卫星遥感获取资料快、周期短，能够在灾害发生后的几个小时内提供受影响区域的详细图像和数据，有效评估灾害规模和影响程度，且其不受高山、冰川、沙漠等恶劣条件限制；卫星遥感能动态反映地面事物的变化，遥感探测能周期性、重复地对同一地区进行对地观测，有助于人们动态跟踪事物的变化，这对监测作物生长状况、评估干旱或洪水对农业的影响等方面来说尤为重要；遥感探测所获取的是同一时段覆盖大范围地区的遥感数据，这些数据综合地反映了各类事物的形态与分布等信息，通过捕捉同一时段的多源数据，可以对环境变化进行全面监测。目前，无论是在环境监测与保护、农业管理、灾害响应、城市规划、国防安全还是资源勘探等领域，卫星遥感技术都发挥着至关重要的作用。

13.1.1　卫星遥感分类

按照不同的分类标准，卫星遥感可以划分为图13-1所示的几种类别。

卫星遥感					
按遥感电磁辐射源分类	按遥感传感器工作的电磁波波段分类	按遥感数据的类型分类	按应用的地理范围分类	按应用领域分类	……
主动遥感 被动遥感	可见光/近红外遥感 热红外遥感 微波遥感	成像遥感 非成像遥感	全球遥感 区域遥感 城市遥感	资源遥感 环境遥感 农业遥感 林业遥感 渔业遥感 地质遥感 气象遥感 灾害遥感 军事遥感 ⋮	⋮

图 13-1　卫星遥感分类

比较常见的几种分类方式如下。

1．按遥感电磁辐射源分类

按照遥感过程中的电磁辐射源的不同，卫星遥感可分为2类：主动遥感和被动遥感。（1）主动遥感：由遥感传感器主动向地物目标发射电磁辐射能量，并接收地物目标反射的电磁能量作为遥感传感器接收和记录的能量的来源。（2）被动遥感：不会主动发出电磁辐射能量，而是接收地物目标自身热辐射和反射自然辐射源（主要是太阳）的电磁能量作为遥感传感器的输入能量。

2．按遥感传感器工作的电磁波波段分类

按照遥感传感器所用的电磁波波段，卫星遥感可分为3类：可见光/近红外遥感、热红外遥感和微波遥感。（1）可见光/近红外遥感：主要指利用可见光（0.4~0.7μm）和近红外（0.7~2.5μm）波段的遥感技术。可见光波段是人眼直接可见的光谱段，近红外波段虽然不能直接被人眼看见，但能够被特定的遥感传感器接收。这两个波段的辐射来源都是太阳，通过不同地物反射率的差异，就可以辨别有关地物的信息。（2）热红外遥感：通过红外热敏元件探测物体自身的热辐射能量，并形成地物目标的辐射温度图像或热场图像。热红外遥感的工作波段集中在8~14μm。地物在常温下热辐射的绝大部分能量位于此波段，在此波段地物的热辐射能量大于其对太阳辐射反射的能量。热红外遥感的优势在于其具有昼夜工作的能力。（3）微波遥感：利用波长为1~1 000mm的电磁波完成遥感功能。其通过接收地物发射的微波辐射能量，或者接收遥感设备本身发出的电磁波的反射信号对物体进行探测、识别和分析。微波遥感的优势在于其能够全天候工作，同时对云层、地表植被、松散沙层和冰雪具有一定的穿透能力。

3．按遥感数据的类型分类

按照遥感数据的类型，卫星遥感可分为2类：成像遥感和非成像遥感。（1）成像遥感：传感器接收和记录的电磁能量信息最后以图像形式保存。（2）非成像遥感：传感器接收和记录的电磁能量信息不以图像形式保存。

4．按应用的地理范围分类

按照应用的地理范围，卫星遥感可分为3类：全球遥感、区域遥感和城市遥感。（1）全球遥感：全面系统地研究全球性资源与环境问题的遥感的统称。（2）区域遥感：以区域资源开发和环境保护为目的的遥感工程，通常按行政区划（国家、省、区等）、自然区划（如流域）或经济区划进行。（3）城市遥感：以城市环境和生态作为主要的调查研究对象的遥感工程。

5．按应用领域分类

其他的分类还有很多，如按照应用领域，卫星遥感可分为资源遥感、环境遥感、农业遥感、林业遥感、渔业遥感、地质遥感、气象遥感、灾害遥感和军事遥感等，每个应用领域还可以进一步细分出不同的应用专题。

13.1.2 卫星遥感组成

卫星遥感是通过卫星遥感系统来实现其功能的。卫星遥感系统主要由遥感卫星分系统、地面分系统和星地链路组成，其中遥感卫星分系统由有效载荷和支持平台组成，以满足航天任务要求。地面分系统由地面测控分系统、地面运控分系统和地面应用分系统组成。卫星遥感系统体系架构如图13-2所示。其中，遥感卫星分系统又称为空间段，地面测控分系统、地面运控分系统和地面应用分系统统称为地面段。需要说明的是，由于卫星遥感系统是指卫星已发射成功并开始执行任务时参与工作的各分系统，因此它不包括发射遥感卫星时必不可少的另外两个重要的分系统，即运载火箭和卫星发射场。

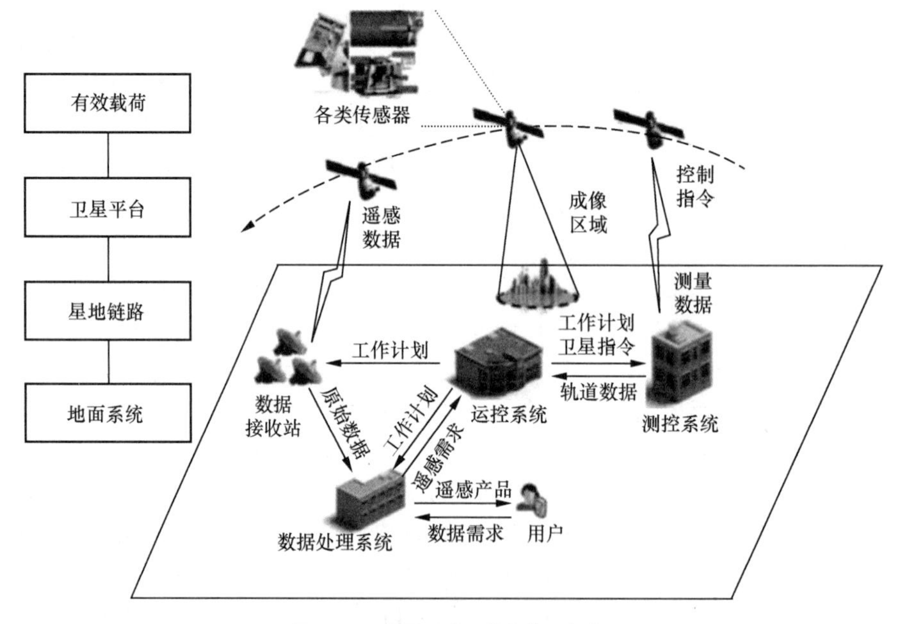

图13-2　卫星遥感系统的体系架构

1．卫星平台

卫星平台由遥感卫星及其支持平台所构成。遥感卫星常采用太阳同步轨道、回归轨道等1 000 km以下低轨，也有部分处于地球同步轨道。低轨卫星具有发射成本低、重访次数高、数据传输速率高等优点，更利于完成全球观测任务和观测数据快速下传。支持平台主要由控制、测控、星上数据管理、电源、结构、热控、推进等子系统构成，它们为卫星完成特定任务提供所有必要的保障。

2．有效载荷

有效载荷即卫星平台搭载的对地感知观测设备，目前已投入使用的包括光学、合成孔径雷达、多光谱/高光谱等各类载荷，其性能直接关系到遥感的分辨率和成像质量。

3．星地链路

星地链路主要包括测控链路和数传链路，测控链路主要以S/X频段为主，数据传输链路主要以X频段为主。我国部分地面站具备Ka频段的下行数据接收能力，码速率可达4 × 1.5 Gbit/s。

4．地面测控分系统

地面测控分系统是用来跟踪、测量、监视在轨运行的卫星的飞行轨道、姿态和工作状态的系统。在卫星随运载火箭发射升空入轨运行后，地面测控分系统需要及时测量卫星的运行轨道，以及掌握卫星平台和有效载荷的工作情况及其工程参数，并对卫星进行任务操控。地面测控分系统的功能包含跟踪测轨、遥测、遥控3个方面，其中跟踪测轨任务又由卫星的测角、测距、测速等功能来实现，上述多种功能在地面测控分系统中形成一个统一体。

5．地面运控分系统

地面运控分系统是任务综合管理控制中心，也是卫星遥感系统的神经中枢，主要用于综合规划卫星遥感成像任务，统筹调度星、地资源，集中接收和有效管理遥感数据，确保全系统协调、高效地运行。地面运控分系统由任务规划、指挥调度、任务控制、信息传输和数据接收等子系统组成。

6．地面应用分系统

地面应用分系统主要处理各类卫星遥感数据，准确、快速地生成遥感图像产品，进行定标和质量评定，为国家、各用户决策提供信息服务。地面应用分系统通常由综合管理、信息处理、情报处理、产品制作、定标测试、质量评定等单元组成。

此外，为了提高卫星遥感技术的性能，可将卫星导航系统和跟踪与数据中继卫星系统作为卫星遥感的增强系统。卫星导航系统可以为遥感卫星实时提供定位、定轨和原始测量数据。遥感卫星通过接收导航卫星的信号并进行高精度的测定轨处理，将高精度的测定轨数据作为其载荷的辅助数据来提高图像预处理的定位精度；利用导航系统的高精度授时功能，对星上的时间系统进行高精度的授时；通过导航接收机的高精度轨道计算，为星上的控制系统提供实时、高精度的轨道参数。跟踪与数据中继卫星系统是转发地球站对中低轨道遥感卫星的跟踪测控信号及卫星发回地球站的测控信息和高速图像数据的通信卫星系统。

13.1.3 卫星遥感发展历程

卫星遥感是伴随人类航空航天技术和航空测量技术共同发展的产物。早在1858年，有人就用系留气球拍摄了法国巴黎的鸟瞰照片。1909年，第一张航空照片产生。第一次世界大战和第二次世界大战期间，随着彩色摄影、红外摄影、雷达技术、多光谱摄影和扫描技术的问世，以及运载工具和判读成图设备的不断发展，航空摄影测量学获得了很大的发展。1957年10月4日，苏联发射了人类第一颗人造地球卫星，第一次实现了从太空对地球通信的壮举。1960年4月1日，美国发射了全球第一颗试验性遥感卫星——TIROS-1气象卫星，成功地通过电视摄像机拍摄到了清晰的台风云图。20世纪60年代，美国发射了TIROS、ATS、ESSA等多颗气象卫星。1972年，美国发射了地球资源技术卫星ERTS-1（后改名为Landsat1），其装有MSS传感器，分辨率为79m。1982年，美国发射了Landsat4卫星，其装有TM传感器，分辨率提高到了30m。1986年，法国发射了SPOT-1卫星，其装有全色摄像机和XS传感器，分辨率提高到了10m。1999年，美国发射了IKONOS卫星，其分辨率提高到了1m。2000年，EO-1卫星被发射，它主要携带高级陆地成像仪和亥伯龙神（Hyperion）传感器。2000年，航天飞机干涉雷达测图计划SRTM被成功实施。2002年，欧盟大型环境卫星ENVISAT-1被成功发射。2003年，首个星载激光测高雷达ICESat-1/GLAS（地球科学激光测高系统）被成功发射。2006年，全球首个应用型星载激光雷达系统CALIPSO被成功发射。2007年，德国TanDEM-X卫星被成功发射。2009年，全球最高精度的数字高程模型（digital elevation model，DEM）数据ASTER GDEM发布。2013年，美国Landsat8卫星被成功发射。2014年，欧盟“哨兵-1A”卫星被成功发射。2014年，美国发射了WorldView 3遥感卫星。2014年，日本发射了ALOS-2遥感卫星，并搭载了UNIFORM 1、SOCRATES、Rising 2、SPROUT 4颗卫星。2014年，俄罗斯为埃及发射了EgyptSat-2卫星。2014年，以色列发射了“地平线10号”对地观测遥感卫星（军事间谍卫星）。2015年，印度发射了新加坡研制的Teleos-1遥感卫星等（6颗）卫星。2016年，欧洲航天局（简称欧空局）发射了土耳其的“蓝突厥-1号”遥感卫星（军用光学侦察卫星）、美国的SkySat卫星（SkySat-4、SkySat-5、SkySat-6、SkySat-7）、秘鲁的Perusat-1卫星。2016年，美国发射了WorldView-4商业遥感卫星（DigitalGlobe公司旗下的多光谱、高分辨率的商业遥感卫星）。2016年，印度发射了CartoSat-2C等（21颗）卫星，包括CartoSat-2C遥感卫星（主载荷）、4颗微小卫星（每颗重85~130kg）和16颗纳米卫星（每颗重4~30kg）。其中，有18颗卫星来自美国、加拿大、德国和印度尼西亚等国的机构。2016年，俄罗斯发射了Lomonosov、AIST-2D、SamSat-218、Resurs-P3卫星。2017年，美国发射了SkySat 8~SkySat 13共6颗遥感卫星及4颗Dove卫星。2017年，俄罗斯发射了地球遥感卫星Kanopus-V-IK等（73颗）卫星，其主要负责观测地面的火灾情况。2017年，印度分批发射了包括CartoSat 2D、CartoSat-2E（高分辨率遥感卫星）在内的多个国家的135颗小卫星。2018年，印度发射了包含CartoSat-2F遥感卫星在内的31颗卫星，除了主载荷来自印度，其他小卫星来自美国、加拿大、法国、韩国等国家。2018年，珠海欧比特宇航科技股份有限公司发射并运营商业遥感卫星星座中的第2组卫星“珠海一号”高光谱卫星，该组包括5颗卫星（4颗高光谱卫星、1颗高分辨率卫星），高光谱卫星数据设计传输32个波段，空间分辨率可达10m，扫描带宽可达150km。2019年9月，中国发射第一颗自建商业高光谱卫星资源一号（ZY-1）02D（5m光学卫星），是自然资源部主持的中分辨率遥感业务卫星。2019年11月，中国发射入轨的高分七号（GF-7）卫星，可以获取亚米级立体影像。2020年，中国共计发射34颗遥感卫星，其中航天科技集团研制遥感卫星14颗。2021年，欧空局在其法属圭亚那库鲁航天中心发射 Pléiades Neo 4地球遥感卫星与4个立方星，所提供的遥感图像分辨率可达30cm，覆盖范围可达500 000km^2。2021年，美国发射了奥德赛号（Odyssey）遥感卫星，是战术响应发射计划（TacRL）的一颗技术演示卫星，用于空间检测。2022年，美国发射了EMIT、PetitSat和SWOT三颗遥感卫星。2023年，美国发射了鹈鹕1号（Pelican-1）遥感卫星，超过SkySat市场领先的每日高达10次的重访率，拥有更高的时间分辨率、更短的反应时间和延迟，能够跟踪监测到地物的动态变化。同年还发射了量子生成材料1号（GENMAT 1），属于6U纳卫星，配备了高光谱成像仪能够收集450nm至900nm之间的超光谱成像数据。2023年，俄罗斯发射了雷达遥感卫星神鹰-FKA，能以中高分辨率对陆地和海洋进行全天候探测。2024年3月，俄罗斯成功发射了“资源-P”四号地球遥感卫星，其具备高精度观测地表的能力，主要用于研究自然资源、监测环境退化和污染、探测矿产分布等。遥感卫星发展阶段如图13-3所示。

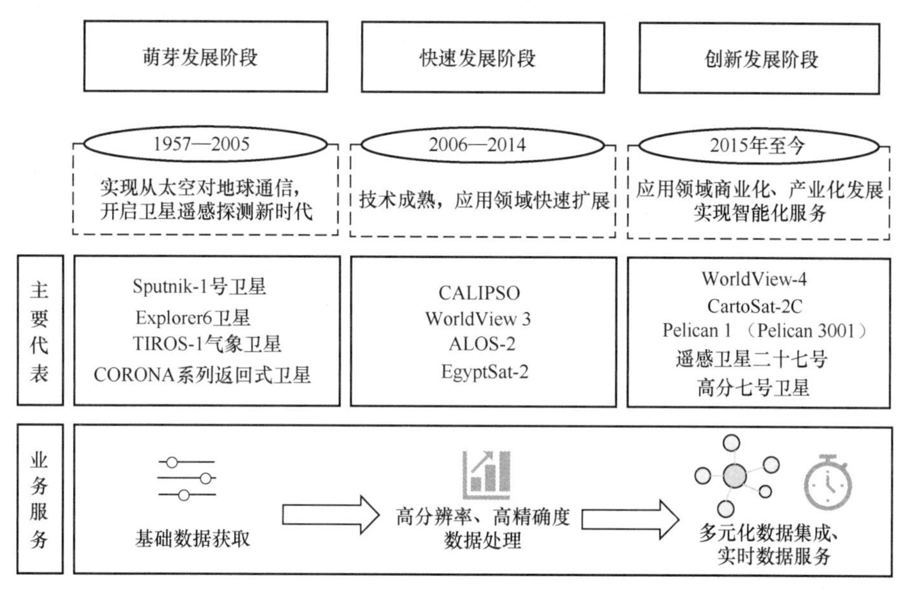

图 13-3 遥感卫星发展阶段

从技术角度看，卫星遥感的发展主要体现在以下几个方面。

1．遥感平台方面

卫星遥感的平台主要是卫星。在空间轨道中，有地球同步轨道卫星和非地球同步轨道（主要是低轨道）卫星；有综合目标卫星，也有专题目标卫星；有单星独立运行，也有多星组成星座运行（主要是小卫星群）。不同高度、不同倾角的卫星构成了对地球及近地空间的多角度、全方位、多周期的观察。

2．传感器方面

随着遥感探测的波段覆盖范围不断延展，波段的分割越来越精细，从一个波段向多谱段发展；成像光谱技术的出现把遥感探测波段从几百个推向上千个，其所能探测的目标的电磁波特性更能全面地反映物体的性质；成像雷达所获取的信息也向多频率、多角度、多极化方式、多分辨率的方向发展；激光测距与遥感成像的结合使得三维实时成像成为可能；各种传感器的空间分辨率提高；数字成像技术的发展打破了传统摄影与扫描成像的界限。此外，多种遥感探测技术的集成技术日趋成熟，随着遥感探测技术的发展，其集成度将更高。

3．遥感信息的处理方面

在摄影成像、胶片记录的时代，光学处理和光电子学影像处理起到了主导作用。数字成像技术的发展推动了计算机图像处理技术的迅速发展。众多的传感器和日益增长的大量探测数据使得信息处理显得更为重要；大容量、高速度运行的计算机与功能强大的专业图像处理软件的结合成为主流。在信息提取、模式识别等方面，遥感信息处理不断引入相邻学科的信息处理方法，丰富了遥感图像处理内容，使得遥感信息处理更趋智能化。为了满足高分辨率遥感图像和雷达图像处理的要求，除了在光谱分类方面改善图像处理的方法，结构信息的处理、多源遥感数据及遥感与非遥感数据的融合也得到了重视和发展。

13.2 典型卫星遥感系统

遥感技术作为一种强大的地球观测手段，在全球范围内发挥着越来越重要的作用。本节从空间段（卫星技术和特性）、地面段（地面支持和数据处理）、用户段（数据应用和服务）以及系统应用（特定领域的应用）等方面介绍了一系列先进的遥感系统，包括高分辨率可见光卫星遥感系统、红外卫星遥感系统、高光谱分辨率卫星遥感系统、高精度立体测绘卫星遥感系统、高分辨率合成孔径雷达卫星遥感系统、高精度微波卫星遥感系统和地球同步轨道光学卫星遥感系统。这些系统利用不同的技术手段，提供了从数千米级到微米级不等的空间分辨率，覆盖了从可见光到微波等广泛的光谱范围，能够在任何天气条件下对地球表面和大气进行持续监测。

13.2.1 高分辨率可见光卫星遥感系统

1．系统简介

遥感卫星的分辨率是指能够被光学传感器识别的单一地物的尺寸或两个相邻地物间的最小距离。分辨率越高，遥感图像所包含的地物形态信息就越丰富，遥感卫星系统能识别的目标就越小。遥感卫星影像的高分辨率是一个相对的概念，其分辨率随着技术的发展不断提升，由开始的10m逐渐提升到5m、3m、1m，甚至达到“亚米级”（1m以下）。2014年，美国发射的WorldView-3卫星能够提供分辨率为0.3m的高清地面图像。

2．空间段

国外有代表性的高分辨率可见光卫星遥感系统如下。

WorldView-1卫星于2007年9月被发射，由美国 DigitalGlobe公司运营，星载大容量全色成像系统，其每天能够拍摄长达500 000km^{2}的分辨率为0.5m的图像，能够快速瞄准要拍摄的目标并有效地进行同轨立体成像。

WorldView-2卫星于2009年10月被发射，能够提供分辨率为0.5m的全色图像和分辨率为1.8m的多光谱图像。星载多光谱遥感器增加了四个额外的谱段，用于精确变化的检测和制图。

法国的Pléiades卫星系统由卫星Pléiades 1和Pléiades 2组成，这两颗相同的卫星分别在2011年和2012年被发射。每颗卫星的最高日采集能力为1 000 000km^2，约600景，幅宽为20km，分辨率高达0.5m，支持多种数据采集模式。

俄罗斯的Resurs-P1卫星的轨道高度为500km，能获取分辨率为1m的全色图像和分辨率为4m的多光谱图像，同时配备高光谱传感器和多光谱传感器，能够获得具有高清晰度的图像（分辨率达0.7m）。

3．地面段

高分辨率可见光卫星遥感系统的地面段包括基准站、主控站、时间同步注入站和监测站等若干地球站。遥感卫星地球站是用来接收、处理、归档和分发各类遥感卫星数据的技术系统，由跟踪接收分系统、数据管理分系统和照相处理分系统组成。

跟踪接收分系统拥有一个抛物面天线，其通常有自动、程控和手动3种跟踪方式，用以跟踪遥感卫星和接收它搜集的遥感数据及遥测信号。它根据事先已知的卫星轨道参数来确定天线的起始指向，以便捕获卫星并进入自动跟踪状态。

数据管理分系统记录地球站收藏的原始遥感数据和其加工处理好的成品的有关信息，用户可利用关键字检索提取这些数据。用户可规定需要了解的地域的地理多边形，然后提取该区域内有关数据的信息。该系统还可提供地球站运行管理方面的情况和报告。

照相处理分系统一般配备有高精度的放大机、复印机、彩色合成仪、感光仪、密度计和自动冲洗设备。

4．用户段

高分辨率可见光卫星遥感系统的用户段包括基础产品、终端产品、应用系统与应用服务等。DigitalGlobe公司提供核心与正射两个系列的产品，核心产品分为基本图像、标准图像和立体图像3个层次；正射产品分为浏览图像、投影图像和高精度图像3个层次。另外，DigitalGlobe公司还建立了“数字全球”在线数据库，可以24小时向全球用户提供各种网络服务，包括数据查询订购、数据分发、数据集成和安全保障。随着卫星影像数据的增加，运营商还开发了动态变化监测、精准农业等增值服务，并能根据用户定义的范围直接下传图像。

5．系统应用

高分辨率可见光卫星遥感系统的数据产品虽然只占遥感图像数据的一部分，却提供了对全球陆地和海洋的广泛覆盖。通过采用先进的图像增强技术，这些数据产品为地球科学等多个学科和领域的研究人员提供了丰富的地球资源观测信息，这些信息具有极高的价值。这些高精度的图像数据在自然资源保护、环境监管、灾害预警等领域发挥着关键作用。

13.2.2　红外卫星遥感系统

1．系统简介

在电磁波谱中，通常把波长范围为0.76~1 000μm的区间称为红外波谱区，其又分为近红外（0.76~3.0μm）、中红外（3.0~6.0μm）、远红外（6.0~15.0μm）和超远红外（15.0 ~1 000μm）几个波谱区。由于大气的吸收，实际上仅有几个红外窗口波段可利用。近红外波段主要用于光学摄影，只能在白天工作；远红外波段来自地物自身的辐射，也称为热红外波段，主要用于夜间红外扫描成像。受大气作用的影响，卫星传感器接收的热辐射主要集中在3~5μm和8~14μm这两个大气窗口，前者为中红外窗口区，在该区间反射和发射特性同等重要；后者为热红外窗口区，该区间以目标物发射的热辐射为主。任何温度高于绝对零度（0K或−273℃）的物体都会不断地向外界以电磁波的形式发射热辐射，使得热红外遥感能够实现对目标物的全天时遥感监测。

2．空间段

美国地球观测系统计划用一系列低轨道卫星对地球进行连续的综合观测，主要目的是：实现从单系列极轨空间平台上对太阳辐射、大气、海洋和陆地进行综合观测，获取有关海洋、陆地、冰雪圈和太阳动力系统等的信息；进行土地利用和土地覆盖研究、气候的季节和年际变化研究、自然灾害监测和分析研究、长期气候变化及大气臭氧变化研究等，进而实现对大气和地球环境变化的长期观测与研究。

地球观测卫星（earth observation satellite，EOS）是该计划中一系列卫星的简称，分为上午卫星和下午卫星。Terra卫星于1999年发射，运行在705km高的近极地轨道上，搭载5种传感器（CERES、MODIS、MISR、ASTER、MOPITT），能覆盖全球1~16天。AQUA卫星于2002年发射，也位于705km高的轨道上，采用三轴稳定平台，配置6种传感器（CERES、MODIS、AIRS、AMSU-A、HSB、AMSR-E），两者共同监测地球大气、陆地、海洋及太阳能量。Terra和AQUA上搭载的MODIS支持36个离散光谱波段，实现了从0.4μm的可见光到14.4μm的热红外的全覆盖，是卫星上唯一将实时观测数据通过X频段向全世界直接广播，并使用户免费接收数据且无偿使用的星载仪器，许多国家和地区都在接收与使用这些数据。

3．地面段

红外卫星遥感系统的地面段和其他系统一样，包括基准站、主控站、时间同步注入站和监测站等若干地球站。通常地球站都要有接收卫星波段的上/下链设备，包括自动跟踪设备、测距系统、频率和定时系统、监控系统及通信系统，并配有不间断电源设备或发电系统。大多数地球站都不只接收一种卫星的遥感数据，其接收设备通常需要有S频段和X频段的接收与发射设备，有些地球站的天线能对Ka频段、Ku频段的信号进行接收。S/X频段的天线口径一般为10~35m。

4．用户段

红外卫星遥感数据处理包括三个关键步骤：传感器定标、地表比辐射率计算和大气透过率获取。首先，通过传感器定标，将数据的灰度值（DN值）转换成热辐射强度值，并计算亮度温度，提供定标参数以确保准确性。其次，地表比辐射率通过对遥感图像的分类和赋予不同覆盖类型相应的比辐射率值来计算。最后，大气透过率通过分析大气水汽含量来估算，利用MODIS或Landsat数据可获得相关参数，从而较为准确地估计地表特性。这些步骤共同确保了红外遥感数据的精确和实用性。

5．系统应用

热红外卫星遥感的空间分辨率已从最初的数千米提升至百米甚至十米级，时间分辨率也从多天缩短到逐小时观测。这项技术主要用于反演地表温度和发射率，准确性不断提高，现海表温度反演误差控制在0.3K，陆表温度误差在1.0K。同时，遥感技术集成了时间、空间、光谱和角度信息，多星组网模式替代了单星模式，实现了全球连续监测。中红外和热红外卫星遥感广泛应用于环境监测、减灾、城市热岛效应研究、地质勘探、环境污染监测及国防侦察，为各种环境和安全领域提供关键数据。

13.2.3 高光谱分辨率卫星遥感系统

1．系统简介

高光谱分辨率卫星遥感又称为高光谱遥感（hyperspectral remote sensing，HRS），起源于20世纪80年代。高光谱遥感系统利用成像光谱仪在连续的十几个甚至几百个光谱通道获取地物辐射信息，在取得地物空间图像的同时，每个像元都能够得到一条包括地物诊断性光谱特性的连续光谱曲线。第一台成像光谱仪AIS-1于1983年在美国被研制成功。经过航空试验和成功应用后，美国新千年计划的EO-1卫星搭载了具有200多个波段的Hyperion航天成像光谱仪，从而正式开启了高光谱遥感时代。高光谱遥感卫星的光谱分辨率要求为5~10nm，地面分辨率为30~1 000m。

2．空间段

地球观测卫星EO-1是美国NASA新千年计划的第一颗卫星，发射于2000年11月，运行在高度为705km的太阳同步轨道上，周期为98min，每16天对全球覆盖一次。搭载Hyperion航天成像光谱仪，可提供242个波谱通道。其中，220个波谱通道彼此不重叠，覆盖357~2 576nm的波谱区。

WorldView-3卫星，发射于2014年，是全球首个具有0.3m分辨率的商业遥感卫星，具备高级传感器和扩展波段功能。WorldView-4卫星是美国DigitalGlobe公司拥有的第五代高清晰度光学卫星，于2016年被发射，与WorldView-3共享技术平台，一起提供分辨率为0.3m的卫星图像。

3．地面段

很多高光谱遥感卫星都采用了可见光和近红外波段，且能够提供很高的图像分辨率。国际上的卫星地面接收站主要有：美国的NASA地球站、欧空局覆盖全球的地面跟踪站网络，以及俄罗斯、加拿大、英国、德国、澳大利亚、日本、印度和中国的地球站等。

4．用户段

虽然2017年 EO-1卫星已退役，但其以前产生的数据产品依然可获得。EO-1的Hyperion数据产品分两级，即 Level 0（L0）和 Level 1（L1），L0产品是原始数据，仅用于生产L1产品，用户使用的是L1产品。

DigitalGlobe公司推出了全新高分辨率卫星图像搜索工具 Discover，代替其使用了20多年的搜索工具ImageFinder，可用于查看WorldView系列卫星收集的遥感图像。

5．系统应用

高光谱遥感对复杂地物、环境具有突出的识别和分类能力。高光谱遥感技术利用高光谱特性，在矿物分析、植被监测、水质评估、国防安全以及空气品质监测等领域展现了广泛的应用潜力。它能够精确识别矿物成分、评估作物健康状况、追踪水体污染、辨识军事目标和分析战场环境，同时监测大气中的污染和温室气体水平。这使得高光谱遥感成为地质勘探、农业产量估计、环境保护及国防安全等多个领域的重要技术手段。

13.2.4 高精度立体测绘卫星遥感系统

1．系统简介

高精度立体测绘卫星遥感系统专注于获取高分辨率和高精度的全球或局部地理环境信息，如地形、地球重力场和地磁场。这些系统由多个测绘卫星系统组成，相互联系而不完全相互依赖，共同执行测绘任务。技术进展从早期的胶片摄影测量转向现代的CCD光电探测技术，现代测绘卫星主要采用三种CCD配置：三线阵、双线阵和单线阵，实现了从胶片到数字的转变。

2．空间段

高精度立体测绘卫星遥感系统由多种卫星组成，包括地球静止轨道卫星、倾斜地球同步轨道卫星和中圆地球轨道卫星，实现高效的立体测绘。法国的Pleiades卫星，由两颗同构卫星组成，提供每日全球重访能力和灵活的姿态控制，以满足高精度数据需求。WorldView-2卫星是世界上第一颗高分辨率、8波段的商业遥感卫星，该卫星具备平均1.1天的重访周期和每天1 000 000km^2的数据获取能力。GeoEye-1卫星采集影像的分辨率为全色（黑白）0.41m、多光谱1.65m，对地面目标的定位精度达 3m，其支持高分辨率和3天内的重访功能，并提供了精确的定位和制图功能。

3．地面段

高精度立体测绘卫星遥感系统的地面段涉及任务规划、数据接收与处理、产品生成和分发，并确保与其他地球观测系统的兼容性。Pleiades卫星的地面段强调多遥感器和多用户协同，具有位于法国、瑞典、西班牙和意大利的用户中心，每个中心独立处理需求。WorldView-2卫星通过DigitalGlobe公司的三个地球站向总部传输大量数据，满足商业需求。GeoEye-1卫星的地面运控中心位于弗吉尼亚州杜勒斯，具有在美国、挪威和南极洲的地球站，这些站点支持数据接收和任务控制。

4．用户段

高精度立体测绘卫星遥感系统的用户段提供多样化的终端产品和服务，以满足不同的应用需求。Pleiades卫星图像通过实时预处理归一化简化了数据接收流程，为全球用户提供多种标准化产品。WorldView-2卫星提供预正射多光谱图像产品，这些产品经过辐射定标和大气校正，配备有RPC参数文件，便于进行高精度地理信息工程应用。GeoEye-1卫星用户可订购从基本到高级的图像处理产品，包括正射图像、立体图像及其衍生产品如DEM和DSM，以及进行个性化处理以满足高精度应用需求的服务。

5．系统应用

高精度立体测绘卫星遥感系统通过高空间分辨率和多光谱波段有效提高地面特征分类的精确性，广泛应用于植被分析、土地利用监测和水质监测等领域。特别是WorldView-2卫星，其8个波段和特殊CCD排列方式增强了对运动物体检测和细节捕捉的能力。Pleiades卫星则用于大规模地区测绘和自然灾害监测，能够提供快速、高精度的地面数据。GeoEye-1卫星利用其高级传感器和立体成像技术，支持国家安全、交通和环境监测等多种高精度地理空间分析。这些卫星系统的高效数据获取和精确定位能力，显著提升了立体测绘和地面分析的性能。

13.2.5 高分辨率合成孔径雷达卫星遥感系统

1．系统简介

高分辨率合成孔径雷达（synthetic aperture radar，SAR）卫星遥感系统利用SAR技术进行对地观测，始于1972年美国NASA的机载L频段SAR试验，后纳入NASA的海卫-1计划。SAR通过在直线路径上移动单个小天线，接收并处理来自同一地物的回波信号，合成等效的大天线，从而提供高方位向分辨率。由于SAR的方位分辨率与距离无关，因此非常适合安装在卫星平台上，能够产生高分辨率遥感图像。

2．空间段

不同的SAR卫星具有不同的工作方式、天线类型和极化方式。以下选择KOMPSAT-5和“哨兵-1A”2个典型的高分辨率SAR卫星进行介绍。

KOMPSAT-5卫星主体为六棱柱形，采用三轴稳定设计，星上装有先进的SAR系统，工作在X频段，可采用3种波束模式对地成像，最高地面分辨率为1m，幅宽为5~100km。

“哨兵-1A”卫星采用Prima平台，卫星质量为2.3t，尺寸为2.8m × 2.5m × 4.0m，雷达天线长12m，有效载荷为CSAR。卫星运行于高度为693km的太阳同步轨道。“哨兵-1A”卫星的SAR工作模式有条带模式、干涉宽幅模式、超宽幅模式和波模式4种，幅宽分别为80km、250km、400km、100km，分辨率分别为5m × 5m、5m × 20m、20m × 40m、5m × 5m。

3．地面段

高分辨率合成孔径雷达卫星遥感系统的地面段由多个分系统组成，其主要功能是规划卫星摄影任务和管理有效载荷的运行、接收卫星下传数据、生成卫星图像产品、完成数据的存储管理与分发、进行在轨几何定标和辐射定标等。

KOMPSAT-5卫星的地面段由地球站的任务控制单元和图像接收、处理单元两部分构成。前者主要负责卫星监控及轨道控制，并提供任务规划；后者负责卫星图像数据的接收、处理和分发，以满足KOMPSAT-5卫星的任务需求。

“哨兵-1A”卫星受两个地面中心的控制，其中位于德国达姆施塔特的欧洲空间运行中心负责卫星的运行，位于意大利中部的欧洲空间研究所（European space research institute，ESRIN）负责有效载荷数据的处理与归档。

4．用户段

高分辨率合成孔径雷达卫星遥感系统的用户段包括终端产品、应用系统与应用服务等。用户可以使用终端设备（如手机、计算机等）来使用卫星提供的应用与服务。不同的卫星提供的数据类型、数据的方式各有不同。

KOMPSAT-5卫星的数据由韩国未来创造科学部所属的韩国航空宇宙研究院（Korea aerospace research institute，KARI）负责接收和处理，并由KARI向韩国政府部门、地方行政机构和科研机构等进行数据分发。此外，KOMPSAT-5卫星的数据由选定的代理商面向企业和机构等进行商业销售。

“哨兵-1A”卫星的数据采用条带模式、干涉宽幅模式、超宽幅模式获取，通过L0、L1、L2这3个层次的成果来分发。与其他卫星的运营模式不同，用户通过SCI-Hub网站可免费获取该卫星L0、L1这两个层次的存档数据。

5．系统应用

KOMPSAT-5专注于全球侦察监视、测绘、海洋观测以及环境和灾害监测，以满足韩国对遥感数据的需求。“哨兵-1A”卫星提供广泛的监测服务，包括北极和海冰监测、海洋环境监视、海上安全、地表形变、水资源管理、林火和洪水管理，以及支持全球制图和人道主义援助。

可见，SAR具有全天候、全天时成像等特点，在民用环境监测和减灾救灾、军事侦察方面具有独特的优势，有着广阔的应用前景。通过对国外SAR卫星的了解可以看出，多极化、多模式已经成为当前星载SAR的主流设计，其图像分辨率已经普遍提高到了米级，卫星规模也在朝着轻量化和小型化方向发展，并已经用于动目标检测、干涉SAR立体成像等。

13.2.6 高精度微波卫星遥感系统

1．系统简介

微波遥感就是利用传感器接收各种地物反射或发射的微波信号，借以识别、分析地物，提取所需信息。微波遥感可分为主动和被动两种方式。被动方式的微波遥感与可见光遥感和红外遥感类似，由微波扫描辐射计接收地标的微波辐射。目前多数星载雷达采用主动方式进行遥感，即由遥感平台发射电磁波，然后接收辐射和散射的回波信号，从而探测地物的后向散射系数和介电常数。微波遥感发射的电磁波波长一般较长，为1mm~1m。微波遥感卫星搭载的传感器分为被动式和主动式两种，被动式传感器有微波辐射计，主动式传感器有微波散射计、雷达高度计、孔径侧视雷达。

高精度微波卫星遥感系统具备全天时、全天候的工作能力，能够穿透云层等大气条件探测地面物体。利用不同频率、极化方式和观测角度，微波遥感器能获取丰富的目标信息，包括距离和相位数据，为地物的综合分析提供了多维度的视角。

2．空间段

高精度微波卫星遥感系统利用搭载在卫星上的设备实现微波遥感功能。

RadarSat-2卫星与RadarSat-1卫星拥有相同的轨道，但为了获得两星干涉数据，其比RadarSat-1卫星滞后30min。卫星的有效载荷由星载SAR系统、总线舱和可展开支撑结构组成。

TerraSAR-X卫星可以在4~5天内扫描地球的所有区域，也可以在3天甚至更短的时间内对任何重点目标进行优先观测。

3．地面段

高精度微波卫星遥感系统的地面段由多个地球站构成，包括基准站、主控站、时间同步注入站和监测站等。RadarSat-2卫星的地面部分负责卫星控制、订单处理、数据接收与处理及分发。其数据接收包括条带模式、扫描模式和聚束模式，每种模式根据不同的成像需求调整雷达天线的入射角和覆盖区域。接收到的SAR数据经过解密和解码处理，然后进行天线模式改正和内部校准。星载合成孔径雷达的成像处理涉及复杂的技术流程，包括多普勒频率估算和成像参数的精确调整，TerraSAR-X卫星利用高精度设备和算法优化这些参数，确保成像质量。此外，TerraSAR多模式SAR处理器还采用CS（chirp scaling）成像算法支持多模式成像，并使用高分辨率DEM进行天线功率方向图的改正，以及自动相位补偿措施以适应器件温度变化，提高SAR成像的整体性能和精度。

4．用户段

RadarSat-2卫星具备左右视转换能力，提高了观测同一地物的周期并增强了立体图像和动态信息的获取。它支持多种成像模式，如HH、VV、HV、VH极化方式，以及全极化、聚束模式、超精细模式等，大幅提升成像质量和分辨率。TerraSAR-X卫星通过多视处理调整分辨率和像元大小，具备地理编码的功能，并使用通用横墨卡托（universal transverse mercator，UTM）投影和通用极球面（universal polar stereographic，UPS）投影方法对图像进行几何处理。此外，所有图像均生成低分辨率快视图以显示成像区域的大致位置和地界信息，完成后进行复数、正射校正和地理编码处理以优化最终输出。

5．系统应用

高精度微波卫星遥感系统是对地观测的重要工具，具备快速、准确的特性，被广泛应用于资源调查、环境与灾害监测、测绘制图、全球宏观研究及军事等领域，能提供关于地球及其环境的大量连续数据，覆盖陆地、大气、海洋和冰雪等多个方面，从而加深人类对地球系统的理解。其具体应用包括土地、农业、森林和水资源的调查，大气和水质污染的监测，自然灾害的评估，地形测量与城市规划，以及全球性的地质和气候变化研究。此外，其在军事领域中的应用也十分重要，高精度微波卫星遥感系统在军事方面的应用具有高保密性、高精度、全方位等特点。

13.2.7 地球同步轨道光学卫星遥感系统

1．系统简介

国外地球同步轨道光学卫星遥感系统初以低空间分辨率的气象卫星为主，随技术进步向高时间分辨率、高空间分辨率和多谱段成像方向发展。其主要包括气象卫星（如GEOS、METEOSAT、MTSAT等），提供千米级分辨率支持气象预测；高分辨率对地成像卫星，能进行长时间的特定区域连续观测；导弹预警卫星（如美国的DSP和SBIRS、俄罗斯的OKO），居技术前沿。例如，韩国的COMS-1卫星展示了地球同步轨道光学卫星的典型空间段、地面段和用户段功能。

2．空间段

作为韩国首颗具备通信、海洋监视及气象观测功能的多用途卫星，COMS-1卫星采用了欧洲星-E3000（Eurostar-E3000）卫星平台，发射质量为2 600kg，卫星总功率为2.5kW，在轨服务寿命不少于7年。星上携带有气象成像仪、地球静止海洋水色成像仪和Ka频段通信载荷3个有效载荷。卫星外形为箱形结构，附有2个双推进剂储箱。入轨定位后，COMS-1卫星的气象成像仪和数据及通信子系统天线朝向地球，单翼构造的面积约10.6m²的砷化镓太阳能电池阵位于南侧，Ka频段天线反射器则被安置在东、西两面。

3．地面段

地球同步轨道光学卫星遥感系统的地面段包括基准站、主控站、时间同步注入站和监测站等若干地球站。

根据COMS-1卫星的任务需求和系统的整体规划，韩国先后建造了4处地球站以运行支持系统，包括气象卫星中心（meteorological satellite centre，MSC）、韩国海洋卫星中心（Korea ocean satellite center，KOSC）、卫星操作中心（satellite operation center，SOC）和地面通信测试站（communication test station，CTES）。MSC总体负责各项指令的传输、数据接收与采集、跟踪与测距等；KOSC负责海洋数据的处理、传播和有效载荷数据的归档；SOC主要负责航天器监测和控制，以及飞行动力学分析；CTES则提供Ka频段的通信服务。作为地面系统的核心部分，MSC还装备了包括最大口径达13m的天线在内的多副天线。

4．用户段

COMS-1卫星的主要任务是增强气象监测和数据收集能力。通过其气象成像仪，它能每15min传送一次高清气象资料，改善了韩国依赖外国卫星的情况，并将数据收集频率提高至原来的两倍。在恶劣天气条件下，频率可加快至每8min一次，有效支持灾害预防措施。此外，卫星还能提供包括沙尘暴和海水温度在内的16种气象信息，这些都是通过韩国自主研发的气象数据处理系统实现的。

5．系统应用

随着对高分辨率卫星数据的需求增加，特别是在民用减灾、国土资源管理、环境与气象监测、军事侦察等领域，地球同步轨道光学卫星遥感系统因其快速响应和近实时观察能力而备受关注。这类卫星系统在对地观测和空间监测系统中占据核心地位，其是遥感领域的重要发展方向。国际上，这些卫星的应用已扩展到气象遥感、空间监视、导弹预警等多个领域，其平台为载荷提供必要的支持和服务，确保其性能和效益。预计未来地球同步轨道光学遥感卫星的应用将更加广泛。

13.3 卫星遥感网络组网

卫星遥感网络是通过一系列卫星的协同工作，对地球进行持续和全面观测的高科技系统。这些网络能够提供关于地表、大气和海洋的宝贵数据，支持环境监测、灾害预警、资源管理等多种应用。卫星遥感网络的有效性依赖于其组网方法的科学性和网络性能的高效性。

13.3.1 卫星遥感网络组网的综合设计原则

卫星遥感网络组网的综合设计原则主要体现在卫星种类和有效载荷的综合搭配、卫星过境时段的相互衔接和覆盖区域的分工与协作上。

（1）卫星种类和有效载荷的综合搭配：对地观测中综合利用可见光成像卫星分辨率较高、雷达成像卫星覆盖范围大且不受天气影响等有效载荷系统各自的性能优势，使卫星网在整体上性能优良。

（2）卫星过境时段的相互衔接：应根据有效载荷的特性，且考虑地面站的接收能力，给不同的卫星分配不同的过境时间段，能够合理利用地面站资源，尽量避免多星同时过同一地面站造成接收资源冲突的情况。在各种卫星设计轨道时，恰当地选取轨道高度、倾角、升交点经度和过升交点时刻，使各颗卫星过境时段相互衔接起来。

（3）覆盖区域的分工与协作：可见光遥感卫星分辨率高，红外和SAR卫星可识别地面特征，如果设计的轨道为回归轨道，选择恰当的升交点经度和过升交点时刻，使地面覆盖区域相互补充和印证。

由于平时与应急时期对卫星网的空间分辨率和时间分辨率的要求有较大的区别，通过轨道机动或适当增加卫星数盘，以便能快速重访灾害区域，获取相关信息。

单颗卫星对特定地点的覆盖受限于其轨道周期，而卫星遥感网络组网可以通过多颗卫星的轨道设计实现对同一地区的高频次观测。多颗卫星协作，可以实现对地球更大区域的连续覆盖，甚至全球覆盖。另外，不同遥感卫星携带的传感器可以收集不同类型的数据，如光学、雷达、红外等，通过卫星组网可以获得更全面的信息，多源数据的整合分析可以提供更加精确、可靠的结果。通过合理设计和建设卫星遥感网络，可以实现对目标区域的高效、精确的遥感数据采集，为地球资源调查、环境监测、灾害预警等提供重要支持。

13.3.2 卫星遥感网络性能

卫星遥感网络的效能目前没有统一的标准，一般定义为对达到一组特定遥感任务目标的满足程度，通常由卫星遥感系统的输出，即遥感应用信息产品满足任务目标的程度来综合表征。系统性能反映的是卫星遥感网络系统自身的特性和性能，通常可以由一组性能指标来综合表征，不同类型的卫星遥感系统有较大的差别。以美国数字全球公司提出的A3C性能模型为例，高分辨率光学卫星遥感系统的性能由精度、时效性、完备性和一致性等来综合表征。

1．精度

精度在遥感中是指测量值与真实值之间的准确程度，包括系统误差和随机误差。系统误差表示重复测量的平均值与真实值的偏差，随机误差则描述测量值的分布一致性。卫星遥感系统的精度主要分为几何精度和辐射精度。几何精度涉及目标位置的实际与测量值的偏差，可分为无控制点的处理和有控制点的处理。辐射精度关乎地物光谱反射和辐射值与实际值的匹配，受到反演模型、数据质量及卫星定标的影响。

2．时效性

时效性是指在一定时间范围内，由用户任务请求到获得满足用户要求的信息产品的及时性，包括持续的时间与更新的周期，是评估卫星遥感系统动态监测能力和在多时相分析中应用价值的重要指标。卫星遥感系统的时效性与任务指令上注，卫星数据获取，地面数据接收、处理和分发，信息提取和反演等有关。根据动态信息变化的周期快慢，时间分辨率可分为5种类型：（1）超短期的，以分钟或小时计；（2）短期的，以日计；（3）中期的，以月或季度计；（4）长期的，以年计；（5）超长期的，数十年以上，从用户任务请求到获取信息产品，卫星数据获取的时间间隔相对较长。对于地球同步轨道卫星而言，由于可持续对特定区域重复观测，单颗卫星的时间分辨率很高，可以达到优于分钟级。地球同步轨道卫星可持续观测特定区域，提供分钟级时间分辨率；低轨卫星由于轨道限制，观测周期通常为数天。通过改善轨道机动性、增加卫星覆盖宽度、优化任务调度及卫星网络组成，可显著提高遥感数据的获取速度和频率。

3．完备性

完备性在卫星遥感中是指满足特定任务需求的数据覆盖范围和详细程度，涵盖空间、光谱和辐射特征。不同的任务目标对完备性的要求有所不同，通常要综合考虑范围和分辨率等最基本的要求。在空间尺度上，需要有足够的有效覆盖区域面积，也要有足够高的空间分辨率。空间分辨率越高，能够分辨的空间细节越好。空间分辨率通常可以分为低分辨率（不低于30m）、中分辨率（5~30m）、高分辨率（1~5m）、甚高分辨率（优于1m）。在光谱特征上，需要覆盖足够的光谱带宽，又要有足够高的光谱分辨率。光谱分辨率强调能区分的最小波长间隔，影响地物识别和分类能力。在辐射特征上，需要有足够的动态范围，又要有足够高的辐射分辨率。辐射分辨率是指能分辨的目标反射或辐射的电磁辐射强度的最小变化量。

4．一致性

一致性是指数据产品在不同空间位置和时间序列上的稳定性程度。同一遥感卫星在数据获取过程中，受不同位置光照条件、天气条件、观测条件和参数设置的变化以及在轨性能退化等的影响，很难得到长期一致性好的数据产品，通常需要定期地进行在轨标定，并在地面进行高效的数据均匀化校正、拼接和融合处理，必要时调整模型反演的参数，以便得到一致性好、可追溯性强的信息产品，更好地满足用户的使用要求。

13.4 卫星遥感网络体系架构

卫星遥感网络拥有精度、时效性、完备性和一致性等性能要求，需要构建和维护一个高效的网络体系架构。卫星遥感网络架构由网络协议和网络路由两部分组成，其中网络协议定义了数据通信的规则和标准，确保信息能够在不同的卫星平台和地面站之间准确无误地传输，而网络路由则关注如何在卫星之间以及卫星与地面站之间高效、可靠地传递这些数据。如何在充分考虑卫星遥感网络特征的前提下，合理制定网络协议标准、设计高效的路由算法等是实现高性能的卫星遥感网络构建的关键。下面将对卫星遥感网络协议和网络路由技术进行介绍。

13.4.1 卫星遥感网络协议

地面通信网络广泛使用TCP/IP协议，其包含两个并列的协议：传输控制协议TCP和用户数据报协议UDP。由于地面通信链路与遥感卫星星间链路及星地链路有明显的区别，将TCP/IP协议直接运用于卫星遥感网络中将会降低链路利用率和服务质量。卫星遥感网络具有传输距离远、节点高度动态变化、时空尺度变化大的特点，同时其也面临动态组网以及传输间歇性的挑战。在具有高传输延迟、高误码率等特征的卫星遥感网络中，TCP无法识别是链路误码还是网络拥塞导致的数据包丢失，从而导致TCP传输性能下降，浪费网络带宽。在这样的情况下，适用于遥感卫星网络的传输协议被广泛地研究，其主要包括以下两类。

1．基于TCP/IP的改进协议

一种研究方向是针对空间链路的特点，对TCP/IP体系进行相应的裁剪、修改和扩充，提出数据传输的优化算法。基于时延区分的卫星网络传输控制协议是一种基于带宽时延积探测的传输控制协议，在TCP算法的基础上进行了优化，其在发送端通过确认包到达时间计算链路端到端往返时延（round-trip time，RTT），并且保存近期内的RTT信息，然后根据时延变化趋势对链路状况进行分类处理。对于遥感卫星运动导致的时延变化，由于其对链路带宽时延积影响较小，因此发送端拥塞窗口保持不变；对于遥感卫星切换导致的时延变化，由于时延会发生比较大的突变，同时卫星切换也会伴随着路由变化，在这种情况下，该算法会经历一个完整的带宽时延探测，并根据探测结果更新拥塞窗口。另一种TCP-Hybla算法针对遥感卫星网络高时延的特征，修改了拥塞窗口增加的标准，通过增加分组间距来降低中间节点路由器的缓冲区溢出概率。这些改进协议都在一定程度上提高了TCP/IP协议对卫星遥感网络的适配性，实现了遥感卫星网络的传输效率优化和稳定性保障。

2．基于CCSDS的协议

空间数据系统咨询委员会CCSDS成立于1982年，主要负责开发和采纳适合于空间通信和数据处理系统的各种通信协议和数据处理规范。20世纪末，CCSDS参考TCP/IP协议的分层设计思想，提出了一套适用于空间通信的传输协议。该协议大体符合开放系统互连参考模型的7层模型。

13.4.2 卫星遥感网络路由技术

传统的空间信息网络路由算法主要分为基于SDN的路由、基于接触图的路由（contact graph routing，CGR）算法和机会网络路由算法三大类。基于SDN的路由将网络设备控制面与数据面分离，实现集中控制，使管理调度更加灵活的同时简化各卫星的功能；基于接触图的路由算法适用于可预测的低轨卫星系统，其由控制中心向所有节点发送全局信息，每个节点根据收到的全局信息自行计算束的路由；机会网络路由算法则主要针对某一时刻可能不存在端到端通信链路的拓扑网络。与一般的通信星座路由规划不同的是，遥感星座的路由规划主要用于将拍摄的遥感数据尽快传输到地面并进行数据处理，其本身获取的数据量较大，具有链路时延长等诸多特点。针对遥感星座特征，国内外提出了一系列的路由协议，主要分为自适应逐跳路由协议和多径路由协议两种。

1．自适应逐跳路由协议

传统的自适应逐跳路由协议是为移动自组织网络设计的路由协议。它是一种逐跳路由协议，在每一跳中选择最佳的下一跳节点来转发数据包，并且具有自适应性，能够根据实时的网络状态和链路质量来调整路由决策。应用于遥感卫星网络的自适应逐跳路由协议将低轨卫星星座和地面站共同组成时变网络拓扑进行时间切片，并在每个时间片内进行从卫星节点到地面站节点的路由计算。首先建立星地最优建链策略，由于星间链路对应的两端卫星节点固定，因此只需要判断星间链路的通断状态；星地链路对应的卫星节点固定，而地面节点不固定，在地面站同时可见多颗卫星的情况下通过增加地面站天线避免冲突，对于卫星对多个地面站出现可见时间窗口重叠的问题则利用冲突消解方法进行求解。为卫星选择最优星地链路后，由于每个时间片内对应一个相对稳定的网络拓扑结构，则在此拓扑下计算携带数据的源卫星节点到与地面站建立最优建链的卫星节点之间的路由，即可得到最优的星地路由。

另一种能量受限遥感卫星网络最大流路由算法则是针对遥感卫星能量资源紧缺的挑战提出的。其在时间扩展图模型中添加能量约束，将受限的节点能量按照数据和能量消耗比转换为节点的发送容量和接收容量，再对能量受限节点添加虚拟发送节点、虚拟接收节点和虚拟链路，并在虚拟链路上标注容量信息后按照原始的扩展图模型连接与虚拟节点之间对应的链路得到能量受限的时间扩展图模型。利用该模型，寻找一条连通时序最早的端到端能量受限的增广路径，对其中涉及所有虚拟能量链路进行标记，求其最大可行流，更新所有能量受限链路其余时刻的剩余容量，得到残余网络。将每次计算出的增广路径的最大流进行累加，最终便可输出卫星网络的最大流链路。

2．多径路由协议

多径路由协议的设计出于以下考虑：使用最小能量路径会导致沿该路径的节点能量大量消耗，造成节点失效，在最坏的情况下可能导致网络分区，因此使用多径路由代替最小能量路径。不同于地面的无线点对点网络和无线传感网络，遥感卫星网络多径路由协议主要是针对卫星网络全球流量分布不均匀的特征，利用卫星网络拓扑的规律性以及点到点之间天然的多径特征进行网络拥塞控制，在尽量减小对网络基本通信服务影响的基础上，考虑遥感视频数据实时下行点到点的突发大容量实时数传需求。多径路由的基本传输策略是在源点与宿点之间建立并维持多条链路的传输，其有效性依靠实时网络链路状态的支撑，针对宿点计算N棵最短路径树，N为用户预设的多径数目。多径路由进行N次单源最短路径算法迭代，在每次迭代得到一棵最短路径树后，将此路径树中源点到宿点间的最短路径上的所有链路以及相应的权值从拓扑中删除，再利用完成删除操作后的拓扑进行下一次的最短路径树计算，最终得到N棵最短路径树，即可得到N棵具体转发路径，以实现数据分组的转发操作。

习　题

13.1 解释什么是卫星遥感网络，并列举几个常见的卫星遥感网络。

13.2 描述卫星遥感数据是如何获取的，分析遥感传感器的工作原理。

13.3 讨论卫星遥感数据的处理与分析方法，包括数据预处理、特征提取和信息提取等步骤。

13.4 探讨卫星遥感在环境监测、农业、城市规划和灾害监测等领域的应用。

13.5 讨论卫星遥感数据的共享与服务模式，包括数据获取、存储、处理和发布等环节。

第14章 卫星通信、导航、遥感融合

空天信息产业由卫星通信、卫星导航、卫星遥感三大块构成。传统的卫星通信、卫星导航以及卫星遥感系统相互独立，彼此之间缺乏交互与融合，难以实现实时化的空间信息获取、传输与处理，导致信息获取和利用效率不高。随着空天信息产业的快速发展，对海量天基信息的传输、处理与分发的时效性提出了新的要求，卫星通信导航遥感融合的趋势日益显著。

通信、导航、遥感融合是指在卫星系统中同时实现高分多模遥感、双向物联通信、星基导航增强三种功能。技术层面上，导航和通信一体化情况较多，两者在技术上已实现相互渗透。比如北斗系统，在定位导航外也提供一些基本的通信服务。此外，北斗和5G的融合使得两者相互赋能，可以在不同场景下催生更多应用。近年来，卫星通信和卫星遥感也有一体化迹象。国际上，太空探索技术公司的星链系统的新一代平台上，就已集成了通信和对地观测的遥感功能。国内，武汉大学牵头研制的珞珈三号01星集遥感、通信功能于一体。卫星通信、导航、遥感的融合将有助于满足维护国家安全、保护海洋权益、高效实施重大灾害应急救援、全方位提供商业化大众服务等需求。同时，面向服务侧而言，打通“通导遥”卫星资源一体化应用通道，可以助力数字经济高质量发展。

14.1 卫星通信、导航、遥感融合概述

盘点空天信息产业应用领域，多种新趋势交织出现：卫星通信、卫星导航、卫星遥感一体化趋势明显，空天科技企业与运营商融合开始推动C端市场破冰。种种迹象表明，通过运用空间基础设施和技术手段收集、存储、处理、分析来自空天领域信息，卫星通信、卫星导航、卫星遥感融合成为未来空天信息发展的关键方向。

14.1.1　卫星通信、导航、遥感融合背景

“十四五”规划提出要打造全球覆盖、高效运行的通信、导航、遥感空间基础设施体系，建设商业航天发射场。“通导遥”一体化已成为空间信息技术的发展趋势和全球竞相争夺的战略焦点。在该背景下，各类“通导遥”一体化研究不断涌现，比较有代表性的包括李德仁院士提出的与地面网络深度耦合的集成化的天基信息实时服务系统，即同时提供定位、导航、授时、遥感、通信（positioning, navigation, timing, remote sensing, communication，PNTRC）服务的系统和美国的下一代太空体系架构，这两种体系架构均以卫星通信为基础，主要聚焦功能方面的融合，构成了综合化的空间信息网络。

李德仁院士提出了天基信息实时智能服务系统的概念，实现了“通导遥”一体化功能方面的融合，并通过珞珈系列卫星进行了验证。PNTRC系统作为即感即传、多星协同、全时全域的天基信息实时服务系统，提供了实时、精准、智能的信息服务。PNTRC系统的核心功能为高精度、实时增强导航，提供授时服务、快速遥感（视频）信息服务和天地一体移动宽带通信服务，如图14-1所示。

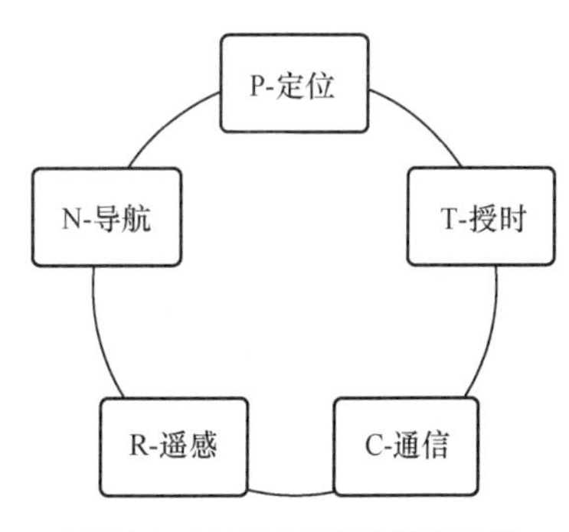

图 14-1　PNTRC 系统的核心功能

2019年7月，美国航天发展局（U.S. Space Development Agency，SDA）征询下一代空间体系架构，首次提出了由“空间传输层、跟踪层、监视层、威慑层、导航层、战斗管理层、地面支持层”七层组成的下一代空间体系架构，旨在实现空间系统的高度集成和互操作性。该架构如图14-2所示。其中空间传输层在全球范围内向各平台提供全天候数据和通信，威慑层提供空间态势感知、检测和目标跟踪，导航层在GPS拒止情况下提供替代定位、导航和授时服务。这三个层级与其他四个层级共同构成了一个高度集成的，融合了通信、导航和遥感功能的整体系统。

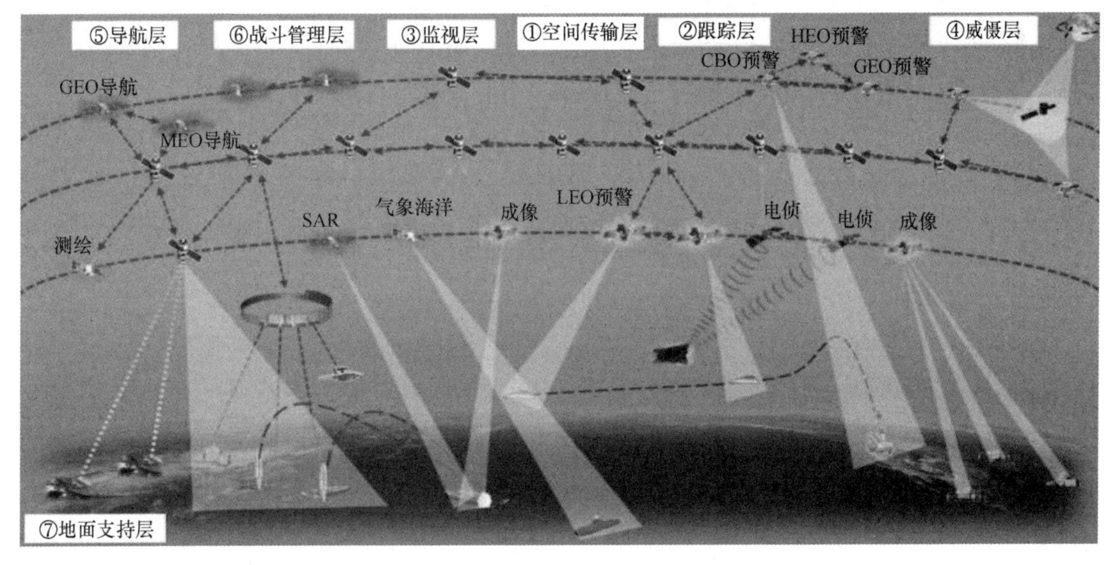

图 14-2　SDA 提出的下一代空间体系架构

以上两种体系虽然各有其优势，但都仅考虑基于导航星座、通信星座和遥感星座功能的融合，即利用通信星座将导航星座和遥感星座进行互联，实现“通导遥”功能融合，未考虑导航、

通信、遥感信号的融合复用。

14.1.2 卫星通信、导航、遥感融合概念及意义

卫星通信、导航、遥感融合是指在系统中同时集成通信、导航和遥感功能，通过数据融合与整合，实现信息的获取、传输、处理和应用的一种综合性技术体系。这一融合将卫星通信、卫星导航和卫星遥感三个领域的技术与应用相互结合，形成了一种新的卫星应用范式，具有多功能、高效率、全方位的特点，为各种领域的应用提供了更为综合和高效的解决方案。

卫星通信、导航、遥感融合的概念蕴含了三个基本组成部分：通信、导航和遥感。其中，卫星通信技术使得信息能够在遥远的地方之间进行可靠的传输，提供了实时的数据传输能力。卫星导航技术则能够提供全球范围内的位置和时间信息，为各类移动设备和用户提供了定位、导航和定时服务。卫星遥感技术通过卫星载荷获取地表、地球大气、水体等物体的信息，从而实现对地球的观测和监测。通过将卫星通信、卫星导航以及卫星遥感进行融合，所形成的融合系统不仅能够实现信息的实时传输和位置的精确定位，还能够获取地表、大气、水体等各种数据，为各行业和领域提供了多样化、高效率的服务。例如，在自然灾害监测中，通过融合遥感数据和导航信息，可以及时、准确地获取受灾地区的影像数据和位置信息，实现灾害损失的快速评估和应急救援；在智能交通领域，通过融合通信、导航和遥感技术，可以实现车辆的实时监控和导航引导，提高交通管理的效率和智能化水平。

卫星通信、导航、遥感融合的发展受益于卫星技术的不断创新和发展。随着卫星技术的进步，卫星系统的性能不断提高，卫星载荷的功能不断丰富，卫星通信、导航和遥感能力得到了显著增强。同时，卫星技术的成本不断降低，使得卫星应用逐渐普及，为卫星通信、导航、遥感融合的发展创造了良好的条件。

卫星通信、导航、遥感融合技术在各个领域都有着广泛的应用，包括但不限于（1）环境监测与保护，可以利用卫星遥感技术获取环境数据，结合通信和导航技术实现数据传输和分析，实现对环境变化的实时监测和及时响应，保护环境资源；（2）灾害管理与预警，利用卫星遥感技术获取灾害影响区域的信息，通过通信和导航技术进行信息传输和人员定位，提高灾害管理的效率和准确度；（3）农业发展与精准农业，利用卫星遥感技术获取农田信息，结合通信和导航技术实现农业数据的传输和分析，为农业生产提供科学决策支持，促进农业发展和精准农业；（4）城市规划与智慧城市建设，利用卫星遥感技术获取城市地理信息，通过通信和导航技术进行城市数据的传输和处理，实现对城市规划和管理的精细化管理和智能化建设。

此外，卫星通信、导航、遥感融合在促进信息化、智能化和可持续发展方面发挥着重要作用。通过融合卫星通信、导航和遥感技术，可以实现对地球各个领域的全面监测和管理，为人类社会的发展和环境保护提供了有力支撑。此外，建设卫星通信、导航、遥感融合的天基信息实时服务系统，将为卫星应用产业的发展注入新的活力，卫星产业将迎来新一轮创新发展的机遇。除增强现有卫星通信、导航及遥感系统的功能之外，通过通信、导航、遥感融合，可以带动以实时位置服务为代表的天基信息增值服务产业的发展，特别是天际信息智能终端与应用软件、个人移动宽带通信、室内外一体化导航定位等下游应用领域，有望成为卫星应用产业未来新的增长点。

卫星通信、导航、遥感融合技术具有以下几个优势特点。

（1）全球覆盖。卫星系统可以实现全球范围内的信息获取和传输，无论用户身处何处都可以享受到信息服务。

（2）实时性。卫星通信、导航、遥感融合技术可以实现对地球信息的实时获取和传输，满足用户对实时信息的需求。

（3）高精度。卫星导航技术可以实现对用户位置的高精度定位，遥感技术可以实现对地球表面的高精度观测，为用户提供精准的信息服务。

（4）多功能性。卫星通信、导航、遥感融合技术集成了通信、导航和遥感等多种功能于一体，可以满足用户不同领域的信息需求。

综上所述，卫星通信、导航、遥感融合技术是一种具有巨大潜力和广阔应用前景的先进技术手段。随着技术的不断发展和应用的不断深入，卫星通信、导航、遥感融合将为各行各业带来更多的便利和机遇，为人类社会的可持续发展做出更大贡献。

14.2　卫星通信、导航、遥感融合演进

卫星通信、导航、遥感融合的演进过程可以从卫星通信、导航融合，卫星通信、遥感融合以及卫星导航、遥感融合三个方面进行阐述。

14.2.1　卫星通信、导航融合

1．卫星通信、导航融合背景

卫星由于覆盖面积广及不受地理环境影响等优势，在导航定位、通信和遥感等领域得到了广泛的应用。全球卫星导航系统（GNSS）是卫星在导航定位应用的典型。GNSS是利用以人造地球卫星作为导航平台的无线电导航系统，能够为地面、空中、甚至低轨卫星用户提供全天候覆盖的高精度定位、导航和授时（positioning, navigation and timing，PNT）服务。卫星通信则跨越了地理位置约束的鸿沟，用卫星作为中继转发或无线电信号反射平台，在地球站（包括固定站台、车载、机载和手持等终端）之间进行的相互通信。卫星导航和卫星通信在各个领域中都发挥了重要的作用。此外，由于GNSS在室内以及偏僻地区存在着落地信号差、易受干扰等问题，在复杂地势与杂乱电磁环境下的定位性能具有局限性。近年来低轨卫星凭借落地信号功率高、几何构型变化快、抗干扰能力强、成本低、安全性和可靠性高等优势，增强了GNSS系统的定位导航的能力以及抗干扰和反欺骗能力，成为卫星导航系统现阶段发展的突破点。

随着毫米波技术、高通量卫星通信技术等的日渐成熟，以及对全球宽带通信服务的迫切需求，低轨巨型通信星座建设受到了极大关注，众多商业巨头公司纷纷提出了各自的建设规划，最具有代表性的包括Starlink、OneWeb以及Kuiper等星座，并部署了高达数千颗卫星的低轨通信星座，大量部署的低轨通信卫星实现了高频射频信号对地面的多重覆盖，同时地面通信资源为信号接收提供了硬件平台，形成了丰富的可用于低轨导航定位的资源条件。

GNSS卫星的轨道高度在中地球轨道，相比之下，基于低轨通信星座拓展导航定位功能，具有如下优势。

（1）低轨卫星轨道高度低，信号空间损耗较小。以铱星系统为例，其地面接收机接收到的信号强度比GPS强大约30dB（1 000倍），这使得基于低轨卫星信号在一些阴影遮蔽环境中的定位导航成为可能。

（2）采用低轨卫星定位的DOP值更好，有利于提升定位精度。低轨卫星的卫星运动速度更

快，在相同的观测时间内几何位置变化更大，使用载波相位定位时，有利于整周模糊度解算和多普勒观测。

（3）通信速率更快，有利于高精度导航修正信息的快速播发。随着卫星通信速率的不断提高，卫星与终端的通信速率已达到几十兆甚至上百兆，基于星地和星间链路，可实现导航修正信息的快速分发，提升全球差分定位服务性能。

（4）低轨卫星很多采用高频宽带体制，如Starlink和OneWeb卫星到用户采用Ku频段，Kuiper卫星用户频段设计在Ka频段，高频宽带体制对抗多径方面具有明显优势。

随着第五代移动通信技术的不断推进，城市区域通信系统的服务性能得到明显改善，较好地解决了人口密集情况下的信号覆盖问题，但是从全球范围看覆盖率并不高，远不能满足用户对高精度定位的需求。通信与低轨导航系统的独立发展，会造成系统成本的浪费。通信系统与低轨导航系统紧密相连，能相互弥补其缺陷。低轨通信导航融合增强了位置服务的能力，促进了国家综合定位导航授时体系的建设。卫星通信与导航系统的融合可以节约系统成本，促进集约化发展，提高通信和导航的性能，为用户提供更强大、更稳健的服务。

2．卫星通信、导航融合体系架构

卫星通信、导航融合体系架构是一个复杂而又精密的系统，它集成了卫星通信、导航等多种技术，以实现全球范围内的信息获取、传输、处理和应用。该体系架构的设计考虑到了多个方面的需求和挑战，旨在提供多功能、高效率、全方位的信息服务。

卫星通信、导航融合架构如图14-3所示，主要由3部分组成：空间段、地面段和用户段。空间段主要包括低轨通信星座，通信卫星上搭载必要的导航功能载荷（如低成本时钟、通导一体化应用载荷等）。地面段主要包括信关站、基准站和地面运控中心，其中，信关站之间进行高精度站间时间同步，获取低轨卫星导航观测量并进行星地双向比对时空基准传递，从而维护时空基准。基准站借助差分技术得到差分校正信息，并通过低轨卫星将该信息播发给地面终端。地面运控中心用于指挥和监视低轨星座的运行。

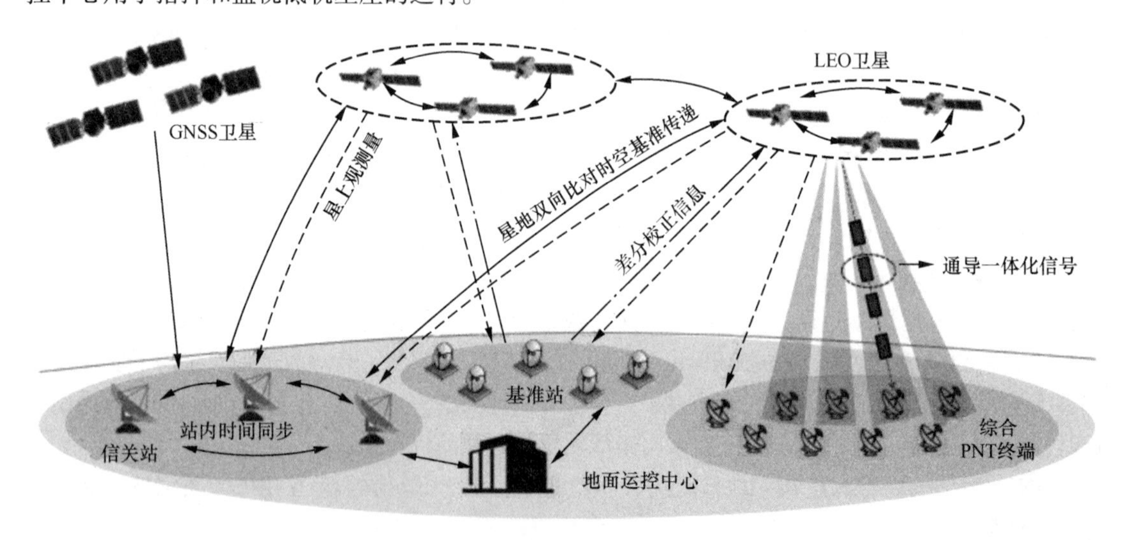

图14-3　卫星通信、导航融合架构

在弹性通信/导航服务驱动下，通信与导航网络紧密协同，解决了时空基准统一与维持、全网信息互联互通、差异化通导性能联合优化等问题，从而构建泛在化、协同化、智能化的通导一体化体系架构。

3. 卫星通信、导航融合关键技术

通导一体化涉及的核心关键技术包括以下几个方面。

（1）时空基准建立与维持。高精度时空基准与同步是通信、导航、遥感等精准服务的前提，除专用导航星座外，星上往往不配备高精度时频基准源，导致时间尺度差异化，且不同轨道高度卫星的动态特性也存在很大不同，狭义相对论和广义相对论的影响存在差异，多源特性明显，需要进一步探索分布式时空统一建模理论和方法。

（2）通导信号一体化设计。通信波形和导航波形设计所关注的关键性能指标存在显著差异，通信波形主要关注误码率、功耗以及多径抑制性能，导航波形则主要关注定时精度、定位精度以及抗多径干扰性能等。通导一体化性能评价体系对信号设计、波形设计的影响至关重要，在有效控制二者相互干扰的同时，满足通信低误码率以及导航高定时精度的需求。

（3）基于双向链路的高精度导航定位。GNSS系统导航定位的基本原理是三球交会定位，导航接收机通过接收不少于4颗卫星的导航信号实现定位解算。在通信、导航一体化背景下，终端可以与卫星之间实现双向通信，这给消除钟差、差分解算等方面带来了新的优势。然而，通信卫星天线，尤其是相控阵天线，在伪距、载波相位的高精度解算等方面仍然存在一定的挑战。

（4）多频段信号接收与处理。随着全球卫星互联网星座的快速部署，用户频段在毫米波的多个频段上均有设计考虑，这对终端天线的共口径设计带来了重大挑战，同时也带来了新的机遇。其一方面增加了可用星数量，有利于覆盖重数的增加和几何构型的改善；另一方面增加了多种观测量，为不同定位算法的融合提供了可能，这方面的理论还需要进一步探索和研究。

14.2.2 卫星通信、遥感融合

1. 卫星通信、遥感融合背景

传统卫星遥感系统通常由遥感卫星、测控系统、运控系统及数据处理系统组成，其体系架构如图14-4所示，由遥感卫星、有效载荷、星地链路、地面系统4个子系统组成，各系统有序协同配合，完成遥感作业。其中遥感卫星通常采用太阳同步轨道、回归轨道等1 000km以下的低轨卫星，也有部分遥感卫星采用地球同步轨道卫星。有效载荷即卫星平台搭载的对地感知观测设备，目前已投入使用的包括光学、合成孔径雷达、多光谱/高光谱等各类载荷，其性能直接关系到遥感的分辨率和成像质量。遥感卫星与地面之间的星地链路主要包括测控链路和数传链路，测控链路主要以S/X频段为主，数据传输链路主要以X频段为主。地面系统主要包括运控系统、测控系统、数据接收站、数据处理系统，其中运控系统作为地面运控中心，根据遥感需求生成卫星控制指令和遥感任务计划、统筹调度地面站网资源；测控系统负责卫星遥测与轨道保持，上注运控系统分发的控制指令、监视卫星平台和载荷运行工况；数据接收站根据运控系统发布的工作计划，完成遥感数据下行接收；数据处理系统对原始遥感数据做辐射校正及几何校正等进一步处理，生成对应的遥感信息产品分发给用户。

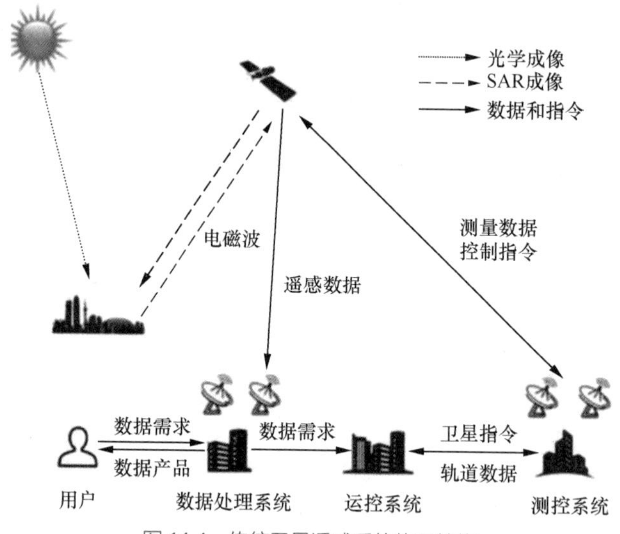

图 14-4　传统卫星遥感系统体系结构

卫星遥感系统经过多年的发展，各方面的性能指标日趋完善，遥感卫星空间分辨率也已经达到亚米级甚至厘米级。随着遥感精度不断提升，原始遥感数据量成倍增长，每日生成数据量可达几十太字节（Terabyte，TB）。同时，遥感作为抢险救灾、海域监察、全球目标监测等场景中的重要辅助手段，应实现分钟级的响应。然而，以下因素严重限制了遥感信息获取的时效性：

（1）地面系统由于各种因素无法实现全球布站，大部分测控站和接收站都处于境内且发展较为滞后，测控和接收资源都非常有限；

（2）遥感卫星普遍位于中高轨道，卫星重访周期较长；

（3）遥感卫星运控、接收、处理和应用环节相互独立，信息获取链条复杂，响应较慢，且遥感卫星只能处于一种工作模式，观测任务和数传任务无法并行完成；

（4）现有遥感卫星功能侧重遥感数据获取和处理，星地链路数据传输能力较弱，无星间链路，限制了遥感信息分发能力；

（5）遥感卫星获取数据需要下注至地面处理，极大限制其实时响应能力。

综上，传统遥感系统存在过度依赖地面资源、信息分发能力受限问题，导致遥感信息服务响应滞后。

2．卫星通信、遥感融合体系架构

随着低轨卫星设计和制造技术的不断发展以及星载处理能力的增强，单星有望同时搭载多种载荷，实现“一星多用”。具体而言，借助强大的星载高性能处理单元，单颗低轨卫星能够在执行遥感任务的同时进行星间/星地数据传输。采用通信、遥感融合卫星可以减少通信、遥感融合网络架构中所需的卫星数量，充分利用稀缺的轨道资源，实现即感即传。

基于通信、遥感融合卫星，提出了新型的低轨卫星通信、遥感融合系统，网络体系架构如图14-5所示，其由通信、遥感融合卫星及地面遥感中心、信关站、地面通信系统组成。新型遥感系统对地面站网资源进行了融合管控。传统地面站由测控、运控、数据接收和处理系统组成，为了拓展遥控接收覆盖区域以及数据获取能力，地面站的接收系统之间布站遥远，链路距离极长，网络环境复杂；测控、运控、数据接收和处理系统节点分布分立、环节存在冗余，服务响应链条见长。在新型网络架构下，可以将现有地面站整合为地面遥感中心，其主要职能包括卫星测量控轨、卫星控制和任务指令生成与上注、原始遥感数据接收和处理以及遥感信息分发。

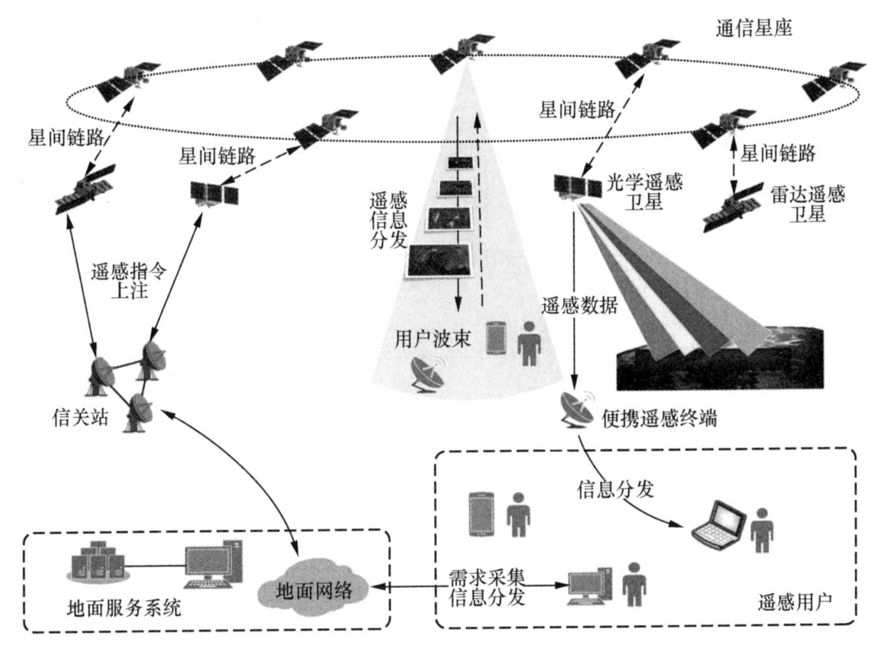

图 14-5 卫星通信、遥感融合系统的网络体系架构

与传统的卫星遥感系统架构相比，该架构充分利用了卫星互联网泛在互联的优势，主要体现在以下方面。

（1）任务指令上注：用户需求既可以通过地面网络提交遥感应用系统，也可以通过低轨宽带卫星终端随时随地接入卫星互联网，提交遥感拍摄需求。该需求可通过测控站上传相关指令，也可通过卫星互联网，由信关站、通信卫星、星间链路传输到目标通信、遥感融合卫星，从而提升任务的时间灵活性。

（2）任务规划：传统的运控系统主要对卫星和测控数传站资源进行统筹规划，该架构将卫星互联网资源作为整体，其用户管理、会话管理、数据转发、网络切片等功能由通信网络管理系统负责，通信、遥感融合卫星作为信息节点接入，通信资源即申即用，信息传输资源分配难度大幅降低。

（3）数据传输：通信、遥感融合卫星数据可以通过星间链路、星地链路，传输到地面卫星通信终端，还可以通过卫星通信星座上的计算资源对遥感数据进行预处理或部分处理，降低传输要求，提高遥感数据产品时效性，实现从数据采集到产品分发全流程的快速闭环；对于用户需求不高的产品，可以降低图像校正需求，通过通信终端直接分发给用户，大大提升了数据传输的空间灵活性。

在新的架构下，用户获取遥感信息的途径变得更加多元：新架构中的地面遥感中心对原有地面站进行功能整合，兼容原有的运行方式，用户可直接向地面遥感中心发送遥感需求并接收数据产品；用户可以按照传统地面网络端到端的通信方式，与地面遥感中心建立链接，发送需求并接收产品；网络中的孤立节点，如执行海上救援的船只，可直接与遥感卫星进行通信，发送遥感服务请求并获取数据，但由于遥感原始数据量巨大，该方式需要星上有较强的计算处理能力对原始数据进行压缩甚至直接生成数据产品。

在无星间链的情况下，针对遥感中心和境内卫星间的交互，网络体系架构如图 14-6 所示。其中遥感中心可以在特定的可视时间窗口直接与卫星进行通信，进行指令上注和原始遥感数据接收，此时遥感中心与卫星间的链路可以采用现有卫星通信体制，例如DVB-S2X。卫星可以通过地面网络的空中接口，如5G NR，接入配备对空天线的基站，经过地面核心网转发后与遥感中心实现信息交互。然而，由于原始5G NR是专门为地面网络设计的，需要进一步评估卫星典型的信道特征对其的影响，如高传播时延、大多普勒频移等。此外，卫星可以通过含有基站处理单元的信关站进行基于5G NR体制的星地传输，随后再通过地面核心网与遥感中心通信，此时在架构上信关站用作地面基站的射频天线，通过前传链路与基站进行通信。

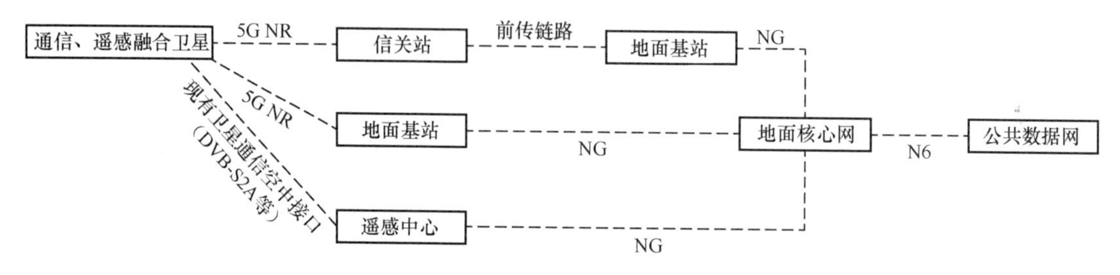

图 14-6　无星间链路的卫星通信、遥感融合的网络体系架构

在存在星间链路的情况下，针对遥感中心和境外卫星A的交互方式，以数据下传为例进行说明，如图14-7所示。卫星A先将遥感数据由星间链路转发至卫星B或卫星C，然后由卫星B通过5G NR下传至地面基站、通过地面核心网传输至遥感中心，或由卫星C直接通过现有卫星通信空中接口下传至遥感中心。此时，卫星需具备星上处理以及路由能力，搭载可再生载荷。这种体系架构显然更加复杂，成本也更高。特别地，当卫星A通过卫星B下传遥感数据时，从信关站/基站角度而言，对于NR接口物理层、MAC层的传播时延只须考虑与卫星B之间的星地链路。

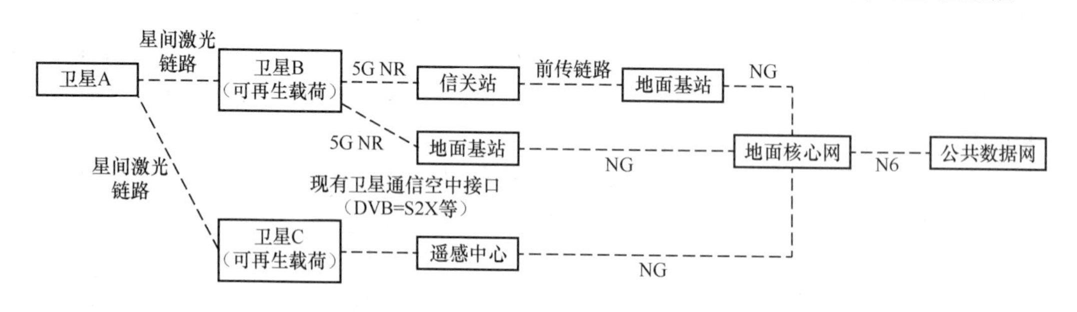

图 14-7　有星间链路的卫星通信、遥感融合的网络体系架构

通过以上方式，新型卫星遥感系统数据下传性能从以下3个维度实现提升。

（1）星地链路传输带宽的极大扩展：目前，各国遥感卫星迅猛发展将导致广泛使用的S、X频段非常拥挤，而Ka等高频段传输带宽可达2.5GHz以上，与S（90MHz）、X（375MHz）频段相比具有显著优势，卫星业务通信预计可保障至少1Gbit/s的单通道速率。

（2）对卫星过顶时间的充分利用：现有遥感系统需要地面基站的天线仰角在一定范围内才能对卫星进行跟踪，导致卫星与地面基站之间的一次通信最大只能维持10min左右，通过在星上实现通信、遥感两种工作模式并行，可即感即传，有效利用可视时间进行数据下传。

（3）遥感卫星的地面接收资源大幅增加：随着遥感系统与通信网络的融合，卫星的数据下传不再仅仅依赖有限的地面数据接收站，泛在的地面网络接入节点均可以为卫星提供数据链路，从而显著降低遥感数据获取时延。该架构通过多颗通信、遥感融合卫星建链组网、地面遥感站点功能融合、网络泛在接入，真正实现“一星多用、多星组网、多网协同、数据集成”的多样化、精细化、高实效性遥感信息服务。

3．卫星通信、遥感融合关键技术

卫星通信、遥感融合关键技术包括以下方面。

（1）遥感卫星随遇接入技术：卫星互联网星座支持随遇接入遥感卫星的应用前景备受期待，但由于轨道类型和轨道高度的不同，会产生双向高动态异构星座的接入互联问题，尤其是时空非连续可视性和多普勒频移问题对遥感卫星接入性能的影响不可忽略，需要进一步研究并提供可靠的理论支撑。

（2）在轨智能处理技术：随着云计算、边缘计算、雾计算等技术的发展，为遥感数据的在轨处理提供了可能。得益于航天发射及制造成本的降低，高算力芯片的空间适应性不断加强，卫星将逐步搭载更高性能的计算机，分布式处理、云边端协同处理、人工智能等相关技术将发挥重要作用，提高数据传输效率，加速遥感产品生成。

（3）网络路由高效管理技术：由于卫星网络拓扑变化频繁，卫星互联网需要在数据路由、快速接入、数据卸载以及网络安全等方面提出更有效的解决方案，以满足未来卫星通信、遥感融合网络的需求。如何利用有限的卫星载荷存储计算资源和星间链路带宽，解决卫星网络面临的路由和高速数据传输问题，还需要进一步探讨和解决。

14.2.3　卫星导航、遥感融合

1．卫星导航、遥感融合背景

导航定位技术与遥感技术是两种获取空间信息的主要技术手段。相比传统信息获取手段，导航和遥感能快速、高效、实时地获取海量时空信息资源，可为诸多领域提供天地一体化信息服务。导航和遥感是最具应用价值和发展潜力的时空信息采集获取手段，位置信息和遥感数据是最具泛在性的智能信息服务要素。导航侧重于获取点目标连续的位置和运动状态，而遥感则侧重于获取面目标的状态信息，二者的融合能够有效地提升空间数据获取效率，提升空间数据可靠性。

随着卫星导航和遥感技术的不断发展、时空信息的综合应用，以及数据服务业务的逐步普及，导航和遥感的结合成为必然发展趋势。卫星导航、遥感融合可根据其融合机理划分为3个层次：协同、集成和融合，对应关系如图14-8所示。

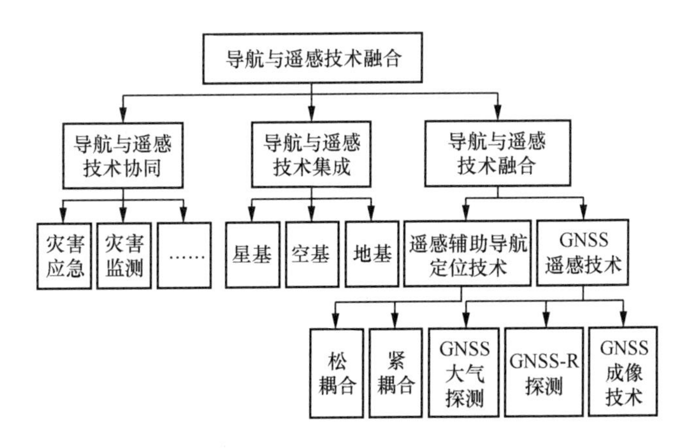

图 14-8　卫星导航、遥感融合机理

（1）协同层面融合

协同层面融合是指卫星导航技术与遥感技术合作完成一项任务。例如在灾害应急任务中，既需要遥感技术获取受灾情况，进行灾害影响评估与分析，又需要导航技术用于救援人员和救灾物资运送的指挥和调配。在很多应用场合，导航技术和遥感技术各司其职，又相互协作，缺一不可。典型的导航与遥感协同应用包括灾害应急和（地质）灾害监测等。

（2）集成层面融合

集成层面融合是指将导航技术与遥感技术从设备或者平台的层面集成在一起，协同实现一项特定的功能。导航与遥感的集成使得导航和遥感技术在流程上存在先后顺序，例如导航技术为影像传感器提供位置和姿态信息，辅助影像排列、拼接以及无控定位。在集成的层面，导航技术和遥感技术除了合作，还存在一定的相互依赖关系。典型的导航与遥感集成应用包括无控测图和移动测量等。

（3）深层次融合

深层次融合是指突破导航技术与遥感技术功能的界限，实现功能上的跨界，具体可划分为利用遥感技术提升导航性能和利用导航信号开展遥感任务两种融合方式。导航与遥感的融合模式可以利用遥感技术和导航技术的统一模型表达功能上的转换。在融合的层面，遥感和导航是互联互通的两项空间信息获取技术，融合突破了这两项技术固有的特点和界限。典型的融合应用包括视觉/GNSS、紧耦合定位、GNSS气象、GNSS遥感、GNSS SAR等。一方面，GNSS导航信号为大气探测和目标检测提供了全球可用的、低成本的信号源；另一方面，视觉定位作为一种定位手段，具备低成本、抗干扰等特性，能够丰富和扩展导航定位的手段，从而弥补卫星导航技术的不足。

2．卫星导航、遥感融合体系架构

卫星导航、遥感深层次融合的体系架构如图14-9所示。其中，遥感技术用于导航主要是通过提取特征点的几何信息进行测距，而利用导航信号成像的核心技术则是将导航信号进行二维分块并离散化。

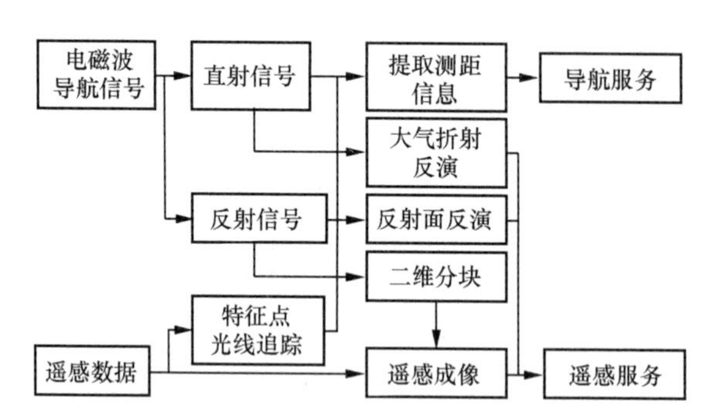

图14-9　卫星导航、遥感深层次融合的体系架构

（1）遥感增强的导航定位

遥感技术增强的导航定位技术是指利用光学相机、激光雷达等遥感成像技术与传统的导航定位技术融合，以提升导航定位的精度、可用性和可靠性等。其根据融合原理可划分为松耦合技术和紧耦合技术。

遥感、导航松耦合定位是利用相机和GNSS、INS等导航设备分别确定载体坐标信息，再进行融合来提升定位精度、可用性、可靠性的技术。根据遥感影像定位方式不同，融合定位模式也可分为GNSS/影像匹配导航（scene matching navigation, SMN）融合和GNSS/视觉里程计（visual odometry，VO）融合两大类。GNSS/SMN组合导航主要用于车辆导航和无人机导航，通过识别影像中的交通标志、人工编码标志等特征，并且利用这些标志的几何信息辅助GNSS技术和INS技术定位。在GNSS/SMN中，GNSS提供绝对定位信息，SMN提供局部精确导航信息，因此可在一定程度上弥补GNSS导航性能的不足，提升精细导航能力，实现自动驾驶防撞、避障、变道导航等。GNSS/SMN技术与惯性导航技术、地形匹配导航技术等组合应用可以提升复杂环境下的自主导航能力。在GNSS/VO中，在VO的基础上可以进一步扩展建图功能，形成视觉的同时，也实现定位和建图，该技术可广泛地被应用于行星车等特殊场合。利用VO得到的精确的载体相对位移量做约束，可以提升GNSS动态定位的精度。

导航、遥感紧耦合定位是指联合利用遥感信息和导航信号确定用户位置的技术。目前遥感与导航紧耦合定位的方式主要有以下两种。一种是利用对天的相机实时获取信号遮挡信息，然后辅助算法鉴别接收到的衍射和绕射GNSS信号，降低非视距信号带来的误差，从而提升GNSS在城市、峡谷等区域的定位精度。该方法中遥感影像仅用于辅助质量控制，并没有直接参与定位计算。另一种是视觉基站与GNSS紧耦合定位，将遥感影像与GNSS导航信号进行统一，其对应定位原理见图14-10。其中，光学影像中空间坐标已知的特征点可视作发射可见光测距信号的伪卫星基站，利用像方坐标与物方坐标之间的比例关系可以计算出相机到视觉基站的几何距离，再联合GNSS信号测量得到的几何距离进行联合定位解算。基于影像的定位通常用于近距离场合，主要是室内场景。在户外场景中，受相机分辨率的影响，视觉定位的精度随物方距离增加而显著下降。GNSS信号能够提供相对高精度的距离观测值，但在很多复杂场景又无法单独定位。联合这两类距离观测值既可以提高视觉独立定位的精度，又可以提升GNSS信号被遮挡环境中定位的可用性。视觉信号具有良好的抗干扰特性，因此该方法适用于地理环境和电磁环境复杂区域的导航定位。

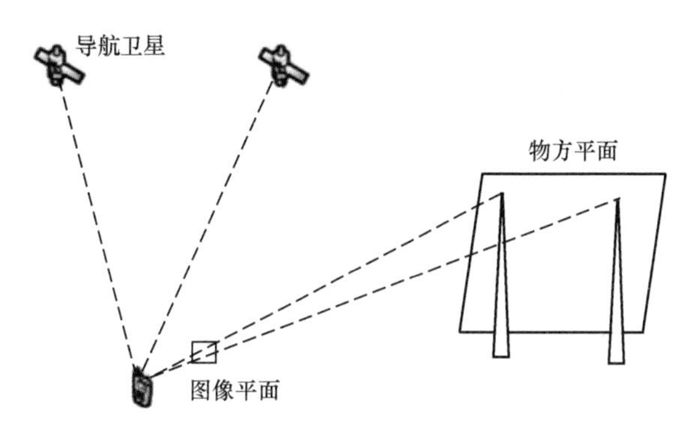

图 14-10　卫星导航、遥感紧耦合定位原理

（2）导航增强的遥感

导航卫星可以提供全球覆盖、免费、连续的L波段的微波信号。在用于导航定位的同时，该信号也被视作一种大气和反射面的探测信号，成为一种低成本的、非合作的遥感微波信号源。根据GNSS卫星信号应用方式，导航增强的遥感可分为GNSS折射遥感和GNSS反射遥感。

GNSS折射遥感是指利用大气对GNSS直射信号的折射效应反演大气的变化特性。当GNSS信号穿过大气层时，受到大气中的自由电子和大气分子的影响，改变了信号传播路径并发生了折射，从而导致额外的信号传播延迟。这种大气导致的信号延迟对于定位而言是误差源，但是也可以用于对流层和电离层参数的反演。这种利用大气对GNSS直射信号的折射效应反演大气参数等遥感统称GNSS折射遥感。GNSS折射遥感根据观测对象不同可分为GNSS对流层遥感和GNSS电离层遥感。

GNSS反射遥感是指通过测量GNSS反射信号的峰值功率、波形后沿、时间延迟等参量来探测或者反演反射面的物理/几何性质。GNSS反射遥感的应用领域从相对单一的海洋应用逐渐过渡到复杂的陆地遥感应用，观测平台从地基/岸基等静止平台逐步发展到飞机/卫星等移动平台。按照观测模式划分，GNSS反射遥感可分为双天线模式和单天线模式两种。其中双天线模式采用向上的低增益右旋圆极化天线和向下的高增益左旋圆极化天线，分别接收直射和反射信号；单天线模式是利用一副天线同时接收直射和反射信号。单天线模式在信号处理时通常采用一定的方式扣除直射信号，从而分离出反射信号进行观测，其主要用于地基观测。

14.3 卫星通信、导航、遥感融合网络

卫星通信、导航、遥感融合网络是指将这三种核心功能集成在一个统一的系统或网络中，以提供更高效、更可靠、更广泛的服务。随着技术的不断进步和需求的增加，卫星通信、导航和遥感融合网络将成为空间应用的重要发展方向。未来的融合网络将更加智能化、自动化和高效化，能够支持更加复杂和多样化的应用，推动社会经济的可持续发展。

14.3.1 卫星通信、导航、遥感融合优势

卫星通信、导航和遥感的融合将带来以下多方面优势。

（1）全面性和多功能性：卫星通信、导航、遥感融合整合了通信、导航和遥感等多种功能，能够实现对地球的全面信息获取和传输，为各个领域提供多种服务和支持。

（2）空间覆盖范围广泛：卫星通信、导航、遥感融合可以实现对全球范围内信息的获取和传输，有效克服地理位置和环境等因素的限制。

（3）高精度和高效率：卫星导航和遥感技术能够提供高精度的定位和观测数据，而卫星通信技术能够实现高效率的数据传输和通信服务，整合这些技术可以实现高精度、高效率的信息获取和传输服务。

（4）实时性和及时性：卫星通信、导航、遥感融合能够实现对地球的实时监测和观测，及时获取和传输各种信息，为灾害监测、环境保护、交通管理等提供及时的支撑。

（5）应用广泛：卫星通信、导航、遥感融合技术可以应用于农业、林业、环境监测、城市规划、灾害监测、交通管理等各个领域，为不同行业提供定制化的信息服务和解决方案。

（6）安全性和可靠性：卫星通信、导航、遥感融合利用卫星技术进行信息传输和通信，具有较高的安全性和可靠性，能够保障数据的安全和完整性，确保信息的可靠传输。

综上所述，卫星通信、导航、遥感的融合可以为现代社会的各个领域提供全面、高效、可靠的信息服务和支持。

14.3.2 卫星通信、导航、遥感融合系统设计

1．卫星通信、导航、遥感融合系统设计准则

卫星通信、导航、遥感融合系统需要采用全球化、网络化、智能化以及标准化的设计原则。其中全球化指的是服务区实现全球、全天时、全气候地覆盖地面层（含海、陆、空）各种用户地球站（用户终端）、临近空间层各种用户飞行器、近地空间层各种用户航天器；网络化指的是各种飞行器和各种地球站主要依靠星间链路、星地链路和国内地面线路组成天基综合信息网络；智能化指的是为了应对庞大和复杂的天基网络，全网运行和管理必须具备高度的自主运行和管理能力；标准化指的是统一的标准和规范是天地一体化综合信息网络各系统实现互联互通和资源共享的前提与条件。

2．卫星通信、导航、遥感融合系统设计思路

基于上述设计准则，卫星通信、导航、遥感融合系统的设计思路总结如下。

（1）采用地球静止轨道卫星和非地球静止轨道卫星组成的通信卫星星座、遥感卫星星座和导航卫星星座，实施全球全天时覆盖近地空间层各种用户航天器、临近空间层各种用户飞行器、地面层各种用户终端和相关地面设施，通过星间链路和星地链路组成天基信息网络，并与地基信息网络进行信息或业务融合、设备综合和网络互联互通。

（2）在国外不设地球站的情况下，实现国内测控站实时测控网内全球运行的各种飞行器；国内遥感站实时接收网内全球运行的各种遥感卫星发送的信息；国内信关站直接管理网内在全球活动的各种用户终端之间的通信。

（3）充分利用国内外现有和正在研发的相关科技研究成果，特别是近年来国内相关院校和企事业单位进行广泛研究所取得的成果；此外，应尽可能与我国各种规划建设中的相关项目进行互动、衔接和融合。

（4）先简后繁，循序渐进，分步实施：先地面仿真试验，后天上运行试验，逐步过渡到应用；系统要有可扩展性，后续系统要与前系统兼容。

14.3.3 卫星通信、导航、遥感融合体系架构

随着对导航、遥感等天基信息服务的覆盖需求趋于全球化，学术界提出了卫星通信、导航、遥感融合的天基信息服务系统建设构想，依托具备全球无缝覆盖能力的低轨卫星通信系统，实现在轨多源信息的实时传输、分发，将原来各自独立的通信、导航、遥感卫星网络有机融合，所形成的卫星通信、导航、遥感融合的网络体系架构如图 14-11 所示。与传统遥感系统不同，此架构下遥感卫星作为天基感知节点接入融合网络，由全球覆盖的卫星通信网络辅助遥感指令和遥感数据即时传输转发，卫星测控、任务更新、数据下传不再依赖有限的地面测控、运控、接收资源，星地链路传输速率大幅提升，可以根据任务需要随时随地高速进行，从而突破地面站布局对卫星服务的限制，保障任何人在任何时间、任何地点均能实时可靠地获取高精度定位导航授时和遥感信息。

（1）在通信和导航一体化方面，设计通信和导航一体化波形，生成合作式信号，实现用户通信的同时进行定位解算。

（2）在导航与遥感一体化方面，参考GPS掩星探测技术的思路，利用导航卫星信号在穿越天体大气层时的衰减效应进行测量，以确定接收机的位置。

（3）在通信与遥感一体化方面，遥感星座融合通信可实现“即时遥感”，在用户需求采集、任务指令上注、遥感影像获取、遥感数据处理与遥感产品分发等方面，利用卫星互联网的独特优势，优化遥感数据的生产流程。

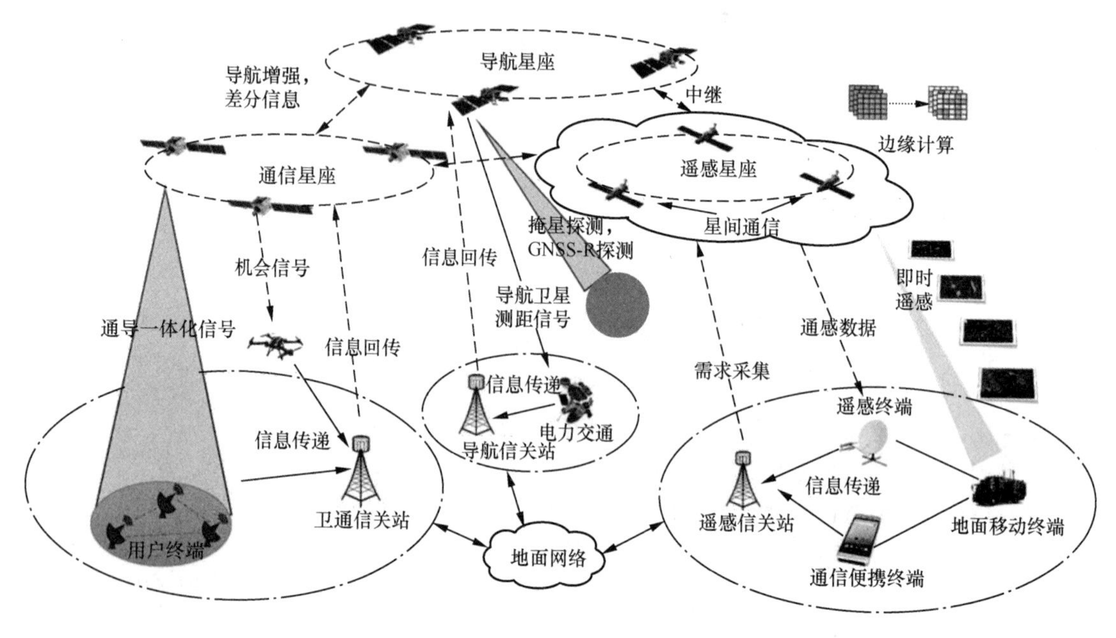

图 14-11　卫星通信、导航、遥感融合的网络体系架构

上述方案实现了通信、导航、遥感功能的互联互通，可让遥感卫星随时随地接收控制和任务指令并实时或准实时地高速回传遥感数据，从而大幅提升遥感的时效性。然而，该解决方案目前仍处在建设构想阶段。考虑到我国现有低轨通信卫星数量少、卫星轨道资源珍贵，可初步考虑首先在单颗低轨卫星实现通信、遥感功能的融合，相比前述通信、导航、遥感融合架构可以减少所需的卫星数量、节省轨道和频率资源，同时降低发射运维成本。

习　题

14.1　解释什么是卫星通信、导航、遥感融合，并列举几个卫星通信、导航、遥感融合的应用场景。

14.2　描述卫星通信、导航、遥感融合的体系架构，并解释各个子系统的作用。

14.3　分析一次利用卫星通信、导航、遥感融合技术进行的环境监测任务，包括数据获取、处理和分析过程。

14.4　探讨卫星通信、导航、遥感融合的发展趋势，并对未来可能的应用进行展望。

14.5　分析卫星通信、导航、遥感融合技术的优势和面临的挑战。

参考文献

[1] 于全,王敬超,史云放.“空间信息网络基础理论与关键技术”重大研究计划结题综述[J]. 中国科学基金,2023,37(5):831-839.

[2] 闵士权,刘光明,陈兵,等. 空间信息网络[M]. 北京:电子工业出版社,2020.

[3] 周炯槃. 通信原理[M]. 4版. 北京:北京邮电大学出版社,2015.

[4] 谭维炽,顾莹琦. 空间数据系统[M]. 北京:中国科学技术出版社,2004.

[5] 苏驷希. 通信网性能分析基础[M]. 北京:北京邮电大学出版社,2006.

[6] KENDALL D G. Stochastic Processes Occurring in the Theory Of Queues and Their Analysis by the Method of the Imbedded Markov Chain[J]. The Annals of Mathematical Statistics, 1953, 338-354.

[7] 张应辉,饶云波. 路由器交换机原理及应用[M]. 北京:北京航空航天大学出版社,2006.

[8] ERLANG A K. The Theory of Probabilities and Telephone Conversations[J]. Nyt Tidsskrift for Matematik Ser. B, 1909, 20: 33-39.

[9] 卓新建,苏永美. 图论及其应用[M]. 北京:北京邮电大学出版社,2017.

[10] BONDY J A, MURTY U S R. Graph Theory with Applications[M]. London: Macmillan, 1976.

[11] LAM S. Satellite Packet Communication-Multiple Access Protocols and Performance[J]. IEEE transactions on Communications, 1979, 27(10): 1456-1466.

[12] TAKAGI H, KLEINROCK L. Throughput Analysis for Persistent CSMA Systems[J]. IEEE Transactions on communications, 1985, 33(7): 627-638.

[13] AKYILDIZ I F, EKICI E, Bender M D. MLSR: A Novel Routing Algorithm for Multilayered Satellite IP Networks[J]. IEEE/ACM Transactions on Networking, 2002, 10(3): 411-424.

[14] HAGNEEI M. Stochastic geometry for wireless networks[M]. Cambridge University Press, 2012.

[15] GOLDSMITH A. Wireless communications[M]. Cambridge University Press, 2005.

[16] BASZCZYSZYN B, HAENGGI M, KEELER P, et al. Stochastic geometry analysis of cellular networks[M]. Cambridge University Press, 2018.

[17] NICK MCKEOWN, TOM ANDERSON, HARI BALAKRISHNAN, et al. OpenFlow: enabling innovation in campus networks[J]. SIGCOMM Comput, 2008,38 (2): 69–74.

[18] 黄丁发,张勤,张小红,等. 卫星导航定位原理[M]. 武汉: 武汉大学出版社,2015.